普通高等教育"十二五"规划教材

# 工程力学

主　编　姜　艳
副主编　柳艳杰　安英浩　鄂丽华
主　审　安英浩

U0217611

中国水利水电出版社
www.waterpub.com.cn

# 内 容 提 要

本书共分二十二章，主要讲述：工程力学基础知识，包括刚体静力学基础，平面力系，空间力系，运动学及动力学基本理论；杆件承载能力的计算，包括轴向拉压杆件的强度与变形，圆轴扭转的强度与变形，平面弯曲的强度和刚度计算，应力状态和强度理论，组合变形和压杆稳定；结构内力分析，包括结构的计算简图与平面体系的几何组成分析，静定结构的内力分析和位移计算，力法，位移法，力矩分配法，影响线等内容。

本书适用于应用型本科及多学时的高职高专的水利类专业及工业与民用建筑、道路桥涵等土建类专业工程力学课程的教学，亦可作为水利水电工程等建筑工程技术人员的参考书。

## 图书在版编目（ＣＩＰ）数据

工程力学 / 姜艳主编. -- 北京 ： 中国水利水电出版社，2013.2（2018.2重印）
普通高等教育"十二五"规划教材
ISBN 978-7-5170-0639-8

Ⅰ. ①工… Ⅱ. ①姜… Ⅲ. ①工程力学－高等学校－教材 Ⅳ. ①TB12

中国版本图书馆CIP数据核字(2013)第026811号

| 书　　名 | 普通高等教育"十二五"规划教材<br>**工程力学** |
|---|---|
| 作　　者 | 主　编　姜　艳<br>副主编　柳艳杰　安英浩　鄂丽华<br>主　审　安英浩 |
| 出版发行 | 中国水利水电出版社<br>（北京市海淀区玉渊潭南路1号D座　100038）<br>网址：www. waterpub. com. cn<br>E - mail：sales@waterpub. com. cn<br>电话：(010) 68367658（营销中心） |
| 经　　售 | 北京科水图书销售中心（零售）<br>电话：(010) 88383994、63202643、68545874<br>全国各地新华书店和相关出版物销售网点 |
| 排　　版 | 中国水利水电出版社微机排版中心 |
| 印　　刷 | 天津嘉恒印务有限公司 |
| 规　　格 | 184mm×260mm　16开本　23.5印张　602千字 |
| 版　　次 | 2013年2月第1版　2018年2月第2次印刷 |
| 印　　数 | 3001—5000册 |
| 定　　价 | **52.00**元 |

凡购买我社图书，如有缺页、倒页、脱页的，本社营销中心负责调换
**版权所有·侵权必究**

# 前　言

　　本书是在中国水利水电出版社出版的《工程力学》(2004)（高职高专适用）和总结多年教学经验的基础上，吸收同类教材的精华编写而成的。本书获得黑龙江大学"十二五"规划教材的立项。

　　本书是依照应用型本科水利水电工程、农业水利工程、水利工程施工、水文与水资源利用等水利类专业教学计划和相关课程的教学基本要求编制的，也适用于工业与民用建筑、道路桥涵等其他土建类专业。

　　本书针对应用型本科教育特点，结合教学改革的实践经验，在编写过程中，注重应用能力素质的培养，不过分强调理论的系统性，着重基本概念和结论的应用；例题典型并结合工程实际，重视对学生工程意识和力学素质的训练和培养。

　　本书由黑龙江大学水利电力学院姜艳编写第十六章、第十七章、第十九章、第二十章、第二十一章、附录Ⅲ，黑龙江大学建筑工程学院柳艳杰编写第八章至第十五章、附录Ⅰ和附录Ⅱ，黑龙江大学建筑工程学院安英浩编写第十八章、第二十二章，黑龙江大学水利电力学院鄂丽华编写第三章至第七章，黑龙江大学水利电力学院陈秀维编写第二章，中水东北勘测设计研究所有限责任公司王中江编写第一章。全书由姜艳主编，柳艳杰、安英浩、鄂丽华任副主编，安英浩主审。

　　由于作者水平所限，错误和不足之处，恳请读者批评指正。

作者

2012 年 10 月

# 目　录

# 第一章 绪 论

## 第一节 工程力学的研究对象

建筑物中承受荷载而起骨架作用的部分称为结构。结构是由若干构件按一定方式组合而成的。组成结构的各单独部分称为构件。例如：支承渡槽槽身的排架是由立柱和横梁组成的刚架结构，如图 1-1（a）所示；单层厂房结构由屋顶、楼板和吊车梁、柱等构件组成，如图 1-1（b）所示。结构受荷载作用时，如不考虑建筑材料的变形，其几何形状和位置不会发生改变。

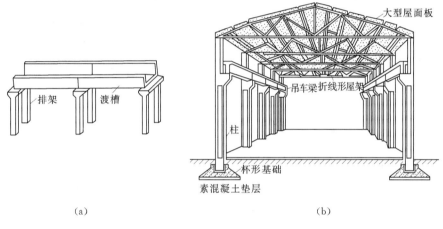

（a） （b）

图 1-1

结构按其几何特征分为三种类型：

（1）杆系结构：由杆件组成的结构。杆件的几何特征是其长度远远大于横截面的宽度和高度。

（2）薄壁结构：由薄板或薄壳组成。薄板或薄壳的几何特征是其厚度远远小于另两个方向的尺寸。

（3）实体结构：由块体构成。其几何特征是三个方向的尺寸基本为同一数量级。

工程力学的研究对象主要是杆系结构。

## 第二节 工程力学的研究内容和任务

工程力学的任务是研究结构的几何组成规律，以及在荷载的作用下结构和构件的强度、刚度和稳定性问题。研究平面杆系结构的计算原理和方法，为结构设计合理的形式，其目的是保证结构按设计要求正常工作，并充分发挥材料的性能，使设计的结构既安全可靠又经济合理。

　　进行结构设计时，要求在受力分析基础上，进行结构的几何组成分析，使各构件按一定的规律组成结构，以确保在荷载的作用下结构几何形状不发生改变。

　　结构正常工作必须满足强度、刚度和稳定性的要求。

　　强度是指抵抗破坏的能力。满足强度要求就是要求结构的构件在正常工作时不发生破坏。

　　刚度是指抵抗变形的能力。满足刚度要求就是要求结构的构件在正常工作时产生的变形不超过允许范围。

　　稳定性是指结构或构件保持原有的平衡状态的能力。满足稳定性要求就是要求结构的构件在正常工作时不突然改变原有平衡状态，以免因变形过大而破坏。

　　按教学要求，工程力学主要研究以下几个部分的内容。

　　(1) 静力学基础。这是工程力学的重要基础理论，包括物体的受力分析、力系的简化与平衡等刚体静力学基础理论。

　　(2) 杆件的承载能力计算。这部分是计算结构承载能力计算的实质，包括基本变形杆件的内力分析和强度、刚度计算，压杆稳定和组合变形杆件的强度、刚度计算。

　　(3) 静定结构的内力计算。这部分是静定结构承载能力计算和超静定结构计算的基础，包括研究结构的组成规律、静定结构的内力分析和位移计算等。

　　(4) 超静定结构的内力分析。这是超静定结构的强度和刚度问题的基础，包括力法、位移法、力矩分配法和矩阵位移法等求解超静定结构内力的基本方法。

## 第三节　刚体、变形固体及其基本假设

　　工程力学中将物体抽象化为两种计算模型：刚体和理想变形固体。

　　刚体是在外力作用下形状和尺寸都不改变的物体。实际上，任何物体受力的作用后都发生一定的变形，但在一些力学问题中，物体变形这一因素与所研究的问题无关或对其影响甚微，这时可将物体视为刚体，从而使研究的问题得到简化。

　　理想变形固体是对实际变形固体的材料理想化，作出以下假设。

　　(1) 连续性假设。认为物体的材料结构是密实的，物体内材料是无空隙的连续分布。

　　(2) 均匀性假设。认为材料的力学性质是均匀的，从物体上任取或大或小一部分，材料的力学性质均相同。

　　(3) 向同性假设。认为材料的力学性质是各向同性的，材料沿不同方向具有相同的力学性质，而各方向力学性质不同的材料称为各向异性材料。本教材中仅研究各向同性材料。

　　按照上述假设理想化的一般变形固体称为理想变形固体。刚体和变形固体都是工程力学中必不可少的理想化的力学模型。

　　变形固体受荷载作用时将产生变形。当荷载撤去后，可完全消失的变形称为弹性变形；不能恢复的变形称为塑性变形或残余变形。在多数工程问题中，要求构件只发生弹性变形。工程中，大多数构件在荷载的作用下产生的变形量若与其原始尺寸相比很微小，称为小变形。小变形构件的计算，可采取变形前的原始尺寸并可略去某些高阶无穷小量，可大大简化计算。

　　综上所述，工程力学把所研究的结构和构件看作是连续、均匀、各向同性的理想变形固体，在弹性范围内和小变形情况下研究其承载能力。

# 第四节　荷　载　的　分　类

结构工作时所承受的主动外力称为荷载。荷载可分为不同的类型。

（1）按作用性质可分为静荷载和动荷载。由零逐渐缓慢增加到结构上的荷载称为静荷载，静荷载作用下不产生明显的加速度。大小方向随时间而改变的荷载称为动荷载，地震力、冲击力、惯性力等都为动荷载。

（2）按作用时间的长短可分为恒荷载和活荷载。永久作用在结构上大小、方向不变的荷载称为恒荷载，结构、固定设备的自重等都为恒荷载。暂时作用在结构上的荷载称为活荷载，风、雪荷载等都是活荷载。

（3）按作用范围可分为集中荷载和分布荷载。若荷载的作用范围与结构的尺寸相比很小时，可认为荷载集中作用于一点，称为集中荷载。分布作用在体积、面积和线段上的荷载称为分布荷载。结构的自重、风、雪等荷载都是分布荷载。当以刚体为研究对象时，作用在结构上的分布荷载可用其合力（集中荷载）代替；但以变形体为研究对象时，作用在结构上的分布荷载不能用其合力代替。

# 第二章 静力学公理和物体的受力分析

## 第一节 静力学公理

静力学公理是人类在长期的生产和生活实践中，经过反复观察和实验总结出来的客观规律，是研究力学的理论基础。

**公理一 二力平衡公理**

**作用于同一刚体上的两个力使其保持平衡的必要与充分条件是：力的大小相等、方向相反，且作用在同一直线。** 如图 2-1 所示。

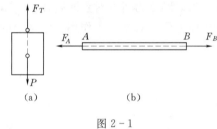

图 2-1

这个公理揭示了作用于刚体上的最简单的力系平衡时所必须满足的条件。对于刚体这个条件是既必要又充分；但对于变形体，则是必要条件。

在两个力作用下处于平衡的物体称为**二力体**，若物体是构件，就称为**二力构件**。若构件为杆件，则称为**二力杆**。

**公理二 加减平衡力系公理**

**在作用于刚体的任意力系上加上或减去任何平衡力系，并不改变原力系对刚体的作用效应。** 就是说，如果两个力系只相差一个或几个平衡力系，则它们对刚体的作用是相同的。因此可以等效替换。

**推论一 力的可传性原理**

**作用于刚体上的力可以沿其作用线移至刚体内任意一点，而不改变其对刚体的作用效应。**

**证明** 设力 $F$ 作用于刚体上的点 $A$，如图 2-2（a）所示。在力 $F$ 作用线上任选一点 $B$，在点 $B$ 加一对平衡力 $F_1$ 和 $F_2$，使 $F=-F_1=F_2$，如图 2-2（b）所示。则 $F_1$、$F_2$、$F$ 构成的力系与 $F$ 等效。将平衡力系 $F_1$、$F$ 减去，则 $F_2$ 与 $F$ 等效，如图 2-2（c）所示，此时只剩下一个力，即力 $F$ 已由点 $A$ 沿作用线移到了点 $B$。

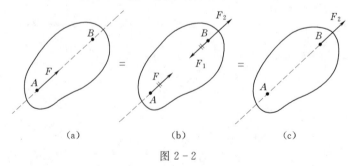

图 2-2

由力的可传性可知，作用于刚体上的力是滑动矢量，因此对刚体来说，力的三要素为力的大小、方向和作用线。

必须注意，公理二及其推论只适用于刚体。

**公理三 力的平行四边形公理**

作用于物体上同一点的两个力，可以合成为仍作用于该点的一个合力，合力的大小和方向由此二力为邻边所构成的平行四边形的对角线矢量来表示。

如图 2-3（a）所示，合力矢 $F_R$ 等于两个力矢 $F_1$、$F_2$ 的矢量和，即

$$F_R = F_1 + F_2$$

力的平行四边形也可以作成力三角形，如图 2-3（b）、（c）所示。

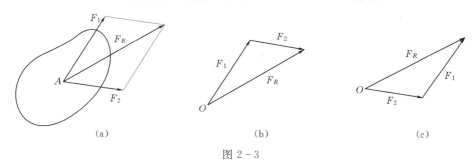

(a)      (b)      (c)

图 2-3

**推论二 三力平衡汇交定理**

作用于刚体上同一平面内互不平行的三个力使其平衡的必要条件是：三个力的作用线汇交于同一点。

**证明** 设在一刚体的点 $A$、$B$、$C$ 处分别作用有互不平行的三个力 $F_1$、$F_2$、$F_3$ 成平衡，如图 2-4 所示。根据力的可传性，将力 $F_1$ 和 $F_2$ 移至汇交点 $O$，然后根据力的平行四边形公理，得合力 $F_{12}$，则力 $F_3$ 与 $F_{12}$ 平衡，由公理一可知，$F_3$ 与 $F_{12}$ 必共线，所以力 $F_3$ 的作用线必过点 $O$，定理得证。

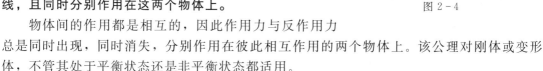

图 2-4

**公理四 作用与反作用公理**

两物体间的作用力与反作用力总是等值、反向、共线，且同时分别作用在这两个物体上。

物体间的作用都是相互的，因此作用力与反作用力总是同时出现，同时消失，分别作用在彼此相互作用的两个物体上。该公理对刚体或变形体，不管其处于平衡状态还是非平衡状态都适用。

**公理五 刚化原理**

当变形体在已知力系作用下处于平衡时，若将变形后的变形体换成刚体，则其平衡状态保持不变。

注意，刚化要在变形体发生变形后平衡时进行。刚化后把变形也保留下来。例如，一根螺旋弹簧两端作用有等值、反向拉力时，要在变形后才能平衡。根据公理五，把这根变形后的弹簧换成相同形状的刚体，不会破坏平衡。

# 第二节 约束和约束反力

**一、自由体和非自由体**

力是物体间相互的机械作用，当分析某物体上的各个力时，需要了解该物体与周围其他物体相互作用的形式和连接方法。我们按照是否与其他物体直接接触把物体分为两类。一类

称为**自由体**，即它们的运动在空间不受任何限制。例如，在空气中飞行的炮弹、飞机或人造卫星等。另一类为**非自由体**，即它们的运动受到了某些预先给定条件的限制。例如，用绳索悬挂的重物，因绳索的限制不能下落；机车受轨道的限制，只能沿轨道运动；屋架受到左右支座的限制而固定不动等等。总之，工程结构中及实际生活中的大多数物体都是非自由体。

**二、约束、约束反力和主动力**

工程中物体的运动大都受到某些限制。阻碍物体运动的限制物称为约束。例如，绳索是重物的约束，轨道是机车的约束，支座是屋架的约束等等。既然约束限制了物体的运动，也就改变了物体的运动状态，约束对物体的作用实质上就是力的作用，约束作用在物体上的力称为约束反力，简称反力。约束反力的作用点就是约束与物体的接触点。约束反力的方向总是与约束所能限制的物体运动或产生运动趋势的方向相反。这是确定约束反力方向的准则。

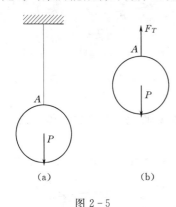

图 2-5

与约束反力相对应。有些力主动地使物体运动或使物体有运动的趋势，这种力称为主动力。如重力，风力，水压力等等。主动力在工程中也称为荷载。在一般情况下，约束反力是由主动力引起的，主动力一般是已知的，而约束反力的大小则是未知的，需要根据物体的平衡条件或动力学方程来确定。

**三、工程中常见的约束和约束反力的确定**

1. 柔性约束

由绳索、链条、胶带等柔软的物体构成的约束称为**柔性约束**，如图 2-5（a）所示。柔性约束只能够承受一定的拉力，而不能承受压力和弯曲，只能限制物体沿柔性体伸长方向的运动。所以，柔性约束的约束反力方向总是沿着柔性体的轴线或对称中心线，并且只能是拉力，如图 2-5（b）所示。符号通常用 $F$ 或 $F_T$ 表示。

2. 光滑接触面约束

在所研究的问题中，当物体接触面之间的摩擦力远小于物体所受的其他力时，摩擦力略去不计而认为接触面是光滑的。若两物体间的接触面是光滑的，则物体可以自由地沿接触面滑动，或沿接触面在接触点的公法线方向脱离接触，但不能沿公法线方向压入接触面。所以光滑面约束反力方向总是沿着接触面的公法线，指向被约束物体，并且只能是压力。如图 2-6 和图 2-7 所示。

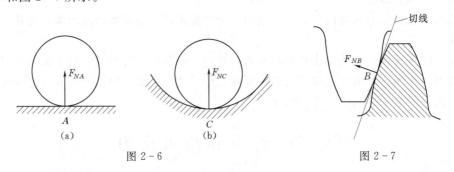

图 2-6　　　　　　　　　　　　　　　图 2-7

3. 铰链和铰链支座

两个物体上被钻有同样大小的孔，并用销钉连起来构成的约束称为**铰链约束**，简称**铰约束**，其结构如图 2-8（a）、（b）所示。常用图 2-8（c）所示的简图表示。销钉只限制两物体的相对移动，而不限制两物体的相对转动。

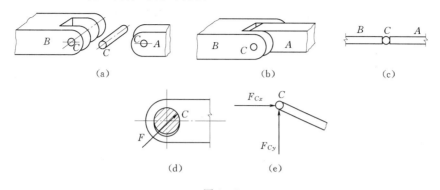

图 2-8

由图 2-8（d）可见，略去摩擦时，销钉与物体间是以两个光滑圆柱面接触，因此，其约束反力可能作用在圆孔与销轴接触的任一条母线上的一点 $D$，垂直于销钉轴线，且过圆孔的中心 $C$，指向物体，如图 2-8（d）中的力 $F_C$。但由于可能在圆周上任一点发生接触，点 $D$ 一般不能预先确定，所以力 $F_C$ 的方向也不能确定。因此，铰链的约束反力通常用两个相互垂直于销轴轴线且过圆孔中心的分力 $F_{Cx}$、$F_{Cy}$ 来表示，如图 2-8（e）所示。两分力的指向可假设。

将铰链连接的两个物体中的一个固连于地面（或机架）上，就构成了**铰链支座或固定铰支座**。结构如图 2-9（a）所示。固定铰支座的约束与铰链约束完全相同。图 2-9（b）、（c）为固定铰支座的简化符号，其约束反力如图 2-9（d）所示。

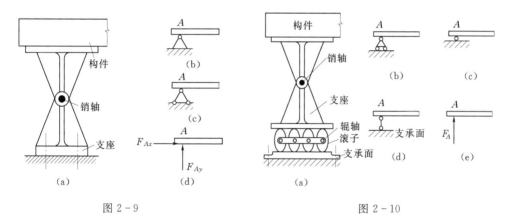

图 2-9　　　　　　　　　　　　　图 2-10

若在支座和支承面之间装有辊轴，就构成活动铰支座，或称**辊轴支座**。结构如图 2-10（a）所示。该支座不能阻碍物体沿支承面移动和相对于销钉的轴线转动，只能阻碍物体沿支承面法线方向移动。所以，其约束反力垂直于支承面，过圆孔中心，指向可假设。图 2-10（b）、（c）、（d）是活动铰支座的简化符号，其约束反力如图 2-10（e）所示。

以上介绍了三种简单约束，平面约束中还有一种常见约束类型——固定端约束，将在第四章中介绍。空间约束将在第五章中介绍。

# 第三节　受力分析与受力图

工程实际中，物体的受力情况往往比较复杂，为了求解未知的约束反力，必须先分析物体受哪些力的作用，每个力的作用位置及方向，这个过程称为受力分析。

研究物体平衡或运动变化的问题时，首先从与问题有关的物体系统中，尽可能地选出，能将已知条件和待求量联系起来的某一物体（或某几个物体的组合）作为研究对象，对其进行受力分析，然后根据问题的性质，建立足够的方程求解未知量，这是解决力学问题的方法。为了便于分析，总是把研究对象从周围的联系中假想地分离出来，单独画出，这样被分离出的物体称为**分离体**，然后在分离体上画出研究对象所受的全部主动力，最后在对应于研究对象上存在约束的位置上，按其约束类型逐个画出约束反力。这种用于表示研究对象所受的全部力的图形称为**受力图**。只有画出正确的受力图，才能为后续的解析计算提供可靠的依据。

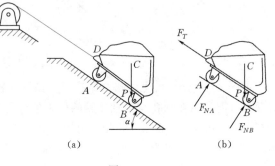

【**例 2-1**】 绞车通过钢丝绳牵引重为 $P$ 的矿车沿斜面轨道匀速上升，如图 2-11（a）所示。略去车轮与轨道之间的摩擦，试画出矿车的受力图。

**解** 取矿车为研究对象，解除约束，画出其分离体图。作用于矿车上的主动力有重力 $P$，铅垂向下；钢绳的约束反力 $F_T$，沿绳的中心线背离矿车；斜面轨道为光滑接触面约束，其约束反力 $F_{NA}$ 和 $F_{NB}$ 分别过车轮与轨道的接触点 $A$、$B$，沿轨道的法线指向矿车。受力图如图 2-11（b）所示。

图 2-11

【**例 2-2**】 简支梁 $AB$ 两端分别为固定铰支座和活铰支座，在 $C$ 处作用一集中荷载 $F$ 如图 2-12（a）所示。梁重不计，试画梁 $AB$ 的受力图。

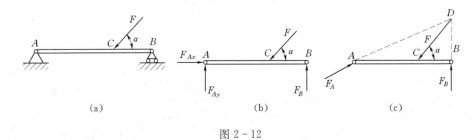

图 2-12

**解** 取梁 $AB$ 为研究对象。受力图如图 2-12（b）所示，作用于梁上的力有集中荷载 $F$；活铰支座 $B$ 的反力 $F_B$，设为铅垂向上；固定铰支座 $A$ 的反力用过点 $A$ 的两个正交分力 $F_{Ax}$ 和 $F_{Ay}$ 表示。由于此梁受三个力作用而平衡，故可由推论二来确定 $F_A$ 的方向。用点 $D$ 表示力 $F$ 和 $F_B$ 的作用线交点，则 $F_A$ 的作用线必过交点 $D$，如图 2-12（c）所示。

【**例 2-3**】 水平梁 $AB$ 用斜杆 $CD$ 支撑，$A$、$C$、$D$ 三处均为光滑铰链连接，如图 2-13（a）所示。梁上放置一重为 $P_1$ 的电动机。已知梁重为 $P_2$，不计杆 $CD$ 自重，试分别画出杆 $CD$ 和梁 $AB$（包括电动机）的受力图。

**解** （1）取 $CD$ 为研究对象。由于斜杆 $CD$ 自重不计，只在杆的两端分别受有铰链的约束反力 $F_C$ 和 $F_D$ 的作用，此种情况下的 $CD$ 杆称为二力杆。根据公理一，$F_C$ 和 $F_D$ 两力大小相等、沿铰链中心连线 $CD$ 方向且指向相反。斜杆 $CD$ 的受力图如图 2-13（b）所示。

（2）取梁 $AB$（包括电动机）为研究对象。它受 $P_1$、$P_2$ 两个主动力的作用；梁在铰链

$D$ 处受二力杆 $CD$ 给它的约束反力 $F_D'$ 的作用，根据公理四，$F_D' = F_D$；梁在 $A$ 处受固定铰支座的约束反力，由于方向未知，可用两个大小待求的正交分力 $F_{Ax}$ 和 $F_{Ay}$ 表示。梁 $AB$ 的受力图如图 2-13（c）所示。

**【例 2-4】** 三铰拱桥由左右两拱铰接而成，如图 2-14（a）所示。设各拱自重不计，在拱 $AC$ 上作用荷载 $F$。试分别画出拱 $AC$ 和 $CB$ 的受力图。

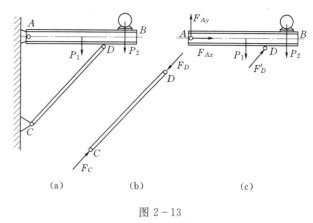

图 2-13

**解**　（1）取拱 $CB$ 为研究对象。由于拱 $CB$ 自重不计，且只在 $B$、$C$ 处受到铰链约束，因此拱 $CB$ 为二力构件。在铰链中心 $B$、$C$ 分别受到 $F_B$ 和 $F_C$ 的作用，且 $F_B = F_C$。拱 $CB$ 的受力图如图 2-14（b）所示。

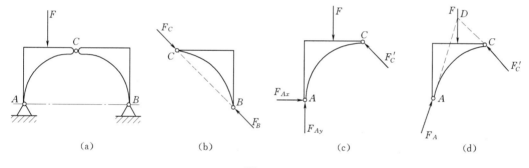

图 2-14

（2）取拱 $AC$ 连同销轴 $C$ 为研究对象。由于自重不计，主动力只有荷载 $F$；点 $C$ 受拱 $CB$ 施加的约束反力 $F_C'$，且 $F_C' = F_C$；点 $A$ 处的约束反力用相互垂直的 $F_{Ax}$ 和 $F_{Ay}$ 表示。拱 $AC$ 的受力图如图 2-14（c）所示。

进一步分析可知，拱 $AC$ 在 $F$、$F_C'$ 和 $F_A$ 三个力作用下平衡，根据三力平衡汇交定理，可确定出铰链 $A$ 处的约束反力 $F_A$ 的方向。点 $D$ 为力 $F$ 与 $F_C'$ 的交点，当拱 $AC$ 平衡时，$F_A$ 的作用线必通过点 $D$，如图 2-14（d）所示，$F_A$ 的指向，可先作假设，然后由平衡条件确定。

在研究力学问题时，有时需要对由两个或两个以上个物体通过一定的约束组成的物体系统进行受力分析，研究系统的平衡问题。此时，系统内部各物体之间的相互作用力称为内力，外部物体对系统的作用力称为外力。例如在图 2-14 所示的系统中，$F_C$ 和 $F_C'$ 是系统内部各接触物体间的相互作用力，因此都是内力。而 $F$、$F_A$ 和 $F_B$ 是外部物体对系统的作用力，所以是外力。然而内力和外力的区分不是绝对的。如图 2-14（b）、（c）所示，铰 $C$ 拆开后，$C$ 点内力转化为外力。可见，内力与外力的区分，只有相对于某一确定的研究对象来说才有意义。根据公理四，内力总是成对出现的，且彼此等值、反向、共线。

# 小　　结

（1）静力学的五个公理和两个推论。

（2）工程中常见的约束和约束反力。

（3）物体及物体系统的受力分析和受力图。画受力图首先要取分离体，即把去掉约束的物体作为研究对象，然后画出主动力和约束反力。要注意分清内力和外力，约束不拆掉时不画内力。约束拆开后，要注意不同物体在同一点处的作用力与反作用力的相互关系。

## 思 考 题

2-1 为什么说二力平衡公理、加减平衡力系公理和力的可传性都只能适用于刚体？

2-2 两杆连接如图 2-15 所示，能否根据力的可传性原理，将作用于杆 AC 的力 F 沿其作用线移至杆 BC 上而成为 F'？

2-3 "三力平衡必汇交于一点"是否是三力平衡的必要与充分条件？

2-4 物体受汇交于一点的三力作用而处于平衡，此三力是否一定共面？为什么？

2-5 如图 2-16 所示，力 F 作用在销钉 C 上，试问销钉 C 对杆 AC 的力与销钉 C 对杆 BC 的力是否等值、反向、共线？为什么？

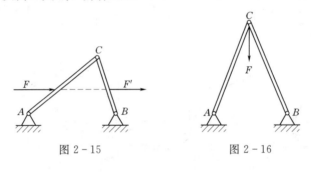

图 2-15          图 2-16

## 习 题

2-1 试分别画出如图 2-17 所示各物体的受力图。凡未标出自重的物体，重量不计。接触处都不计摩擦。

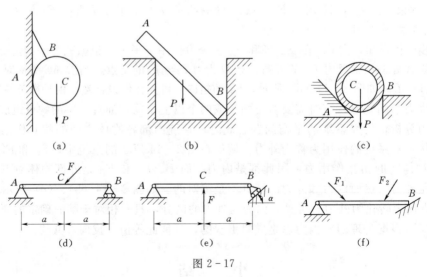

(a)          (b)          (c)

(d)          (e)          (f)

图 2-17

2-2 画出如图 2-18 所示各物体系统中指定物体的受力图：（a）轮 A、轮 B；（b）杆 AB、球 C；（c）构件 AC、BC；（d）梁 AC、CB；（e）曲柄 OA、滑块 B；（f）梁 AB、立

柱 $AE$。设接触面都是光滑的，未标明重力的物体重量均不计。

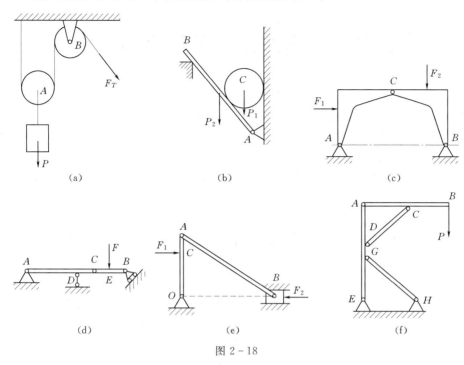

图 2-18

2-3　画出如图 2-19 所示各物体系统整体的受力图及每个物体的受力图。

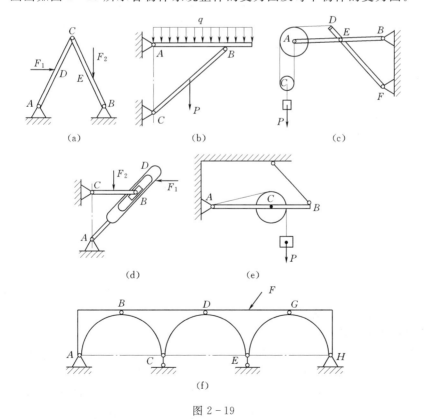

图 2-19

# 第三章　平面汇交力系与平面力偶系

　　力是使物体运动状态发生改变的原因。力不仅可以改变物体的移动状态，而且还能改变物体的转动状态。力矩是力使物体绕某点转动效应的量度；力偶仅能改变物体的转动状态。

　　平面汇交力系和平面力偶系是两种简单力系，是研究复杂力系的基础。本章将分别用几何法与解析法研究平面汇交力系的合成与平衡问题，同时介绍力偶的特性及平面力偶系的合成与平衡问题。

## 第一节　平面汇交力系简化与平衡的几何法

### 一、平面汇交力系简化的几何法

　　设在某刚体上作用有由力 $F_1$、$F_2$、$F_3$、$F_4$ 组成的平面汇交力系，各力作用线延长汇交于点 $A$。由力的可传性，将各力的作用点沿其作用线方向移动到汇交点 $A$，如图 3−1（a）所示。根据力合成的三角形法则将各力依次合成，即从任意点 $a$ 作矢量 $ab$，代表力矢 $F_1$；从点 $b$ 为起点，作矢量 $bc$ 代表力矢 $F_2$，则虚线 $ac$ 表示力矢 $F_1$ 和 $F_2$ 的合力矢 $F_{R1}$；再从点 $c$ 为起点作矢量 $cd$ 代表力矢 $F_3$，则 $ad$ 表示 $F_{R1}$ 和 $F_3$ 的合力矢 $F_{R2}$；最后从点 $d$ 作 $de$ 代表力矢 $F_4$，则 $ae$ 代表力矢 $F_{R2}$ 与 $F_4$ 的合力矢，亦即力 $F_1$、$F_2$、$F_3$、$F_4$ 的合力矢 $F_R$，其大小和方向如图 3−1（b）所示，其作用线通过汇交点 $A$。

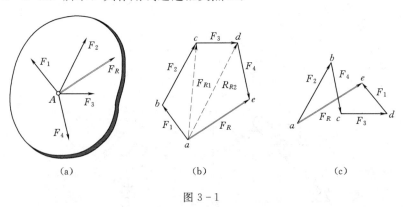

（a）　　　　　　　　　　（b）　　　　　　　　　　（c）

图 3−1

　　作图 3−1（b）时，虚线 $ac$ 和 $ad$ 不必画出，只需把各力矢首尾相接，得折线 $abcde$，则第一个力矢 $F_1$ 的起点 $a$ 向最后一个力矢 $F_4$ 的终点 $e$ 作 $ae$，即得合力矢 $F_R$。各分力矢与合力矢构成的多边形称为**力多边形**，表示合力矢的边 $ae$ 称为力多边形的封闭边。这种求合力的几何作图法称**力多边形法则**。

　　若改变各力矢的作图顺序，所得的力多边形的形状则不同，但是这并不影响最后所得的封闭边的大小和方向。例如，按 $F_2$、$F_4$、$F_3$、$F_1$ 的顺序作出的力多边形如图 3−1（c）所示。尽管其形状发生变化，但封闭边保持不变。应当注意，在力多边形中，各分力矢首尾相连，环绕力多边形周边的同一方向，而合力矢则反向封闭力多边形。

推广到由 $n$ 个力 $F_1$、$F_2$、$\cdots$、$F_n$ 组成的平面汇交力系，可得结论：平面汇交力系简化的结果是一个合力，合力的作用线过力系的汇交点，合力等于原力系中所有各力的矢量和，即

$$F_R = F_1 + F_2 + \cdots + F_n = \sum F_i \qquad (3-1)$$

如力系中各力的作用线都沿同一直线，则此力系称为**共线力系**，它是平面汇交力系的特殊情况，它的力多边形在同一直线上。若沿直线的某一指向为正，相反为负，则力系合力的大小与方向决定于各分力的代数和，即

$$F_R = \sum_{i=1}^{n} F_i \qquad (3-2)$$

### 二、平面汇交力系平衡的几何条件

由于平面汇交力系可用其合力来代替，显然，平面汇交力系平衡的必要和充分条件是：该力系的合力等于零，即

$$\sum_{i=1}^{n} F_i = 0 \qquad (3-3)$$

在平衡情形下，力多边形中最后一力的终点与第一力的起点重合，此时的力多边形称为**封闭的力多边形**。于是，平面汇交力系平衡的必要和充分条件是：该力系的力多边形自行封闭，这是平衡的几何条件。

**【例 3-1】**　门式刚架如图 3-2（a）所示，在点 $B$ 受一水平力 $P=20\text{kN}$，不计刚架自重，求支座 $A$、$D$ 的约束反力。

**解**　取刚架为研究对象，其受主动力 $F$ 和支座 $A$、$D$ 的约束反力，根据推论二，这三个力必交于一点，垂直于支承面的活动铰支座 $D$ 的反力 $F_D$ 与力 $P$ 作用线相交于点 $C$，则固定铰支座 $A$ 的反力 $F_A$ 必沿 $A$、$C$ 连线。受力图如图 3-2（b）所示。

如图 3-2（c）所示，自点 $a$ 作矢量 $ab$ 代表力矢 $F$，再过点 $a$、$b$ 分别作力矢 $F_A$ 和 $F_B$ 的平行线交于点 $C$，因该三角形应是自行闭合的，则矢量 $bc$ 就代表反力矢 $F_D$，$ca$ 就代表反力矢 $F_A$。

由于力三角形 $abc$ 与三角形 $ABC$ 相似，则有

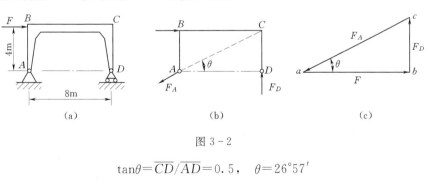

图 3-2

$$\tan\theta = \overline{CD}/\overline{AD} = 0.5, \quad \theta = 26°57'$$

$$\overline{AC} = \sqrt{\overline{AD}^2 + \overline{CD}^2} = 4\sqrt{5}\,(\text{m})$$

$$F_A = F\sec\theta = F \times \overline{AC}/\overline{AD} = 22.4\,(\text{kN})$$

$$F_D = F\tan\theta = F \times 0.5 = 10\,(\text{kN})$$

注意：在借助力三角形利用几何关系求解有关未知力时，画力三角形不必选比例尺。

## 第二节 平面汇交力系简化与平衡的解析法

静力学主要研究力系简化与平衡计算两大类问题，作图法不能解决复杂问题并且存在着误差，所以工程实际中，都是通过解析计算进行求解。

### 一、平面汇交力系简化的解析法

设作用于刚体的平面汇交力系由 $F_1$、$F_2$、$F_3$ 和 $F_4$ 组成，其力多边形 $abcde$ 如图 3-3 所示，封闭边 $ae$ 表示该力系的合力矢 $F_R$，在力多边形所在平面内任取一坐标系 $oxy$，将所有的力矢都投影到 $x$ 轴和 $y$ 轴上。得

$$F_{Rx}=a_1e_1, \quad F_{x1}=a_1b_1, \quad F_{x2}=b_1c_1, \quad F_{x3}=c_1d_1, F_{x4}=d_1e_1$$

由图 3-3 可知

$$a_1e_1=a_1b_1+b_1c_1+c_1d_1+d_1e_1$$

即

$$F_{Rx}=F_{x1}+F_{x2}+F_{x3}+F_{x4}$$

同理可得

$$F_{Ry}=F_{y1}+F_{y2}+F_{y3}+F_{y4}$$

将上述合力投影与各分力投影的关系式推广由 $n$ 个力组成的平面汇交力系中，则得

$$\left. \begin{array}{l} F_{Rx}=F_{x1}+F_{x2}+\cdots+F_{xn}=\sum F_{xi} \\ F_{Ry}=F_{y1}+F_{y2}+\cdots+F_{yn}=\sum F_{yi} \end{array} \right\} \tag{3-4}$$

上式说明，合矢量在任一轴上的投影，等于各分矢量在同一轴上投影的代数和。这就是**合矢量投影定理**。

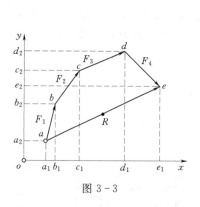

图 3-3

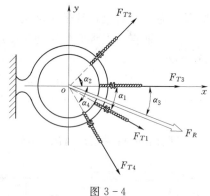

图 3-4

根据式（3-2）来确定平面汇交力系简化结果。其合力的大小和方向的解析表达式为

$$\left. \begin{array}{l} F_R=\sqrt{F_{Rx}{}^2+F_{Ry}{}^2}=\sqrt{(\sum F_{xi})^2+(\sum F_{yi})^2} \\ \cos\alpha=F_{Rx}/F_R, \quad \cos\beta=F_{Ry}/F_R \end{array} \right\} \tag{3-5}$$

其中，$\alpha$、$\beta$ 是合力 $F_R$ 分别与 $x$、$y$ 轴正向间的夹角（小于 $180°$）。

【例 3-2】 如图 3-4 所示，固定圆环作用有四根绳索。这四根绳索的拉力大小分别为 $F_{T1}=0.2\text{kN}$，$F_{T2}=0.3\text{kN}$，$F_{T3}=0.5\text{kN}$，$F_{T4}=0.4\text{kN}$，它们与 $x$ 轴的夹角分别为 $\alpha_1=30°$，$\alpha_2=45°$，$\alpha_3=0$，$\alpha_4=60°$。试求它们的合力大小和方向。

**解** 建立如图 3-4 所示直角坐标系。根据平面汇交力系简化的解析式，有

$$\begin{aligned} F_{Rx}&=\sum F_{xi}=F_{x1}+F_{x2}+F_{x3}+F_{x4} \\ &=F_{T1}\cos\alpha_1+F_{T2}\cos\alpha_2+F_{T3}\cos\alpha_3-F_{T4}\cos\alpha_4=1.1(\text{kN}) \\ F_{Ry}&=\sum F_{yi}=F_{y1}+F_{y2}+F_{y3}+F_{y4} \\ &=-F_{T1}\sin\alpha_1+F_{T2}\sin\alpha_2+F_{T3}\sin\alpha_3-F_{T4}\sin\alpha_4=-0.2(\text{kN}) \end{aligned}$$

由$\sum F_{xi}$、$\sum F_{yi}$的代数值可知，$F_x$沿$x$轴的正向，$F_y$沿$y$轴的负向。由式（3-5）得合力的大小

$$F_R = \sqrt{(\sum F_{xi})^2 + (\sum F_{yi})^2} = 1.118(\text{kN})$$

方向有　　　　　　　　　　$\cos\alpha = F_{Rx}/F_R = 0.9839$

解得　　　　　　　　　　　　　$\alpha = -10.3°$

### 二、平面汇交力系平衡的解析条件

平面汇交力系平衡的必要与充分条件是其合力等于零，即力$F_R = 0$。从式（3-5）可知，若合力$F_R = 0$则有

$$\sum F_{xi} = 0, \quad \sum F_{yi} = 0 \tag{3-6}$$

式（3-6）称为**平面汇交力系的平衡方程**。它以解析的形式给出平面汇交力系平衡的必要与充分条件：平面汇交力系中各力在力系平面内两个相交轴上投影的代数和同时分别等于零。两个投影轴并非一定相互垂直。

因为式（3-6）是由两个独立的方程组成的，所以，在刚体受平面汇交力系作用而平衡的问题中，利用这组方程最多只能求解两个未知量。

【**例 3-3**】　重$P = 100\text{N}$的球放 3-5（a）所示的光滑斜面上，并且与斜面平行的绳$AB$系住。试求绳的拉力及球对斜面的压力。

**解**　取球为研究对象。作用于球上的力有其自重$P$，绳索的约束反力$F_T$及光滑面约束反$F_N$，如图 3-5（b）所示。取坐标系$oxy$，列平衡方程，有

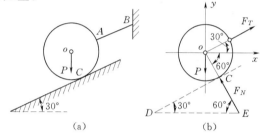

图 3-5

由　　　　　$\sum F_x = 0, F_T - P\cos60° = 0$

解得　　　　　　$F_T = P\cos60° = 50(\text{N})$

由　　　　　$\sum F_y = 0, F_N - P\sin60° = 0$

解得　　　　　　$F_N = P\sin60° = 86.6(\text{N})$

# 第三节　平面力矩与力偶的概念

## 一、力矩的概念

力对刚体的转动效应，可用力对点的矩（简称力矩）来度量，即力矩是度量力对刚体转动效应的物理量。

如图 3-6 所示，点$O$称为**矩心**，点$O$到力的作用线的垂直距离$h$称为**力臂**。平面问题中**力对点之矩**可定义如下：

力对点之矩可用一个代数量表示，其绝对值等力的大小和力臂的乘积。其正负号规定为：力使物体绕矩心逆时针方向转动时为正，反之为负。

力$F$对点$O$的矩用符号$M_O(F)$表示，其计算公式为

$$M_O(F) = \pm F \cdot h = \pm 2A_{\triangle OAB} \tag{3-7}$$

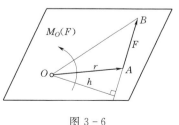

图 3-6

其中$A_{\triangle OAB}$为三角形$OAB$的面积，如图 3-6 所示。

在国际单位制中，力矩的单位是牛·米（N·m）或千牛·米（kN·m）。当力的作用线通过矩心，即力臂等于零时，它对矩心的力矩等于零。

**二、合力矩定理**

**合力矩定理**：平面汇交力系的合力对其平面内任一点的矩等于所有各分力对该点之矩的代数和。即

$$M_O(F_R) = \sum_{i=1}^{n} M_O(F_i) = \sum M_O(F_i) \tag{3-8}$$

在解析计算中，将力 $F$ 分解为 $F_x$、$F_y$，又可得到

$$M_O(F_R) = \sum M_O(F_{xi}) + \sum M_O(F_{yi}) \tag{3-9}$$

**【例 3-4】** 作用于齿轮的啮合力 $F=1000\text{N}$，齿轮的节圆（啮合圆）直径 $D=160\text{mm}$，压力角 $\alpha=20°$，如图 3-7（a）所示。求啮合力 $F$ 对于轮心 $O$ 之矩。

**解** 应用合力矩定理：

$$F = F_\tau + F_n$$
$$F_\tau = F\cos\alpha, \quad F_n = F\sin\alpha$$
$$M_O(F) = M_O(F_\tau) + M_O(F_n)$$
$$= -(F\cos\alpha)D/2 + 0$$
$$= -1000\cos20° \times 0.16/2$$
$$= -75.2(\text{N·m})$$

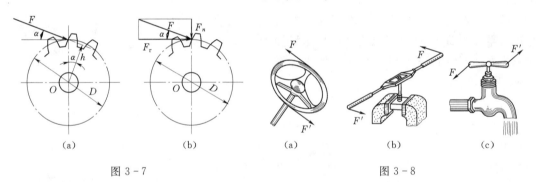

图 3-7　　　　　　　　　　　　图 3-8

**三、力偶与力偶矩**

1. 力偶的概念

在生产实践和日常生活中，经常遇到某些物体同时受到大小相等、方向相反、作用线不在同一直线上的两个平行力作用的情况。例如，司机驾驶汽车时两手作用于方向盘上的力，如图 3-8（a）所示；工人用丝锥攻螺纹时两手加在扳手上的力，如图 3-8（b）所示；以及用两个手指拧动水龙头，如图 3-8（c）所示；旋紧钟表发条所加的力等。在力学中，把这样的两个力作为一个整体来考虑，称为**力偶**，用符号（$F$，$F'$）来表示，两个力作用线间的垂直距离称为**力偶臂**，两力作用线所决定的平面称为**力偶的作用面**。

力偶是一对特殊平行力，对物体只产生转动效应。力偶对物体的转动效应用**力偶矩**来衡量。力偶矩的大小为力偶中两个力对其作用面内的任一点的矩的代数和，用 $M$ 表示，其值等于力与力偶臂的乘积即 $Fd$，与矩心位置无关。一般规定逆时针转向为正，反之为负。力偶矩的单位与力矩相同，力偶矩也可用三角形面积表示，如图 3-9 所示。

$$M = \pm Fd = \pm 2A_{\triangle ABC} \tag{3-10}$$

工程中常用图 3-10 所示的符号表示力偶。

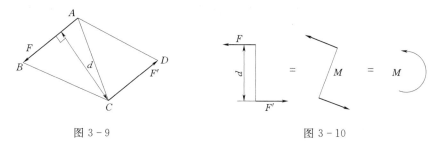

图 3-9　　　　　　　　　　　　　　图 3-10

2. 力偶的等效定理

在同平面内的两个力偶，如果力偶矩相等，则两力偶彼此等效。这就是**力偶的等效定理**。

该定理给出了在同一平面内力偶等效的条件。由此可得推论：

（1）任一力偶可以在它的作用面内任意转移，而不改变它对刚体的作用。因此，力偶对刚体的作用与力偶在其作用面内的位置无关。

（2）只要保持力偶矩的大小和力偶的转向不变，可以同时改变力偶中力的大小和力偶臂的长短，而不改变力偶对刚体的作用。

由此可见，力偶的臂和力的大小都不是力偶的特征量。只有力偶矩是平面力偶作用的唯一量度。

# 第四节　平面力偶系的简化与平衡

## 一、平面力偶系的简化

作用于刚体上同一平面内的两个或两个以上的力偶形成的力偶系称为**平面力偶系**。

设作用于刚体上同一平面内的两个力偶 $(F_1, F_1')$、$(F_2, F_2')$，力偶臂分别为 $d_1$、$d_2$，如图 3-11（a）所示。各力偶矩分别为：

$$M_1 = F_1 d_1, \quad M_2 = -F_2 d_2$$

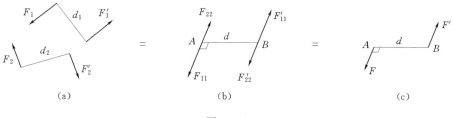

（a）　　　　　　　　　　（b）　　　　　　　　　　（c）

图 3-11

在力偶作用面内取任意线段 $AB = d$，在保持力偶矩不变的条件下，将各力偶的臂都化为 $d$，于是各力偶中力的大小应变为

$$F_{11} = F_1 d_1/d, F_{22} = -F_2 d_2/d$$

然后移转各力偶，使它们的力偶臂都与 $AB$ 重合，则原平面力偶系变换为作用于点 $A$、$B$ 的两个共线力系，如图 3-11（b）所示。再将这两个共线力系分别合成，得

$$F = F_{11} - F_{22}$$

$$F' = F'_{11} - F'_{22}$$

可见，力 $F$ 与 $F'$ 等值、反向、作用线平行但不共线，组成一力偶（$F$，$F'$），如图 3-11（c）所示。力偶（$F$，$F'$）称为原力偶系的合力偶。其力偶矩为

$$M = Fd = (F_{11} - F_{22})d$$
$$= F_{11}d - F_{22}d$$
$$= F_1 d_1 - F_2 d_2$$

所以 $$M = M_1 + M_2$$

若作用在同一平面内有 $n$ 个力偶，则上式可推广为

$$M = M_1 + M_2 + \cdots + M_n = \sum M_i \qquad (3-11)$$

由此可知，平面力偶系简化的结果是一个合力偶，合力偶矩等于力偶系中各力偶矩的代数和。

**二、平面力偶系的平衡条件**

由平面力偶系的简化结果可知，力偶系平衡时，其合力偶矩等于零。因此，平面力偶系平衡的必要与充分条件是：力偶系中所有各力偶的力偶矩的代数和等于零，即

$$\sum M_i = 0 \qquad (3-12)$$

式（3-12）称为**平面力偶系的平衡方程**，应用平面力偶系的平衡方程可求解一个未知量。

**【例 3-5】** 如图 3-12 所示，电动机轴通过联轴器与工作轴相连接，联轴器上 4 个螺栓 $A$、$B$、$C$、$D$ 的孔心均匀地分布在同一圆周上，此圆的直径 $d=150\text{mm}$，电动机轴传给联轴器的力偶矩 $M=2.5\text{kN}\cdot\text{m}$，试求每个螺栓所受的力为多少？

**解** 取联轴器为研究对象，作用于联轴器上的力有电动机传给联轴器的力偶、每个螺栓的反力，受力图如图 3-12 所示。假设 4 个螺栓的受力均匀，即 $F_1 = F_2 = F_3 = F_4 = F$，则组成两个力偶并与电动机传给联轴器的力偶平衡。

由 $$\sum M_i = 0, M - 2Fd = 0$$
得 $$F = M/2d = 2.5/(2 \times 0.15) = 8.33(\text{kN})$$

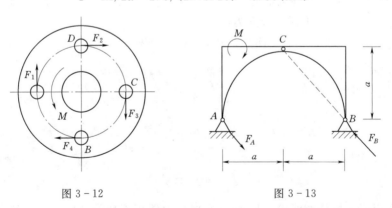

图 3-12 　　　　　　　　　　　　图 3-13

**【例 3-6】** 三铰拱的左半部 $AC$ 上作用一力偶，其矩为 $M$，转向如图 3-13 所示，求铰 $A$ 和 $B$ 处的反力。

**解** 铰 $A$ 和 $B$ 处的反力 $F_A$ 和 $F_B$。的方向都是未知的。但右边部分只在 $B$、$C$ 两处受力，故可知右边部分为二力构件，$F_B$ 必沿 $BC$ 作用，指向假设如图 3-13 所示。

现在考虑整个三铰拱的平衡。因整个拱所受的主动力只有一个力偶，$F_A$ 与 $F_B$ 应组成一力偶才能与之平衡。于是平衡方程为

$$\sum M_i = 0, \quad F_A \times 2a\cos 45° - M = 0$$

故

$$F_A = F_B = \frac{\sqrt{2}M}{2a}$$

# 小 结

（1）平面汇交力系简化结果为一个合力，合力作用线通过汇交点。

1）几何法：根据力多边形法则，合力 $F_R = \sum F_i$。

2）解析法：合力的解析表达式为

$$F_R = \sqrt{{F_{Rx}}^2 + {F_{Ry}}^2} = \sqrt{(\sum F_{xi})^2 + (\sum F_{yi})^2}, \quad \cos\alpha = \frac{F_{Rx}}{F_R}, \quad \cos\beta = \frac{F_{Ry}}{F_R}$$

（2）平面汇交力系的平衡条件。

1）平衡的必要和充分条件：

$$F_R = \sum F_i = 0$$

2）平衡的几何条件：平面汇交力系的力多边形自行封闭。

3）平衡的解析条件（平衡方程）：

$$\sum F_{xi} = 0, \quad \sum F_{yi} = 0$$

（3）平面内的力对点 $O$ 之矩是代数量，记为 $M_O(F)$

$$M_O(F) = \pm Fh = \pm 2A_{\triangle ABO}$$

一般以逆时针转向为正，反之为负。

（4）力偶和力偶矩。

力偶是由等值、反向、不共线的两个平行力组成的特殊力系。力偶没有合力，也不能用一个力来平衡。

平面力偶对物体的作用效应决定于力偶矩 $M$ 的大小和转向。即

$$M = \pm Fd$$

式中：正负号表示力偶的转向，一般以逆时针转向为正，反之为负。

力偶对平面内任一点的矩等于力偶矩，力偶矩与矩心的位置无关。

（5）同平面内力偶的等效定理：在同平面内的两个力偶，如果力偶矩相等，则彼此等效。力偶矩是平面力偶作用的唯一度量。

（6）平面力偶系的简化结果为一合力偶。该合力偶矩等于各分力偶矩的代数和，即

$$M = \sum M_i$$

（7）平面力偶系的平衡条件为 $\quad \sum M_i = 0$

## 思 考 题

3-1 一个平面力系是否总可以用一个力平衡？是否总可用适当的两个力平衡？为什么？

3-2 如图 3-14 所示分别作用一平面上 $A$、$B$、$C$、$D$ 四点的四个力 $F_1$、$F_2$、$F_3$、$F_4$，以这四个力画出的力多边形刚好首尾相接。问：

（1）此力系是否平衡？

（2）此力系简化的结果是什么？

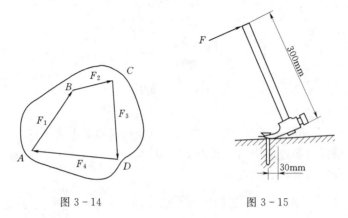

图 3－14　　　　　　　　　图 3－15

3－3　用手拔钉子拔不动，为什么用羊角锤就容易拔起？如图 3－15 所示，如锤把上作用 50N 的推力，问拔钉子的力有多大？加在锤把上的力沿什么方向省力？

3－4　水渠的闸门如有三种设计方案，如图 3－16 所示。试问哪种方案开关闸门时最省力。

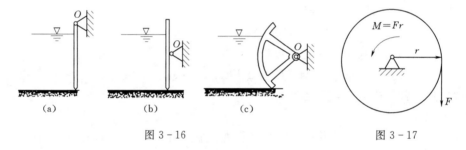

图 3－16　　　　　　　　　图 3－17

3－5　为什么力偶不能用一力与之平衡？如何解释如图 3－17 所示的平衡现象。

# 习　　题

3－1　铆接钢板在孔 A、B 和 C 处受三个力作用，如图 3－18 所示。已知 $F_1＝100N$，沿铅垂方向；$F_2＝50N$，沿 AB 方向；$F_3＝50N$，沿水平方向。求此力系简化的合力。

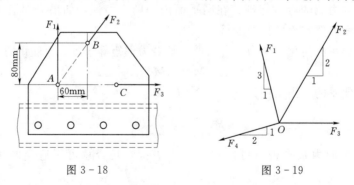

图 3－18　　　　　　　　　图 3－19

3－2　如图 3－19 所示，用解析法求图示汇交力系的合力。已知 $F_3$ 水平，$F_1＝80N$，$F_2＝60N$，$F_3＝50N$，$F_4＝100N$。

3－3　如图 3－20 所示，梁在 A 端为固定铰支座，B 端为活动铰支座，$F＝60kN$。试求

图示情形下 $A$ 和 $B$ 处的约束反力。

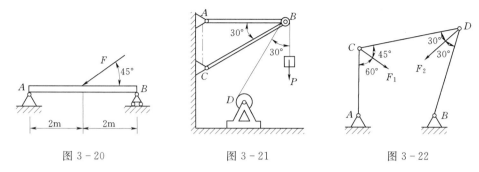

图 3-20　　　　　　　图 3-21　　　　　　　图 3-22

3-4　物体重 $P=20$kN，用绳子挂在支架的滑轮 $B$ 上，绳子的另一端接在铰车 $D$ 上，如图 3-21 所示。转动铰车，物体便能升起。设滑轮的大小、$AB$ 与 $CB$ 杆自重及摩擦略去不计，$A$、$B$、$C$ 三处均为铰接。求：当物体处于平衡状态时，杆 $AB$ 和杆 $CB$ 所受的力。

3-5　铰链四杆机构 $ABCD$ 的 $AB$ 边固定，在铰链 $C$、$D$ 处有力 $F_1$、$F_2$ 作用，如图 3-22 所示。该机构在图示位置平衡，杆重略去不计。求力 $F_1$ 和 $F_2$ 的关系。

3-6　试分别计算如图 3-23 所示各种情况下力 $F$ 对 $O$ 点之矩。

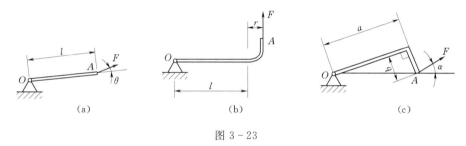

(a)　　　　　　　　　(b)　　　　　　　　　(c)

图 3-23

3-7　如图 3-24 所示薄壁钢筋混凝土挡土墙，已知墙重 $P_1=75$kN，覆土重 $P_2=120$kN，水平土压力 $F=90$kN；求使墙绕前趾 $A$ 倾覆的力矩 $M_q$ 和使墙趋于稳定的力矩 $M_w$，并计算两者的比值，即倾覆安全系数 $K_q$。

3-8　构件的支承及荷载情况如图 3-25 所示，求支座 $A$、$B$ 的约束反力。

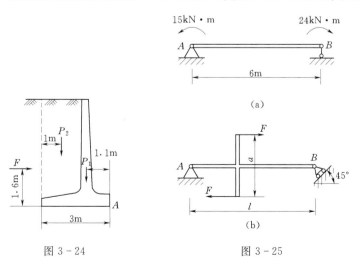

图 3-24　　　　　　　图 3-25

3-9 四连杆机构在图 3-26 所示位置时平衡，$\alpha=30°$，$\beta=90°$。试求平衡时 $M_1/M_2$ 的值。

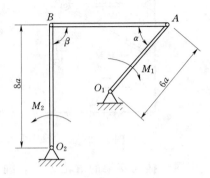

图 3-26

# 第四章  平面任意力系

在工程实际中，很多构件所受的力都可以简化为平面任意力系。如图 4-1（a）所示，悬臂吊车的横梁 AB，在考虑横梁的自重时，其受力图如图 4-1（b）所示，就是平面任意力系。再如图 4-2（a）所示的水利工程上常见的重力坝，在对其进行受力分析时，一般常取单位长度（如 1m）的坝段来研究，而将坝段所受的水压力、地基反力及其自重简化成作用于坝段中央平面内的平面任意力系。如图 4-2（b）所示。

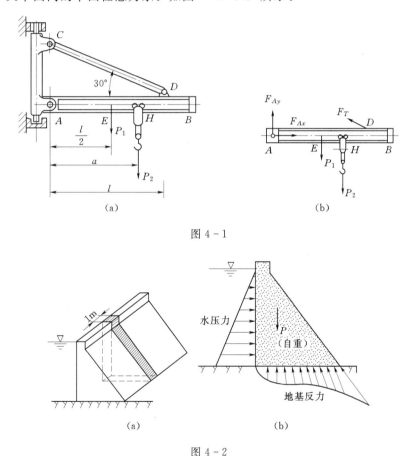

图 4-1

图 4-2

## 第一节  力 的 平 移 定 理

如图 4-3（a）所示，刚体上点 A 处作用有一力 F。在点 B 加一对平衡力 $F'$ 和 $F''$，令 $F'=-F''=F$，如图 4-3（b）所示。F 和 $F''$ 形成一个力偶 M，这三个力又可视作一个作用在点 B 的力 $F'$ 和一个力偶 M，如图 4-3（c）所示。该力偶矩等于力 F 对点 B 的矩，即

$$M = Fd = M_B(F)$$

由上述分析可知：作用于刚体上的力，可平移到该刚体上任一指定点，但必须同时在该力与指定点所决定的平面内附加一力偶，其力偶矩等于原力对指定点之矩，这就是**力的平移定理**。

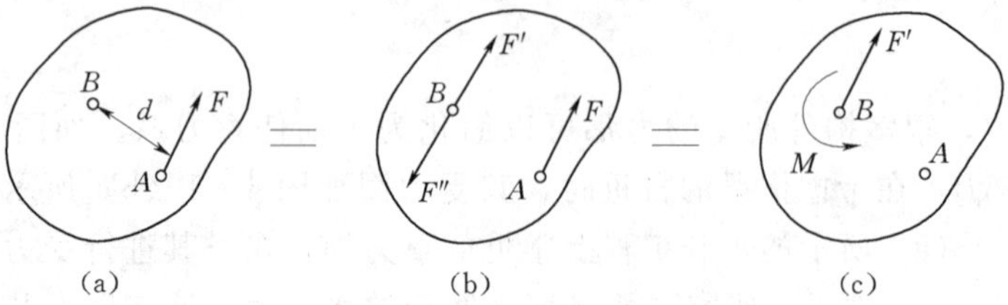

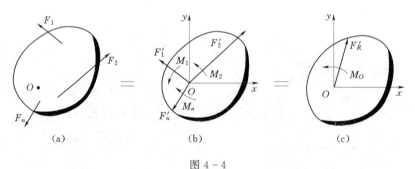

图 4 - 3

根据力的平移定理，可将一个力分解为一个力和一个力偶；同样也可反过来将同平面内的一个力和一个力偶合成为一个力，合成的过程就是图 4 - 3 的逆过程，称为**力的平移定理的逆定理**。

## 第二节 平面任意力系向作用面内任一点的简化

### 一、平面任意力系向作用面内一点简化 主矢和主矩

设作用于刚体上的平面任意力系为 $F_1$、$F_2$、$\cdots$、$F_n$，如图 4 - 4（a）所示。在力系所在平面内任取一点 $O$，称点 $O$ 为**简化中心**。根据力的平移定理，将力系中各力依次分别平移至点 $O$，得到作用于点 $O$ 的平面汇交力系 $F_1'$、$F_2'$、$\cdots$、$F_n'$，$F_i' = F_i' (i = 1, 2, \cdots, n)$；和一个是矩分别为 $M_1$、$M_2$、$\cdots$、$M_n$ 的附加力偶系，附加力偶矩分别为 $M_i = M_O(F_i) = (i = 1, 2, 3, \cdots, n)$。如图 4 - 4（b）所示。

图 4 - 4

所得平面汇交力系可以合成为一个力 $F_R'$，也作用于点 $O$，其力矢 $F_R'$ 等于诸力矢 $F_1'$、$F_2'$、$\cdots$、$F_n'$ 的矢量和，即

$$F_R' = F_1' + F' + \cdots + F_n' = F_1 + F_2 + \cdots + F_n = \sum F_i \tag{4-1}$$

$F_R'$ 是原力系中各力的矢量和，称为该平面任意力系的**主矢**，其与简化中心的位置无关。主矢 $F_R'$ 大小和方向的解析表达式为：

$$F_R' = \sqrt{(F_{Rx}')^2 + (F_{Ry}')^2} = \sqrt{(\sum F_{xi})^2 + (\sum F_{yi})^2}$$

$$\cos\alpha = \frac{\sum F_{xi}}{F_R'}, \cos\beta = \frac{\sum F_{yi}}{F_R'} \tag{4-2}$$

其中，$\alpha$、$\beta$ 为主矢 $F'_R$ 分别与 $x$、$y$ 轴正向间的夹角（小于 $180°$）。

平面力偶系合成为一个力偶，这个力偶的矩 $M_O$ 等于各附加力偶矩的代数和，又等于原来各力对点 $O$ 之矩的代数和，称为**平面任意力系对简化中心的主矩**。即

$$M_O = M_1 + M_2 + \cdots + M_n = \sum_{i=1}^{n} M_O(F_i) \qquad (4-3)$$

主矩一般都与简化中心位置有关，所以凡是提到力系的主矩，都必须标明简化中心。

由上述分析可得如下结论：平面任意力系向作用面内任一点简化，可得一个力和一个力偶，如图 4-4（c）所示。这个力的作用线过简化中心，称为原力系的主矢，这个力偶的矩等于原力系对简化中心的主矩。

应该指出的是，力系向任一点简化的方法适用于任何复杂力系，同时也是分析力系对物体作用效应的一种重要方法。下面通过分析固定端支座来说明这种方法的应用。

工程中还有一种常见的基本类型支座约束，称为**固定端（或插入端）支座**，如图 4-5（a）所示。它表示一物体的一端完全固定在另一物体上，除了限制物体移动，还能限制物体转动。在平面问题中，这些力为一平面任意力系，如图 4-5（b）所示。将该力系向平面内点 $A$ 简化，得到一个力和一个力偶，如图 4-5（c）所示。一般情况下，这个力的大小方向未知，在直角坐标系内可用相互垂直的两个分力代替。因此，在平面力系中，固定端 $A$ 处的约束反力可简化为两个约束力 $F_{Ax}$、$F_{Ay}$ 和一个矩为 $M_A$ 的力偶，如图 4-5（d）所示。如建筑物的阳台，一端埋入地下的电线杆，其约束都简化为插入端（或固定端）支座。

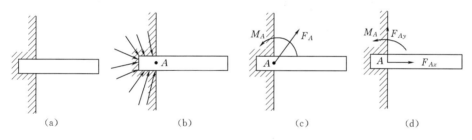

（a）　　　　　　　　（b）　　　　　　　　（c）　　　　　　　　（d）

图 4-5

### 二、平面任意力系的简化结果分析

（1）若 $F'_R = 0$，$M_O = 0$，则原力系平衡，在下节内容中详细分析。

（2）若 $F'_R = 0$，$M_O \neq 0$，则原力系简化为一力偶，原力系只与一力偶等效。该力偶就是原力系的合力偶，其力偶矩等于原力系的主矩，主矩与简化中心位置无关。

$$M_O = \sum_{i=1}^{n} M_O(F_i)$$

（3）若 $F'_R \neq 0$，$M_O = 0$，则原力系简化为一力 $F_R$，作用于简化中心，$F_R = F'_R = \sum F_i$。

（4）若 $F'_R \neq 0$，$M_O \neq 0$，此时根据力的平移定理的逆过程，可将力 $F'_R$ 和力偶矩为 $M_O$ 的力偶进一步合成为一力 $F_R$，合成过程如图 4-6 所示。

这个力 $F_R$ 就是原力系的合力。合力矢等于主矢；合力的作用线根据主矢和主矩的方向确定在点 $O$ 的哪一侧；合力作用线到点 $O$ 的距离 $d$ 为

$$d = \frac{M_O}{F_R} \qquad (4-4)$$

### 三、平面任意力系的合力矩定理

由图 4-6（b）可知，合力 $F_R$ 对点 $O$ 的矩为

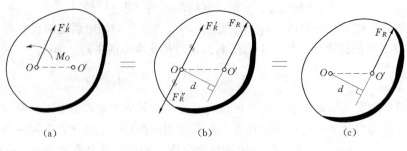

图 4-6

$$M_O(F_R) = F_R d = M_O$$

由式（4-3）有

$$M_O = \sum M_O(F_i)$$

所以

$$M_O(F_R) = \sum M_O(F_i) \tag{4-5}$$

结论：平面任意力系的合力对作用面内任一点的矩等于该力系中各力对同一点的矩的代数和。这就是**平面任意力系的合力矩定理**。

**【例 4-1】** 重力坝断面如图 4-7（a）所示，坝的上游有泥沙淤泥。已知水深 $H=46$m，泥沙厚度 $h=6$m，水的容重 $\gamma=9.8$kN/m³，泥沙的容重 $\gamma'=8$kN/m³，已知 1m 长坝段所受重力 $P_1=4500$kN，$P_2=14000$kN。受力图如图 4-7（b）所示。试将此坝段所受的力向点 $O$ 简化，并求出简化的最后结果。

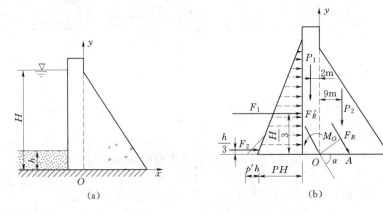

图 4-7

**解** 已知水中任一点的相对压强与其距水面的距离成正比，即在坐标为 $y$ 处的水压强为 $p=\gamma(H-y)(0 \leqslant y \leqslant H)$。同理，泥沙压强为 $p'=\gamma'(h-y)(0 \leqslant y \leqslant h)$。所以上游坝面所受的分布荷载如图 4-7（b）中的两个三角形所示。

为了便于计算，先将分布力合成为合力。将水压力与泥沙压力分开计算。水压力如图中大三角形所示，其合力设为 $F_1$，则

$$F_1 = \gamma H^2/2 = 10368 \text{(kN)}$$

$F_1$ 过三角形形心，即与坝底相距 $H/3=15.33$m。

泥沙压力如图中小三角形所示，其合力设为 $F_2$，则

$$F_2 = \gamma H^2/2 \times h = 144(\text{kN})$$

$F_2$ 与坝底相距 $h/3 = 2\text{m}$

现将 $F_1$、$F_2$、$P_1$、$P_2$ 四个力向点 $O$ 简化。先求主矢量：

$$F_{Rx}' = \sum F_{xi} = F_1 + F_2 = 10510(\text{kN})$$

$$F_{Ry}' = \sum F_{yi} = -P_1 - P_2 = -18500(\text{kN})$$

$$F_R' = \sqrt{F_{Rx}'^2 + F_{Ry}'^2} = 21300(\text{kN})$$

$$\alpha = \tan^{-1}|F_{Ry}'/F_{Rx}'| = -60°\ 24'$$

再求对点 $O$ 的主矩：

$$M_O = \sum M_O(F_i) = -F_1 \times H/3 - F_2 \times h/3 + P_1 \times 2 - P_2 \times 9 = -276300(\text{kN·m})$$

简化的最后结果是一合力，$F_R = F_R'$，其作用线与 $x$ 轴交点坐标 $x$ 为

$$x = |M_O|\csc\alpha/F_R' = 14.92(\text{m})$$

# 第三节 平面任意力系的平衡方程

若 $F_R' = 0$，$M_O = 0$，力系既不可能改变其作用物体的移动状态；也不可能改变其作用物体的转动状态，则力系平衡。所以平面任意力系平衡的必要与充分条件是：力系的主矢和力系对任一点的主矩都分别等于零，即

$$F_R' = 0, M_O = 0 \tag{4-6}$$

当式（4-6）满足时，由式（4-2）和式（4-3）有

$$\sum F_{xi} = 0, \quad \sum F_{yi} = 0, \quad \sum M_O(F)_i = 0 \tag{4-7}$$

式（4-7）就是**平面任意力系的平衡方程**。它是以解析的形式给出了平面任意力系平衡的必要与充分条件：力系中各力在其作用面内两相交轴上的投影的代数和分别等于零，同时力系中各力对其作用面内任一点之矩的代数和也等于零。

【**例4-2**】 图4-8（a）所示的混凝土浇灌器连同混凝土共重 $P = 60\text{kN}$，重心在 $C$ 处，用钢索沿铅直导轨匀速吊起。已知 $a = 30\text{cm}$，$b = 60\text{cm}$，$\alpha = 10°$，如不计导轮与导轨间的摩擦，求导轮 $A$ 和 $B$ 对导轨的压力及钢索的拉力。

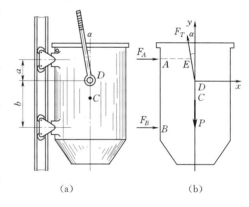

图 4-8

**解** 取混凝土浇灌器为研究对象，导轨对导轮 $A$、$B$ 的约束反力 $F_A$ 和 $F_B$ 的方向均与导轨垂直。受力图及坐标系如图4-8（b）所示。

由 $\qquad\qquad\qquad \sum F_y = 0, \quad F_T\cos\alpha - P = 0$

解得 $\qquad\qquad\qquad F_T = P\sec\alpha = 60.93(\text{kN})$

由 $\qquad\qquad\qquad \sum M_E = 0, \quad F_B(a+b) - P\tan\alpha = 0$

解得 $\qquad\qquad\qquad F_B = 3.53(\text{kN})$

由 $\qquad\qquad\qquad \sum F_x = 0, \quad F_A + F_B - F_T\sin\alpha = 0$

解得 $\qquad\qquad\qquad F_A = 7.05(\text{kN})$

【**例4-3**】 自重为 $P = 300\text{kN}$ 的 T 字形刚架 $ABD$，置于铅垂面内，载荷如图4-9（a）

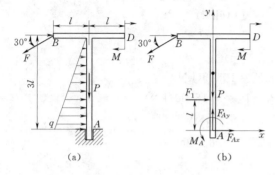

图 4-9

所示。其中 $M=60\mathrm{kN \cdot m}$，$F=800\mathrm{kN}$，$q=50\mathrm{kN/m}$，$l=2\mathrm{m}$。试求固定端 $A$ 的约束力。

**解** 取 T 字形刚架为研究对象，其上除三角形分布荷载，集中力 $F$ 和力偶 $M$ 外，在固定端 $A$ 处还作用有约束力 $F_{Ax}$、$F_{Ay}$ 和约束力偶 $M_A$，受力图如图 4-9（b）所示。三角形荷载的合力 $F_1$ 大小为 $F_1=\frac{1}{2}q\times 3l=150$（kN），作用线在距离三角形底边 $\frac{1}{3}l$ 处。

按图示坐标，列平衡方程：

$$\sum F_x=0,\quad F_{Ax}+F_1-F\sin 60°=0$$
$$\sum F_y=0,\quad F_{Ay}-P-F\cos 60°=0$$
$$\sum M_A(F)=0,\quad M_A-M-F_1 l+F\cos 60° \cdot l+F\sin 60° \cdot 3l=0$$

解方程，求得

$$F_{Ax}=F\sin 60°-F_1=542.8（\mathrm{kN}）$$
$$F_{Ay}=P+F\cos 60°=700（\mathrm{kN}）$$
$$M_A=M+F_1 l-Fl\cos 60°+3Fl\sin 60°=-4596.8（\mathrm{kN \cdot m}）$$

负号说明图中所设方向与实际情况相反，即 $M_A$ 应为顺时针转向。

# 第四节 静定和超静定问题·物体系统的平衡

由各种力系的平衡条件可知，对应于每一种力系都有一定数目的平衡方程。对于一个平衡物体，若能列出独立的平衡方程数目与未知量的数目相等，则全部未知量均可由平衡方程求出，这样的问题称为静定问题。显然前面列举的各个问题均属于**静定问题**。但是工程上有很多构件及结构，为了提高其刚度及坚固性，常增加多余的约束，因此这些构件及结构上的未知量数目将多于能列出的独立平衡方程的数目，则未知量就不能全部由平衡方程求出，这样的问题就称为**超静定问题**。而未知量与独立平衡方程两者数目之差称为**超静定的次数**。图 4-10 所示的简支梁及三铰拱均是静定问题；图 4-11 所示的三支点梁及两铰拱均是一次超静定问题。超静定问题已超出刚体静力学的范围，在后面的章节中研究。

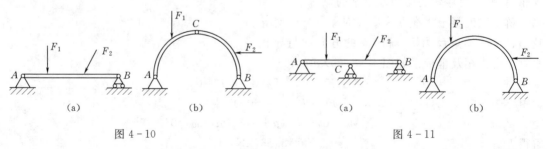

图 4-10    图 4-11

前面研究的均是单个物体的平衡问题，然而在实际问题中，会经常遇到物体系统的平衡问题。在物体系统中，一个物体受力和其他物体相联系，系统整体受力又和局部相联系。所以在研究物体系统的平衡问题时，不仅要求出系统所受的外力，而且还要求出系统内部各物体之间相互作用的内力。这就需要将系统中某物体及某几个物体的组合先后取出来，逐一研究才能求出全部未知量。

物体系统平衡时，组成系统的每一个物体均平衡。设系统由 $n$ 个物体组成，而每个受平面力系作用的物体，最多可列出三个独立平衡方程，则整个系统最多可列出 $3n$ 个独立平衡方程。若系统中未知量的数目不超过能列出的独立平衡方程的数目时，则该系统是静定的，否则就是超静定的。在静力学中只研究静定系统的平衡问题。

**【例 4-4】** 图 4-12（a）所示的人字形折梯放在光滑地面上。重 $P=800\text{N}$ 的人站在梯子 $AC$ 边的中点 $H$，$C$ 是铰链，已知 $AC=BC=2\text{m}$；$AD=EB=0.5\text{m}$，梯子的自重不计。求地面 $A$、$B$ 两处的约束反力和绳 $DE$ 的拉力。

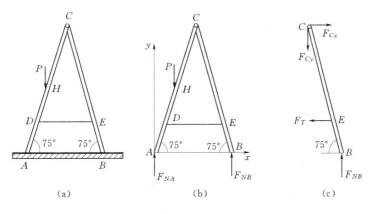

图 4-12

**解** 首先取梯子整体为研究对象。受力图及坐标系如图 4-12（b）所示。

由
$$\sum M_A=0, \quad F_{NB}(AC+BC)\cos75°-P\cdot AC\cos75°/2=0$$

解得
$$F_{NB}=200\text{N}$$

由
$$\sum F_y=0, \quad F_{NA}+F_{NB}-P=0$$

解得
$$F_{NA}=600\text{N}$$

为求出绳子的拉力，取其所作用的杆 $BC$ 为研究对象。受力图如图 4-12（c）所示。

由
$$\sum M_C=0, \quad F_{NB}\cdot\overline{BC}\cdot\cos75°-F_T\cdot\overline{EC}\cdot\sin75°=0$$

解得
$$F_T=71.5\text{N}$$

**【例 4-5】** 如图 4-13（a）所示的组合梁由 $AB$ 梁和 $BC$ 梁用中间铰 $B$ 连接而成，支承与荷载情况见图。已知 $F=20\text{kN}$，$q=5\text{kN/m}$，$\alpha=45°$；求支座 $A$、$C$ 的约束反力及铰 $B$ 处的反力。

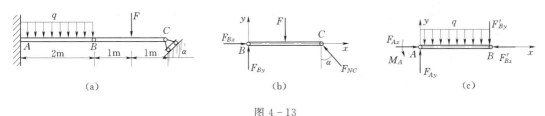

图 4-13

**解** （1）先取 $BC$ 梁为研究对象。受力图及坐标系如图 4-13（b）所示。

由
$$\sum M_C=0, \quad 1F-2F_{By}=0$$

解得
$$F_{By} = F/2 = 10(\text{kN})$$
由
$$\sum F_y = 0, \quad F_{By} - F + F_{NC}\cos\alpha = 0$$
解得
$$F_{NC} = 14.14\text{kN}$$
由
$$\sum F_x = 0, \quad F_{Bx} - F_{Nc}\sin\alpha = 0$$
解得
$$F_{Bx} = 10\text{kN}$$

（2）再取 $AB$ 梁段为研究对象，受力图与坐标系如图 4-13（c）所示。

由
$$\sum F_x = 0, \quad F_{Ax} - F'_{Bx} = 0$$
解得
$$F_{Ax} = F'_{Bx} = 10\text{kN}$$
由
$$\sum F_y = 0, F_{Ay} - 2q - F'_{By} = 0$$
解得
$$F_{Ay} = 2q + F'_{By} = 2q + F_{By} = 20(\text{kN})$$
由
$$\sum M_A = 0, M_A - 1 \cdot 2q - 2F'_{By} = 0$$
解得
$$M_A = 30\text{kN} \cdot \text{m}$$

**【例 4-6】** 平面桁架的尺寸和支座如图 4-14（a）所示。在节点 $D$ 处受一集中载荷 $F = 30\text{kN}$ 的作用。试求桁架各杆件的内力。

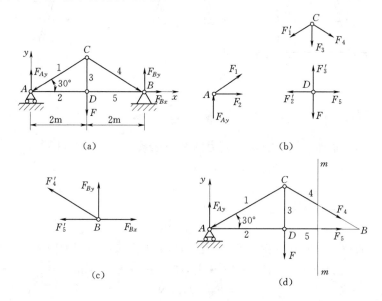

图 4-14

　　**桁架**是一种由杆件彼此在两端用铰链连接而成的结构，它在受力后几何形状不变。桁架中连接各杆的铰链称为**节点**。桁架中的杆件看作二力杆件。主要承受拉力或压力，可以充分发挥材料的作用，节约材料，减轻结构的重量，因此在房屋建筑水工建筑物、桥梁、起重机、电视塔等结构中广泛采用。

　　**解**　（1）求支座约束力。

以桁架整体为研究对象，受力如图 4-14（a）所示。列平衡方程：
$$\sum F_x = 0, \quad F_{Bx} = 0$$
$$\sum M_A(F) = 0, \quad F_{By} \cdot 4 - F \cdot 2 = 0$$
$$\sum F_y = 0, \quad F_{Ay} + F_{By} - F = 0$$
解得
$$F_{Bx} = 0, \quad F_{Ay} = F_{By} = 15\text{kN}$$

（2）依次取一个节点为研究对象，计算各杆内力。

假定各杆均受拉力，各节点受力如图 4-14（b）所示，为计算方便，最好逐次列出只含两个未知力的节点的平衡方程。

先取节点 A，杆的内力 $F_1$ 和 $F_2$ 未知。列平衡方程：

$$\sum F_x = 0, \quad F_2 + F_1 \cos 30° = 0$$

$$\sum F_y = 0, \quad F_{Ay} + F_1 \sin 30° = 0$$

代入 $F_{Ay}$ 的值后，解得

$$F_1 = -30 \text{ kN}, \quad F_2 = 25.98 \text{kN}$$

然后取节点 C，杆的内力 $F_3$ 和 $F_4$ 未知。列平衡方程：

$$\sum F_x = 0, \quad F_4 \cos 30° - F_1' \cos 30° = 0$$

$$\sum F_y = 0, \quad -F_3 - (F_1' + F_4) \sin 30° = 0$$

代入 $F_1' = F_1 = -30$（kN）解得

$$F_4 = -30 \text{kN}, \quad F_3 = 30 \text{kN}$$

再取节点 D，只有一个杆的内力 $F_5$ 未知。列平衡方程：

$$\sum F_x = 0, \quad F_5 - F_2' = 0$$

代入 $F_2' = F_2$ 值后，得

$$F_5 = 25.98 \text{kN}$$

原假定各杆均受拉力，计算结果 $F_2$，$F_5$，$F_3$ 为正值，表明杆 2，5，3 确受拉力；内力 $F_1$ 和 $F_4$ 的结果为负值，表明杆 1 和 4 承受压力。本例题采用的方法称为**节点法**。

若只要求出 5 杆的内力，也可以采用**截面法**，即用一个假想的截面把桁架分开，取其中的一半为研究对象，进行求解。如图 4-14（d）所示。

列平衡方程：

$$\sum M_C(F) = 0, \quad F_5 \times 2 \tan 30° - F_{Ay} \times 2 = 0$$

解得
$$F_5 = 25.98 \text{kN}$$

如果桁架结构对称，受力也对称，那么杆件的内力也是对称相等的。因此我们实际计算中只需算出对称轴一侧各杆的内力，对称轴另一侧各杆内力对称相等。对工程中的复杂桁架，截面有可能选取不止一个，而且截面可以是平面也可以是曲面。

# 第五节　考虑摩擦时物体的平衡

按照接触物体之间的相对运动情况，摩擦可都分为滑动摩擦和滚动摩阻两类。本节只研究滑动摩擦。

**一、滑动摩擦**

两个相互接触的物体沿着接触点（或面）的公切面有相对滑动趋势时，彼此作用着阻碍相对滑动的力，称为**静滑动摩擦力**，简称**静摩擦力**，其方向与对应物体相对滑动趋向相反；两个相互接触的物体沿着接触点（或面）的公切面有相对滑动时，彼此作用着阻碍其相对滑动的力，称为**动滑动摩擦力**，简称**动摩擦力**，其方向与对应物体相对速度方向相反。

设重为 $P_1$ 的物体 M 放在水平桌面上，如图 4-15（a）所示，此时物体只受重力 $P_1$ 和法向反力 $F_N$ 的作用而处于平衡，如图 4-15（b）所示。显然，物体在水平方向没有滑动趋

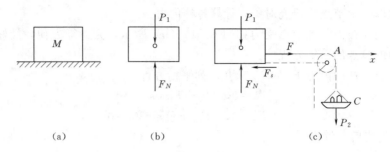

图 4 - 15

势，因此在接触面间也就不存在摩擦。物体 $M$ 连一绳绕过一定滑轮 $A$ 挂一小盘 $C$，若不计定滑轮及其轮轴的摩擦，则绳作用于物体 $M$ 的拉力 $F$ 的数值等于小盘和盘内砝码的总重 $P_2$。

### 1. 静摩擦力

当拉力 $F$ 由逐渐增大，只要不超过某一定值。物体 $M$ 仍然保持静止。这一事实说明桌面对物体 $M$ 的约束反力除 $F_N$ 外，还有一个与其运动趋向相反的沿接触面的力 $F_S$，如图 4 - 19c 所示，阻止它滑动，力 $F_S$ 就是**静摩擦力**。静摩擦力与一般的约束反力一样，列平衡方程确定。

$$\sum F_x = 0, \quad F - F_S = 0$$

解得 $$F_S = F$$

由此可知，当物体静止时，静摩擦力 $F_S$ 随力 $F$ 的变化而变化。这是静摩擦力与一般约束反力的共同特点。

但是静摩擦力 $F_S$ 并不随力 $F$ 的增大而无限制地增大。当力 $F$ 达到某一定值 $F_K$ 时，物体处于将要滑动而尚未滑动的临界平衡状态。此时只要力 $F$ 比 $F_K$ 靠稍大一点或受到环境的任何扰动，物体将开始滑动。这一事实说明物体处于临界平衡状态时，静摩擦力达到最大值 $F_m$，称为**最大静摩擦力**或**极限摩擦力**。

由上述分析可知，静摩擦力 $F$ 的大小的变化范围为

$$0 \leqslant F_S \leqslant F_m \qquad (4-8)$$

### 2. 静摩擦定律

最大静摩擦力 $F_m$ 与许多因素有关。根据大量的实验结果可知，最大静摩擦力的方向与相对滑动趋向相反，其大小与两物体间的法向反力成正比。即

$$F_m = f F_N \qquad (4-9)$$

这就是**静摩擦定律**。式中：$f$ 是无量纲的比例系数，称为**静滑动摩擦系数**，简称**静摩擦系数**。其大小需由实验测定。它不仅与接触物体的材料和接触面的状况（如粗糙度、温度和湿度等）有关，而且还与法向反力的大小及其作用时间的长短等因素有关。也就是说，对于确定的材料，静摩擦系数并不是常数，但在许多情况下，接近常数，只讨论 $f$ 为常数的情形。

### 3. 动摩擦力

当拉力 $F$ 略大于 $F_K$，物体就将向右加速滑动，此时出现的阻碍物体相对滑动的摩擦力就是**动摩擦力**，动摩擦力与静摩擦力不同，没有变化范围。由大量实验证明，动摩擦力的方向与接触物体间的相对速度方向相反，其大小与两物体间的法向反力成正比。即

$$F'_S = f'F_N \qquad (4-10)$$

这就是动摩擦定律，式中 $f'$ 也是无量纲的比例系数，称为**动滑动摩擦系数**，简称**动摩擦系数**。除了与接触物体的材料和接触面的状况有关，还与两物体的相对速度有关，$f'$ 值随滑动速度增加而减小，当滑动速度达到一个很小的有限值后，$f'$ 值趋于某一极限值。

一般情况下，动摩擦系数小于静摩擦系数，即 $f' < f$。

**二、摩擦角与自锁现象**

1. 摩擦角

当物体有相对运动趋势时，支承面对物体的约束反力包括法向反力 $F_N$ 和摩擦力 $F_S$，这两个力的合力 $F_R$ 就称为**全约束反力**。全约束反力 $F_R$ 与接触面公法线的夹角为 $\varphi$，如图 4-16（a）所示。显然，夹角 $\varphi$ 随静摩擦力的变化而变化；当静摩擦力达到最大值 $F_m$ 时，夹角 $\varphi$ 也达到最大值 $\varphi_m$，如图 4-16（b）所示。$\varphi_m$ 称为**摩擦角**。由图 4-16 可知

$$\tan\varphi_m = F_m/F_N = fF_N/F_N = f \qquad (4-11)$$

式（4-11）表明，摩擦角的正切等于静摩擦系数，可见 $\varphi_m$ 与 $f$ 一样，也是表示材料摩擦性质的物理量。

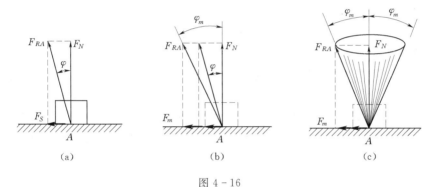

图 4-16

若过接触点在不同的方向作出在临界平衡状态时的全约束反力的作用线，则这些作用线将形成一个锥面，称为**摩擦锥**。若沿接触面的各个方向的摩擦系数均相同，则摩擦锥是一个顶角为 $2\varphi_m$ 的圆锥，如图 4-16（c）所示。

2. 自锁现象

物体平衡时，静摩擦力总是不大于最大静摩擦力，因此全约束反力 $F_R$ 与接触面公法线间的夹角 $\varphi$ 也总是不大于摩擦角 $\varphi_m$，即

$$0 \leqslant \varphi \leqslant \varphi_m \qquad (4-12)$$

式（4-12）说明全约束反力的作用线不可能越出摩擦角，必在摩擦角之内。

因此，如果作用于物块的全部主动力的合力 $F_R$ 的作用线在摩擦角 $\varphi_m$ 之内，则无论这个力怎样大，物块必定保持静止。这种现象称为**自锁现象**。如图 4-17（a）所示。工程实际中常应用自锁条件设计一些机构或夹具，如千斤顶、压榨机等，使它们始终保持在平衡状态下工作。

如果全部主动力的合力 $F_R$ 的作用线在摩擦角 $\varphi_m$ 之外，则无论这个力怎样小，物块一定会滑动。如图 4-17（b）所示。应用这个道理，可以设法避免发生自锁现象。

3. 静摩擦系数的测定

对于一般的工程问题，静摩擦系数可以从有关工程手册查得其对应值，但是对于一些重

要工程，必须由试验精确地测定静摩擦系数的值，用于设计计算。

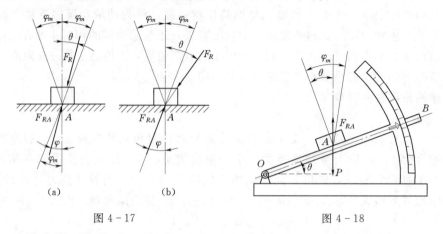

图 4-17                     图 4-18

把要测定的两种材料分别做成斜面和物块，把物块放在斜面上，如图 4-18 所示，并逐渐从零起增大斜面的倾角 $\theta$，直到物块刚开始下滑时为止。这时的 $\theta$ 角就是要测定的摩擦角 $\varphi_m$，因为当物块处于临界状态时，$P=-F_{RA}$，$\theta=\varphi_m$。由式（4-11）求得摩擦系数，即

$$f=\tan\varphi_m=\tan\theta$$

### 三、考虑摩擦时物体的平衡问题

求解有摩擦时物体的平衡问题时，在受力分析中必须考虑摩擦力，并根据摩擦理论建立补充方程。

【例 4-7】 一木制平面闸门如图 4-19（a）、（b）所示。其自重 $P=2.6\text{kN}$，水压力的合力 $F=32\text{kN}$。设闸门与门槽之间摩擦系数为 0.5，求所需的启门力与闭门力（不计水的浮力）。

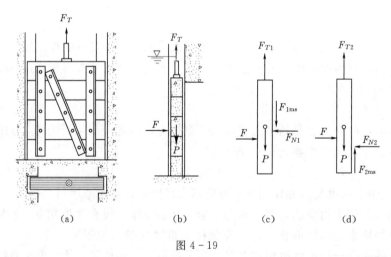

图 4-19

**解** 开启闸门时，考虑其上滑临界平衡状态，受力图如图 4-19（c）所示。

由

$$\sum F_x=0, \quad F-F_{N1}=0$$

$$\sum F_y=0, \quad F_{T1}-P-F_{1ms}=0$$

补充方程为

$$F_{1ms}=fF_{N1}$$

联立上述三式解得

$$F_{T1}=P+fF=18.6\text{(kN)}$$

关闭闸门时，考虑其下滑临界平衡状态，受力图如图 5-19（d）所示。

由
$$\sum F_x=0 , \quad F-F_{N2}=0$$
$$\sum F_y=0 , \quad F_{T2}-P+F_{2\text{ms}}=0$$

补充方程为
$$F_{2\text{ms}}=fF_{N2}$$

联立上述三式解得
$$F_{T2}=P-fF=-13.4(\text{kN})$$

负号表示 $F_{T2}$ 实际方向应与图示方向相反，即应向下。

# 小　　结

（1）力的平移定理：平移一力的同时必须附加一力偶，附加力偶的矩等于原来的力对新作用点的矩。反过来可以将同一平面内的一个力和一个力偶合成为一个力。

（2）平面任意力系向平面内任选一点 $O$ 简化，一般情况下，可得一个力和一个力偶，这个力等于该力系的主矢，即

$$F'_R=\sum_{i=1}^{n}F_i$$

作用线通过简化中心 $O$。这个力偶的矩等于该力系对于点 $O$ 的主矩，即

$$M_O=\sum_{i=1}^{n}M_O(F_i)$$

（3）平面任意力系平衡的充分和必要条件是 $F'_R=0$，$M_O=0$。平面任意力系平衡方程为：

$$\sum F_{xi}=0 \quad \sum F_{yi}=0 \quad \sum M_O(F_i)=0$$

（4）物体系统总的独立平衡方程数目是一定的，它等于各个物体独立平衡方程数目的总和。求解物体系统平衡问题时，选择研究对象的顺序根据具体情况确定，尽量避免解联立方程，力求计算简便。

（5）滑动摩擦。滑动摩擦力是在两个物体相互接触的表面之间有相对滑动趋势或有相对滑动时出现的切向约束力。前者称为静滑动摩擦力，后者称为动滑动摩擦力。

1）静摩擦力 $F_S$ 的方向与接触面间相对滑动趋势的方向相反，其值满足

$$0\leqslant F_S\leqslant F_m$$

静摩擦定律为
$$F_m=fF_N$$

式中：$f$ 为静摩擦因数；$F_N$ 为法向约束力。

2）动摩擦力 $F$ 的方向与接触面间相对滑动的速度方向相反，其大小为

$$F=f'F_N$$

其中，$f'$ 为动摩擦因数，一般情况下略小于静摩擦系数 $f$。

（6）摩擦角 $\varphi_m$ 为全约束力与法线间夹角的最大值，且有

$$\tan\varphi_m=f$$

全约束力与法线间夹角 $\varphi$ 的变化范围为

$$0\leqslant\varphi\leqslant\varphi_m$$

当主动力的合力作用在摩擦角之内时发生自锁现象。

# 思　考　题

4-1　某平面力系向 $A$、$B$ 两点简化的主矩皆为零，此力系简化的最终结果可能是一个力吗？可能是一个力偶吗？可能平衡吗？

4-2　平面汇交力系向汇交点以外一点简化，其结果可能是一个力吗？可能是一个力偶吗？可能是一个力和一个力偶吗？

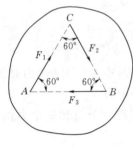

图 4-20

4-3　某平面力系向同平面内任一点简化的结果都相同，此力系简化的最终结果可能是什么？

4-4　在刚体上 $A$、$B$、$C$ 三点分别作用三个力 $F_1$、$F_2$、$F_3$，各力的方向如图 4-20 所示，大小恰好与 $\triangle ABC$ 的边长成比例。问该力系是否平衡？为什么？

4-5　若平面任意力系满足 $\sum F_{xi} = 0$ 和 $\sum F_{yi} = 0$，但不满足 $\sum M_0 = 0$，试问该力系简化的结果是什么？

4-6　平面汇交力系的平衡方程中，可否取两个力矩方程，或一个力矩方程和一个投影方程？这时，其矩心和投影轴的选择有什么限制？

4-7　你从哪些方面去理解平面任意力系只有三个独立的平衡方程？为什么说任何第四个方程只是前三个方程的线性组合？

4-8　怎样判断静定与超静定问题，如图 4-21 所示的六种情形中哪些是静定问题，哪些是超静定问题，为什么？

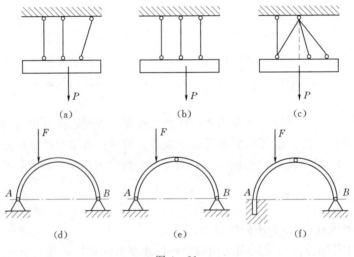

图 4-21

4-9　已知一物块重 $P=100\text{N}$，用水平力 $F=500\text{N}$ 的力压在一铅直表面上，如图4-22所示，其摩擦系数 $f=0.3$，问此时物块所受的摩擦力等于多少？

4-10　物块重 $P_1$，一力 $F$ 作用在摩擦角之外，如图 4-23 所示。已知 $\theta=25°$，摩擦角 $\varphi_m=20°$，$F=P$。问物块动不动？为什么？

4-11　如图 4-24 所示，用钢楔劈物，接触面间的摩擦角为 $\varphi_m$。劈入后欲使楔不滑出，问钢楔两个平面间的夹角 $\theta$ 应该多大？楔重不计。

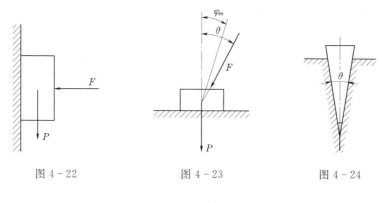

图 4 - 22          图 4 - 23          图 4 - 24

## 习　　题

4 - 1　如图 4 - 25 所示，已知 $F_1=200N$，$F_2=350N$，$F_3=100N$，$F_4=200N$，$M=400N\cdot mm$，求力系向点 $O$ 的简化结果，并求力系合力的大小及其与原点 $O$ 的距离 $d$。图中距离单位是 mm。

4 - 2　如图 4 - 26 所示，已知挡土墙自重 $P=400kN$，土压力 $F=320kN$，水压力 $F_1=176kN$。求该力系向底面中心 $O$ 的简化结果，并求出最终简化结果。

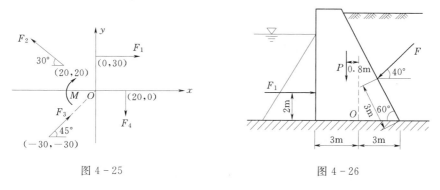

图 4 - 25          图 4 - 26

4 - 3　如图 4 - 27 所示，弧形闸门自重 $P=150kN$，水压力 $F=3000kN$，铰 $A$ 处摩擦力偶的矩 $M=60kN\cdot m$。求开启门时的拉力 $F_T$ 及铰 $A$ 的约束反力。

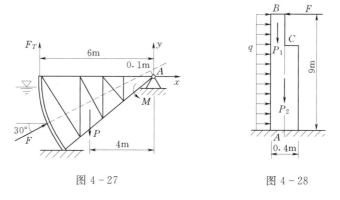

图 4 - 27          图 4 - 28

4 - 4　某均质厂房柱如图 4 - 28 所示，高 9m，柱的上段 $BC$ 重 $P_1=10kN$，下段 $CA$ 重 $P_2=43kN$，风力 $q=2kN/m$，柱顶水平力 $F=8kN$。求固定端 $A$ 处的约束反力。

4-5 如图 4-29 所示为水平梁。已知 $F=350\text{kN}$，$M=460\text{kN} \cdot \text{m}$，$q=250\text{kN/m}$，$a=1\text{m}$，求支座 $A$ 和 $B$ 处的约束反力。

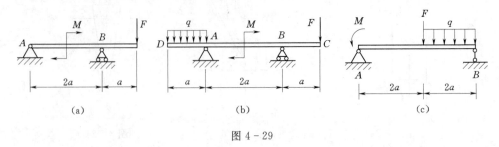

图 4-29

4-6 如图 4-30 所示，飞机机翼上安装一台发动机，作用在机翼 $OA$ 上的气动力按梯形分布：$q_1=60\text{kN/m}$，$q_2=40\text{kN/m}$，机翼重 $P_1=45\text{kN/m}$，发动机 $P_2=20\text{kN/m}$，发动机螺旋桨的反作用力偶矩 $M=18\text{kN} \cdot \text{m}$。求机翼处于平衡状态时，机翼根部固定端 $O$ 所受的力。

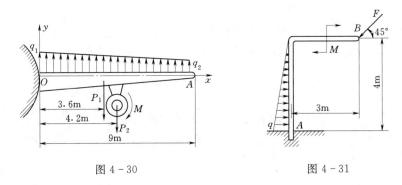

图 4-30                    图 4-31

4-7 如图 4-31 所示刚架中，已知 $q=30\text{kN/m}$，$F=80\sqrt{2}\text{kN}$，$M=200\text{kN} \cdot \text{m}$，刚架自重不计。求刚架支座 $A$ 的反力。

4-8 如图 4-32 所示为一个钢筋混凝土三铰刚架的计算简图，在刚架顶上受到沿水平方向均布的线荷载 $q=8\text{kN/m}$，刚架高 $h=8\text{m}$，跨度 $l=12\text{m}$。试求支座 $A$、$B$ 及铰 $C$ 处的约束反力。

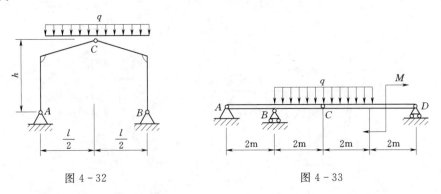

图 4-32                    图 4-33

4-9 组合梁 $AD$ 如图 4-33 所示，已知 $q=10\text{kN/m}$，$M=40\text{kN} \cdot \text{m}$，不计梁重。求支座 $A$、$B$、$D$ 的约束反力和铰链 $C$ 处所受的力。

4-10 如图 4-34 所示构架由杆 $AB$、$BC$、$CE$ 和滑轮 $E$ 组成，物体 $P$ 重 1200N，不

计杆和滑轮重量。求支座 $A$、$B$ 处的约束反力及杆 $BC$ 的内力。

4-11　在图 4-35 所示结构中，$B$、$C$、$D$ 处为铰链，$A$ 处为固定端，载荷 $F=10$kN，均质杆 $AC$ 和 $CE$ 自重 $P_1=P_2=60$kN，重心在杆的中间。求固定端 $A$ 处的约束力及杆 $BD$ 所受的力。

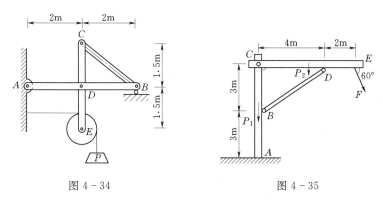

图 4-34　　　　　　　　　　　　　图 4-35

4-12　桁架结构如图 4-36 所示，已知 $F=10$kN，尺寸如图 4-36 所示，求各杆的内力。

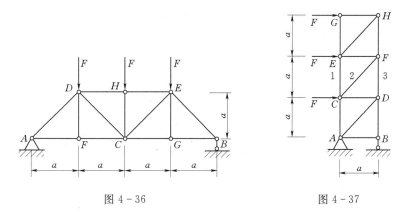

图 4-36　　　　　　　　　　　　　图 4-37

4-13　已知 $F=5$kN，试求图 4-37 所示桁架中 1、2、3 杆的内力。

4-14　物块重 $P=100$N，放在与水平面成角 30° 的斜面上，物块受一水平力 $F$ 作用，如图 4-38 所示。设物块与斜面间的静摩擦系数 $f=0.2$，求物块在斜面上平衡时所需力 $F$ 的大小。

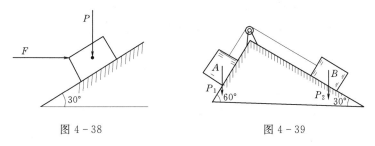

图 4-38　　　　　　　　　　　　　图 4-39

4-15　图 4-39 所示为斜面上两物体的平衡问题。已知 $A$ 物体重 $P_1=100$N，各接触面处的摩擦系数相同，$f=0.2$，不计滑轮阻力，试求系统平衡时，$B$ 物体重量 $P_2$ 的限定范围。

# 第五章 空间力系

各力作用线不在同一平面内的力系称为**空间力系**。在实际工程中，许多水利工程结构的受力都不能归结为平面问题，而是承受各种形式的空间力系作用。前面章节所介绍的平面力系，实际上都是空间力系的特殊情况。

本章论述空间力系的简化与平衡条件，并介绍物体重心和形心的概念。

## 第一节 力的投影与力矩

### 一、力在空间直角坐标轴上的投影

力 $F$ 在空间直角坐标轴上投影的计算，一般有两种方法。

1. 直接投影法

如图 5-1 所示，已知力 $F$ 与坐标轴间的方向角 $\alpha$、$\beta$、$\gamma$，若以 $F_x$，$F_y$，$F_z$ 分别表示力 $F$ 在 $x$、$y$、$z$ 轴的投影，则有

$$F_x = F\cos\alpha, \quad F_y = F\cos\beta, \quad F_z = F\cos\gamma \tag{5-1}$$

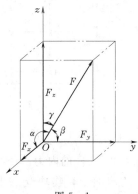

图 5-1

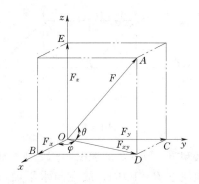

图 5-2

2. 二次投影法

如图 5-2 所示，已知力 $F$ 与坐标平面的方位角 $\varphi$ 和仰角 $\theta$，则先将力 $F$ 投影到 $oxy$ 平面上，得投影 $Fxy$，然后再将力矢 $Fxy$ 分别投影到 $x$、$y$ 轴上，将力 $F$ 直接投影到 $z$ 轴上，得

$$F_x = F\cos\theta\cos\varphi, \quad F_y = F\cos\theta\sin\varphi, \quad F_z = F\sin\theta \tag{5-2}$$

若已知力 $F$ 在坐标轴上的投影 $F_x$、$F_y$、$F_z$，则该力的大小及方向余弦为

$$\left. \begin{aligned} F &= \sqrt{F_x^2 + F_y^2 + F_z^2} \\ \cos\alpha &= F_x/F, \quad \cos\beta = F_y/F, \quad \cos\gamma = F_z/F \end{aligned} \right\} \tag{5-3}$$

其中 $\alpha$、$\beta$、$\gamma$ 是力 $F$ 分别与 $x$、$y$、$z$ 轴正向间的夹角（小于 $180°$）。

### 二、力对点之矩

空间情况下，力对点之矩不仅要考虑力矩的大小、转向，还要考虑力与矩心所在的平面

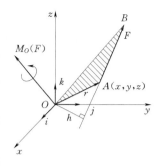

图 5-3

在空间中心的方位。因此空间的力矩是一个矢量，称为**力矩矢**，用 $M_O(F)$ 表示。

其中矢量的模 $|M_O(F)| = F \cdot h = 2A_{\triangle OAB}$；矢量的方位与力矩作用面的法线方向相同，矢量的指向按右手螺旋法则来确定，如图 5-3 所示。

若以 $r$ 表示力作用点 $A$ 的矢径，则矢积 $r \times F$ 的模等于三角形 $OAB$ 面积的两倍，其方向与力矩矢一致。因此可得

$$M_O(F) = r \times F \qquad (5-4)$$

若以矩心 $O$ 为原点，作空间直角坐标系 $Oxyz$ 如图 5-3 所示。设力作用点 $A$ 的坐标为 $A(x, y, z)$，力在三个坐标轴上的投影分别为 $F_x$，$F_y$，$F_z$，则矢径 $r$ 和力 $F$ 分别为

$$r = xi + yj + zk$$
$$F = F_x i + F_y j + F_z k$$

代入式（5-4），并采用行列式形式，得

$$M_O(F) = r \times F = \begin{vmatrix} i & j & k \\ x & y & z \\ F_x & F_y & F_z \end{vmatrix} = (yF_z - zF_y)i + (zF_x - xF_z)j + (xF_y - yF_x)k \qquad (5-5)$$

由上式可知，单位矢量 $i$，$j$，$k$ 前面的三个系数，应分别表示力矩矢 $M_O(F)$ 在三个坐标轴上的投影，即

$$\left. \begin{array}{l} [M_O(F)]_x = yF_z - zF_y \\ [M_O(F)]_y = zF_x - xF_z \\ [M_O(F)]_z = xF_y - yF_x \end{array} \right\} \qquad (5-6)$$

### 三、力对轴的矩

为了度量力对绕定轴转动刚体的作用效果，必须了解对轴的矩的概念。

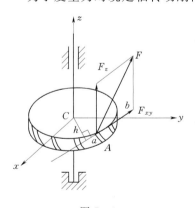

图 5-4

如图 5-4 所示，根据合力矩定理，力 $F$ 分解为 $F_z$ 和 $F_{xy}$。其中 $F_z$ 平行 $z$ 轴，对静止的 $z$ 轴无法产生转动，因此 $M_z(F_z) = 0$；只有垂直 $z$ 轴的分力为 $F_{xy}$ 对 $z$ 轴有矩，即 $M_O(F_{xy})$。$F_{xy}$ 所在的平面与垂直的 $z$ 轴交与点 $O$，因此 $F_{xy}$ 对 $z$ 轴的力矩，实际上转化为 $F_{xy}$ 对平面内点 $O$ 之矩 $M_O(F_{xy})$。

$$\begin{aligned} M_z(F) &= M_O(F_z) + M_O(F_{xy}) \\ &= M_O(F_{xy}) = \pm F_{xy}h = \pm 2A_{\triangle oab} \end{aligned} \qquad (5-7)$$

即

$$M_Z(F) = xF_y - yF_x$$

同理，可得 $F$ 对 $x$，$y$ 轴的矩。于是力对坐标轴之矩的表达式为

$$\left. \begin{array}{l} M_x(F) = yF_z - zF_y \\ M_y(F) = zF_x - xF_z \\ M_z(F) = xF_y - yF_x \end{array} \right\} \qquad (5-8)$$

**力对轴的矩**的定义如下：力对轴的矩是力使刚体绕该轴转动效果的度量，是一个代

数量，其绝对值等于该力在垂直于该轴的平面上的投影对于这个平面与该轴的交点的矩。其正负号如下确定：从坐标轴正端来看，若力的这个投影使物体绕该轴逆时针转动，则取正号，反之取负号。也可按右手螺旋法则确定其正负号，拇指指向与坐标轴一致为正，反之为负。

### 四、力对点之矩与力对该点的轴的之矩的关系

比较式（5-6）和式（5-8），可得

$$\left.\begin{array}{l}[M_O(F)]_x=M_x(F)\\ [M_O(F)]_y=M_y(F)\\ [M_O(F)]_z=M_z(F)\end{array}\right\} \tag{5-9}$$

结论：力对点的矩矢在通过该点的某轴上的投影，等于力对该轴的矩。

# 第二节　空间任意力系的简化与平衡

## 一、空间任意力系向一点的简化

刚体上作用空间任意力系 $F_1$，$F_2$，$\cdots$，$F_n$，如图 5-5（a）所示。应用力的平移定理，依次将各力向简化中心 $O$ 平移，同时附加一个相应的力偶。这样，原来的空间任意力系简化为空间汇交力系和空间力偶系的组合，如图 5-5（b）所示。其中

$$F_i'=F_i \qquad (i=1,2,\cdots,n)$$
$$M_i=M_O(F_i)$$

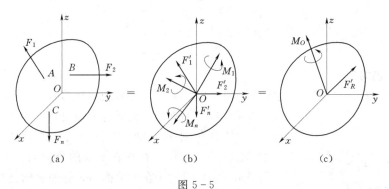

图 5-5

作用于点 $O$ 的空间汇交力系进一步简化为通过点 $O$ 的一个力 $F_R'$，称为**原力系的主矢**，如图 5-5（c）所示。

$$F_R'=\sum_{i=1}^n F_i'=\sum_{i=1}^n F_i \tag{5-10}$$

空间的力偶系进一步简化为一力偶 $M_O$，称为**原力系对点 $O$ 的主矩**，如图 5-5（c）所示。

$$M_O=\sum_{i=1}^n M_i=\sum_{i=1}^n M_O(F_i) \tag{5-11}$$

由此可知得，空间任意力系向任一点 $O$ 简化，可得一力和一力偶。这个力的大小和方向等于该力系的主矢，作用线通过简化中心 $O$；这力偶的矩矢等于该力系对简化中心的主矩。

与平面力系一样，空间力系的主矢与简化中心的位置无关，而主矩一般将随着简化中心位置的不同而改变。

**二、空间任意力系简化结果分析**

（1）若 $F_R'=0$，$M_O=0$，则空间任意力系平衡，将在下面详细讨论。

（2）若 $F_R'=0$，$M_O\neq0$ 这时得到一与原力系等效的合力偶，其合力偶矩矢等于原力系对简化中心的主矩。在这种情况下，主矩与简化中心的位置无关。

（3）若 $F_R'\neq0$，$M_O=0$，这时得到一与原力系等效的合力，合力的作用线通过简化中心 $O$，其大小和方向等于原力系的主矢。

（4）若 $F_R'\neq0$，$M_O\neq0$，$F_R'\perp M_O$，如图 5-6（a）所示。这时，力 $F_R'$ 和力偶矩矢为 $M_O$ 的力偶（$F_R''$，$F_R$）在同一平面内，如图 5-6（b）所示，根据平面任意力系简化结论，最后简化为作用于点 $O'$ 的一个力 $F_R$，如图 5-6（c）所示。此力即为原力系的合力，其大小和方向等于原力系的主矢，其作用线到简化中心 $O$ 的距离为

$$d=\frac{|M_O|}{F_R} \tag{5-12}$$

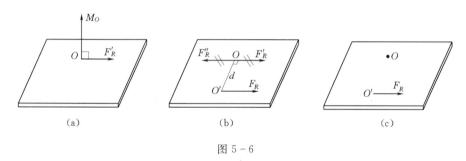

图 5-6

（5）若 $F_R'\neq0$，$M_O\neq0$ 且 $F_R'\ /\!/ M_O$，这种结果称为力螺旋，如图 5-7 所示。所谓**力螺旋**就是由一力和一力偶组成的力系，其中的力垂直力偶的作用面。例如，钻孔时的钻头对工件的作用以及拧木螺钉时螺丝刀的作用都是力螺旋。

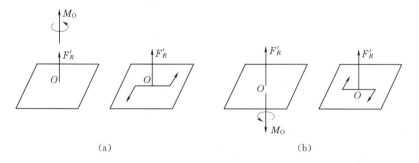

图 5-7

（6）若 $F_R'\neq0$，$M_O\neq0$，同时两者既不平行，又不垂直，如图 5-8（a）所示。此时可将 $M_O$ 分解为两个分力偶 $M_O''$ 和 $M_O'$，分别垂直与 $F_R'$ 和平行于 $F_R'$，如图 5-8（b）所示。根据上述第（5）条，最后还是简化为一力螺旋，如图 5-8（c）所示。$O$、$O'$ 两点间距离为

$$d=\frac{|M_O''|}{F_R'}=\frac{M_O\sin\theta}{F_R'} \tag{5-13}$$

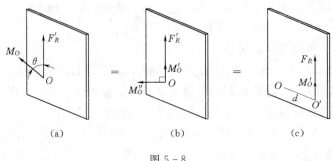

图 5 - 8

### 三、空间任意力系的平衡方程

空间任意力系处于平衡的必要和充分条件是：力系的主矢和对于任一点的主矩都等于零，即

$$F'_R = 0; \quad M_O = 0$$

根据式（5 - 10）和式（5 - 11），将上述条件写成空间直角坐标系内的平衡方程为

$$\left.\begin{array}{l} \sum F_{xi} = 0, \quad \sum F_{yi} = 0, \quad \sum F_{zi} = 0 \\ \sum M_x(F) = 0, \quad \sum M_y(F) = 0, \quad \sum M_z(F) = 0 \end{array}\right\} \tag{5 - 14}$$

式（5 - 14）有 6 个独立的方程，可以求解出 6 个未知量，他是解决空间力系平衡问题的基本方程。

根据阻碍物体移动或转动的特性，将几种常见的约束及其相应的约束反力列表，如表 5 - 1 所示。

表 5 - 1　　　　　　　　常见空间约束的类型及其约束反力

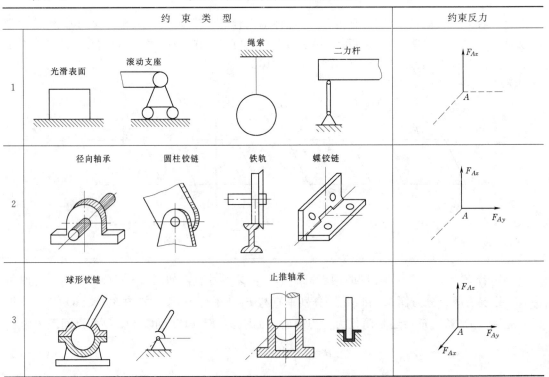

| | 约 束 类 型 | | 约 束 反 力 |
|---|---|---|---|
| 4 | 导向轴承（a） | 万向接头（b） | (a)　(b) |
| 5 | 带有销子的夹板（a） | 导轨（b） | (a)　(b) |
| 6 | 空间的固定端支座 | | |

**【例 5-1】**　起重机吊起重 20kN 的物体 $P$，其工作位置如图 5-9 所示，已知 $AB=3m$，$AE=AF=4m$，$\angle EAF=90°$，起重臂平面 $ABC$ 位于拉索 $BF$ 与 $BE$ 的对称面内，试求拉索 $BE$、$BF$ 中的拉力和铅直支柱 $AB$ 内的压力，拉索、支柱及起重机的重量均忽略不计。

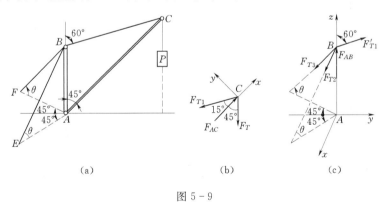

图 5-9

**解**　首先以节点 $C$ 为研究对象，受力分析和投影轴如图 5-9（b）所示。根据空间汇交力系平衡方程

由　　　　　　　　　　　$\sum F_y = 0$，$F_{T1}\sin15° - F_T\sin45° = 0$

解得　　　　　　　$F_{T1} = F_T\sin45°/\sin15° = P\sin45°/\sin15° = 546(\mathrm{kN})$

然后以铰 $B$ 为研究对象，受力分析和坐标系如图 5-9（c）所示，使 $F'_{T1}$ 和 $F_{AB}$ 都在 $Ayz$ 平面内。根据空间汇交力系平衡方程

由　　　　　　$\sum F_x = 0$，　$F_{T2}\cos\theta\sin45° - F_{T3}\cos\theta\sin45° = 0$　　　　　　（1）

　　　　　　　$\sum F_y = 0$，　$F'_{T1}\sin60° - F_{T2}\cos\theta\cos45° - F_{T3}\cos\theta\cos45° = 0$　　　（2）

45

$$\sum F_z = 0, \quad F_{AB} + F'_{T1}\cos60° - F_{T2}\sin\theta - F_{T3}\sin\theta = 0 \tag{3}$$

根据已知长度 $AE = AF = 4m$，$AB = 3m$，可求出

$$\cos\theta = AE/BE = 4/\sqrt{3^2+4^2} = 4/5, \quad \sin\theta = AB/BE = 3/5$$

解得

$$F_{T2} = F_{T3} = F_{T1}\sin60°\sec\theta\sec45° = 419(kN)$$

$$F_{AB} = 230kN$$

**【例 5-2】** 传动轴 $AB$ 上装有斜齿轮 $C$ 和带轮 $D$，如图 5-10 所示。斜齿轮的节圆半径 $r = 60mm$，压力角 $\alpha = 20°$，螺旋角 $\beta = 15°$；带轮的半径 $R = 100mm$，胶带拉力 $F_{T1} = 2F_{T2} = 1300N$，胶带的紧边为水平，松边与水平成角 $\theta = 30°$；两轮各与向心轴承 $A$ 及向心推力轴承 $B$ 相距 $a = b = 100mm$，两轮之间距离 $c = 150mm$。设轴在带轮带动下作匀速运动，不计轮、轴的重量，求斜齿轮所受的圆周力 $F$ 及轴承 $A$、$B$ 的约束反力。

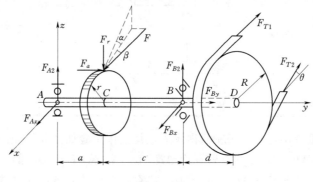

图 5-10

**解** 取转动轴连同斜齿轮和带轮为研究对象，为一空间任意力系的平衡问题。受力分析和坐标系如图 5-10 所示，列平衡方程

$$\sum F_x = 0, \quad F_{Ax} + F_{Bx} + F - F_{T1} - F_{T2}\cos\theta = 0$$

$$\sum F_y = 0, \quad F_{By} + F_a = 0$$

$$\sum F_z = 0, \quad F_{Az} + F_{Bz} - F_r + F_{T2}\sin\theta = 0$$

$$\sum M_x(F) = 0, \quad F_{Bz}(a+c) - F_a r - F_r a + F_{T2}\sin\theta(a+c+b) = 0$$

$$\sum M_y(F) = 0, \quad F_r - F_{T1}R + F_{T2}R = 0$$

$$\sum M_z(F) = 0, \quad -F_{Bx}(a+c) - Fa + F_{T1}(a+c+b) + F_{T2}\cos\theta(a+c+b) = 0$$

解方程组，得

$$F = 1083N$$

根据斜齿轮中圆周力 $F$ 与径向力 $F_r$ 和轴向力 $F_a$ 间的关系，可得

$$F_a = F\tan\beta = 1083\tan150° = 290(N)$$

$$F_r = F\tan\alpha/\tan\beta = 1083\tan20°/\cos15° = 408(N)$$

$$F_{Bx} = 2175N, \quad F_{By} = -290N, \quad F_{Bz} = -222N$$

$$F_{Ax} = -1395N, \quad F_{Az} = 305N$$

$F_{Ax}$、$F_{By}$、$F_{Bz}$ 得负值，表明力 $F_{Ax}$、$F_{By}$ 及 $F_{Bz}$ 的方向与图示的方向相反。

# 第三节　重　心　与　形　心

## 一、重心的概念

物体的重心是平行力系中心的一个很重要的特例。重力是地球对于物体的引力。若将物体视为由无数质点组成的，则重力便组成空间汇交力系。由于物体的尺寸比地球小得多，因此可近似认为重力式分布于物体内各质点的平行力系；其合力大小就是物体的重量。不论物体如何放置，其重力的合力作用线相对于物体总是一确定的点，该点就是称为**物体的重心**，重心的位置在工程实际中有重要意义，不论是物体的平衡还是起运动的变化，均与物体重心的位置密切相关。例如，为了保证起重机、重力坝等的抗倾稳定性，其重心必须在某一定范围内。又如转动构件，特别是高速转动构件，必须使其重心尽可能地位于转轴上，以免引起强烈的振动，影响构件的正常运转，甚至使其破坏。相反，有些转动构件，则需使其重心偏离转动轴线一定距离，使其产生剧烈的振动，如振捣器、振动打桩机等。

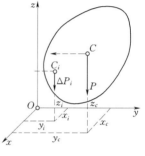

图 5 - 11

## 二、重心和形心坐标公式

如图 5-11 所示，取固连于物体的直角坐标系 $oxyz$，将物体分成许多微小部分，其所受重力各为 $\Delta P_i$，作用点即微小部分的重心各为 $C_i$，其对应坐标分别为 $x_i$、$y_i$、$z_i$，所有 $\Delta P_i$ 的合力 $P$ 就是整个物体所受的重力，其大小即整个物体的重量为 $P = \sum \Delta P_i$，其作用点即为物体的重心 $C$。设重心 $C$ 的坐标为 $x_c$、$y_c$、$z_c$，由合力矩定理，有

$$M_x(P) = \sum M_x(\Delta P_i), -P\,y_c = -\sum \Delta P_i\, y_i$$
$$M_y(P) = \sum M_y(\Delta P_i), -P\,x_c = \sum \Delta P_i\, x_i$$

根据物体重心的性质，将物体连同坐标系一起绕 $x$ 轴转动过 $90°$，各力 $\Delta P_i$ 及 $P$ 分别绕其作用点也转过 $90°$，如图 5-11 中虚线所示，再应用合力矩定理，有

$$M_x(P) = \sum M_x(\Delta P_i), \quad Pz_c = \sum \Delta P_i\, z_i$$

由上述三式可得物体的重心坐标公式为

$$x_c = \frac{\sum \Delta P_i x_i}{P}, y_c = \frac{\sum \Delta P_i y_i}{P}, z_c = \frac{\sum \Delta P_i z_i}{P} \qquad (5-15)$$

若物体时均质的，其单位体积的重量为 $\gamma$，个微小部分体积为 $\Delta V_i$，整个物体的体积为 $V = \sum \Delta V_i$，则 $\Delta P_i = \gamma \Delta V_i$，$P = \gamma V$，带入式（5-15），得

$$x_c = \frac{\sum \Delta V_i x_i}{V}, y_c = \frac{\sum \Delta V_i y_i}{V}, z_c = \frac{\sum \Delta V_i z_i}{V} \qquad (5-16)$$

由式（5-16）可知，均质物体的重心与物体的重量无关，只取决于物体的几何形状和尺寸。这个由物体的几何形状和尺寸所决定的点是物体的几何中心，称为**物体几何形体的形心**。只有均质物体的重心和形心才重合于同一点。

若物体是均质薄壳（或曲面）或均匀细杆（或曲线），其重心（或形心）坐标公式分别为

$$x_c = \frac{\sum \Delta A_i x_i}{A}, y_c = \frac{\sum \Delta A_i y_i}{A}, z_c = \frac{\sum \Delta A_i z_i}{A} \qquad (5-17)$$

$$x_c = \frac{\sum \Delta L_i x_i}{L}, y_c = \frac{\sum \Delta L_i y_i}{L}, z_c = \frac{\sum \Delta L_i z_i}{L} \tag{5-18}$$

式中：$A$、$L$ 分别为面积和长度；$\Delta A_i$，$\Delta L_i$ 分别为微小部分的面积和长度。

　　凡具有对称面、对称轴或对称中心的简单形状的均质物体，其重心一定在它的对称面、对称轴或对称中心上。现将几种常用的简单形体的重心列于表 5-2。

表 5-2　　　　　　　　　　　　　简单形状均质物体的重心

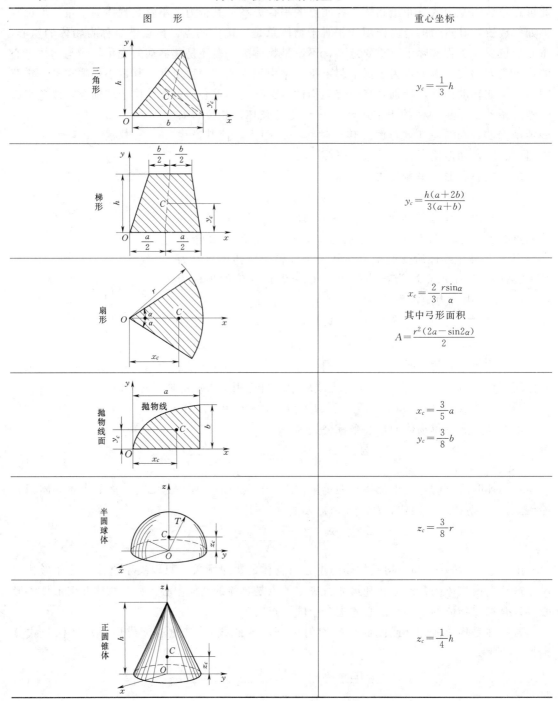

| 图　　形 | 重心坐标 |
|---|---|
| 三角形 | $y_c = \frac{1}{3}h$ |
| 梯形 | $y_c = \frac{h(a+2b)}{3(a+b)}$ |
| 扇形 | $x_c = \frac{2}{3}\frac{r\sin\alpha}{\alpha}$ 其中弓形面积 $A = \frac{r^2(2\alpha - \sin2\alpha)}{2}$ |
| 抛物线面 | $x_c = \frac{3}{5}a$ $y_c = \frac{3}{8}b$ |
| 半圆球体 | $z_c = \frac{3}{8}r$ |
| 正圆锥体 | $z_c = \frac{1}{4}h$ |

### 三、两种求重心的计算方法

#### 1. 分割法

有些均质物体可以看成是由几个简单形状的均质物体的组合体，其重心位置可由分割法求出。**分割法**就是将组合体分割成几个简单形状的物体，每个简单形状的物体的重心可以查表求得，再应用有限形式的重心坐标公式，求出整个物体的重心。

【**例 5-3**】 热轧不等边角钢的截面近似形状，如图 5-12 所示，已知 $B=12\text{cm}$，$b=8\text{cm}$，$d=1.2\text{cm}$。求该截面重心的位置。

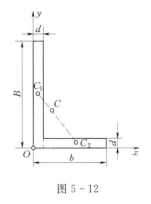

图 5-12

**解** 将该截面分割为两个矩形，取如图 5-12 所示的坐标系 $oxy$，其面积和重心坐标分别为

$$A_1=1.2\times12=14.4(\text{cm}^2)$$

$$x_1=0.6\text{cm}, \quad y_1=6\text{cm}$$

$$A_2=6.8\times1.2=8.16(\text{cm}^2)$$

$$x_2=4.6\text{cm}, \quad y_2=0.6\text{cm}$$

由式（5-17）可求得该截面的重心坐标

$$x_c=\frac{A_1x_1+A_2x_2}{A_1+A_2}=2.05(\text{cm})$$

$$y_c=\frac{A_1y_1+A_2y_2}{A_1+A_2}=4.05(\text{cm})$$

#### 2. 负面积法

**负面积法**是指若在物体或薄板内切去一部分（例如有空穴或孔的物体），则这类物体的重心，仍可应用与分割法相同的公式来求得，只是切去部分的面积或体积应取负值。

【**例 5-4**】 振动器中的偏心块为等厚的均质物体，如图 5-15 所示，其上有半径为 $r_2$ 的圆孔。已知：$R=10\text{cm}$，$r_1=3\text{cm}$，$r_2=1.3\text{cm}$。试计算偏心块的重心位置。

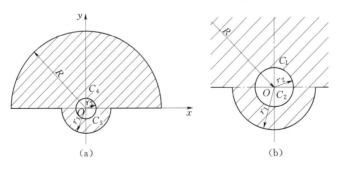

图 5-13

**解** 取如图 5-13（a）所示坐标系 $oxy$，图 5-15（b）是局部放大图。$y$ 轴是偏心块的对称轴，重心 $C$ 必在 $y$ 轴上，所以 $x_c=0$。将偏心块的面积分割成三部分：一部分是半径为 $R$ 的大半圆；一部分是半径为 $r_1$ 的小半圆；另一部分是半径为 $r_2$ 的小圆，该部分面积是从偏心块中挖去的，为负值。这三部分的面积及其重心纵坐标见下表。

| 图形 | 面积 （cm²） | 重心坐标（cm） |
|---|---|---|
| 大半圆 | $A_1=\dfrac{\pi R^2}{2}=50\pi$ | $y_1=\dfrac{4R}{3\pi}=\dfrac{40}{3\pi}$ |
| 小半圆 | $A_2=\dfrac{\pi r_1^2}{2}=\dfrac{9}{2}\pi$ | $y_2=\dfrac{4r_1}{3\pi}=-\dfrac{4}{\pi}$ |
| 小圆 | $A_3=-\pi r_2^2=-1.69\pi$ | $y_3=0$ |

由式（5-17）得

$$y_c=\frac{A_1y_1+A_2y_2+A_3y_3}{A_1+A_2+A_3}=3.91(\text{cm})$$

# 小 结

（1）力在空间直角坐标轴上的投影。

1）直接投影法：

$$F_x=F\cos\alpha,\quad F_y=F\cos\beta,\quad F_z=F\cos\gamma$$

2）间接投影法（即二次投影法）：

$$F_x=F\sin\gamma\cos\varphi,\quad F_y=F\sin\gamma\sin\varphi,\quad F_z=F\cos\gamma$$

（2）力矩的计算。

1）力对点的矩是一个定位矢量，

$$M_O(F)=rF,\quad |Mo(F)|=Fh=2A_{\triangle ABC}$$

2）力对轴的矩是一个代数量，可按下列两种方法求得：

$$M_x(F)=\pm F_{xy}h=\pm 2A_{\triangle oab}$$

$$M_x(F)=yF_z-zF_y,\quad M_y(F)=zF_x-xF_y,\quad M_z(F)=xF_y-yF_x$$

3）力对点的矩与力对通过该点的轴的矩的关系：

$$[M_O(F)]_x=M_x(F),\quad [M_O(F)]_y=M_y(F),\quad [M_O(F)]_z=M_z(F)$$

（3）空间任意力系的简化结果为一个力和一个力偶，这个力称为原力系的主矢，这个力偶的力偶矩称为原力系的主矩。当主矢和主矩都不为零时，可以进一步简化。

（4）空间任意力系平衡方程的基本形式：

$$\sum F_x=0,\sum F_y=0,\sum F_z=0$$

$$\sum M_z(F)=0,\sum M_y(F)=0,\sum M_x(F)=0$$

（5）物体重心的坐标公式：

$$x_c=\frac{\sum\Delta P_ix_i}{P},\quad y_c=\frac{\sum\Delta P_iy_i}{P},\quad z_c=\frac{\sum\Delta P_iz_i}{P}$$

# 思 考 题

5-1 为什么力在平面上的投影需用矢量表示？

5-2 有一力 $F$ 和一 $x$ 轴，若力在轴上的投影和力对轴的矩是下列情况：①$Fx=0$，$M_x(F)\neq0$；②$Fx\neq0$；$M_x(F)=0$；③$Fx\neq0$，$M_x(F)\neq0$；④$Fx=0$，$M_x(F)=0$。试判断

每一种情况力 $F$ 的作用线与 $x$ 轴的关系如何。

5-3　空间任意力系向 3 个相互垂直的坐标平面投影可得 3 个平面力系，每个平面力系可列 3 个平衡方程，共可列 9 个平衡方程。是否可求出 9 个未知量？试说明理由。

5-4　传动轴用两个止推轴承支持，每个轴承有 3 个未知力，共 6 个未知量。而空间任意力系的平衡方程恰好有 6 个，问是否可解？

5-5　一均质等截面直杆的重心在哪里？若把它弯成半圆形，重心的位置是否改变？

5-6　当物体质量分布不均匀时，重心和几何中心还重合吗？为什么？

5-7　计算一物体重心的位置时，如果选取的坐标轴不同，重心的坐标是否改变？重心在物体内的位置是否改变？

## 习　　题

5-1　如图 5-14 所示，已知力 $F=20\text{N}$，求 $F$ 对 $x$、$y$、$z$ 的矩。

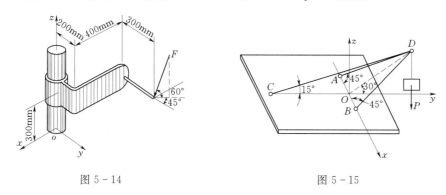

图 5-14　　　　　　　　　　　　　图 5-15

5-2　图 5-15 所示空间构架由三根无重直杆组成，在 $D$ 端用球铰链连接，如图所示。$A$、$B$ 和 $C$ 端则用球铰链固定在水平地板上。如果挂在 $D$ 端的物重 $P=10\text{kN}$，求铰链 $A$、$B$ 和 $C$ 的约束力。

5-3　某闸门的尺寸及受力情况如图 5-16 所示，已知门重 $P=150\text{kN}$，总的水压力 $F=2700\text{kN}$，推拉杆在水平面内并与闸门顶边成角 $\alpha=45°$。设在图示位置成平衡，试求推拉杆的拉力 $F_T$ 及 $A$、$B$ 两处的反力。

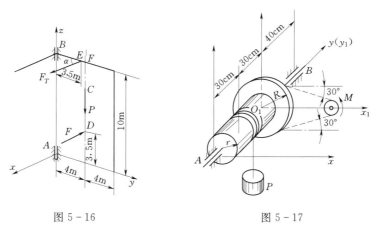

图 5-16　　　　　　　　　　　　图 5-17

5-4　如图 5-17 所示电动机 $M$ 通过链条传动将重物 $P$ 等速提起，链条与水平线成 $30°$

角（轴线 $O_1 x_1$ 平行于轴线 $Ax$）。已知：$r = 10\text{cm}$，$R = 20\text{cm}$，$P = 10\text{kN}$，链条主动边（下边）的拉力为从动边拉力的两倍。求支座 $A$ 和 $B$ 的反力以及链条的拉力。

5-5　正方形板 $ABCD$ 由六根杆支撑，如图 5-18 所示，在点 $A$ 沿 $AD$ 作用一水平力 $F$，求各杆受的力。杆的自重不计。

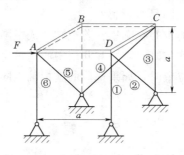

图 5-18

5-6　求图 5-19 所示型材截面形心的位置。图中尺寸单位为 mm。

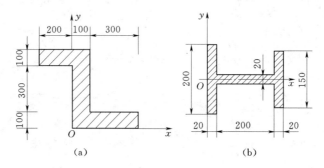

(a)　　　　　　　　　(b)

图 5-19

5-7　图 5-20 所示半径为 $r_1$ 的圆截面，距中心 $r_1/2$ 处有一半径为 $r_2$ 的小圆孔。求此图形形心的位置。

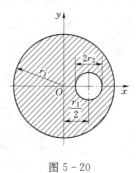

图 5-20

# 第六章　点和刚体的运动学

物体在力的作用下不能保持平衡时，其运动状态将发生变化。在本章将研究物体运动的几何性质，即物体的运动轨迹、运动方程、速度和加速度等。在研究物体机械运动时，必须选取另一个物体作为参考体，与参考体固连的坐标系称为参考系。一般工程问题中，都取与地面固连的坐标系为**参考系**。

## 第一节　点的运动学

### 一、矢量的表示点的运动

设参考系的坐标原点为点 $O$，从点 $O$ 向动点 $M$ 作矢量 $OM=r$，称为动点对点 $O$ 的矢径。动点运动时，在不同的瞬时占据不同的位置，矢径 $r$ 的大小和方向均随时间 $t$ 而变化，是时间 $t$ 的单值连续矢函数，即

$$r=r(t) \tag{6-1}$$

式（6-1）称为用**矢量表示的点的运动方程**。

显然，矢径 $r$ 的矢端曲线就是动点的运动轨迹，如图 6-1 曲线 $AB$。

设从瞬时 $t$ 到瞬时 $t+\Delta t$，动点的位置由 $M$ 变到 $M'$，其矢径分别为 $r$ 和 $r'$，如图 6-1 所示。作矢量 $MM'=r'-r=\Delta r$，它表示在 $\Delta t$ 时间内的位移。则动点在 $\Delta t$ 时间内的**平均速度** $v^*=\Delta r/\Delta t$；当 $\Delta t \to 0$ 时，$\Delta r/\Delta t$ 的极限称为**动点在瞬时 $t$ 的速度** $v$，即

$$v=\lim_{\Delta t \to 0}v^*=\lim_{\Delta t \to 0}\frac{\Delta r}{\Delta t}=\frac{\mathrm{d}r}{\mathrm{d}t} \tag{6-2}$$

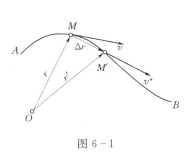

图 6-1

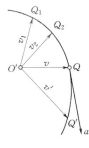

图 6-2

动点的速度方向沿动点运动轨迹的切线，并指向动点前进的方向。在国际单位制中，速度的单位是 m/s。

与点的速度分析同理，**动点在瞬时 $t$ 的加速度**

$$a=\frac{\mathrm{d}v}{\mathrm{d}t} \tag{6-3}$$

或

$$a=\frac{\mathrm{d}^2 r}{\mathrm{d}t^2} \tag{6-4}$$

动点的加速度方向沿着图 6-2 所示的速度矢端线的切线，并指向速度矢端运动的方向。

加速度的单位是 $\mathrm{m/s^2}$。

**二、直角坐标法表示点的运动**

将矢量法中的原点 $O$ 作为直角坐标系的原点，则有

$$r = xi + yj + zk \qquad (6-5)$$

式中：$i$、$j$、$k$ 分别为沿三个定坐标轴的单位矢量，如图 6-3 所示。由于 $r$ 是时间的单值连续函数，所以 $x$、$y$、$z$ 也是时间的单值连续函数。以**直角坐标表示的点的运动方程**为

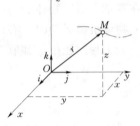

图 6-3

$$x = f_1(t), \quad y = f_2(t), \quad z = f_3(t) \qquad (6-6)$$

从式（6-6）的三个方程中消去时间 $t$，得到动点的轨迹方程

$$F_1(x,y) = 0, \quad F_2(y,z) = 0 \qquad (6-7)$$

将式（6-5）代入到式（6-2）中，得到

$$v = \frac{\mathrm{d}x}{\mathrm{d}t}i + \frac{\mathrm{d}y}{\mathrm{d}t}j + \frac{\mathrm{d}z}{\mathrm{d}t}k \qquad (6-8)$$

设 $v_x$、$v_y$、$v_z$ 分别为速度 $v$ 在 $x$、$y$、$z$ 轴上的投影，则有

$$v = v_x i + v_y j + v_z k \qquad (6-9)$$

比较式（6-8）和式（6-9），可得

$$v_x = \frac{\mathrm{d}x}{\mathrm{d}t}, \quad v_y = \frac{\mathrm{d}y}{\mathrm{d}t}, \quad v_z = \frac{\mathrm{d}z}{\mathrm{d}t} \qquad (6-10)$$

若已知用直角坐标表示的点的运动方程，便可由式（6-10）求得速度在各坐标轴上的投影，则其速度的大小和方向余弦为

$$\left.\begin{array}{l} v = \sqrt{v_x{}^2 + v_y{}^2 + v_z{}^2} \\[2mm] \cos(v,i) = \dfrac{v_x}{v}, \cos(v,j) = \dfrac{v_y}{v}, \cos(v,k) = \dfrac{v_z}{v} \end{array}\right\} \qquad (6-11)$$

同理，有

$$a = a_x i + a_y j + a_z k \qquad (6-12)$$

$$a_x = \frac{\mathrm{d}v_x}{\mathrm{d}t} = \frac{\mathrm{d}^2 x}{\mathrm{d}t^2} \quad a_y = \frac{\mathrm{d}v_y}{\mathrm{d}t} = \frac{\mathrm{d}^2 y}{\mathrm{d}t^2} \quad a_z = \frac{\mathrm{d}v_z}{\mathrm{d}t} = \frac{\mathrm{d}^2 z}{\mathrm{d}t^2} \qquad (6-13)$$

若已知点的运动方程或速度的三个投影，便可由式（6-13）求得加速度的三个投影，则其加速度的大小和方向余弦为

$$\left.\begin{array}{l} a = \sqrt{a_x{}^2 + a_y{}^2 + a_z{}^2} \\[2mm] \cos(a,i) = \dfrac{a_x}{a}, \cos(a,j) = \dfrac{a_y}{a}, \cos(a,k) = \dfrac{a_z}{a} \end{array}\right\} \qquad (6-14)$$

**【例 6-1】** 用一根跨过定滑轮 $B$ 的绳子将套在铅直杆上的物体 $A$ 往上提，如图 6-4 所示。开始时物体在地面上，若绳的自由端以匀速 $v = 0.2\mathrm{m/s}$ 往下拉，求物体 $A$ 上升的速度和加速度。

**解** 物体沿铅直杆直线运动，取 $x$ 轴及原点 $O$ 如图 6-4 所示。由图可知，开始时绳长

$$\overline{OB} = \sqrt{\overline{OC}^2 + \overline{CB}^2} = 13(\mathrm{m})$$

经过 $t$ 秒后，绳长 $\overline{AB} = \overline{OB} - vt = 13 - 0.2t$

而

$$\begin{aligned} x &= \overline{OC} - \overline{AC} = \overline{OC} - \sqrt{\overline{AB}^2 - \overline{BC}^2} \\ &= 12 - \sqrt{(13 - 0.2t)^2 - 5^2} \end{aligned}$$

$$v = \frac{\mathrm{d}x}{\mathrm{d}t} = \frac{0.2 \times (13 - 0.2t)}{\sqrt{(13 - 0.2t)^2 - 5^2}}$$

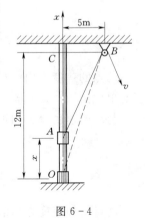

图 6-4

$$a=\frac{\mathrm{d}v}{\mathrm{d}t}=\frac{1}{[(13-0.2t)^2-5^2]^{3/2}}$$

### 三、自然法表示点的运动

**1. 弧坐标表示点的运动方程与速度**

在很多工程实际问题中，若动点的轨迹已知，则以其轨迹作为一根曲线坐标轴来确定动点位置。这种方法称为**自然法**。

设动点沿如图 6-5 所示轨迹曲线运动，在轨迹上任选一点 $O$ 为原点，并规定轨迹上点 $O$ 的一侧为正向，另一侧为负向。点在任一瞬时 $t$ 的位置时，则动点的位置可以由从点 $O$ 到动点的位置 $M$ 量取弧长 $s$ 确定，代数值 $s$ 称为动点的**弧坐标**。点运动时，弧坐标 $s$ 随时间 $t$ 变化，是时间 $t$ 的单值连续函数，点的运动方程可表示为

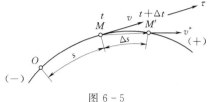

图 6-5

$$s=f(t) \tag{6-15}$$

与矢量法分析同理，动点的瞬时速度大小为

$$v=\frac{\mathrm{d}s}{\mathrm{d}t} \tag{6-16}$$

式（6-16）表明，当 $v$ 为正值时，表示弧坐标的代数值随时间增大，动点沿弧坐标的正向运动；$v$ 为负值时，则相反。

**2. 点的加速度**

在轨迹的切线上沿着速度方向取单位矢量 $\tau$，则速度 $v$ 可表示为

$$v=v\tau=\frac{\mathrm{d}s}{\mathrm{d}t}\tau$$

将 $v=v\tau$ 代入式（6-3）得

$$a=\frac{\mathrm{d}}{\mathrm{d}t}(v\tau)=\frac{\mathrm{d}v}{\mathrm{d}t}\tau+v\frac{\mathrm{d}\tau}{\mathrm{d}t} \tag{6-17}$$

上式等号右边第一项反映速度大小的改变，第二项反映速度方向的改变。下面进一步推导分析第二项。

$$v\frac{\mathrm{d}\tau}{\mathrm{d}t}=v\cdot\frac{\mathrm{d}s}{\mathrm{d}t}\cdot\frac{\mathrm{d}\tau}{\mathrm{d}s}=v^2\frac{\mathrm{d}\tau}{\mathrm{d}s} \tag{6-18}$$

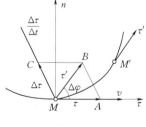

图 6-6

由图 6-6 可见，$|\Delta\tau|=2|\tau|\cdot\sin\frac{\Delta\varphi}{2}$。当 $\Delta s\rightarrow 0$ 时，$\Delta\varphi\rightarrow 0$，$\Delta\tau$ 与 $\tau$ 垂直，单位矢量 $|\tau|=1$，由此可得 $|\Delta\tau|=\Delta\varphi$。

$\Delta s$ 为正时，点沿切向 $\tau$ 的正方向运动，$\Delta\tau$ 指向轨迹内凹一侧；$\Delta s$ 为负时，$\Delta\tau$ 指向轨迹外凸一侧；因此有

$$\frac{\mathrm{d}\tau}{\mathrm{d}s}=\lim_{\Delta s\rightarrow 0}\frac{\Delta\tau}{\Delta s}=\lim_{\Delta s\rightarrow 0}\frac{\Delta\varphi}{\Delta s}n$$

将曲率 $\frac{1}{\rho}=\lim\limits_{\Delta s\rightarrow 0}\left|\frac{\Delta\varphi}{\Delta s}\right|$ 代入上式，得

$$\frac{\mathrm{d}\tau}{\mathrm{d}s}=\frac{1}{\rho}n \tag{6-19}$$

将式（6-18）和式（6-19）代入式（6-17）得

$$a=\frac{\mathrm{d}v}{\mathrm{d}t}\tau+\frac{v^2}{\rho}n=a_\tau\tau+a_n n \tag{6-20}$$

式中加速度沿切线方向的分量 $a_\tau = \dfrac{\mathrm{d}v}{\mathrm{d}t}$ 称为**切向加速度**，其表示速度的大小随时间的变化率。$a_\tau$ 的指向可由代数值 $\dfrac{\mathrm{d}\tau}{\mathrm{d}t}$ 的正负号确定，当 $\dfrac{\mathrm{d}\tau}{\mathrm{d}t} > 0$ 时，$a_\tau$ 与 $\tau$ 同向；否则反向。另外，当 $a_\tau$ 与 $v$ 的符号相同时，动点做加速运动；否则，动点作减速运动。加速度沿法线方向的分量 $a_n = \dfrac{v^2}{\rho} n$ 永远指向曲率中心，称为**法向加速度**，其表示速度方向随时间的变化率。如图 6-7 所示。

若已知加速度的切向和法向投影 $a_\tau$ 和 $a_n$，则加速度的大小及方向

$$\left.\begin{array}{c} a = \sqrt{a_\tau{}^2 + a_n{}^2} = \sqrt{\left(\dfrac{\mathrm{d}v}{\mathrm{d}t}\right)^2 + \left(\dfrac{v^2}{\rho}\right)^2} \\[3mm] \tan\beta = \dfrac{|a_\tau|}{a_n} \end{array}\right\} \tag{6-21}$$

如图 6-7 所示，$\beta$ 为加速度 $a$ 与法线正向间夹角。

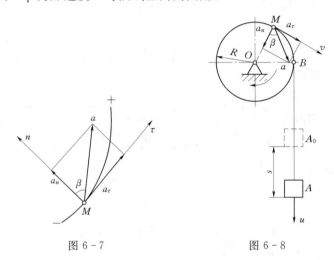

图 6-7    图 6-8

**【例 6-2】** 半径为 $R$ 的轮子可绕水平轴 $O$ 转动，轮缘上绕以不可伸长的绳索，绳的下端悬挂一物体 $A$，如图 6-8 所示。设物体按 $s = ct^2/2$ 的运动规律下落，其中 $c$ 为一常量。求轮缘上一点 $M$ 的速度和加速度。

**解** 由式 (6-16) 求出点 $M$ 的速度 $v$ 的大小为

$$v = \frac{\mathrm{d}s}{\mathrm{d}t} = ct$$

$v$ 的方向沿轨迹的切线指向运动前进一方，如图 6-8 所示。由式 (6-20) 求出点 $M$ 的切向和法向加速度的大小分别为

$$a_\tau = \frac{\mathrm{d}v}{\mathrm{d}t} = c, \quad a_n = \frac{v^2}{\rho} = \frac{(ct)^2}{R}$$

$a_\tau$ 和 $a_n$ 的方向如图 6-8 所示。由式 (6-21) 求出点 $M$ 的加速度 $a$ 的大小和方向分别为

$$a = \sqrt{a_\tau{}^2 + a_n{}^2} = \sqrt{c^2 + \left(\frac{c^2 t^2}{R}\right)^2} = \frac{c}{R}\sqrt{R^2 + c^2 t^4}$$

$$\tan\beta=\tan^{-1}\frac{|a_\tau|}{a_n}=\tan^{-1}\frac{R}{ct^2}$$

# 第二节 刚体的基本运动

刚体可以看作由无数个点组成。其基本运动有平动和定轴转动。在点的运动学基础上可以研究刚体的运动及其与刚体上各点运动之间的关系。

## 一、平动

当刚体运动时，若其上任一直线始终平行于该直线的最初位置，则这种运动称为**刚体的平行移动**，简称**平动**。

在工程实际中，刚体平动的例子很多，例如图 6-9（a）所示直线轨道上车厢的运动；如图 6-9（b）所示摆式输送机的输送槽 AB 的运动；如图 6-9（c）所示蒸汽机平行杆 AB 的运动等。

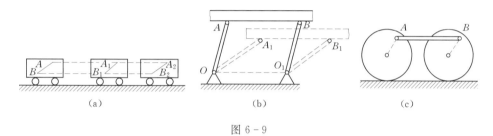

（a）　　　　　　　　　（b）　　　　　　　　（c）

图 6-9

设一刚体作平动，如图 6-10 所示。在刚体内任选两点 A、B，点 A 的矢径为 $r_A$，点 B 的矢径为 $r_B$，则两条矢端曲线就是两点的轨迹。由图可知

$$r_A=r_B+\overline{BA}$$

将上式对时间 $t$ 求导，由于刚体作平动，矢量 $BA$ 恒定，因此 $\dfrac{\mathrm{d}\overline{BA}}{\mathrm{d}t}=0$。于是得

$$v_A=v_B \tag{6-22}$$

再次把式（6-22）对时间 $t$ 求导，得

$$a_A=a_B \tag{6-23}$$

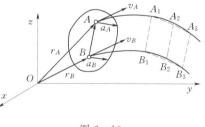

图 6-10

当刚体平动时，其上各点具有形状相同并且位置平行的轨迹，而且每一瞬时各点的速度及加速度均相等。

由上述结论可知，平动刚体上任一点的运动，可以代表其上所有点的运动。因此平动刚体的运动学问题，可以归结为点的运动学问题来处理。

注意：刚体平移时，其上各点的轨迹不一定是直线。

## 二、定轴转动

当刚体运动时，若其上或其外有一直线段始终保持不动，则这种运动称为**刚体的定轴转动**，简称**转动**。这条不动的直线称为**转轴**，简称**轴**。刚体的转动在工程实际中应用极为广泛。例如，水轮机的转轮、电动机转子、齿轮、带轮等，均是转动的构件。

如图 6-11 所示，取定轴转动刚体的转轴为 $z$ 轴，并过转轴作一固定半平面 $P_0$；过该轴再作一固连于刚体的半平面 $P$，其与刚体一起转动。此二平面间夹角用 $\varphi$ 表示，称为刚体

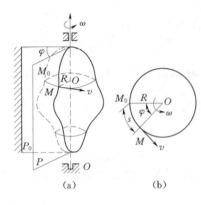

图 6-11

的**转角**。转角 $\varphi$ 是时间 $t$ 的单值连续函数，即刚体绕定轴转动的运动方程为

$$\varphi = f(t)$$

转角 $\varphi$ 的正负规定按照右手螺旋法则，单位用弧度（rad）表示。

转角 $\varphi$ 对时间的一阶导数，称为刚体的**瞬时角速度**，用字母 $\omega$ 表示，即

$$\omega = \frac{d\varphi}{dt} = f'(t) \tag{6-24}$$

角速度的单位一般用弧度/秒（rad/s）。刚体转动时，若其角速度为常量，则称为**匀速转动**；若其角加速度为常量则称为**匀变速转动**。

工程上常用转速来表示刚体转动的快慢。**转速**就是单位时间内刚体转过的周数，常用单位是转/分（r/min）。角速度与转速的换算关系为

$$\omega = \frac{2\pi n}{60} = \frac{\pi n}{30} \tag{6-25}$$

角速度 $\omega$ 对时间的一阶导数，称为刚体的**瞬时角加速度**，用字母 $\varepsilon$ 表示。即

$$\varepsilon = \frac{d\omega}{dt} = \frac{d^2\varphi}{dt^2} \tag{6-26}$$

角加速度表征角速度变化的快慢，单位一般用弧度/秒$^2$（rad/s$^2$）。

转动刚体内不在转轴上的所有各点均做圆周运动，圆周的平面垂直于转轴，圆心在该平面与转轴的交点上，该圆周轨迹的半径称为**点的转动半径**。设 $M$ 是刚体内转动半径为 $R$ 的一点，以点 $M$ 的初始位置 $M_0$ 为弧坐标的原点，并规定转角增加的方向为弧坐标的正向，如图 6-11（b）所示，于是有

$$s = R\varphi$$

将上式对时间求一阶导数，有

$$v = R\omega \tag{6-27}$$

式（6-27）表明：定轴转动刚体上任一点的速度的大小，等于该点的转动半径与刚体的角速度的乘积，其方向沿圆周的切线，指向与角速度的转向一致。

将式（6-27）对时间 $t$ 再求导数，得

$$\frac{dv}{dt} = R\frac{d\omega}{dt}$$

由于 $\frac{dv}{dt} = a_\tau$，$\frac{d\omega}{dt} = \varepsilon$，则有

$$a_\tau = R\varepsilon \tag{6-28}$$

式（6-28）表明：转动刚体上任一点的切向加速度的大小，等于该点的转动半径与刚体角加速度的乘积，其方向沿圆周的切线，指向与角加速度的转向一致。

若 $\omega$ 与 $\varepsilon$ 同号，角速度的绝对值增加，刚体做**加速转动**，此时 $a_\tau$ 与 $v$ 的指向相同，如图 6-12（a）所示；若 $\omega$ 与 $\varepsilon$ 异号，刚体做**减速转动**，此时 $a_\tau$ 与 $v$ 的指向相反，如图 6-12（b）所示。

法向加速度为

$$a_n = \frac{v^2}{R} = \frac{(R\omega)^2}{R} = R\omega^2 \qquad (6-29)$$

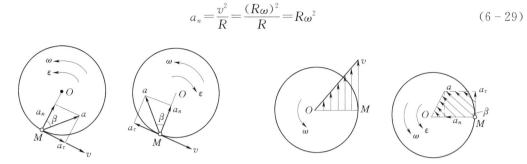

图 6-12　　　　　　　　　　　　　　图 6-13

式（6-29）表明：转动刚体上任一点的法向加速度的大小，等于该点的转动半径与刚体角速度平方的乘积，其方向恒指向轨迹圆周的中心。

点 $M$ 的加速度 $a$ 的大小及方向分别为

$$\left.\begin{array}{l} a = \sqrt{a_\tau{}^2 + a_n{}^2} = R\sqrt{\varepsilon^2 + \omega^4} \\[2mm] \tan\beta = \frac{|a_\tau|}{a_n} = \frac{|\varepsilon|}{\omega^2} \end{array}\right\} \qquad (6-30)$$

由式（6-27）和式（6-30）可知：在每一瞬时，定轴转动刚体上各点的速度和加速度的大小均正比于转动半径；各点的速度均垂直于转轴和转动半径如图 6-13（a）所示。而各点的加速度也垂直于转轴且与转动半径成相同的夹角如图 6-13（b）所示。

**【例 6-3】**　有一水轮机，转轮的直径为 3.1m；额定转速为 150r/min。由静止开始加速到额定转速所需的时间为 15s。设此启动过程为匀加速转动，求转轮的角加速度和在此时间内转过的角度。在达到额定转速以后，转轮做匀速转动，求转轮外缘上任一点 $M$ 的速度和加速度。

**解**　初角速度 $\omega_0 = 0$，末角速度 $\omega = \frac{\pi n}{30} = 15.7(\text{rad/s})$，所经时间 $t = 15\text{s}$，由式（6-26）可求得角加速度

$$\varepsilon = (\omega - \omega_0)/t = 1.05(\text{rad/s}^2)$$

由式（6-24）积分求得转过的角度

$$\varphi - \varphi_0 = (\omega^2 - \omega_0^2)/(2\varepsilon) = 117(\text{rad})$$

当转轮的转速达到额定转速以后，做匀速转动，$\omega = 15.7\text{rad/s}$，$\varepsilon = 0$，根据式（6-27），可求得转轮外缘上任一点 $M$ 的速度 $v$ 的大小

$$v = R\omega = 24.3(\text{m/s})$$

$v$ 的方向沿转轮外缘的切线，指向与 $\omega$ 转向一致。

根据式（6-7）和式（6-8），点 $M$ 的切向加速度和法向加速度的大小分别为

$$a_\tau = R\varepsilon = 0, \quad a_n = R\omega^2 = 382(\text{m/s}^2)$$

点 $M$ 的加速度 $a_\tau = a_n = 382\text{m/s}^2$ 方向指向转轴。

# 第三节　点的合成运动

### 一、绝对运动、相对运动和牵连运动

物体相对于不同参考系的运动是不相同的。如图 6-14 所示为常见的桥式起重机。当吊起重物时，若桥架在图示位置不动，而卷扬小车沿桥架做直线平动，同时将重物提升，则重物相对于卷扬小车做铅垂直线运动，而其相对于地面做平面曲线运动。

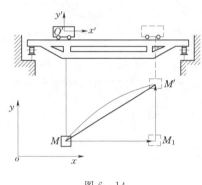

图 6-14

为了便于研究，将所研究的物体抽象为**动点**；固连于地面的参考系数为**静参考系**，简称**静系**，并以 $oxyz$ 表示；固连于相对静系运动着的物体上的参考系称为**动参考系**，简称**动系**，并以 $o'x'y'z'$ 表示。为了区别动点相对于不同参考系的运动，将动点相对于静系的运动称为**绝对运动**；动点相对于动系的运动称为**相对运动**；动系相对于静系的运动称为**牵连运动**。

动点在绝对运动中的轨迹、速度和加速度，称为绝对轨迹、绝对速度 $v_a$ 和绝对加速度 $a_a$。动点在相对运动中的轨迹、速度和加速度，称为相对轨迹、相对

速度 $v_r$ 和相对加速度 $a_r$。由于动系的运动是刚体的运动而不是一点的运动，所以除了动系作平动外，刚体上各点的运动均不完全相同。而动系上对动点的运动有直接影响的是动系上与动点重合的点，所以定义，动系上与动点重合的那一点的速度和加速度为动点的牵连速度和牵连加速度。动系上与动点相重合的那一点称为动点在此瞬时的牵连点。用 $v_e$ 和 $a_e$ 分别表示动点的牵连速度和牵连加速度。

### 二、点的速度合成定理

设动点 $M$ 在物体 $P$ 上沿 $AB$ 曲线运动，同时物体 $P$ 又相对静系 $Oxyz$ 作任意规律的运动，如图 6-15 所示。将动系 $o'x'y'z'$ 固结于物体 $P$ 上，设在瞬时 $t$，动点 $M$ 与 $AB$ 曲线上的点 $M_0$ 重合，即此时动点的牵连点为点 $M_0$。经过微小的时间间隔 $\Delta t$ 后，曲线 $AB$ 随动系运动至新的位置 $A'B'$，同时动点沿弧线 $MM'$ 运动到点 $M'$。显然，弧线 $MM'$ 是动点的绝对轨迹；弧线 $MM_2$ 是动点的相对轨迹；故弧线 $MM_1$ 是动点的牵连轨迹。矢量 $\overline{MM'}$ 和 $\overline{M_1M'}$ 分别代表了动点的绝对位移和相对位移，因矢量 $\overline{M_0M_1}$ 为牵连点 $M_0$ 在 $\Delta t$ 时间间隔内的位移，称为牵连位移。由图可见

$$\overline{MM'} = \overline{M_0M_1} + \overline{M_1M'}$$

将上式除以 $\Delta t$，取 $\Delta t \to 0$ 的极限，得

$$\lim_{\Delta t \to 0} \frac{\overline{MM'}}{\Delta t} = \lim_{\Delta t \to 0} \frac{\overline{M_0M_1}}{\Delta t} + \lim_{\Delta t \to 0} \frac{\overline{M_1M'}}{\Delta t}$$

即

$$v_a = v_e + v_r \tag{6-31}$$

这就是**点的速度合成定理**：动点在某瞬时的绝对速度等于它在该瞬时的牵连速度与相对速度的矢量和。动点的绝对速度由牵连速度与相对速度所构成的平行四边形的对角线确定。式（6-31）含有六个要素，已知其中任意四个，就可求出其余两个。

【**例 6-4**】　凸轮机构中凸轮外形为半圆形，顶杆沿铅直槽 $AB$ 滑动，设凸轮以匀速 $v$ 沿

水平面向左移动如图 6－16 所示，当 $\theta=30°$ 时，求顶杆 $B$ 端的速度 $v_B$。

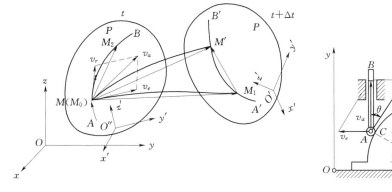

图 6－15　　　　　　　　　　　　　　图 6－16

**解**　（1）选取动点和动系。

顶杆 $AB$ 沿铅直槽向上滑动，是竖直方向的平动，点 $B$ 与 $A$ 的运动速度相同。凸轮做向左的平动。由于 $AB$ 杆上的点 $A$ 在凸轮上有位置变化，而凸轮上的点 $A$ 在 $AB$ 杆上无位置变化。所以，取 $AB$ 杆上的点 $A$ 为动点，动系固连于凸轮上，静系固连于地面。

（2）运动分析。

动点 $A$ 的绝对运动是铅直方向的直线运动；其相对运动是沿凸轮表面的曲线运动；牵连运动是凸轮的水平直线平动。

（3）速度分析。

绝对速度：大小未知，方向向上；相对速度：大小未知，沿凸轮廓的切线方向；牵连速度：大小是 $v$，方向向左。

根据 $v_a=v_e+v_r$ 作速度矢量平行四边形，如图 6－16 所示，由几何关系可得

$$v_B=v_A=v_a=v\cot\theta=\sqrt{3}v$$

### 三、牵连运动为平动时点的加速度合成定理

对于点的速度合成定理，不论动系作何种运动，其均成立。但对于点的加速度合成定理，牵连运动为平动及转动时的形式却有所不同，下面研究牵连运动为平动的情况。

设动点 $M$ 在动系 $O'x'y'z'$ 中沿曲线 $c$ 运动，同时，曲线 $c$ 随动系一起相对于静系 $Oxyz$ 做平动，如图 6－17 所示。由于动系做平动，所以在任一瞬时，动系上所有各点的速度均与原点 $O'$ 的速度 $v_0$ 相同，因此动点 $M$ 的牵连速度 $v_e$ 也就等于 $v_0$ 即

$$v_e=v_0 \tag{a}$$

动点 $M$ 的相对速度 $v_r$ 在动坐标轴上的投影分别为

$$v_{rx}=\frac{\mathrm{d}x'}{\mathrm{d}t}, \quad v_{ry}=\frac{\mathrm{d}y'}{\mathrm{d}t}, \quad v_{rz}=\frac{\mathrm{d}z'}{\mathrm{d}t}$$

令 $i'$、$j'$、$k'$ 表示动坐标轴正向的单位矢量，则动点的相对速度可表示为

$$v_r=\frac{\mathrm{d}x'}{\mathrm{d}t}i'+\frac{\mathrm{d}y'}{\mathrm{d}t}j'+\frac{\mathrm{d}z'}{\mathrm{d}t}k' \tag{b}$$

将式（a）、式（b）代入式（6－30），得动点的

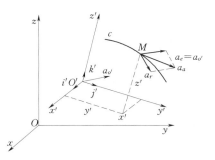

图 6－17

绝对速度为

$$v_a = v_e + v_r = v_{0'} + \frac{\mathrm{d}x'}{\mathrm{d}t}i' + \frac{\mathrm{d}y'}{\mathrm{d}t}j' + \frac{\mathrm{d}z'}{\mathrm{d}t}k' \qquad \text{(c)}$$

动点的绝对加速度 $a_a = \dfrac{\mathrm{d}v_a}{\mathrm{d}t}$。由于动系作平动，单位矢量 $i'$、$j'$、$k'$ 方向不变，是常矢量，其导数为零，于是

$$a_a = \frac{\mathrm{d}v_a}{\mathrm{d}t} = \frac{\mathrm{d}v_0'}{\mathrm{d}t} + \frac{\mathrm{d}^2 x'}{\mathrm{d}t^2}i' + \frac{\mathrm{d}^2 y'}{\mathrm{d}t^2}j' + \frac{\mathrm{d}^2 z'}{\mathrm{d}t^2}k' \qquad \text{(d)}$$

其中 $\dfrac{\mathrm{d}v_{0'}}{\mathrm{d}t} = a_{0'} = a_e$ 是动点的牵连加速度，$\dfrac{\mathrm{d}^2 x'}{\mathrm{d}t^2}i' + \dfrac{\mathrm{d}^2 y'}{\mathrm{d}t^2}j' + \dfrac{\mathrm{d}^2 z'}{\mathrm{d}t^2}k' = a_r$ 是动点的相对加速度，因此式（d）可写为

$$a_a = a_e + a_r \qquad (6-32)$$

式（6-32）表明：当牵连运动为平动时，在任一瞬时，动点的绝对加速度等于其牵连加速度与相对加速度的矢量和。这就是**牵连运动为平动时点的加速度合成定理**。

一般地，绝对运动和相对运动为曲线运动时，则绝对加速度 $a_a$ 有切向和法向两个分量 $a_a^\tau$ 和 $a_a^n$，相对加速度也有切向和法向两个分量 $a_r^\tau$ 和 $a_r^n$。

根据 $a_a = a_e + a_r$，牵连运动为平动时的加速度合成定理一般可写为如下形式

$$a_a^\tau + a_a^n = a_e + a_r^\tau + a_r^n \qquad (6-33)$$

式（6-33）中的每一项都包括大小和方向两个因素，分析时必须认真判断，确定全部因素中只有两个未知时，问题才能求解。

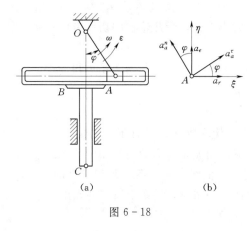

图 6-18

**【例 6-5】**　图 6-18（a）所示的曲柄滑道机构中，曲柄长 $OA = 10\text{cm}$，绕 $O$ 轴转动。当 $\varphi = 30°$ 时，其角速度 $\omega = 1\text{rad/s}^2$，角加速度 $\varepsilon = 1\text{rad/s}^2$；求 T 形导杆 $BC$ 的加速度和滑块 $A$ 在滑道中的相对加速度。

**解**　取滑块 $A$ 为动点，动系固连于 T 形导杆上，静系固连于机架上。动点 $A$ 的绝对运动是圆弧运动，绝对加速度 $a_a$ 分为切向加速度 $a_a^\tau$ 和法向加速度 $a_a^n$，其大小分别为

$$a_a^\tau = \overline{OA}\varepsilon = 10(\text{cm/s}^2)$$
$$a_a^n = \overline{OA}\omega^2 = 10(\text{cm/s}^2)$$

$a_a^\tau$ 和 $a_a^n$ 的方向如图 6-18（b）所示；相对运动为沿滑道的往复直线运动，则相对加速度 $a_r$ 的方向为水平，大小待求；牵连运动为 T 形导杆的竖向平动，则牵连加速度 $a_e$ 为铅直方向，大小待求。加速度矢量图如图 6-18（b）所示。

根据

$$a_a^\tau + a_a^n = a_e + a_r$$

将上式各矢量分别投影在 $\xi$ 轴和 $\eta$ 轴上，得

$$a_a^\tau \cos 30° - a_a^n \sin 30° = a_r$$
$$a_a^\tau \sin 30° + a_a^n \cos 30° = a_e$$

解得

$$a_r = 3.66\text{cm/s}^2, \quad a_e = 13.66\text{cm/s}^2$$

# 第四节　刚体的平面运动

平动和定转动是刚体的两种简单运动。刚体的平面运动是机构中常见的复杂运动。刚体的平面运动可以分解为简单的平动和转动，并进而求出作平面运动的刚体上任一点的速度和加速度。

### 一、刚体的平面运动及分解

工程实际中，许多刚体的运动既不是平动，也不是定轴转动。如图 6-19（a）所示沿直线滚动的车轮和图 6-19（b）所示曲柄连杆机构中连杆 $AB$ 的运动。这些物体运动的一个共同特点是：在运动过程中，其上任一点与某一固定平面的距离始终保持不变。或者说，刚体内任一点始终在一个与某固定平面平行的平面内运动。把具有这种运动特征的刚体运动称为**刚体的平面运动**。

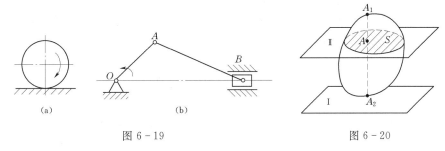

图 6-19　　　　　　　　　　　图 6-20

根据刚体的平面运动特征，可对作平面运动的刚体进行简化。设平面Ⅰ为一固定平面，作平面Ⅱ与平面Ⅰ平行并与刚体相交得一平面图形 $S$，如图 6-20 所示。当刚体作平面运动时，平面图形 $S$ 始终保持在平面Ⅱ内。如果在刚体内任取与图形 $S$ 垂直的直线 $A_1A_2$，显然直线 $A_1A_2$ 的运动是平动，其上各点具有相同的运动特征。因此，直线 $A_1A_2$ 与图形 $S$ 的交点 $A$ 的运动就可以代表整根直线 $A_1A_2$ 的运动，过刚体作无数根这样的直线，它们与平面Ⅱ的交点组成平面图形 $S$，因而平面图形 $S$ 的运动即可代表整个刚体的运动。也就是说，**刚体的平面运动可以简化为平面图形在其自身平面内的运动**。

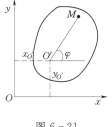

图 6-21

设平面图形 $S$ 在固定平面 $Oxy$ 内运动，如图 6-21 所示。由于图形内各点之间的相对距离保持不变，因此，要确定图形 $S$ 的位置，只要能确定其上任一线段 $O'M$ 的位置即可。而线段 $O'M$ 的位置可由点 $O'$ 的坐标（$x_{O'}$、$y_{O'}$）及 $O'M$ 与 $x$ 轴的夹角 $\varphi$ 确定。称 $O'$ 为**基点**，当图形 $S$ 运动时，可表达为时间 $t$ 的单值连续函数，即

$$x_{O'}=f_1(t),y_{O'}=f_2(t),\varphi=f_3(t) \tag{6-34}$$

式（6-33）称为**刚体的平面运动方程**。

以基点 $O'$ 点为原点建立动坐标系 $O'x'y'$，如图 6-22 所示。设在运动过程中，动系的 $x'$ 轴和 $y'$ 轴与静系的 $x$ 轴和 $y$ 轴始终保持平行，即动系随基点 $O'$ 作平动。经过 $\Delta t$ 时间后，动系 $O'x'y'$ 运动到 $O''x''y''$ 处，图形 $S$ 上的 $O'A$ 线段则运动到 $O''A''$ 处。由运动合成的概念可知，图形 $S$ 相对于静系 $Oxy$ 的绝对运动可以看成是随基点 $O'$ 平动的同时，又绕基点转动的这两种运动的合成。图形 $S$ 绕基点 $O'$ 的转动是相对动系 $O'x'y'$ 的相对运动；而基点 $O'$ 相对

于静系的平动是牵连运动。可见，平面图形 $S$ 的运动可以分解为随基点的平动和绕基点的转动。

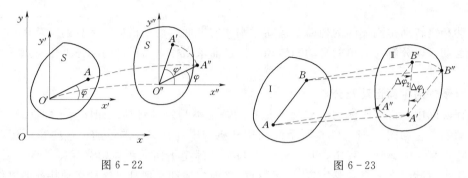

图 6-22                    图 6-23

分解平面图形的运动时，基点的选择是任意的。但是从图 6-23 中可以看出，以点 $A$ 为基点时，随基点的平动规律是 $A'B''$ 位置；而以点 $B$ 为基点时，随基点的平动规律是到 $A''B'$ 位置。然后绕各自的基点都转过相同的角度，到达 $A'B'$ 位置。即在同一瞬时，图形绕任一基点转动的角速度和角加速度都是相同的。

虽然基点可以任选，但在解决实际问题时，往往选取运动情况已知的点作为基点。

## 二、平面图形内各点的速度

### 1. 基点法

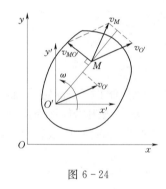

图 6-24

如图 6-24 所示，设在平面图形内任取点 $O'$ 为基点，已知该点的速度为 $v_{O'}$，图形转动的角速度为 $\omega$。任意一点 $M$ 的绝对运动为以动系 $O'x'y'$ 相对于静系的运动，也即随同基点 $O'$ 的平动作为牵连运动，与以基点 $O'$ 为中心，$MO'$ 为半径的圆周运动作为相对运动的合成。根据点的速度合成定理即可得点 $M$ 的速度为

$$v_M = v_e + v_r = v_{O'} + v_{MO'} \tag{6-35}$$

式（6-35）中，绕基点转动的速度 $v_r$ 的大小为

$$v_r = v_{MO'} = \overline{MO'} \omega$$

得出结论：平面图形内任一点的速度等于基点的速度与绕基点转动速度的矢量和。这就是刚体作平面运动时，求其上任一点速度的速度合成法，又称基点法。这一方法是求解平面运动图形内任一点速度的基本方法。

### 2. 速度投影法

在图 6-24 中，将式（6-35）向 $MO'$ 连线上做投影，因为 $v_{MO'}$ 垂直于 $MO'$，所以它在此连线上的投影为零，得

$$[v_M]_{MO'} = [v_{O'}]_{MO'} \tag{6-36}$$

式（6-36）表明：任一瞬时，平面图形上任意两点的速度在这两个点连线上的投影相等。这一关系称为**速度投影定理**。应用此定理求解平面图形上任一点速度的方法，称为**速度投影法**。应当指出，这个定理不但适用于刚体的平面运动，而且适用于刚体的任何运动，它反映了刚体上任意两点间距离保持不变的特性。应用这个定理求解平面图形内任一点的速度，有时非常方便。由于式（6-36）是一个代数方程，所以根据此式可以求出式中的一个未知量。

3. 速度瞬心法

设一平面图形 $S$ 的角速度为 $\omega$，转向如图 $6-25$ 所示。取点 $A$ 为基点，其速度为 $v_A$，过点 $A$ 做 $v_A$ 的垂线 $AN$，使 $v_A$ 到 $AN$ 的转向与图形的转向一致。因此 $AN$ 上点任意一点 $M$ 绕点 $A$ 的转动速度都与 $v_A$ 在同一直线上，但方向相反。故 $v_M$ 的大小为

$$v_M = v_A - \omega \overline{AM}$$

在 $AN$ 线上总可以找到一点 $C$，满足 $v_C = 0$，即

$$0 = v_A - \omega \overline{AC}$$

则点 $C$ 到基点 $A$ 的距离 $\overline{AC} = \dfrac{v_A}{\omega}$。

这个平面图形内某瞬时速度等于零的点 $C$ 称为平面图形在该**瞬时的速度中心**，简称为**速度瞬心**。

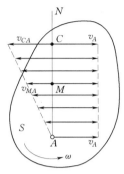

图 $6-25$

如果我们以速度瞬心为基点，那么平面图形内任一点的速度就等于该点绕速度瞬心转动的速度。利用速度瞬心求平面内任一点速度的方法称为速度瞬心法。应用此法的关键是确定速度瞬心的位置。在不同的瞬时，速度瞬心的位置也不同。

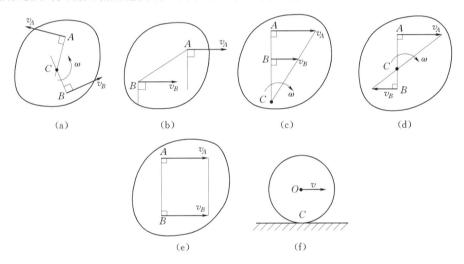

图 $6-26$

一般情况下，过 $A$、$B$ 两点分别作 $v_A$、$v_B$ 的垂线相交于点 $C$，点 $C$ 就是瞬心，如图 $6-26$（a）所示。

若 $v_A // v_B$，但 $AB$ 连线不垂直 $v_A$、$v_B$，则速度瞬心位于无穷远处，如图 $6-26$（b）所示。这时 $\omega = \dfrac{v_A}{AC} = 0$，这意味着此瞬时平面图形的角速度为零，各点的速度相同，刚体作平动。因为这只是在此瞬时发生，所以称此时刚体的运动为瞬时平动。但要注意的是：此瞬时各点的加速度并不相同。

若 $v_A // v_B$，且 $AB$ 连线垂直 $v_A$、$v_B$，在 $v_A \neq v_B$ 时，速度瞬心位置如图 $6-26$（c）、（d）所示；若 $v_A = v_B$，则此瞬时平面的运动为瞬时平动，如图 $6-26$（e）所示。

当平面图形沿某一固定面作纯滚动时，如图 $6-26$（f）所示的车轮。则每一瞬时图形与固定面的接触点应与固定面的速度相同，由于固定面的速度为零，所以图形与固定面

接触点的速度也为零。也就是说，每一瞬时平面图形上与固定面的接触点 C 是该图形的速度瞬心。

**【例 6-6】** 椭圆规尺的 A 端以速度 $v_A$ 沿 x 轴的负向运动，如图 6-27（a）所示，AB = l。求 B 端的速度以及尺 AB 的角速度。

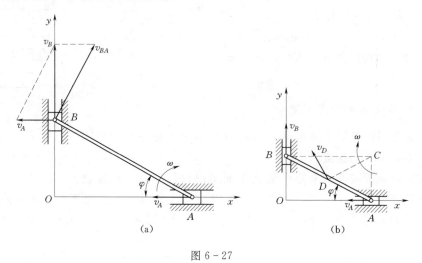

图 6-27

**解** （1）基点法求 $V_B$。

本题中 $v_A$ 的大小和方向已知，因此以点 A 为基点，而 $v_B$ 的方向也是已知的，因此，可以作出速度平等四边形，如图 6-27（a）所示。

由图中几何关系可得

$$v_B = v_A \cot\varphi$$

（2）速度投影法求 $v_B$。

将 $v_A$、$v_B$ 向 AB 作投影，有

$$v_B \sin\varphi = v_A \cos\varphi$$
$$v_B = v_A \cot\varphi$$

（3）速度瞬心法求 $v_B$。

分别过点 A 和点 B 作 $v_A$ 和 $v_B$ 的垂线，两条垂线的交点 C 就是尺 AB 的速度瞬心，如图 6-27（b）所示。于是尺 AB 的角速度为

$$\omega = \frac{v_A}{AC} = \frac{v_A}{l\sin\varphi}$$

点 B 的速度为

$$v_B = \overline{BC} \cdot \omega = \frac{BC}{AC} v_A = v_A \cot\varphi$$

上面用三种方法分别介绍如何求平面运动的刚体中任一点的速度。在速度瞬心法中看到，首先求得的是平面运动的尺 AB 的角速度，然后才是 B 端的速度。

基点法求尺 AB 的角速度时，需先在图 6-27（a）所示的速度平行四边形中，由几何关系求出 $v_{BA} = \dfrac{v_A}{\sin\varphi}$，再利用 $v_{BA} = AB \cdot \omega$，此处 $\omega$ 是尺 AB 的角速度，得

$$\omega = \frac{v_{BA}}{AB} = \frac{v_{BA}}{l} = \frac{v_A}{l\sin\varphi}$$

而速度投影法，则无法求尺 $AB$ 的角速度。

**【例 6 - 7】** 矿石轧碎机的活动夹板 $AB$ 长 600mm，由曲柄 $OE$ 借连杆组带动，使它绕 $A$ 轴摆动，如图 6 - 28 所示。曲柄 $OE$ 长 100mm，角速度为 10rad/s。连杆组由杆 $BG$、$GD$ 和 $GE$ 组成，杆 $BG$ 和 $GD$ 各长 500mm。求当机构在图示位置时，夹板 $AB$ 的角速度。

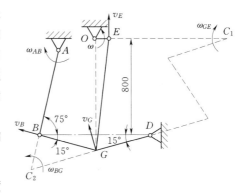

图 6 - 28

**解** 此机构由五个刚体组成：杆 $OE$、$GD$ 和 $AB$ 作定轴转动，杆 $GE$ 和 $BG$ 作平面运动。

因为 $\omega_{AB} = \dfrac{v_B}{AB}$，所以欲求夹板 $AB$ 的角速度 $\omega_{AB}$，必须先求出点 $B$ 的速度大小。而欲求 $v_B$，则应先求出点 $G$ 的速度。

杆 $GE$ 作平面运动，点 $E$ 的速度方向垂直于 $OE$，点 $G$ 在以 $D$ 为圆心的圆弧上运动，因此速度方向垂直于 $GD$。作 $G$，$E$ 两点速度矢量的垂线，得交点 $C_1$，这就是在图示瞬时杆 $GE$ 的速度瞬心。

由图中几何关系知

$$\overline{OG} = 800 + 500\sin15° = 929.4(\text{mm})$$

$$\overline{EC_1} = \overline{OC_1} - \overline{OE} = \overline{OG} \cdot \cot15° - \overline{OE} = 3369(\text{mm})$$

$$\overline{GC_1} = \frac{\overline{OG}}{\sin15°} = 3591(\text{mm})$$

于是，杆 $GE$ 的角速度为

$$\omega_{GE} = \frac{v_E}{\overline{EC_1}} = \frac{\omega \cdot \overline{OE}}{\overline{EC_1}} = 0.2968(\text{rad/s})$$

点 $G$ 的速度为

$$v_G = \omega_{GE} \cdot \overline{GC_1} = 1.066(\text{m/s})$$

杆 $BG$ 也作平面运动，已知点 $G$ 的速度大小和方向，并知点 $B$ 的速度必垂直于 $AB$，作两速度矢量的垂线交于点 $C_2$，这点就是杆 $BG$ 在图示瞬时的速度瞬心。按照上面的计算方法可求得

$$\omega_{BG} = \frac{v_G}{\overline{GC_2}}$$

$$v_B = \omega_{BG} \cdot \overline{BC_2} = v_G \frac{\overline{BC_2}}{\overline{GC_2}} = v_G \cos60°$$

$$\omega_{AB} = \frac{v_B}{AB} = \frac{v_G \cos60°}{\overline{AB}} = 0.888(\text{rad/s})$$

由此可以看出：

（1）机构的运动都是通过各部件的连接点来传递的。

（2）在每一瞬时，机构中作平面运动的各刚体有各自的速度瞬心和角速度。

# 小　结

（1）点的运动在空间位置上是随时间变化的，分析运动时必须确定一参考体运动方程可以用矢量形式：$r=r(t)$，直角坐标形式：$x=f_1(t)$，$y=f_2(t)$，$z=f_3(t)$，弧坐标形式 $s=f(t)$ 和其他坐标形式描述。以直角坐标形式表示速度和加速度，为 $v_x=\dfrac{\mathrm{d}x}{\mathrm{d}t}$，$v_y=\dfrac{\mathrm{d}y}{\mathrm{d}t}$，$v_z=\dfrac{\mathrm{d}z}{\mathrm{d}t}$，则 $v=\sqrt{v_x^2+v_y^2+v_z^2}$；$a_x=\dfrac{\mathrm{d}v_x}{\mathrm{d}t}=\dfrac{\mathrm{d}^2x}{\mathrm{d}t^2}$，$a_y=\dfrac{\mathrm{d}v_y}{\mathrm{d}t}=\dfrac{\mathrm{d}^2y}{\mathrm{d}t^2}$，$a_z=\dfrac{\mathrm{d}v_z}{\mathrm{d}t}=\dfrac{\mathrm{d}^2z}{\mathrm{d}t^2}$，则 $a=\sqrt{a_x^2+a_y^2+a_z^2}$；以弧坐标表示速度和加速度，为 $v=\dfrac{\mathrm{d}s}{\mathrm{d}t}$；$a_\tau=\dfrac{\mathrm{d}v}{\mathrm{d}t}=\dfrac{\mathrm{d}^2s}{\mathrm{d}t^2}$，$a_n=\dfrac{v^2}{\rho}$，则 $a=\sqrt{(a_\tau)^2+(a_n)^2}$。

（2）刚体运动的最简单形式为平行移动和定轴转动。

（3）刚体平行移动时，在同一瞬时刚体内各点的速度和加速度的大小、方向都相同。

（4）刚体作定轴转动时，转动方程 $\varphi=f(t)$ 表示刚体的位置随时间的变化规律。角速度 $\omega$ 表示刚体转动的快慢程度和转向，$\omega=\dfrac{\mathrm{d}\varphi}{\mathrm{d}t}$。角加速度 $\varepsilon$ 表示角速度对时间的变化率，$\varepsilon=\dfrac{\mathrm{d}\omega}{\mathrm{d}t}=\dfrac{\mathrm{d}^2\varphi}{\mathrm{d}t^2}$。当 $\omega$ 和 $\varepsilon$ 同号时，刚体作加速转动；当 $\omega$ 和 $\varepsilon$ 异号时，刚体作减速转动。

（5）绕定轴转动刚体上点的速度、加速度的代数值为
$$v=R\omega,\quad a_\tau=R\varepsilon,\quad a_n=R\omega^2$$

（6）点的绝对运动为点的牵连运动和相对运动的合成结果。

绝对运动：动点相对于静参考系的运动。

相对运动：动点相对于动参考系的运动。

牵连运动：动参考系相对于静参考系的运动。

（7）点的速度合成定理：
$$v_a=v_e+v_r$$

绝对速度：动点相对于静参考系运动的速度；

相对速度：动点相对于动参考系运动的速度；

牵连速度：动参考系上与动点相重合的那一点（牵连点）相对于静参考系运动的速度。

（8）牵连运动为平动的点的加速度合成定理：
$$a=a_e+a_r$$

（9）刚体内任意一点在运动过程中始终与某一固定平面保持不变的距离，这种运动称为刚体的平面运动。平行于固定平面所截出的任何平面图形都可代表此刚体的运动。

（10）平面图形的运动可分解为随基点的平动和绕基点的转动。平动为牵连运动，它与基点的选择有关；转动为相对于平移参考系的运动，它与基点的选择无关。以 $A$ 为基点，那么平面图形上任意一点 $B$ 的速度矢量式为
$$v_B=v_A+v_{BA}$$

（11）平面图形上任意两点 $A$、$B$ 的速度在 $AB$ 连线上的投影相等。表示为
$$[v_A]_{AB}=[v_B]_{AB}$$

（12）平面图形内某一瞬时绝对速度等于零的点称为该瞬时的速度中心，简称速度瞬心。平面图形的运动可看成为绕速度瞬心作瞬时转动。平面图形上任一点 $M$ 的速度大小为

$$v_M = \omega \cdot \overline{CM}$$

其中 $CM$ 为点 $M$ 到速度瞬心 $C$ 的距离。垂直于 $M$ 与 $C$ 两点的连线，指向图形转动的方向。

## 思　考　题

6-1　点沿图 6-29 所示的曲线运动，图中画出了点的速度 $v$ 和加速度 $a$ 的各种情况，其中哪些是正确的？哪些是不正确的？为什么？如果是正确的，请说明是做加速运动还是减速运动？

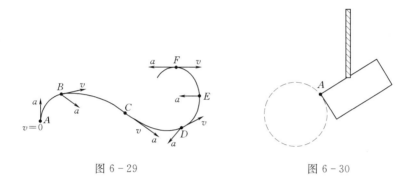

图 6-29　　　　　　　　　　图 6-30

6-2　如图 6-30 所示，用绳子提一物块使其上 $A$ 点沿一圆周路径运动。物块整体的运动是平动还是转动？

6-3　图 6-31 中曲柄 $OA$ 以匀角速度转动，图中的速度和加速度分析是否正确？

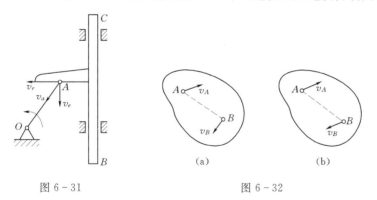

图 6-31　　　　　　　　图 6-32

6-4　如图 6-32 所示，平面图形上两点 $A$，$B$ 的速度方向可能是这样的吗？为什么？

## 习　题

6-1　动点 $M$ 在空间作螺旋运动，其运动方程 $x = 2\cos t$，$y = 2\sin t$，$z = 2t$，其中 $x$、$y$、$z$ 以 m 计，$t$ 以 s 计，则 $M$ 点的速度和加速度是多少？

6-2　如图 6-33 所示，偏心凸轮半径为 $R$，绕 $O$ 轴转动，转角 $\varphi = \omega t$（$\omega$ 为常量），偏心距 $\overline{OC} = e$，凸轮带动顶杆 $AB$ 沿铅垂直线做往复运动。试求顶杆的运动方程和速度。

6-3　图 6-34 所示机构尺寸为 $\overline{O_1 A} = \overline{O_2 B} = \overline{AM} = r = 0.2\text{m}$，$\overline{O_1 O_2} = \overline{AB}$。已知 $O_1$ 轮按 $\varphi = 15\pi t$（rad）的规律转动，求当 $t = 0.5$s 时，杆 $AB$ 上点 $M$ 的速度和加速度。

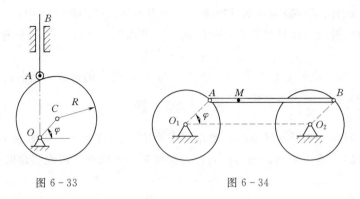

图 6 – 33　　　　　　　　　　　图 6 – 34

6 – 4　如图 6 – 35 所示，曲柄 $OA$ 长 0.4m，以等角速度 $\omega = 0.5\text{rad/s}$ 绕 $O$ 轴逆时针转向转动。由于曲柄的 $A$ 端推动水平板 $B$，而使滑杆 $C$ 沿铅直方向上升。求当曲柄与水平线间的夹角 $\beta = 30°$ 时，滑杆 $C$ 的速度和加速度。

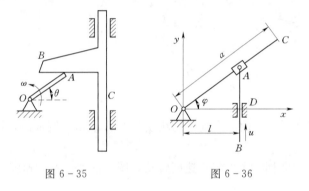

图 6 – 35　　　　　　　　　　　图 6 – 36

6 – 5　如图 6 – 36 所示，摇杆机构的滑杆 $AB$ 以匀速 $u$ 向上运动，试建立摇杆上点 $C$ 的运动方程，并求此点在 $\varphi = \dfrac{\pi}{4}$ 时的速度大小。假定初始瞬时 $\varphi = 0$，摇杆长 $\overline{OC} = a$，距离 $\overline{OD} = l$。

6 – 6　在图 6 – 37 所示具有圆弧形滑道的曲柄滑道机构中，圆弧的半径 $R = OA = 10\text{cm}$。已知曲柄绕轴 $O$ 以匀转速 $n = 120\text{r/min}$ 转动，求当 $\varphi = 30°$ 时滑道 $BCD$ 的速度和加速度大小。

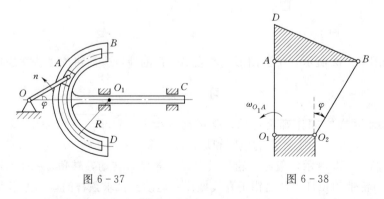

图 6 – 37　　　　　　　　　　　图 6 – 38

6 – 7　如图 6 – 38 所示四连杆机构中，连杆 $AB$ 上固连一块三角板 $ABD$。机构由曲柄 $O_1A$ 带动。已知：曲柄的角速度 $\omega_{O_1A} = 2\text{rad/s}$ 曲柄 $O_1A = 0.1\text{m}$，水平距离 $\overline{O_1O_2} = 0.05\text{m}$，

$\overline{AD}=0.05\mathrm{m}$；当 $O_1A$ 上 $O_1O_2$ 时，$AB$ 平行于 $O_1O_2$，且 $AD$ 与 $AO_1$ 在同一直线上；$\varphi=30°$。求三角板 $ABD$ 的角速度和点 $D$ 的速度。

6-8　如图 3-39 所示配汽机构中，曲柄 $OA$ 的角速度 $\omega=20\mathrm{rad/s}$，为常量。已知 $\overline{OA}=0.4\mathrm{m}$，$\overline{AC}=\overline{BC}=0.2\sqrt{37}(\mathrm{m})$。求当曲柄 $OA$ 在两铅直线位置和两水平位置时，配汽机构中气阀推杆 $DE$ 的速度。

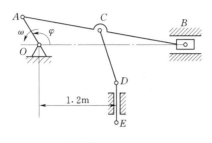

图 6-39

# 第七章 动 力 学

## 第一节 质 点 的 动 力 学

### 一、动力学基本定律

质点的动力学的基础是牛顿三定律。这些定律是牛顿在总结前人，特别是伽利略研究成果的基础上提出来的。

**第一定律（惯性定律）**

不受力作用的质点，将保持静止或作匀速直线运动。

**第二定律（力与加速度间关系的定律）**

质点的质量与加速度的乘积，等于作用于质点上合力的大小，加速度的方向与合力的方向相同。即

$$ma = \sum F \tag{7-1}$$

式（7-1）建立了力、质量和加速度三者之间的关系，称为**动力学基本方程**。它是推演其他动力学方程的基础。

由式（7-1）可知，若以相同的力作用于不同的质点，则质量 $m$ 愈大的质点所产生的加速度 $a$ 愈小，即愈不容易改变其运动状态，这说明质点的质量愈大，它的惯性就愈大。所以质点的质量是其惯性的量度。

在地球表面，物体只受重力 $P$ 作用而自由下落时的加速度称为**重力加速度**，以 $g$ 表示，则由式（7-1）有

$$P = mg \quad \text{或} \quad m = \frac{P}{g} \tag{7-2}$$

质量和重量是两个不同的概念，前者是物体固有的属性，是物体惯性的量度；而后者则是物体所受重力的大小。

**第三定律（作用与反作用定律）**

两个物体间的作用力和反作用力总是等值、反向、共线，同时分别作用于这两个物体上。该定律就是静力学的公理四。其不仅适用于平衡的物体，而且也适用于任何运动的物体。

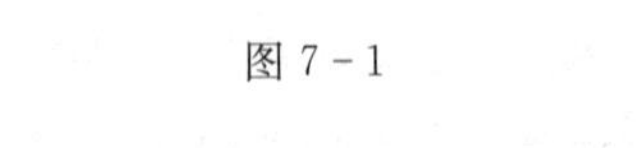

### 二、质点运动微分方程

设有一质点 $M$，质量为 $m$，作用于该质点上所有力的合力为 $\sum F$，如图 7-1 所示。

图 7-1

由运动学知

$$a = \frac{\mathrm{d}v}{\mathrm{d}t} = \frac{\mathrm{d}^2 r}{\mathrm{d}t^2}$$

代入式（7-1）得

$$m \frac{\mathrm{d}v}{\mathrm{d}t} = \sum F \quad \text{或} \quad m \frac{\mathrm{d}^2 r}{\mathrm{d}t^2} = \sum F \qquad (7-3)$$

式（7-3）为**矢量形式的质点运动微分方程**。将式（7-3）投影到各坐标轴上，则得

$$m \frac{\mathrm{d}^2 x}{\mathrm{d}t^2} = \sum F_x, m \frac{\mathrm{d}^2 y}{\mathrm{d}t^2} = \sum F_y, m \frac{\mathrm{d}^2 z}{\mathrm{d}t^2} = \sum F_z \qquad (7-4)$$

式（7-4）为**直角坐标形式的质点运动微分方程**。

将式（7-3）投影到图7-2所示的曲线坐标轴对应点的切向及法向上，得

$$m \frac{\mathrm{d}^2 s}{\mathrm{d}t^2} = \sum F_\tau, m \frac{v^2}{\rho} = \sum F_n \qquad (7-5)$$

式（7-5）为**自然形式的质点运动微分方程**。

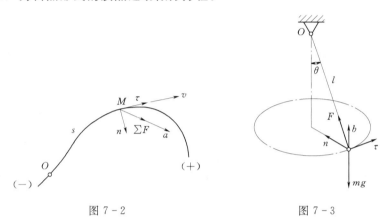

图 7-2　　　　　　　　　　图 7-3

**【例 7-1】**　一圆锥摆，如图7-3所示。质量 $m=0.1\text{kg}$ 的小球系于长 $l=0.3\text{m}$ 的绳上，绳的另一端系在固定点 $O$，并与铅直线成 $\theta=60°$ 角。如小球在水平面内作匀速圆周运动，求小球的速度 $v$ 与绳的张力 $F$ 的大小。

**解**　以小球为研究的质点，作用于质点的力有重力 $mg$ 和绳的拉力 $F$。选取在自然轴上投影的运动微分方程，得

$$m \frac{v^2}{\rho} = F\sin\theta, \quad 0 = F\cos\theta - mg$$

因 $\rho = l\sin\theta$，于是解得

$$F = \frac{mg}{\cos\theta} = \frac{0.1 \times 9.8 s^2}{\frac{1}{2}} = 1.96(\text{N})$$

$$v = \sqrt{\frac{Fl\sin^2\theta}{m}} = \sqrt{\frac{1.96 \times 0.3 \times \left(\frac{\sqrt{3}}{2}\right)^2}{0.1}} = 2.1(\text{m/s})$$

绳的张力与拉力 $F$ 的大小相等。

# 第二节　动　量　定　理

## 一、动量

物体之间往往有机械运动的相互传递，在传递机械运动时产生的相互作用力不仅与物体的速度变化有关，而且与它们的质量有关。例如，枪弹质量虽小，但速度很大，击中目标

时，产生很大的冲击力；轮船靠岸时，速度虽小，但质量很大，操纵稍有疏忽，足以将船撞坏。据此，可以用质点的质量与速度的乘积，来表征质点的这种运动量。称为**质点的动量**，记为 $mv$。质点的动量是矢量，它的方向与质点速度的方向一致。

在国际单位制中，动量的单位为 kg·m/s。

质点系内各质点动量的矢量和称为**质点系的动量**，即

$$p = \sum_{i=1}^{n} m_i v_i = m v_c \tag{7-6}$$

式中：$n$ 为质点系内的质点数；$m$ 为第 $i$ 个质点的质量；$v_i$ 为该质点的速度。质点系的动量是矢量。若质点系的全部质量 $m$ 都集中于质心 $C$，则质心的动量等于质点系的动量。

### 二、冲量

冲量是力在一段时间内对物体的累积效应的量度。则作用力与作用时间的乘积称为**力的冲量**。冲量是矢量，其方向与力的方向一致。

若作用力 $F$ 是恒矢量，作用时间为 $t$，则力的冲量为

$$I = Ft \tag{7-7}$$

若作用力 $F$ 是变量，则将力的作用时间分成无数微小的时间间隔，在每段微小的时间间隔 $dt$ 内，作用力可以认为不变。在微小时间间隔 $dt$ 内，力 $F$ 的冲量称为**元冲量**，即

$$dI = Fdt \tag{7-8}$$

若力 $F$ 是时间的函数，则力 $F$ 在时间间隔 $(t_2 - t_1)$ 内的冲量为

$$I = \int_{t_1}^{t^2} Fdt \tag{7-9}$$

在国际单位制中，冲量的单位是牛·秒（N·s）。

### 三、质点的动量定理

1. 质点的动量定理

由式（7-1）有

$$\frac{d}{dt}(mv) = F \quad 或 \quad d(mv) = Fdt \tag{7-10}$$

式（7-10）是**微分形式的质点动量定理**，即质点动量的增量等于作用于质点上的力的元冲量。

将上式改写为 $d(mv) = \sum Fdt$，并对时间从 $t_1$ 到 $t_2$，速度从 $v_1$ 到 $v_2$ 积分，得

$$mv_2 - mv_1 = \int_{t_1}^{t_2} \sum Fdt = \sum I_i \tag{7-11}$$

式（7-11）是**积分形式的质点动量定理**。即质点动量在任一时间间隔内的改变，等于作用于该质点上各力在同一时间间隔内冲量的矢量和。

2. 质点系的动量定理

研究由 $n$ 个质点组成的质点系，将作用于该质点系上的力分为内力和外力。考虑质点系中的任一质点 $M_i$，由微分形式的质点动量定理得

$$\frac{d(m_i v_i)}{dt} = F_i^e + F_i^i \quad (i = 1, 2, \cdots, n)$$

式中：$m_i v_i$ 是质点 $M$ 的动量；$F_i^e$ 和 $F_i^i$ 分别表示作用在质点 $M_i$ 上外力的合力和内力的合力。对整个质点系共可写出 $n$ 个这样的方程。将这 $n$ 个方程按矢量相加，得

$$\sum \frac{\mathrm{d}(m_i v_i)}{\mathrm{d}t} = \sum F_i^e + \sum F_i^i \quad 或 \quad \frac{\mathrm{d}}{\mathrm{d}t} \sum m_i v_i = \sum F_i^e + \sum F_i^i$$

式中：$\sum m_i v_i$ 为质点系的动量；$\sum F_i^e$ 为作用在质点系上所有外力的矢量和，即外力系的主矢，以 $F_R^e$ 表示；$\sum F_i^i$ 为作用在质点系上所有内力的矢量和，即内力系的主矢，以 $F_R^i$ 表示，由于质点系的内力是成对出现，所以 $F_R^i = 0$，上式变为

$$\frac{\mathrm{d}p}{\mathrm{d}t} = \sum F_i^e = F_R^e \tag{7-12}$$

式（7-12）就是**微分形式的质点系动量定理**。表示质点系的动量对时间的一阶导数，等于作用于质点系上外力的主矢。

以 $\mathrm{d}t$ 乘式（7-12）的两边，并将时间从 $t_1$ 到 $t_2$，动量从 $p_1$ 到 $p_2$ 积分，得

$$\int_{K_1}^{K_2} \mathrm{d}p = \int_{t_1}^{t_2} F_R^e \mathrm{d}t \quad 或 \quad p_2 - p_1 = \int_{t_1}^{t_2} F_R^e \mathrm{d}t = I^e \tag{7-13}$$

式中：$p_2$ 表示 $t_2$ 瞬时质点系的动量；$p_1$ 表示 $t_1$ 瞬时质点系的动量；$p_2 - p_1$ 表示在 $(t_2 - t_1)$ 时间内质点系动量的改变。式（7-13）就是**积分形式的质点系动量定理**。表示：质点系的动量在任一段时间间隔内的改变，等于作用在该质点系上所有外力在同一段时间间隔内冲量的矢量和。

质点系的动量定理还表明：质点系内力的冲量不能改变质点系的动量。根据这一特点，在应用动量定理解决质点系的问题时；可以不考虑质点系的内力系，这就使问题的处理变得更简单。

**四、质点和质点系的动量守恒定律**

前面给出的动量定理的表达式，不论微分形式还是积分形式，都是矢量式，实际应用该定理时，常取它们的直角坐标投影式

$$\frac{\mathrm{d}p_x}{\mathrm{d}t} = \sum F_x^e, \quad \frac{\mathrm{d}p_y}{\mathrm{d}t} = \sum F_y^e, \quad \frac{\mathrm{d}p_z}{\mathrm{d}t} = \sum F_z^e \tag{7-14}$$

或

$$\left. \begin{aligned} p_{2x} - p_{1x} &= I_x^e \\ p_{2y} - p_{1y} &= I_y^e \\ p_{2z} - p_{1z} &= I_z^e \end{aligned} \right\} \tag{7-15}$$

当 $F_R^e = 0$ 时，$p =$ 常矢量。

当 $F_{Rx}^e = 0$ 时，$p_x =$ 常量。

这两个结论称为**质点或质点系的动量守恒定律**。

**四、质心运动定理和质心运动守恒定律**

将式（7-6）代入式（7-12），得

$$\frac{\mathrm{d}p}{\mathrm{d}t} = \frac{\mathrm{d}M v_c}{\mathrm{d}t} = M a_c = \sum F_i^e = F_R^e \tag{7-16}$$

式（7-16）就是**质心运动定理**。表示质点系的质量与其质心加速度的乘积，等于作用在质点系上所有外力的矢量和。

从质心运动定理出发，可以得出质心运动的两种特殊情况，即**质心运动的守恒定律**。

（1）当外力主矢为零，即 $\sum F_i^e = 0$ 时，得

$$v_c = 常矢量 \tag{7-17}$$

即当 $\sum F_i^e = 0$ 时，质心作惯性运动。

（2）当 $\sum F_i^e = 0$ 时，且 $v_c(0) = 0$（质心在初瞬时静止）时，有

$$v_c = 0 \quad \text{或} \quad r_c = \text{常矢量} \tag{7-18}$$

【例 7-2】 设有一电机用螺栓固定在水平基础上，如图 7-4 所示，电动机外壳及其定

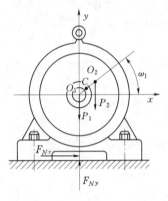

图 7-4

子重量 $P_1$，质心 $O_1$ 在转子的轴线上；转子重 $P_2$，质心 $O_2$ 由于制造上的偏差而与其轴线相距为 $r$，转子以匀角速度 $\omega$ 转动。求螺栓和基础对电动机的反力。

**解** 取电机为质点系，作用于质点系的外力有重力 $P_1$、$P_2$ 及约束反力 $F_{Nx}$、$F_{Ny}$。选固定坐标系 $O_1xy$，则外壳与定子的质心 $O_1$ 的坐标为 $x_1 = 0$，$y_1 = 0$，而转子的质心 $O_2$ 的坐标为 $x_2 = r\cos\omega t$，$y_2 = r\sin\omega t$，电机质心 $C$ 的坐标为

$$x_c = \frac{P_1 x_1 + P_2 x_2}{P_1 + P_2} = \frac{P_2 r \cos\omega t}{P_1 + P_2}$$

$$y_c = \frac{P_1 y_1 + P_2 y_2}{P_1 + P_2} = \frac{P_2 r \sin\omega t}{P_1 + P_2}$$

根据式（7-16）向 $x$ 轴、$y$ 轴投影，得

$$\frac{P_1 + P_2}{g} \frac{d^2 x_c}{dt^2} = -\frac{P_2}{g} r\omega^2 \cos\omega t = F_{Nx}$$

$$\frac{P_1 + P_2}{g} \frac{d^2 y_c}{dt^2} = -\frac{P_2}{g} r\omega^2 \sin\omega t = N_{Ny} - P_1 - P_2$$

解得

$$F_{Nx} = -\frac{P_2}{g} r\omega^2 \cos\omega t$$

$$F_{Ny} = P_1 + P_2 - \frac{P_2}{g} r\omega^2 \sin\omega t$$

其中（$P_1 + P_2$）是电机的重力引起的静反力；而由于转子偏心使电机的质心作加速运动所引起的附加动反力为

$$F_x = -\frac{P_2}{g} r\omega^2 \cos\omega t, \quad F_y = -\frac{P_2}{g} r\omega^2 \sin\omega t$$

反力的两个分量均是时间的周期函数，这就是电机及支座产生振动的原因。

当 $F_{Ny} > 0$ 时，则螺栓不受力，只有支座受压力；而当 $F_{Ny} < 0$ 时，则螺栓受力。

# 第三节 动量矩定理

考察一个刚体在力系作用一下绕通过质心轴的转动问题，显然，因为轴本身不动，所以不论该刚体转动的快慢如何，转动方向的变化如何，恒有 $v_c = 0$。所以该刚体的动量也总是等于零。

可见，刚体的动量不能反映刚体的转动情况。而力使刚体转动的效应取决于力系的主矩。对应地，在动力学中，把描述物体随质心移动的机械运动量称为**动量**，而把描述物体转动的机械运动量称为**动量矩**。

**一、质点和质点系的动量矩**

类似力对点之矩的定义，把质点 $M$ 在某瞬时相对于某点 $O$ 的矢径 $r$ 与其动量 $mv$ 的矢量积定义为**质点对点 $O$ 的动量矩**。用矢量 $M_O(mv)$ 表示，即

$$M_O(mv) = r \times mv \tag{7-19}$$

因为动量是矢量，因此空间的力对点之矩与过该点的轴之矩的关系，在动量矩中也成立，即有

$$\left.\begin{array}{l}[M_O(mv)]_x = M_x(mv) \\ [M_O(mv)]_y = M_y(mv) \\ [M_O(mv)]_z = M_z(mv)\end{array}\right\} \tag{7-20}$$

**质点系对点 $O$ 的动量矩**等于各质点对同一点 $O$ 的动量矩的矢量和，或称为**质点系动量对点 $O$ 的主矩**，即

$$L_O = \sum_{i=1}^{n} M_O(m_i v_i) \tag{7-21}$$

类似质点的情况，对质点系也有

$$L_x = [L_O]_x, \quad L_y = [L_O]_y, \quad L_z = [L_O]_z \tag{7-22}$$

**二、质点和质点系的动量矩定理**

设质点对定点 $O$ 的动量矩为 $M_O(mv)$，作用力 $F$ 对同一点的矩为 $M_O(F)$。将动量矩对时间取一次导数，得

$$\frac{\mathrm{d}}{\mathrm{d}t} M_O(mv) = M_O(F) \tag{7-23}$$

式（7-23）为**质点动量矩定理**。

取式（7-23）在直角坐标轴上的投影式，并将对点的动量矩与对轴的动量矩的关系式（7-20）代入，得

$$\frac{\mathrm{d}}{\mathrm{d}t} M_x(mv) = M_x(F), \quad \frac{\mathrm{d}}{\mathrm{d}t} M_y(mv) = M_y(F), \quad \frac{\mathrm{d}}{\mathrm{d}t} M_z(mv) = M_z(F) \tag{7-24}$$

**质点系的动量矩定理**为

$$\frac{\mathrm{d}}{\mathrm{d}t} L_O = \sum_{i=1}^{n} M_O[F_i^{(e)}]$$

应用时，取投影式

$$\frac{\mathrm{d}}{\mathrm{d}t} L_x = \sum_{i=1}^{n} M_x[F_i^{(e)}], \quad \frac{\mathrm{d}}{\mathrm{d}t} L_y = \sum_{i=1}^{n} M_y[F_i^{(e)}], \quad \frac{\mathrm{d}}{\mathrm{d}t} L_z = \sum_{i=1}^{n} M_z[F_i^{(e)}] \tag{7-25}$$

**三、动量矩守恒定律**

如果作用于质点的力对于某定点 $O$ 的矩恒等于零，则由式（7-23）知，质点对该点的动量矩保持不变，即

$$M_O(mv) = 恒矢量$$

如果作用于质点的力对于某定轴的矩恒等于零，则由式（7-24）知，质点对该轴的动量矩保持不变。例如 $M_z(F) = 0$，则

$$M_z(mv) = 恒量$$

以上结论称为**质点动量矩守恒定律**。

由式（7-25）可知，质点系的内力不能改变质点系的动量矩。

当外力对于某定点（或某定轴）的主矩等于零时，质点系对于该点（或该轴）的动量矩保持不变。这就是**质点系动量矩守恒定律**。

**四、质点系相对于质心的动量矩定理**

前面阐述的动量矩定理只适用于惯性参考系中的固定点或固定轴。

**质点系对质心（或对通过质心的动轴）的动量矩定理**表示为

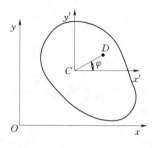

图 7-5

$$\frac{\mathrm{d}L_C}{\mathrm{d}t} = \sum_{i=1}^{n} M_C\left[F_i^{(e)}\right] \qquad (7-26)$$

**五、刚体的平面运动微分方程**

图 7-5 中 $Cx'y'$ 为固连于质心 $C$ 的平移参考系，平面运动刚体相对于此动系的运动就是绕质心 $C$ 的转动，则刚体对质心的动量矩为

$$L_C = J_C\omega \qquad (7-27)$$

式（7-27）中 $J_C$ 称为转动惯量，$J_C = mr^2$。

设在刚体上作用的外力可向质心所在的运动平面简化为一平面力系 $F_1$、$F_2$、$F_3$、…、$F_n$，得

$$ma_C = \sum F^{(e)}, \quad \frac{\mathrm{d}}{\mathrm{d}t}[J_C\omega] = J_C\varepsilon = \sum M_C\left[F^{(e)}\right] \qquad (7-28)$$

式中：$m$ 为刚体质量；$a_C$ 为质心加速度；$\varepsilon = \dfrac{\mathrm{d}\omega}{\mathrm{d}t}$ 为刚体角加速度。

上式也可写成

$$m\frac{\mathrm{d}^2 r_C}{\mathrm{d}^2 t} = \sum F^{(e)}, \quad J_C\frac{\mathrm{d}^2\varphi}{\mathrm{d}t^2} = \sum M_C\left[F^{(e)}\right] \qquad (7-29)$$

式（7-28）、式（7-29）称为**刚体的平面运动微分方程**。应用时，式（7-28）取其投影式。

【**例 7-3**】 一均质滚子质量为 $m$，半径为 $R$，放在粗糙的水平面上，如图 7-6（a）所示。在滚子鼓轮上绕以绳索，其上作用有常力 $F$。鼓轮半径为 $r$；滚子对质心轴的回转半径为 $\rho$，作纯滚动。试求轮心的加速度。如果滚子对地面的静滑动摩擦系数为 $f$，问 $F$ 必须符合什么条件才不致使滚子滑动。

**解** 取滚子为研究对象，受力如图 7-6（b）所示。

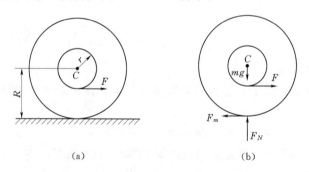

(a)　　　　　　　　　(b)

图 7-6

由于滚子作平面运动，根据刚体平面运动微分方程可列出下列三个方程

$$\begin{cases} ma_{cx} = F - F_m \\ ma_{cy} = F_N - mg \\ m\rho^2\varepsilon = F_m R - Fr \end{cases}$$

式中：$a_{cy} = 0$，故 $a_{cx} = a_c$，$F_N = mg$。

滚子作纯滚动，所以有 $a_c = R\varepsilon$。代入方程组中联立求解，得

$$\varepsilon=\frac{F_m(R-r)}{m(Rr+\rho^2)}, \quad F=\frac{F_m(R^2+\rho^2)}{(Rr+\rho^2)}$$

欲使滚子只滚不滑，其摩擦力必须小于或等于其最大值，即

$$F\leqslant F_m=f\,F_N=f\,mg$$

于是使滚子只滚不滑的条件是

$$F\leqslant\frac{fmg(R^2+\rho^2)}{\rho^2+Rr}$$

# 第四节 动力学普遍方程

**达朗贝尔原理**是在 18 世纪为求解机器动力学问题而提出的。这个原理提供了研究非自由质点系动力学问题的一个新的普遍的方法，即用静力学中研究平衡问题的方法来研究动力学的问题，所以又称**动静法**。

**虚位移原理**是用分析的方法，用运动学、动力学知识，考虑系统在平面位置的位移以及力在位移中所作的功，建立系统平衡时主动力之间的关系，又称为**分析静力学**。

达朗贝尔原理和虚位移原理结合起来组成动力学普遍方程，权为求解复杂动力学问题提供另一种普遍方法。

## 一、达朗贝尔原理

1. 质点的达朗贝尔原理

设一质点的质量为 $m$，加速度为 $a$，作用于质点的主动力为 $F$，约束力为 $F_N$，如图 7-7 所示。由牛顿第二定律，有

$$ma=F+F_N$$

将上式移项写为

$$F+F_N-ma=0$$

令

$$F_I=-ma \tag{7-30}$$

有

$$F+F_N+F_I=0 \tag{7-31}$$

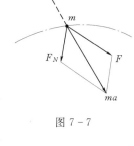

图 7-7

$F_I$ 具有力的量纲，且与质点的质量有关，称其为**质点的惯性力**，它的大小等于质点的质量与加速度的乘积，它的方向与质点加速度的方向相反。式（7-31）可解释为：作用在质点上的主动力、约束力和虚加的惯性力在形式上组成平衡力系。这就是**质点的达朗贝尔原理**。

利用达朗贝尔原理，可以将动力学问题转化为静力学问题求解。

**【例 7-4】** 用达朗贝尔原理求解例 7-1。

**解** 视小球为质点，其受重力（主动力）$mg$ 与绳拉力（约束力）$F_T$ 作用，如图 7-8 所示。质点作匀速圆周运动，只有法向加速度。根据质点的达朗贝尔原理，加上法向惯性力，这三力在形式上组成平衡力系。

$$mg+F_T+F_I^n=0$$

其中

$$F_I^n=ma_n=m\,\frac{v^2}{l\sin\theta}$$

取上式在图示自然轴上的投影式，有

$$\sum F_b=0, \quad F_T\cos\theta-mg=0$$

$$\sum F_N = 0, \quad F_T \sin\theta - F_I^n = 0$$

解得

$$F_T = \frac{mg}{\cos\theta} = 1.96(\text{N}), \quad v = \sqrt{\frac{F_T l \sin^2\theta}{m}} = 2.1(\text{m/s})$$

2. 质点系的达朗贝尔原理

设质点系由 $n$ 个质点组成，其中任一质点 $i$ 的质量为 $m_i$，加速度为 $a_i$，把作用于此质点上的所有力分为主动力的合力 $F_i$、约束力的合力 $F_{Ni}$，对这个质点假想地加上它的惯性力 $F_{Ii} = -m_i a_i$，由质点的达朗贝尔原理，有

$$F_i + F_{Ni} + F_{Ii} = 0 \quad (i = 1, 2, \cdots, n) \tag{7-32}$$

上式表明，质点系中每个质点上作用的主动力、约束力和它的惯性力在形式上组成平衡力系，这就是**质点系的达朗贝尔原理**。

根据空间任意力系平衡时力系的主矢和对于任一点的主矩等于零的充要条件，有

$$\left. \begin{array}{l} \sum F_i^{(e)} + \sum F_{Ii} = 0 \\ \sum M_O(F_i^{(e)}) + \sum M_O(F_{Ii}) = 0 \end{array} \right\} \tag{7-33}$$

式（7-33）是**质点系的达朗贝尔原理**。即作用在质点系上的所有外力与虚加在每个质点上的惯性力在形式上组成平衡力系。

式中 $F_i^{(e)}$ 表示作用在第 $i$ 个质点上的外力；质点系的内力因为总是成对存在，相互抵消，因此在式（7-33）中没有体现。

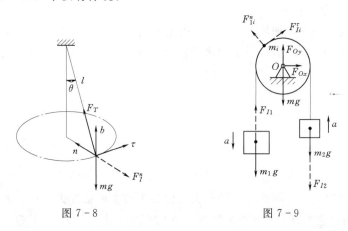

图 7-8　　　　　　　　　图 7-9

【**例 7-5**】　如图 7-9 所示，定滑轮的半径为 $r$，质量 $m$ 均匀分布在轮缘上，绕水平轴 $O$ 转动。跨过滑轮的无重绳的两端挂有质量为 $m_1$ 和 $m_2$ 的重物（$m_1 > m_2$），绳与轮间不打滑，轴承摩擦忽略不计，求重物的加速度。

**解**　取滑轮与两重物组成的质点系为研究对象，作用于此质点系的外力有重力 $m_1 g$，$m_2 g$，$mg$ 和轴承的约束力 $F_{Ox}$，$F_{Oy}$，对两重物加惯性力如图 7-9 所示，大小分别为

$$F_{I1} = m_1 a, \quad F_{I2} = m_2 a$$

记滑轮边缘上任一点 $i$ 的质量为 $m_i$，加速度有切向、法向之分，加惯性力如图，大小分别为

$$F_{Ii}^\tau = m_i a \quad F_{Ii}^n = m_i \frac{v^2}{r}$$

列平衡方程

$$\sum M_O = 0, \quad (m_1 g - F_{I1} - m_2 g - F_{I2})_r - \sum F_{Ii}^\tau \cdot r = 0$$

即 $$(m_1g-m_1a-m_2g-m_2a)r-\sum m_iar=0$$

由于 $$\sum m_iar=(\sum m_i)ar=mar$$

因此，解得 $$a=\frac{m_1-m_2}{m_1+m_2+m}g$$

### 二、虚位移原理

1. 虚位移

在静止平衡问题中，质点系中的各个质点是静止不动的。为了建立质点系平衡时的主动力之间的关系，我们假想在某瞬时，质点系在约束所允许的条件下可能实现的任何无限小的位移，称为**虚位移**或**可能位移**。虚位移可以是线位移，也可以是角位移，用符号 $\delta$ 表示，如 $\delta_r$ 和 $\delta_\varphi$。

实际位移、虚位移都是约束允许的位移，但二者是有区别的。实际位移是质点系在一定时间内实现的真正位移，它除了约束的限制条件外，还与作用的时间、主动力以及运动的初始条件有关。虚位移则不同，虚位移首先与主动力、时间无关，与质点的运动情况也无关。即使质点系在已知力系作用下处于静止，仍然可以给予各质点以约束所容许的一切可能有的位移。

2. 虚功

力在虚位移中作的功称为**虚功**。如图 7-10 中，按图示的虚位移，力 $F$ 的虚功为 $F\delta r_s$，是负功；力偶 $M$ 的虚功为 $M\delta\varphi$，是正功。力 $F$ 在虚位移 $\delta r$ 上作的虚功一般以 $\delta W=F\cdot\delta r$ 表示，本书中的虚功与实位移中的元功虽然采用同一符号 $\delta W$，但它们之间是有本质区别的。因为虚位移只是假想的，不是真实发生的，因而虚功也是假想的，是虚的。图 7-10 中的机构处于静止平衡状态，显然任何力都没作实功，但力可以作虚功。

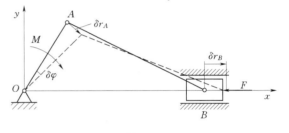

图 7-10

3. 理想约束

如果在质点系的任何虚位移中，所有约束力作用虚功的和等于零，称这种约束为**理想约束**。若以 $F_{Ni}$ 表示作用在某质点 $i$ 上的约束力，$\delta r_i$ 表示该质点的虚位移，$\delta W_{Ni}$ 表示该约束反力在虚位移中所作的功，则理想约束可以用数学公式表示为

$$\delta W_N=\sum\delta W_{Ni}=\sum F_{Ni}\cdot\delta r_i=0$$

在动能定理一节已分析过光滑固定面约束、光滑铰链、无重刚杆、不可伸长的柔索、固定端等约束为理想约束，现从虚位移原理的角度看，这些约束也是理想约束。

4. 虚位移原理

具有理想约束的质点系在某一位置保持平衡的必要与充分的条件是：作用于质点系的所有主动力在该位置的任何虚位移中的元功之和等于零。

设用 $F_i$ 表示作用于质点 $M_i$ 上的主动力，$\delta r_i$ 表示质点 $M_i$ 的虚位移，则虚位移原理的数学表达式为

$$\sum F_i\cdot\delta r_i=0 \tag{7-34}$$

实际应用中，虚位移原理常用解析式表示为

$$\sum(F_{ix}\delta x_i+F_{iy}\delta y_i+F_{iz}\delta z_i)=0 \tag{7-35}$$

式中：$F_{ix}$、$F_{iy}$、$F_{iz}$ 和 $\delta x_i$、$\delta y_i$、$\delta z_i$ 为主动力 $F_i$ 和虚位移 $\delta r_i$ 在 $x$、$y$、$z$ 轴上的投影。

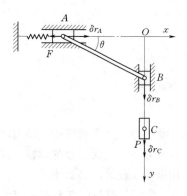

图 7-11

【例 7-6】 重为 $P$ 的物体借助不计质量的连杆 $AB$ 与水平弹簧相连。求系统在如图 7-11 所示平衡位置时的弹簧力。平衡位置用 $\theta$ 角表示。

**解** 系统中 $A$ 点有虚位移 $\delta r_A$，$B$ 点有虚位移 $\delta r_B$，$C$ 点有虚位移 $\delta r_C$。

设弹簧力为 $F$，根据虚位移原理，由式（7-34），得

$$-F\delta r_A + P\delta r_C = 0 \tag{1}$$

因 $AB$ 杆做平面运动，则 $A$、$B$ 两点的虚位移应满足关系

$$\delta r_A \cos\theta = \delta r_B \sin\theta$$

而且

$$\delta r_B = \delta r_C$$

代入式（1），有

$$-F\delta r_A + P\cot\theta \delta r_A = 0$$

从而解得

$$F = P\cot\theta$$

【例 7-7】 求图 7-12（a）所示组合梁支座 $A$ 处的约束反力。

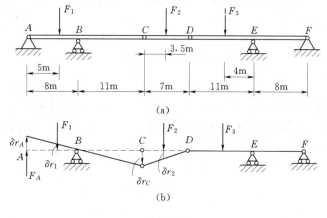

（a）

（b）

图 7-12

**解** 解除 $A$ 处的约束，并代之以约束反力 $F_A$，给 $A$ 处一个虚位移 $\delta r_A$，由此引起点 $C$ 及 $F_1$ 与 $F_2$ 作用点处的虚位移如图 7-12（b）所示。应用虚位移原理有

$$F_A\delta r_A - F_1\delta r_1 + F_2\delta r_2 = 0 \tag{a}$$

由三角形的等比关系可得各虚位移之间的关系为

$$\frac{\delta r_1}{\delta r_A} = \frac{3}{8} \qquad \frac{\delta r_2}{\delta r_A} = \frac{\delta r_2}{\delta r_C} \cdot \frac{\delta r_C}{\delta r_A} = \frac{1}{2} \cdot \frac{11}{8} = \frac{11}{16} \tag{b}$$

将式（b）代入式（a）解得

$$F_A = \frac{3}{8}F_1 - \frac{11}{16}F_2$$

# 小 结

（1）牛顿三定律：惯性定律，力与加速度关系的定律，作用与反作用定律。

（2）质点的运动微分方程。

矢量形式：
$$m \frac{\mathrm{d}^2 r}{\mathrm{d}t^2} = \sum_{i=1}^{n} F_i$$

解决问题中更多应用直角坐标形式或自然坐标形式的质点运动微分方程。

（3）动量定理。

质点的动量定理：
$$\mathrm{d}(mv) = F\mathrm{d}t$$
$$mv_2 - mv_1 = \int_0^z F\mathrm{d}t = I$$

质点系的动量定理
$$p_2 - p_1 = I^e$$

质点系动量守恒定律：当 $\sum F^{(e)} = 0$ 时，$p =$ 常矢量。当 $\sum F_x^{(e)} = 0$，$p_x =$ 常量。

（4）质心运动定理 $ma_C = \sum F^{(e)}$。

（5）质心运动守恒定律：当 $\sum F^{(e)} = 0$ 时，$v_c =$ 常矢量。若 $\sum F_x^{(e)} = 0$，$v_{cx} =$ 常量。

（6）动量矩。

质点对点 $O$ 的动量矩是矢量
$$M_O(mv) = r \times mv$$

质点系对于点 $O$ 的动量矩也是矢量，为
$$L_O = \sum_{i=1}^{n} M_O(m_i v_i) = \sum_{i=1}^{n} r_i \times m_i v_i$$

若 $z$ 轴通过点 $O$，则质点系对于 $z$ 轴的动量矩，为
$$L_z = \sum_{i=1}^{n} M_z(m_i v_i) = [L_O]_z$$

若 $C$ 为质点系的质心，对任一点 $O$ 有
$$L_O = L_C + r_C \times mv_C$$

（7）动量矩定理。

对于定点 $O$ 和定轴 $z$ 有
$$\frac{\mathrm{d}L_O}{\mathrm{d}t} = \sum M_O[F^{(e)}], \quad \frac{\mathrm{d}L_z}{\mathrm{d}t} = \sum M_z[F^{(e)}]$$

若 $C$ 为质心、$Cz$ 轴通过质心，也有
$$\frac{\mathrm{d}L_C}{\mathrm{d}t} = \sum_{i=1}^{n} M_C[F_i^{(e)}], \frac{\mathrm{d}L_{Cz}}{\mathrm{d}t} = \sum_{i=1}^{n} M_{Cz}[F_i^{(e)}]$$

（8）刚体的平面运动微分方程为
$$ma_C = \sum F^{(e)}, J_C a = \sum M_C[F^{(e)}]$$

（9）设质点的质量为 $m$，加速度为 $a$，则质点的惯性力 $F_I$ 定义为
$$F_I = -ma$$

（10）质点的达朗贝尔原理：质点上除了作用有主动力 $F$ 和约束力 $F_N$ 外，如果假想地认为还作用有该质点的惯性力 $F_1$，则这些力在形式上形成一个平衡力系，即
$$F + F_N + F_I = 0$$

（11）质点系的达朗贝尔原理：在质点系中每个质点上都假想地加上各自的惯性力 $F_{1i}$，则质点系的所有外力 $F_i^{(e)}$ 和惯性力 $F_{1i}$，在形式上形成一个平衡力系，可以表示为
$$\sum F_i^{(e)} + \sum F_{1i} = 0$$

$$M_O[F_i^{(e)}]+\sum M_O(F_{1i})=0$$

（12）虚位移原理。

在某瞬时，质点系在约束允许的条件下，人所假想的任何无限小位移称为虚位移。虚位移可以是线位移，也可以是角位移。

对于具有理想约束的质点系，其平衡条件是作用于质点系上的所有主动力在任何虚位移上所作虚功的和等于零。其一般表达形式为 $\delta W_F=0$。

## 思 考 题

7-1 判断下列说法是否正确？

（1）两个质量相同的质点，只要一般位置受力图相同，选择坐标形式相同，则运动微分方程也必然相同。

（2）已知力求运动时，在下列运动微分方程的左端不应冠以正负号。

$$m\ddot{x}=\sum F_x \quad m\ddot{y}=\sum F_y \quad m\ddot{z}=\sum F_z$$

（3）一个运动的质点必定受到力的作用；质点运动的方向总是与所受力的方向一致。

（4）质点运动时，速度大则受力也大，速度小则受力也小，速度等于零则不受力。

（5）两质量相同的质点，在相同的力 $F$ 作用下，任一瞬时的速度、加速度均相等。

7-2 三角块 $ABC$ 质量为 $M$，以速度 $v_1$ 沿水平方向向左运动。均质圆轮 $D$ 质量为 $m$，半径为 $r$，以角速度 $\omega$ 沿斜面作纯滚动，如图 7-13 所示。试求整个系统的动量 $K$ 在 $x$，$y$ 轴上的投影。

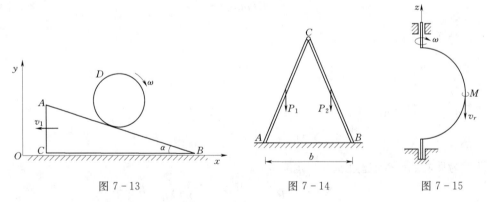

图 7-13          图 7-14          图 7-15

7-3 两均质杆 $AC$ 和 $BC$，各重 $P_1$ 和 $P_2$，在点 $C$ 以铰链连接。两杆立于地上，$A$、$B$ 两点间的距离为 $b$，如图 7-14 所示。设地面绝对光滑，两杆将分开倒向地面。问当 $P_1=P_2$ 或 $P_1=2P_2$ 时，点 $C$ 的运动轨迹。

7-4 半圆环以角速度 $\omega$ 绕 $z$ 轴转动，质量为 $m$ 的小环 $M$ 相对半圆环以速度 $v_r$ 滑动，在如图 7-15 所示位置上，小环 $M$ 的相对速度 $v_r$ 与 $z$ 轴平等。试问此时小环 $M$ 对轴 $z$ 的动量矩是否等于零？

7-5 质量为 $m$ 的均质圆盘，平放在光滑的水平面上，其受力情况如图 7-16 所示。设开始时，圆盘静止，图中 $r=\dfrac{R}{2}$。试说明各圆盘将如何运动。

7-6 应用动静法时，对静止的质点是否需要加惯性力？对运动着的质点是否都需要加惯性力？

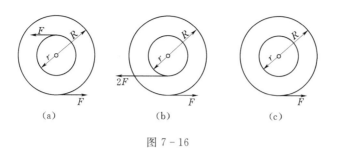

图 7 - 16

7 - 7　为什么可以用求微小实位移的方法求虚位移？可以用这种方法的条件是什么？

## 习　　题

7 - 1　电梯的质量为 480kg，上升时的速度如图 7 - 17 所示，求在下列三个时间间隔内悬挂电梯绳索的张力值 $F_1$、$F_2$ 和 $F_3$。

（1）由 $t=0$s 到 $t=2$s；（2）由 $t=2$s 到 $t=8$s；（3）由 $t=8$s 到 $t=10$s。

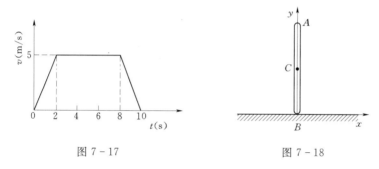

图 7 - 17　　　　　　　　　　　图 7 - 18

7 - 2　如图 7 - 18 所示，均质杆 AB，长 $l$，直立在光滑的水平面上。求它从铅直位置无初速地倒下时，端点 A 相对图示坐标系的轨迹。

7 - 3　在图 7 - 19 所示曲柄滑杆机构中，曲柄以等角速度 $\omega$ 绕 O 转动。开始时，曲柄 OA 水平向右。已知：曲柄的质量为 $m_1$，滑块 A 的质量为 $m_2$，滑杆的质量为 $m_3$，曲柄的质心在 OA 的中点，$OA=l$；滑杆的质心在点 C。求：（1）机构质量中心的运动方程；（2）作用在轴 O 的最大水平约束力。

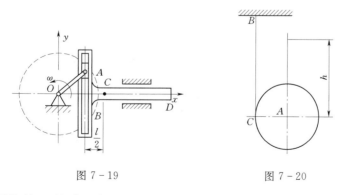

图 7 - 19　　　　　　　　　　　图 7 - 20

7 - 4　均质圆柱体 A 的质量为 $m$，在外圆上绕以细绳，绳的一端 B 固定不动，如图 7 - 20 所示。当 BC 铅垂时圆柱下降，其初速度为零。求当圆柱体的轴心降落了高度 $h$ 时轴心的速度和绳子的张力。

7-5 如图 7-21 所示，板的质量为 $m_1$，受水平力 $F$ 作用，沿水平面运动，板与平面间的动摩擦因数为 $f$。在板上放一质量为 $m_2$ 的均质实心圆柱，此圆柱对板只滚不滑。求板的加速度。

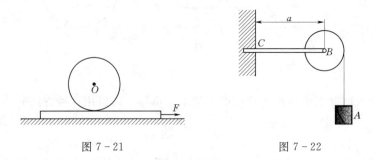

图 7-21                图 7-22

7-6 如图 7-22 所示，轮轴质心位于 $O$ 处，对轴 $O$ 的转动惯量为 $J_O$。在轮轴上系有两个质量各为 $m_1$ 和 $m_2$ 的物体，若此轮轴以顺时针转向转动，求轮轴的角加速度 $\varepsilon$ 和轴承 $O$ 的动约束力。

7-7 如图 7-23 所示，两等长杆 $AB$ 与 $BC$ 在点 $B$ 用铰链连接，又在杆的 $D$、$E$ 两点连一弹簧。弹簧的刚度系数为 $k$，当距离 $AC$ 等于 $a$ 时，弹簧内拉力为零，不计各构件自重与各处摩擦。如在点 $C$ 作用一水平力 $F$，杆系处于平衡，求距离 $AC$ 之值。

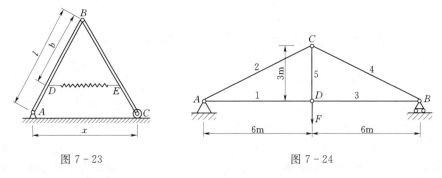

图 7-23                图 7-24

7-8 用虚位移原理求图 7-24 所示桁架中杆 3 的内力。

7-9 组合梁由 $AC$、$CD$ 和 $DE$ 组成，如图 7-25 所示。已知 $P=40\text{kN}$，求支座 $A$、$B$ 的反力。

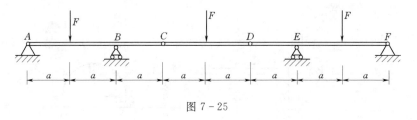

图 7-25

# 第八章 变形固体概述

## 第一节 杆件的基本变形形式

工程实际中的构件，形式多种多样。一般情况下构件从几何角度上多抽象为杆件和板件。所谓杆件，是指纵向（长度方向）尺寸远比横向（垂直于长度方向）尺寸要大得多的构件，或简称为杆［图8-1（a）］。建筑房屋中的梁、柱等都可以简化为杆件。板件是指一个方向的尺寸（厚度）远小于其他两个方向（长度方向和宽度方向）的尺寸的构件［图8-1（c）］。材料力学的主要研究对象是杆件。

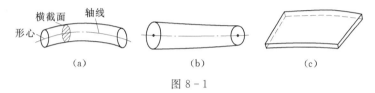

图8-1

横截面和轴线是杆件的两个主要元素。横截面指的是杆件垂直于其长度方向的截面，轴线指的是所有横截面形心的连线。轴线与横截面是互相垂直的。如果杆件的横截面是不变化的，我们称为等截面杆［图8-1（a）］；相反，如果杆件的横截面是变化的，则称为变截面杆［图8-1（b）］。根据轴线形状的不同，分为直杆和曲杆。如果等截面杆的轴线是一条直线，则称为等直杆。杆件在不同受力情况下，将产生各种不同的变形，但是，不管变形如何复杂，常常是如下四种基本变形或是它们的组合。

**一、轴向拉伸或压缩**

在一对大小相等、方向相反、作用线与杆件轴线重合的外力作用 $F$，杆件发生沿其轴线方向伸长或者缩短的变形，称为轴向拉伸或轴向压缩，简称拉伸或压缩。图8-2所示屋架中的弦杆、牵引桥的拉索和桥塔、阀门启闭机的螺杆等均为拉压杆。

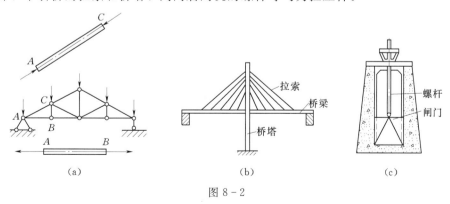

图8-2

**二、剪切**

在一对相距很近的大小相等、方向相反的横向力 $F$ 的作用下，直杆的主要变形是横截面沿外力作用方向发生相对错动，这种变形形式称为剪切。产生剪切变形的杆件通常为拉压杆的连接件。如图8-3所示螺栓、销轴连接中的螺栓和销钉，均产生剪切变形。

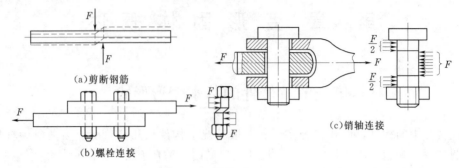

（a）剪断钢筋

（b）螺栓连接

（c）销轴连接

图8-3

### 三、扭转

在一对大小相等、转向相反、作用面垂直于直杆轴线的外力偶（其矩为 $Me$）作用下，直杆的相邻横截面将绕轴线发生相对转动，这种变形形式称为扭转。机械中传动轴的主要变形就包括扭转。产生扭转变形的杆件多为传动轴，房屋的雨篷梁也有扭转变形，如图8-4所示。

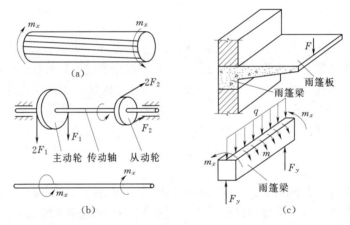

（a）

（b）

（c）

图8-4

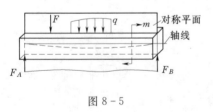

图8-5

### 四、弯曲

在一对大小相等、转向相反、作用面在杆件的纵向平面（即包含杆轴线在内的平面）内的外力偶（其矩为 $Me$）作用下，直杆的轴线将弯曲成曲线，这种变形形式称为弯曲。以弯曲为主要变形的杆件称为梁，如图8-5所示。

杆件同时发生几种基本变形，称为组合变形。

# 第二节　内力与应力的概念

### 一、内力的概念

内力是构件因受外力而变形，其内部各部分之间因相对位置改变而引起的相互作用。众所周知，即使不受外力作用，物体的各质点之间依然存在着相互作用的力。工程力学的内力是指在外力作用下，上述相互作用力的变化量，是物体内部各部分之间因外力引起的附加的相互作用力，即"附加内力"，简称内力。内力是由外力引起的，内力随外力的变化而变化，外力增大，内力也增大，外力撤销后，内力也随着消失。

显然，构件中的内力是与构件的变形相联系的，内力总是与变形同时产生。构件中的内力随着变形的增加而增加，但对于确定的材料，内力的增加有一定的限度，超过这一限度，构件将发生破坏。因此，内力与构件的强度和刚度都有密切的联系。在研究构件的强度、刚度等问题时，必须知道构件在外力作用下某截面上的内力值。

**二、截面法**

内力是构件内相邻部分之间的相互作用力，一般采用截面法。由于构件整体的平衡性，由静力学可知，对于构件截开的每一个分离体也应该是平衡的。因此，作用在分离体上的外力必须与截面上的内力相平衡。这种由平衡条件建立内力与外力之间关系来求内力的方法称为截面法。

图 8-6 为从一个受力构件中取出的分离体，截面 $m$—$m$ 上作用有连续分布的内力。围绕截面上任一点 $k$ 取微小面积 $\Delta A$，其上作用的内力为 $\Delta F$，则 $\Delta F$ 与 $\Delta A$ 的比值

$$\sigma_m = \frac{\Delta F}{\Delta A} \tag{8-1}$$

称为 $\Delta A$ 上的平均应力。

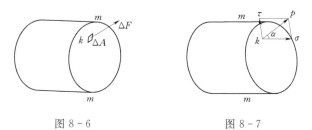

图 8-6　　　　　　　　图 8-7

一般来说，截面上的内力分布是不均匀的，所以平均应力的大小和方向与所取面积 $\Delta A$ 的大小有关。为了消除 $\Delta A$ 的影响，运用极限的概念，令 $\Delta A$ 无限地向 $k$ 点缩小，使 $\Delta A$ 趋近于零，从而得到平均应力的极限值

$$p = \lim_{\Delta A \to 0} \frac{\Delta F}{\Delta A} \tag{8-2}$$

$p$ 即为截面 $k$ 点处的应力。

通常应力 $p$ 的方向既不与截面垂直，也不与截面相切。将应力 $p$ 分解为垂直于截面和与截面相切的两个分量（图 8-7），垂直于截面的应力分量称为正应力，用 $\sigma$ 来表示；与截面相切的应力分量称为切应力，用 $\tau$ 来表示。显然有

$$\left. \begin{array}{l} p^2 = \sigma^2 + \tau^2 \\ \sigma = p\cos\alpha \\ \tau = p\sin\alpha \end{array} \right\} \tag{8-3}$$

我国的法定计量单位中，应力的单位是 Pa（帕），称为帕斯卡，1Pa = 1N/m²。由于这个单位太小，使用不便，通常使用 MPa 和 GPa，1MPa = $10^6$Pa，1GPa = $10^9$Pa。

# 第九章　轴向拉压杆的强度与变形

轴向拉伸或压缩变形是杆件的基本变形之一。当作用在杆件上的外力的作用线与杆件的轴线重合时，杆件即发生轴向拉伸或压缩变形，外力为拉力时，即为轴向拉伸，外力为压力时，即为轴向压缩。这类杆件简称轴向拉压杆。

## 第一节　轴向拉压杆的轴力及轴力图

### 一、轴向拉（压）杆横截面上的内力——轴力

在轴向载荷作用下，杆件横截面上的内力称为轴力，一般用 $F_N$ 来表示。同时规定：轴向拉伸产生的轴力为正，轴向压缩产生的轴力为负。

如图 9-1（a）所示为一受拉杆，用截面法求 $m$—$m$ 截面上的内力，取左段 ［图 9-1（b）］为研究对象，即

由 $$\sum F_x = 0, F_N - F = 0$$

解得 $$F_N = F$$

同样以右段 ［图 9-1（c）］为研究对象，即

由 $$\sum F_x = 0, F'_N - F = 0$$

解得 $$F'_N = F$$

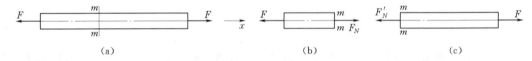

(a)　　　　　　　　　　(b)　　　　　　　　　　(c)

图 9-1

由上可见 $F_N$ 与 $F'_N$ 大小相等，方向相反，符合作用与反作用定律。由于内力的作用线与轴线重合，故称轴力。其实际是横截面上分布内力的合力。

为了无论取哪段，均使求得的同一截面上的轴力 $F_N$ 有相同的符号，则规定：轴力 $F_N$ 方向与截面外法线方向相同为正，即为拉力；相反为负，即为压力。

**【例 9-1】**　一等直杆受 4 个轴向力作用 ［图 9-2（a）］，试求指定截面的轴力。

**解**　假设各截面轴力均为正，如图 9-2（b）所示。

由 $$\sum F_x = 0, F_{N2} - F_1 = 0$$

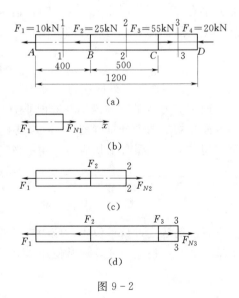

(a)

(b)

(c)

(d)

图 9-2

解得
$$F_{N2} = F_1 = 10(\text{kN})$$

如图 9 - 2（c）所示，由 $\sum F_x = 0, F_{N2} - F_1 - F_2 = 0$

解得
$$F_{N2} = F_1 + F_2 = 35(\text{kN})$$

如图 9 - 2（d）所示，由 $\sum F_x = 0, F_{N3} - F_1 - F_2 + F_3 = 0$

解得
$$F_{N3} = F_1 + F_2 - F_3 = -20(\text{kN})$$

结果为负值，说明 $F_{N3}$ 为压力。由上述轴力计算过程可推得：任一截面上的轴力的数值等于对应截面一侧所有外力的代数和，且当外力的方向使截面受拉时为正，受压时为负。即

$$F_N = \sum F \tag{9 - 1}$$

**二、轴力图**

为了形象直观地反映内力沿杆长度方向的变化规律，取与杆件轴线平行的横坐标表示各横截面位置，以纵坐标表示相应的轴力值，这样可以画出轴力沿横截面变化的图形，称为轴力图。在轴力图中可以完整地表示出杆件各横截面上的轴力，是进行应力、变形、强度及刚度计算的依据。

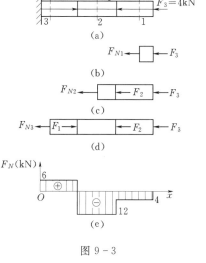

图 9 - 3

**【例 9 - 2】** 一杆件受力如图 9 - 3（a）所示，自重不计，试求各段横截面上的轴力，并绘制直杆的轴力图。

**解** （1）取 1—1 截面右部分为脱离体如图 9 - 3（b）所示。

$\sum F_x = 0$，$F_{N1} + F_3 = 0$，$F_{N1} = -F_3 = -4(\text{kN})$

求得 $F_{N1}$ 为负值，表明轴力为压力。

（2）取 2—2 截面右部分为脱离体如图 9 - 3（c）所示。

$\sum F_x = 0$，$F_{N2} + F_3 + F_2 = 0, F_{N2} = -F_2 - F_3 = -8 - 4 = -12(\text{kN})$

求得 $F_{N2}$ 为负值，表明轴力为压力。

（3）取 3—3 截面右部分为脱离体如图 9 - 3（d）所示。

$\sum F_x = 0$，$F_{N3} + F_3 + F_2 - F_1 = 0$，$F_{N3} = F_1 - F_2 - F_3 = 18 - 8 - 4 = 6(\text{kN})$

求得 $F_{N3}$ 为正值，表明轴力为拉力。

（4）根据求出的各段横截面的轴力画出轴力图。

取一条与轴线平行的基准线，简称为基线。由于各段轴力是常量，因此，各段轴力图是平行于基线的直线。水平杆时轴力为正值画在基线上面，为负值画在基线下面，如图 9 - 3（e）所示。

由例 9 - 2 可见，杆的不同截面上有不同的轴力，而对杆进行强度计算时，要以杆内最大的轴力为计算依据，所以必须知道各个截面上的轴力，以便确定出最大的轴力值。这就需要画轴力图来解决。

# 第二节　轴向拉压杆横截面上的应力及强度计算

### 一、轴向拉（压）杆的应力

1. 横截面上的应力

轴力是横截面上法向分布内力的合力。而要判断一根杆件是否会发生断裂等强度破坏，还必须联系杆件横截面的几何尺寸、分布内力的变化规律，找出分布内力在各点的集度——应力。

为观察杆的拉伸变形现象，在杆表面上画出图 9-4（a）所示的纵、横线。当杆端加上一对轴向拉力后，由图 9-4（a）可见：杆上所有纵向线伸长相等，横线与纵线保持垂直且仍为直线。由此作出变形的平面假设：杆件的横截面，变形后仍为垂直于杆轴的平面。于是杆件任意两个横截面间的所有纤维，变形后的伸长相等。又因材料为连续均匀的，所以杆件横截面上内力均布，且其方向垂直于横截面［图 9-4（b）］，即横截面上只有正应力 $\sigma$。于是横截面上的正应力为

$$\sigma = \frac{F_N}{A} \tag{9-2}$$

式中：$A$ 为横截面面积；$\sigma$ 的符号规定与轴力的符号一致，即拉应力 $\sigma_t$ 为正，压应力 $\sigma_c$ 为负。

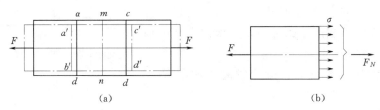

图 9-4

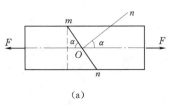

（a）

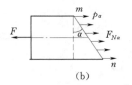

（b）

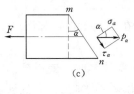

（c）

图 9-5

2. 斜截面上的应力

如图 9-5（a）为一轴向拉杆，取左段［图 9-5（b）］，斜截面上的应力 $p_\alpha$ 也是均布的，由平衡条件知斜截面上内力的合力 $F_{N\alpha}=F=F_N$。设与横截面成 $\alpha$ 角的斜截面的面积为 $A_\alpha$，横截面面积为 $A$，则 $A_\alpha=A\sec\alpha$，于是

$$p_\alpha = F_{N\alpha}/A_\alpha = \frac{F_N}{A\sec\alpha}$$

令 $p_\alpha = \tau_\alpha + \sigma_\alpha$，于是

$$\sigma_\alpha = p_\alpha\cos\alpha = \sigma\cos^2\alpha , \tau_\alpha = p_\alpha\sin\alpha = \frac{\sigma}{2}\sin2\alpha \tag{9-3}$$

其中角 $\alpha$ 及剪应力 $\tau_\alpha$ 符号规定：自轴 $x$ 转向斜截面外法线 $n$ 为逆时针方向时 $\alpha$ 角为正，反之为负。剪应力 $\tau_\alpha$ 对所取杆段上任一点的矩顺时针转向时，剪应力为正，反之为负。

由式（9-3）可知，$\sigma_\alpha$ 及 $\tau_\alpha$ 均是 $\alpha$ 角的函数，当 $\alpha=0$ 时，即为横截面，$\sigma_{\max}=\sigma$，$\tau_\alpha=0$。

当 $\alpha = 45°$ 时，$\sigma_a = \dfrac{\sigma}{2}$，$\tau_{max} = \dfrac{\sigma}{2}$；当 $\alpha = 90°$ 时，即在平行与杆轴的纵向截面上无任何应力。

**二、轴向拉压杆的强度计算**

分析了拉压杆的内力和应力后，就可进一步研究工程中拉压杆的强度问题。由轴力图可直观地判断出等直杆内力最大值所发生的截面，称为危险截面，危险截面上应力值最大的点称为危险点。为了保证构件有足够的强度，其危险点的有关应力需满足对应的强度条件。

当轴向拉压杆其横截面上的正应力达到一定数值时，杆件将发生破坏，破坏时的应力称为极限应力。塑性及脆性材料的极限应力 $\sigma_u$ 分别为屈服极限 $\sigma_s$（或 $\sigma_{0.2}$）和强度极限 $\sigma_b$。显然，轴向拉压杆件在工作时，其横截面上的正应力决不允许达到材料的极限应力。不仅如此，工程中还必须考虑一定的安全储备，因而将材料的极限应力 $\sigma_u$ 除以大于1的安全系数 $n$ 称为轴向拉压杆的许用应力，用 $[\sigma]$ 表示。即

$$[\sigma] = \frac{\sigma_u}{n} \qquad (9-4)$$

式中：$[\sigma]$ 为轴向拉压杆的许用应力；$\sigma_u$ 为轴向拉压杆的极限应力。

拉（压）杆要满足强度要求，就必须保证杆内最大工作应力不超过轴向拉压杆的许用应力。即

$$\sigma_{max} = \frac{F_{N\,max}}{A} \leqslant [\sigma] \qquad (9-5)$$

式（9-5）就是轴向拉压杆的强度条件计算公式。根据该强度条件公式可以解决工程中的三类问题，即：

（1）强度校核。已知杆件的外力、截面的形状和尺寸及许用应力，计算杆件是否满足强度要求。

（2）截面选择。已知杆件的外力、截面的形状及许用应力，计算所需截面尺寸，$A \geqslant \dfrac{F_{N\,max}}{[\sigma]}$。

（3）确定许可荷载。已知杆件的截面的形状和尺寸及许用应力，确定许可载荷，$F_{N\,max} \leqslant [F] = [\sigma] A$。

**【例 9-3】** 如图 9-6（a）所示托架，$AB$ 为圆钢杆 $d = 3.2\mathrm{cm}$，$BC$ 为正方形木杆 $a = 14\mathrm{cm}$。杆端均用铰链连接。在节点 $B$ 作用一载荷 $F = 60\mathrm{kN}$。已知钢的许用应力 $[\sigma] = 140\mathrm{MPa}$。木材的许用拉、压应力分别为 $[\sigma_t] = 8\mathrm{MPa}$，$[\sigma_c] = 3.5\mathrm{MPa}$，试求：

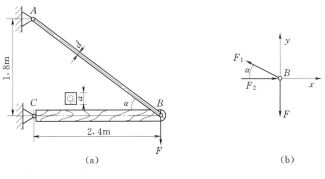

图 9-6

（1）校核托架能否正常工作。

（2）为保证托架安全工作，最大许可载荷为多大。

（3）如果要求载荷 $P=60$ kN 不变，应如何修改钢杆和木杆的截面尺寸。

**解** （1）校核托架强度。

见图 9-6（b），由 $\sum F_y=0$，$F_1\sin\alpha-F=0$。

解得
$$F_1=F\csc\alpha=100(\text{kN})$$

由
$$\sum F_x=0,\ -F_1\cos\alpha+F_2=0$$

解得
$$F_2=F_1\cos\alpha=80(\text{kN})$$

杆 $AB$、$BC$ 的轴力分别为 $F_{N1}=F_1=100$ kN，$F_{N2}=-F_2=-80$ kN，即杆 $BC$ 受压、轴力负号不参与运算。

钢杆
$$\sigma_1=\frac{F_{N1}}{A_1}=\frac{4F_{N1}}{\pi d^2}=124(\text{MPa})<140\text{MPa}=[\sigma_t]$$

木杆
$$\sigma_2=\frac{F_{N2}}{A_2}=\frac{F_{N2}}{a^2}=4.08(\text{MPa})>3.5\text{MPa}=[\sigma_c]$$

故木杆强度不够，托架不能安全承担所加载荷。

（2）求最大许可载荷。

由上述分析可知，托架不能安全工作的原因是木杆强度不足。则最大许可载荷 $[P]$ 应根据木杆强度来确定。由强度条件有

$$F_{N2}\leqslant A_2[\sigma_c]=a^2[\sigma_c]=68.6(\text{kN})$$

而 $F_{N2}=F_2=F\cot\alpha$，则有

$$F\cot\alpha\leqslant 68.6\text{kN}$$

故托架的最大许可载荷为 $[F]=68.6\tan\alpha=51.45(\text{kN})$

（3）若 $F=60$ kN 不变，求钢杆与杆截面尺寸由强度条件有

$$A\geqslant\frac{F_N}{[\sigma]}$$

钢杆 $\dfrac{\pi}{4}d^2\geqslant\dfrac{F_{N1}}{[\sigma_t]}=7.14(\text{cm}^2)$ 解得 $d\geqslant 3.02$ cm

木杆 $a^2\geqslant\dfrac{F_{N2}}{[\sigma_c]}=228.6(\text{cm}^2)$ 解得 $a\geqslant 15.1$ cm

若取钢杆直径 $d=3$ cm，木杆边长 $a=15$ cm，此时钢杆与木杆的工作应力将比其许用应力分别大 1% 和 1.6%。通常在工程上规定不超过 5% 是允许的。

**【例 9-4】** 有一高度 $l=24$ m 的方形截面等直块石柱 ［图 9-7（a）］，其顶部作用有轴向载荷 $F=1000$ kN。已知材料容重 $\gamma=23$ kN/m³，许用应力 $[\sigma_c]=1$ MPa，试设计此块石柱所需的截面尺寸。若将该等直柱设计成等分三段的阶梯柱 ［图 9-7（d）］试设计每段石柱所需的截面尺寸。

**解** 如图 9-7（b）所示。

由
$$\sum F_x=0,\quad F_N(x)+W(x)+F=0$$

解得
$$F_N(x)=-[F+W(x)]=-(F+\gamma Ax)$$

石柱的轴力图如图 9-7（c）所示，最大轴力 $F_{N\max}$ 出现在石柱的底面上，其值 $F_{N\max}=F+\gamma Al$。柱底截面上的应力需满足下述强度条件。

$$\sigma_{\max} = \frac{F_{N\max}}{A} = \frac{F}{A} + \gamma l \leqslant [\sigma_c]$$

解得　　　　　　　　　$$A \geqslant \frac{F}{[\sigma_c] - \gamma l} = 2.23(\text{m}^2)$$

方形截面的边长为　　$$a = \sqrt{A} \geqslant \sqrt{2.23} = 1.49(\text{m})$$

取 $a = 1.5\text{m}$。

图 9-7（d）为阶梯形柱。见图 9-7（e），由 $A \geqslant \dfrac{F}{[\sigma_c] - \gamma l}$ 可求得第一段柱的横截面面积为

$$A_1 \geqslant \frac{F}{[\sigma_c] - \gamma l_1} = 1.23(\text{m}^2)$$

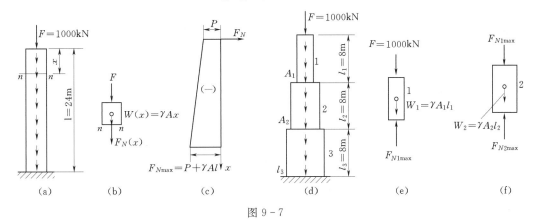

图 9-7

其对应的方形截面的边长为

$$a_1 = \sqrt{A_1} \geqslant \sqrt{1.23} = 1.11(\text{m})$$

取 $a_1 = 1.1\text{m}$，则 $A_1 = 1.21\text{m}^2$。

同理可求得第二段柱 [图 9-7（f）] 的横截面面积为

$$A_2 \geqslant \frac{F + \gamma A_1 l_1}{[\sigma_c] - \gamma l_2} = 1.497(\text{m}^2)$$

其对应的方形截面的边长为　　$$a_2 = \sqrt{A_2} \geqslant \sqrt{1.479} = 1.223(\text{m})$$

取 $a_2 = 1.25\text{m}$，则 $A_2 = 1.562\text{m}^2$。

第三段柱的横截面面积为

$$A_3 \geqslant \frac{F + \gamma A_1 l_1 + \gamma A_2 l_2}{[\sigma_c] - \gamma l_3} = 1.85(\text{m}^2)$$

其对应的方形截面的边长为　　$$a_3 = \sqrt{A_3} \geqslant \sqrt{1.85} = 1.36(\text{m})$$

取 $a_3 = 1.4\text{m}$，则 $A_3 = 1.96\text{m}^2$。

等直柱的体积 $V_1 = Al = 53.5(\text{m}^3)$，阶梯柱的体积 $V_2 = (A_1 + A_2 + A_3)l/3 = 37.86$（$\text{m}^3$），可见阶梯柱比等直柱节省了 15.64$\text{m}^3$ 的石块。

# 第三节　轴向拉压杆的变形

当杆件受到轴向载荷作用时，其轴向尺寸和横向尺寸均会发生变化。其沿着轴线方向的变形称为纵向变形，垂直于轴线方向的变形称为横向变形。拉伸时轴向长度增大，横向尺寸

减小；压缩时轴向长度减小，横向尺寸增大。

**一、线变形和线应变**

如图 9-8 所示，设等直杆的原长为 $l$，截面面积 $A$。在轴向载荷 $F$ 的作用下，长度变为 $l_1$，则轴向变形为

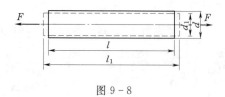

图 9-8

$$\Delta l = l_1 - l \tag{9-6}$$

由实验得知，这个纵向变形量随着外部作用力的增大而增加，且如果杆件原长较长，尽管其他不变，线应变 $\Delta l$ 也会随之增大。由此可见，这个变形量实际上是杆件各部分变形的总和，它不能确切地反映杆件变形的严重程度。因此，通常引用杆件单位长度的变形量 $\varepsilon$ 来反映杆件的严重程度，即

$$\varepsilon = \frac{\Delta l}{l} \tag{9-7}$$

$\varepsilon$ 表示杆件的相对变形，称为线应变，简称应变，它表示原线段每单位长度内的线变形，又称纵向线应变，是一个无量纲的量。线应变正负号与 $\Delta l$ 一致。因 $\Delta l$ 伸长为正，缩短为负，所以有拉应变为正，压应变为负。

**二、胡克定律**

由实验得知，当轴向外力 $F$ 不超过某一限度（变形的弹性范围）时，$\Delta l$ 与外力 $F$ 及杆长 $l$ 成正比，与杆件的横截面面积 $A$ 成反比，即

$$\Delta l \propto \frac{F_N L}{EA} \tag{9-8}$$

引入与杆件的材料有关的比例常数 $E$，则有

$$\Delta l = \frac{F_N L}{EA} \tag{9-9}$$

由式（9-7）～式（9-9）可得

$$\varepsilon = \frac{\sigma}{E} \tag{9-10}$$

式（9-10）是胡克定律的另一种表达形式。胡克定律的适用条件是材料的线弹性范围。

**三、拉（压）杆的横向变形**

由图 9-8 可知若横向变形为 $\Delta d$，就有

$$\Delta d = d_1 - d$$

同理用 $\varepsilon'$ 表示横向应变，就有

$$\varepsilon' \frac{\Delta d}{d} \tag{9-11}$$

由实验得知，当 $\varepsilon$ 为正时 $\varepsilon'$ 为负，当 $\varepsilon$ 为负时 $\varepsilon'$ 为正，并且 $\varepsilon$ 与 $\varepsilon'$ 在材料的线弹性范围内有一定的关系，即

$$\mu = \left| \frac{\varepsilon'}{\varepsilon} \right| \tag{9-12}$$

式中：$\mu$ 称为横向形变系数，又称泊松比。

泊松比与弹性模量一样是材料的弹性常数之一，无量纲。是反映材料性质的常数，由实验确定。表 9-1 给出了一些常用材料的弹性模量 $E$ 和泊松比 $\mu$。

表 9-1　　　　　　　　　　　　　一些常用材料的弹性模量和泊松比

| 材料名称 | 弹性模量 $E$ (GPa) | 泊松比 $\mu$ | 材料名称 | 弹性模量 $E$ (GPa) | 泊松比 $\mu$ |
|---|---|---|---|---|---|
| 低碳钢 | $200\sim210$ | $0.25\sim0.33$ | 铜及其合金 | $74\sim130$ | $0.31\sim0.42$ |
| 16 锰钢 | $200\sim220$ | $0.25\sim0.33$ | 铅 | 17 | 0.42 |
| 合金钢 | $190\sim220$ | $0.24\sim0.33$ | 混凝土 | $14.6\sim36$ | $0.16\sim0.18$ |
| 灰口、白口铸铁 | $115\sim160$ | $0.23\sim0.27$ | 木材（顺纹） | $10\sim12$ | |
| 可锻铸铁 | 115 | | 橡胶 | 0.08 | 0.47 |
| 硬铝合金 | 71 | 0.33 | | | |

# 第四节　材料在拉伸和压缩时的力学性质

所谓材料的力学性质，是指材料从开始受力直至破坏的全过程中所呈现的受力和变形间的各种特征，它们是材料固有的属性，通过试验进行测定。常温（室温）、静载荷下的拉伸试验是最基本的一种。

## 一、材料在常温、静载下拉伸时的力学性能

### （一）低碳钢拉伸时的力学性质

低碳钢是一种典型的塑性材料，它不仅在工程实际中广泛使用，而且其在拉伸试验中所表现出的力学性能比较全面。为便于比较不同材料的试验结果，首先按国家标准《金属拉力试验法》（GB228—87）中规定的形状和尺寸，将材料做成标准试件，如图 9-9 所示。在试件等直部分的中段划取一段 $l_0$ 作为标距长度。标

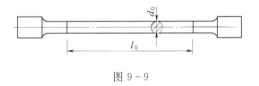

图 9-9

距长度有两种，圆截面分别为 $l_0=10d_0$ 或 $l_0=5d_0$。矩形截面分别为 $l_0=11.3\sqrt{A}$ 或 $l_0=5.65\sqrt{A}$。

将试件装夹在材料万能试验机上，随着拉力 $F$ 的缓慢增加，标距段的伸长 $\Delta l$ 作有规律的变化。若取一直角坐标系，横坐标表示变形 $\Delta l$，纵坐标表示拉力 $F$，则在试验机的自动绘图仪上便可绘出 $F—\Delta l$ 曲线，称为拉伸图。图 9-10（a）为低碳钢的拉伸图。

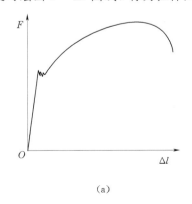

（a）

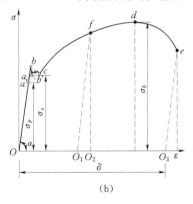

（b）

图 9-10

由于 $F—\Delta l$ 曲线受试件的几何尺寸影响，所以其还不能直接反映材料的力学性能。为此，用应力 $\sigma=F/A_0$（$A_0$ 为试件标距段原横截面面积）来反映试件的受力情况；用 $\varepsilon=\Delta l/l_0$ 来反映标距段的变形情况。于是便得图 9-10（b）所示的 $\sigma—\varepsilon$ 曲线，称为应力应变图。

1. 弹性阶段

图 9-10（b）中曲线上 $Oa$ 段，此段内材料只产生弹性变形，若缓慢卸去载荷，变形完全消失。点 $a$ 对应的应力值 $\sigma_e$ 称为材料的弹性极限。虽然 $a'a$ 微段是弹性阶段的一部分，但其不是直线段。$Oa'$ 是斜直线，$\sigma\propto\varepsilon$，而 $\tan\alpha=\sigma/\varepsilon$，令 $E=\tan\alpha$，则有 $\sigma=E\varepsilon$（拉、压胡克定律的数学表达式）。式中 $E$ 称为材料的弹性模量。点 $a'$ 对应的应力值 $\sigma_p$ 称为材料的比例极限。Q235 钢的 $\sigma_p\approx200\text{MPa}$，由于大部分材料的 $\sigma_p\approx\sigma_e$，所以将 $\sigma_p$ 和 $\sigma_e$ 统称为弹性极限。

2. 屈服阶段

曲线上 $bc$ 段为近于水平的锯齿形状线。这种应力变化很小，应变显著增大的现象称为材料的屈服或流动。$bc$ 段最低点 $b'$ 对应的应力值 $\sigma_s$ 称为材料的屈服极限，是衡量材料强度的重要指标。若试件表面抛光，此时可观察到试件表面有许多与其轴线约成 45° 角的条纹，称为滑移线（金属晶粒沿最大切应力面发生滑移而产生的）。屈服阶段不仅变形大，而且主要是塑性变形。

3. 强化阶段

曲线上的 $cd$ 段，经过屈服阶段以后，应力又随应变增大而增加，这种现象称为材料的强化。曲线最高点 $d$ 对应的应力值 $\sigma_b$ 是材料所能承受的最大应力，称为强度极限。Q235 钢的 $\sigma_b=380\sim470\text{MPa}$ 是衡量材料强度的又一重要指标。

若在 $cd$ 段内任一点 $f$ 停止加载，并缓慢卸载，应力与应变关系将沿着与 $Oa$ 近乎平行的直线 $fO_1$ 回到点 $O_1$［图 9-10（b）］，$O_1O_2$ 为卸载后消失的应变，即弹性应变；$OO_1$ 为卸载后未消失的应变，即塑性应变。若卸载后立即加载，应力与应变关系基本上是沿着 $O_1f$ 上升至点 $f$ 后，再沿 $fde$ 曲线变化。可见在重新加载时，点 $f$ 以前材料的变形是弹性的，过点 $f$ 后才开始出现塑性变形。这种在常温下，将材料预拉到强化阶段后卸载，然后立即再加载时，材料的比例极限提高而塑性降低的现象，称为冷作硬化。

冷作硬化提高了材料在弹性阶段内的承载能力，但同时降低了材料的塑性。例如冷轧钢板或冷拔钢丝，由于冷作硬化，提高其强度的同时降低了材料的塑性，使继续轧制和拉拔困难，若要恢复其塑性，则要进行退火处理。

4. 颈缩阶段

过点 $d$ 后，在试件的某一局部区域，其横截面急剧缩小，这种现象称为颈缩现象。由于颈缩部分横截面面积急剧减小，使试件继续伸长所需的拉力也随之迅速下降，直至试件被拉断。

工程上用于衡量材料塑性的指标有延伸率 $\delta$ 和断面伸缩率 $\Psi$。

（1）延伸率。

$$\delta=\frac{l_1-l_0}{l_0}\times100\%\tag{9-13}$$

式中：$l_1$ 为试件拉断后标距的长度；$l_0$ 为原标距长度。

（2）断面收缩率。

$$\Psi=\frac{A_0-A_1}{A_0}\times100\%\tag{9-14}$$

式中：$A_0$ 为试件原横截面面积；$A_1$ 为试件断裂处的横截面面积。

$\delta$ 和 $\Psi$ 的数值越高，材料的塑性越大。一般 $\delta>5\%$ 的材料称为塑性材料，如合金钢、铝合金、碳素钢和青铜等；$\delta<5\%$ 的材料称为脆性材料，如灰铸铁、玻璃、陶瓷、混凝土和石料等。

（二）其他塑性材料

图 9-11 是在相同条件下得到的锰钢、硬铝、退火球墨铸铁和青铜 4 种材料的 $\sigma—\varepsilon$ 曲线。由曲线可知，这四种材料与低碳钢相同点为断裂后都具有较大的塑性变形；不同点为这些材料都没有明显的屈服阶段，所以测不到 $\sigma_s$。为此，对这类材料，国家标准规定，取对应于试件产生 $0.2\%$ 的塑性应变时的应力值（$\sigma_{0.2}$）作为名义屈服强度，如图 9-12 所示。

（三）铸铁

铸铁是一种典型的脆性材料，它受拉时从开始到断裂，变形都不显著，没有屈服阶段和颈缩现象，图 9-13 虚线部分是铸铁拉伸时的 $\sigma—\varepsilon$ 曲线。在曲线上没有明显的直线部分，这说明铸铁不符合胡克定律。但由于铸铁构件总是在较小应力范围内工作，因此可以用割线来代替曲线，即认为在较小应力时是符合胡克定律的，也有不变的弹性模量 $E$。由 $\sigma—\varepsilon$ 曲线可以看出，脆性材料只有一个强度指标，即拉断时的最大应力——强度极限 $\sigma_b$。

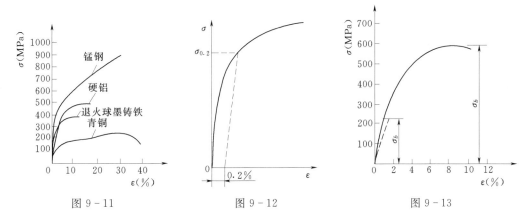

图 9-11　　　　　　　　图 9-12　　　　　　　　图 9-13

在土木建筑工程中，常用的混凝土和砖石等材料也是脆性材料，它们的 $\sigma—\varepsilon$ 曲线与铸铁相似，但是各具有不同的强度极限 $\sigma_b$ 值。

**二、常温静载下压缩时的力学性能**

1. 低碳钢压缩时的力学性质

图 9-14 中的虚线和实线分别为低碳钢拉伸和压缩时的 $\sigma—\varepsilon$ 曲线，由图可知，在屈服阶段以前，此两曲线基本重合，所以低碳钢拉伸和压缩时的 $E$ 值和 $\sigma_s$ 值基本相同。过屈服阶段后，若继续增大荷载，试件将越压越扁，测不出其抗压强度。

2. 铸铁

图 9-13 实线为铸铁压缩时的 $\sigma—\varepsilon$ 曲线，没有屈服现象，试件在较小变形下突然沿与试件轴线约成 $45°\sim55°$ 的斜面上发生剪断破坏。铸铁的抗压强度极限 $\sigma_b$ 比其抗拉强度极限 $\sigma_b$ 高 $4\sim5$ 倍。混凝土、石料等脆性材料的抗压强度也远远高于其抗拉强度。

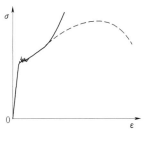

图 9-14

**三、许用应力与安全系数**

材料丧失其正常工作能力时的应力值，称为危险应力或极限应力 $\sigma_u$。而当构件的应力达到其屈服极限 $\sigma_s$ 或强度极限 $\sigma_b$ 时，将产生较大的塑性变形或发生断裂，便丧失了其正常工作能力。所以塑性材料的极限应力为 $\sigma_s$ 或 $\sigma_{0.2}$，脆性材料的极限应力为 $\sigma_b$。

保证构件安全工作的最大应力值，称为许用应力$[\sigma]$，所以其低于极限应力。常将材料的极限应力 $\sigma_u$ 除以大于 1 的安全系数 $n$ 作为其许用应力$[\sigma]$。

塑性材料 $$[\sigma]=\frac{\sigma_s}{n_s}$$

脆性材料 $$[\sigma]=\frac{\sigma_b}{n_b}$$

式中：$n_s$ 和 $n_b$ 分别为塑性材料和脆性材料的安全系数。

一般在静载下，对塑性材料 $n_s$ 可取 1.5～2.5，对脆性材料 $n_b$ 可取 2.0～5.0。

# 第五节　连接件的强度计算

工程中构件之间的连接有多种形式，如铆钉连接［图 9-15（a）］、销钉连接［图 9-15（b）］、键连接［图 9-15（c）］以及焊接［图 9-15（d）］等。其中铆钉、销钉、键以及焊缝等起着连接作用的构件，称为连接件。这些连接形式中的连接件在受力时的主要变形形式是剪切变形。剪切变形的基本模型如图 9-16 所示。一个等截面直杆在两个大小相等、方向相反、作用线平行且相距很近的一对横向力的作用下，杆件的两部分沿着力的作用线方向发生相对错动的变形称为剪切。

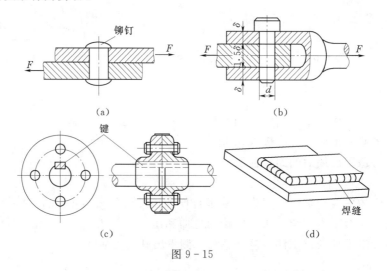

图 9-15

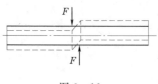

图 9-16

**一、连接件的实用计算**

一般连接件本身尺寸较小，而其变形往往较为复杂，在工程设计中，为简化计算，通常按照连接的破坏可能性，采用实用计算法。

1. 剪切强度的实用计算

设两块钢板用螺栓连接后承受拉力 $F$，如图 9-17（a）所示，显然，螺栓在两侧面上分别受到大小相等、方向相反、作用线相距很近的两组分布外力系的作用［图 9-17（b）］。螺栓在这样的外力作用下，将沿两侧外力之间，并与外力作

用线平行的截面 $m$—$m$ 发生相对错动［图 $9-17$ (c)］，这种变形形式为剪切。发生剪切变形的截面 $m$—$m$，称为剪切面。

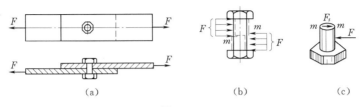

图 $9-17$

利用截面法求 $m$—$m$ 截面上的内力，取下段，由 $\sum F_x = 0$，有

$$F_s - F = 0$$

解得

$$F_s = F$$

力 $F_s$ 切于剪切面 $m$—$m$，称为剪力。实用计算中，假设在剪切面上切应力是均匀分布的。若以 $A$ 表示剪切面面积，则应力是

$$\tau = \frac{F_s}{A} \qquad (9-15)$$

在一些连接件的剪切面上，应力的实际情况比较复杂，切应力并非均匀分布，且还有正应力。所以，由式（$9-15$）算出的只是剪切面上的"平均切应力"，是一个名义切应力。为了弥补这一缺陷，在用实验的方式建立强度条件时，使试样受力尽可能地接近实际连接件的情况，求得试样失效时的极限载荷。也用式（$9-15$）由极限载荷求出相应的名义极限应力，除以安全因数 $n$，得材料的许用切应力 $[\tau]$。从而建立强度条件

$$\tau = \frac{F_s}{A} \leqslant [\tau] \qquad (9-16)$$

虽然按名义切应力公式（$9-15$）求得的切应力值，并不反映剪切面上切应力的精确理论值，它只是剪切面上的平均切应力，但对于用低碳钢等塑性材料制成的连接件，当变形较大而临近破坏时，剪切面上的切应力将逐渐趋于均匀。而且，满足剪切强度条件式（$9-16$）时，显然不至于发生剪切破坏，从而满足工程实用的要求。对于大多数连接件（或连接）来说，剪切变形及剪切强度是主要的。

2. 挤压强度的实用计算

连接件在承受剪切作用的同时，在传力的接触面间互相压紧，这种受力情况称为挤压，挤压时的作用力称为挤压力，以 $F_{bs}$ 表示。当挤压力比较大或接触面积比较小时，接触面临近范围内的材料将被压溃或产生塑性变形，从而导致挤压破坏。图 $9-18$ 就是螺栓孔被压成长圆孔的情况，当然，螺栓也可能被挤压成扁圆柱。

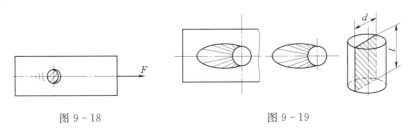

图 $9-18$                图 $9-19$

挤压面上的压强，称为挤压应力，以 $\sigma_{bs}$ 表示。挤压应力有两个显著特点：其一是局部

应力，只存在可接触面附近的小区域内；其二是分布规律复杂，见图 9 - 19。实用计算中，假设挤压应力在挤压面上均匀分布。并按下式计算挤压应力的数值

$$\sigma_{bs} = \frac{F_{bs}}{A_{bs}} \tag{9-17}$$

按（9 - 17）计算的挤压应力 $\sigma_{bs}$ 称为计算挤压应力。式中 $A_{bs}$ 为计算挤压面积，当接触面为平面时，$A_{bs}$ 就是接触面实际面积；当接触面为圆柱面时，以圆柱面的正投影作为 $A_{bs}$ 的计算面积。见图 9 - 19，$A_{bs} = dt$。将 $\sigma_{bs}$ 作为工作应力，然后，通过直接试验，并按计算挤压应力公式（9 - 17），得到材料的极限挤压应力，再除以安全因数，即得材料的许用挤压应力 $[\sigma_{bs}]$。于是，挤压强度条件可表示为

$$\sigma_{bs} = \frac{F_{bs}}{A_{bs}} \leqslant [\sigma_{bs}] \tag{9-18}$$

由于挤压应力是局部应力，材料抗挤压的能力比抗轴向压缩的能力要高得多，试验表明 $[\sigma_{bs}] = (1.7 \sim 2.0)[\sigma]$。

应当注意，挤压应力是在连接件和被连接件之间相互作用的。因而，当两者材料不同时，应校核其中许用挤压应力较低的材料的挤压强度。

根据连接件的工程实用计算方法，下面主要讨论工程中常用的铆钉连接计算。至于焊缝连接，计算的基本原理相同，但在焊缝连接的计算方法上有一些具体规定，可参阅有关钢结构的教材。

**【例 9 - 5】** 电瓶车挂钩由插销连接见图 9 - 20 (a)。插销材料为 20 钢，$[\tau] = 30\text{MPa}$，$[\sigma_{bs}] = 100\text{MPa}$，直径 $d = 20\text{mm}$。挂钩及被连接的板件的厚度分别为 $t = 8\text{mm}$ 和 $1.5t = 12\text{mm}$。牵引力 $F = 15\text{kN}$。试校核插销的剪切和挤压强度。

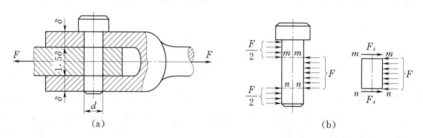

图 9 - 20

**解**　插销受力如图 9 - 20 (b) 所示。插销中段相对于上、下两段，沿 $m$—$m$ 和 $n$—$n$ 两个面向左错动。所以有两个剪切面，称为双剪切。

由

$$\sum F_x = 0, \quad 2F_s - F = 0$$

解得

$$F_s = \frac{F}{2}$$

由式（9 - 15），有

$$\tau = \frac{F_s}{A} = \frac{2F}{\pi d^2} = \frac{2 \times 15}{\pi \times (20 \times 10^{-3})^2} = 23.9 \times 10^6 = 23.6(\text{MPa}) < [\tau]$$

由式（9 - 17），有

$$\sigma_{bs} = \frac{P_{bs}}{A_{bs}} = \frac{F}{1.5td} = \frac{15}{12 \times 10^{-3} \times 20 \times 10^{-3}} = 62.5 \times 10^6 = 62.5(\text{MPa}) < [\sigma_{bs}]$$

故满足剪切及挤压强度要求。

【例 9 - 6】 冲床的最大冲力 $F$ 为 400kN，冲头材料的许用压应力 $[\sigma]=440$MPa，钢板的剪切强度极限 $\tau_b=360$MPa，试确定：

（1）该冲床能冲剪的最小孔径 $d$。

（2）该冲床能冲剪的钢板最大厚度 $\delta$。

**解** （1）确定最小孔径 $d$。冲床能冲剪的最小孔径 $d$，也就是冲头的最小直径。为了保证冲头正常工作，必需满足冲头的压缩强度条件，即

$$\sigma=\frac{F}{\pi d^2/4}\leqslant[\sigma]$$

得
$$d\geqslant\sqrt{\frac{4F}{\pi[\sigma]}}=\sqrt{\frac{4\times400\times10^3}{\pi\times440\times10^6}}=34\times10^{-3}(\text{m})=34\text{mm}$$

故该冲头能冲剪的最小孔径为 34mm。

（2）确定冲头能冲剪的钢板最大厚度 $\delta$。

冲头冲剪钢板时，剪切面为圆柱面 [图 9 - 21（b）]，剪切面面积 $A_s=\pi d\delta$，剪切面上剪力为 $F_S=F$，当剪应力 $\tau\geqslant\tau_b$ 时，方可冲出圆孔。由冲穿钢板的剪应力

$$\tau=\frac{F_S}{A}\geqslant\tau_b$$

得出冲穿钢板的剪力
$$F_S\geqslant A\tau_b=\pi d\delta\tau_b \qquad\qquad (\text{a})$$

上式可改写为
$$F\geqslant\pi d\delta\tau_b \qquad\qquad (\text{b})$$

由此得能冲剪的钢板最大厚度 $\delta$

$$\delta\leqslant\frac{F}{\pi d\tau_b}=\frac{400\times10^3}{\pi\times34\times10^{-3}\times360\times10^6}=10.4\times10^{-3}(\text{m})$$

故该冲头能冲剪的钢板最大厚度为 10.4mm。

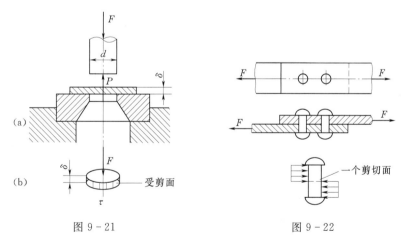

图 9 - 21　　　　　　　　　　图 9 - 22

## 二、铆钉连接的计算

铆钉连接在建筑结构和桥梁等工程中被广泛采用。铆接的方式主要有搭接（图 9 - 22）和对接（图 9 - 23）两种。工程中为简化计算，考虑到对称性，铆钉组内各铆钉的材料与直径均相同，每个铆钉的受力也相等。可得到每个铆钉的受力 $F_1$ 为

$$F_1=\frac{F}{n} \qquad\qquad (9-19)$$

式中：$n$ 为铆钉组中的铆钉个数

求得每个铆钉的受力 $F_1$ 后，即可按式（9-16）和式（9-18）分别校核其剪切强度和挤压强度。被连接件由于铆钉孔的削弱，其拉伸强度应以最弱截面（轴力最大而横截面积较小）为依据，但不考虑应力集中的影响。

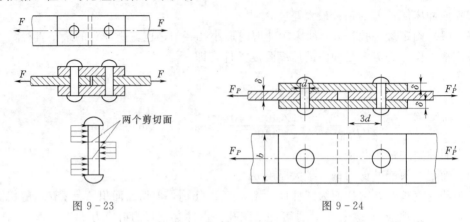

图 9-23　　　　　　　　　　　　图 9-24

**【例 9-7】** 图 9-24 所示的钢板铆接件中，已知钢板的拉伸许用应力 $[\sigma]=98\mathrm{MPa}$，挤压许用应力 $[\sigma_c]=196\mathrm{MPa}$，钢板厚度 $\delta=10\mathrm{mm}$，宽度 $b=100\mathrm{mm}$，铆钉直径 $d=17\mathrm{mm}$，铆钉许用切应力 $[\tau]=137\mathrm{MPa}$，挤压许用应力 $[\sigma_{bs}]=314\mathrm{MPa}$。若铆接件承受的荷载 $F_P=23.5\mathrm{kN}$。试校核钢板与销钉的强度。

**解**　对于钢板，由于自铆钉孔边缘线至板端部的距离比较大，该处钢板纵向承受剪切的面积较大，因而具有较高的抗剪切强度。因此，本例中只需校核钢板的拉伸强度和挤压强度，以及铆钉的挤压和剪切强度。现分别计算如下。

（1）对于钢板。

拉伸强度：考虑到铆钉孔对钢板的削弱，有

$$\sigma=\frac{F_N}{A}=\frac{F_P}{(b-d)\delta}=\frac{23.5\times10^3}{(100-17)\times10^{-3}\times10\times10^{-3}}$$
$$=28.3\times10^6(\mathrm{Pa})=28.3\mathrm{MPa}<[\sigma]=98\mathrm{MPa}$$

故钢板的拉伸强度是安全的。

挤压强度：在图 9-24 所示的受力情况下，钢板所受的总挤压力为 $F_P$；有效挤压面为 $\delta d$。于是有

$$\sigma_{bs}=\frac{F_P}{\delta d}=\frac{23.5\times10^3}{17\times10^{-3}\times10\times10^{-3}}=138\times10^6(\mathrm{Pa})$$
$$=138\mathrm{MPa}<[\sigma_c]=196\mathrm{MPa}$$

故钢板的挤压强度也是安全的。

（2）对于销钉。

剪切强度：在图 9-24 所示情形下，铆钉有两个剪切面，每个剪切面上的剪力 $F_s=F_P/2$，于是有

$$\tau=\frac{F_s}{A}=\frac{\dfrac{F_P}{2}}{\dfrac{\pi d^2}{4}}=\frac{2F_P}{\pi d^2}=\frac{2\times23.5\times10^3}{3.14\times17^2\times10^{-6}}$$

$$=51.8\times10^6=51.8(\mathrm{MPa})<[\tau]=137\mathrm{MPa}$$

故铆钉的剪切强度是安全的。

挤压强度：铆钉的总挤压力与有效挤压面面积均与钢板相同，而且挤压许用应力较钢板为高，因钢板的挤压强度已校核是安全的，故无需重复计算。

由此可见，整个连接结构的强度都是安全的。

# 小　结

（1）轴向拉伸和压缩变形的受力特点和变形特点。

（2）拉压杆的内力、内力图以及强度计算。

（3）材料的力学性能测试。

（4）剪切变形的受力特点和变形特点。

（5）连接件的种类：铆钉连接、销钉连接、键连接、榫齿连接、焊接等。

（6）连接件的破坏形式有两种：剪切和挤压。

（7）剪切强度的实用计算：

$$\tau = \frac{F_s}{A} \leqslant [\tau]$$

（8）挤压强度的实用计算：

$$\sigma_{bs} = \frac{F_{bs}}{A_{bs}} \leqslant [\sigma_{bs}]$$

## 思　考　题

9-1　一根钢杆和一根铜杆，它们的横截面面积不同，承受相同的轴向拉力，问它们的内力是否相同？

9-2　两根不同材料的拉杆，其杆长 $l$、横截面面积 $A$ 均相同，并受相同的轴向拉力 $F$。试问它们横截面上的正应力 $\sigma$ 及杆件的伸长量 $\Delta l$ 是否相同？

9-3　已知低碳钢的比例极限 $\sigma_p = 200\text{MPa}$，弹性模量 $E = 200\text{GPa}$。现有一试件，测得其应变 $\varepsilon = 0.002$，可否由此算得 $\sigma = E\varepsilon = 200 \times 10^3 \times 0.002 = 400(\text{MPa})$？为什么？

9-4　什么是连接件？

9-5　剪切、挤压强度计算步骤与拉压杆是否相同？举例说明。

9-6　什么是挤压？挤压和压缩有什么区别？

9-7　挤压面面积和计算挤压面面积是否相同？举例说明。

9-8　连接件的破坏形式有几种？

9-9　铆钉的连接形式有几种？

## 习　题

9-1　试求图9-25所示各杆指定截面的轴力。

9-2　作出图9-26所示杆的轴力图。

9-3　一直杆受力如图9-26所示，柱的横截面为边长为 20cm 的正方形，材料服从胡克定律，其弹性模量 $E = 0.1 \times 10^5 \text{MPa}$，试求：①轴力图；②各段横截面上的应力；③各段

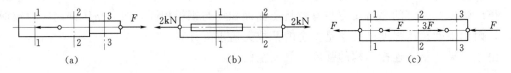

图 9-25

杆的纵向线应变；④杆的总变形。

9-4 仓库搁架前后用两根圆钢杆支持，如图 9-27 所示。估计搁架上的最大载重量为 $F=10\text{kN}$，假定外力作用在搁板 $AB$ 中部，已知 $\alpha=45°$，材料许用应力 $[\sigma]=160\text{MPa}$，试求钢杆所需的直径。

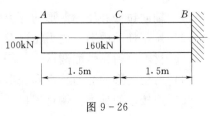

图 9-26

9-5 铰接的正方形结构如图 9-28 所示，各杆材料的许用拉应力 $[\sigma_t]=40\text{MPa}$，许用压应力 $[\sigma_c]=60\text{MPa}$。各杆横截面面积为 $25\text{cm}^2$，试求结构的许用载荷 $[F]$。

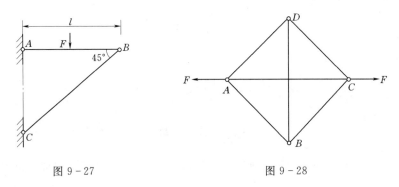

图 9-27          图 9-28

9-6 如图 9-29 所示构架，$AB$ 为刚杆，$CD$ 为弹性杆，已知：$E=2\times10^5\text{MPa}$，$A=2\text{cm}^2$，$F=5\text{kN}$，$l=1\text{m}$，$[\sigma]=160\text{MPa}$，试求：①校核构架的强度；②计算 $CD$ 杆的伸长量及 $C$、$B$ 两点的位移；③确定构架的许用载荷 $[F]$。

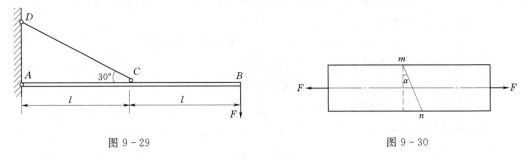

图 9-29          图 9-30

9-7 如图 9-30 所示拉杆沿斜截面 $m$—$n$ 由两部分胶合而成，设在胶合面上许用应力 $[\sigma]=100\text{MPa}$，许用切应力 $[\tau]=50\text{MPa}$。假设由胶合面上的强度控制杆的拉力，试求：①为使杆件承受最大拉力 $F$，角 $\alpha$ 的值应为多少？②若横截面面积为 $4\text{cm}^2$，并规定 $\alpha\leqslant60°$，确定许用载荷 $[F]$。

9-8 试求如图 9-31 中托架节点 $B$ 的铅直位移，设各杆的抗拉（压）刚度为 $EA$。

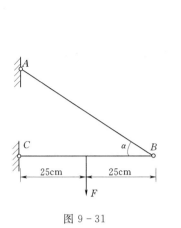

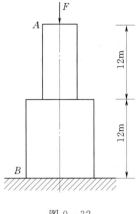

图 9 - 31　　　　　　　　　　　　　图 9 - 32

9-9　图 9 - 32 所示阶梯形混凝土柱，柱顶承受轴向压力 $F=1000\text{kN}$ 作用，已知：$\rho_{混凝土}=2.2\times10^3\text{kg/m}^3$，许用压应力 $[\sigma_c]=2\text{MPa}$，弹性模量 $E=20\text{GPa}$。试按强度条件确定上、下段柱所需的横截面面积 $A_{上}$ 和 $A_{下}$，并求柱顶 $A$ 的位移。

9-10　如图 9 - 33 所示，边长为 $250\text{mm}\times250\text{mm}$ 的木短柱，四角用四个 $40\times40\times4$ 的等边角钢（每个角钢的横截面面积 $A=3.086\text{cm}^2$）加固，长度均与木柱相同，钢与木的弹性模量分别为 $E_s=200\text{GPa}$ 和 $E_w=10\text{GPa}$。受轴向压力 $F=700\text{kN}$，求木柱与角钢横截面上的应力。

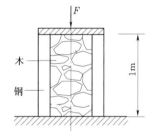

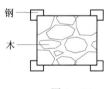

9-11　如图 9 - 34 所示，直径为 $d$ 的拉杆，其端头直径为 $D$，高度为 $h$，其尾部受力 $F=40\text{kN}$，试求 $d$、$h$ 与 $D$ 的合理值（从强度方面考虑）。已知 $[\sigma]=120\text{MPa}$，许用切应力 $[\tau]=90\text{MPa}$，$[\sigma_{bs}]=240\text{MPa}$。

9-12　试校核图 9 - 35 所示连接销钉的剪切强度。已知 $P=100\text{kN}$，销钉直径 $d=30\text{mm}$，材料的许用切应力 $[\tau]=60\text{MPa}$。若强度不够，应改用多大直径的销钉？

图 9 - 33

9-13　拉力 $F=80\text{kN}$ 的螺栓连接如图 9 - 36 所示。已知 $b=80\text{mm}$，$t=10\text{mm}$，$d=22\text{mm}$，螺栓的许用剪应力 $[\tau]=130\text{MPa}$，钢板的许用挤压应力 $[\sigma_{bs}]=300\text{MPa}$，许用拉应力 $[\sigma]=170\text{MPa}$。试校核该接头的强度。

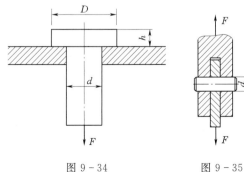

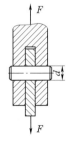

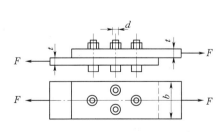

图 9 - 34　　　　　图 9 - 35　　　　　图 9 - 36

# 第十章 圆轴扭转的强度与变形

扭转变形是杆件的基本变形之一。杆件在横向平面内的外力偶作用下,要发生扭转变形,它的任意两个横截面将由于各自绕杆的轴线所转动的角度不相等而产生相对角位移,即相对扭转角。产生扭转变形的杆件多为传动轴、房屋的雨篷梁等,如图 10-1 所示。

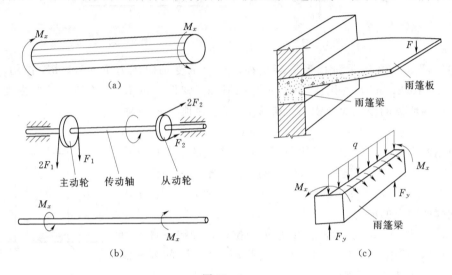

图 10-1

## 第一节 圆轴扭转的扭矩及扭矩图

### 一、传动轴上的外力偶矩

功率、转速与外力偶矩间的关系如下。

在工程中通常不是直接给出作用在轴上的外力偶的力偶矩,而是给出轴所传递的功率和轴的转速,需要通过功率、转速与力偶矩之间的关系计算出外力偶矩。

若轴传递的功率为 $P$(单位 kW),则每分钟做的功则为

$$W=60P$$

从力偶做功来看,若轴的转速为 $n$(单位 r/mm),则传动轴上的外力偶做功为

$$W'=M_e\omega=M_e\times2\pi n$$

由 $W=W'$ 可得

$$M_e=\frac{60}{2\pi n}=9.55\frac{P}{n}(\text{kN}\cdot\text{m}) \tag{10-1}$$

### 二、扭转及扭矩图

1. 扭矩

如图 10-2(a)为一受扭轴,用截面法来求 $n-n$ 截面上的内力,取左段〔图 10-2

(b)]，作用于其上的外力仅有一力偶 $m_A$，因其平衡，则作用于 $n—n$ 截面上的内力必合成为一力偶。

由 $$\sum m_x = 0, \quad T - m_A = 0$$

解得 $$T = m_A$$

$T$ 称为 $n—n$ 截面上的扭矩。

杆件受到外力偶矩作用而发生扭转变形时，在杆的横截面上产生的内力称扭矩（$T$）单位：$N \cdot m$ 或 $kN \cdot m$。

符号规定：按右手螺旋法则将 $T$ 表示为矢量，当矢量方向与截面外法线方向相同为正 [图 10-2 （c）]；反之为负 [图 10-2 （d）]。

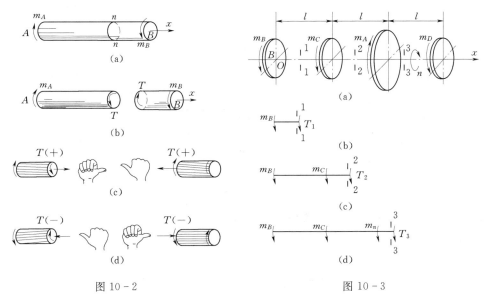

图 10-2　　　　　　　　　　　图 10-3

【例 10-1】　图 10-3 （a）所示的传动轴的转速 $n = 300 r/min$，主动轮 $A$ 的功率 $P_A = 400 kW$，3 个从动轮输出功率分别为 $P_C = 120 kW$，$P_B = 120 kW$，$P_D = 160 kW$，试求指定截面的扭矩 $\left[ m = 9550 \dfrac{P}{n} (N \cdot m) \right]$。

**解**　由 $m = 9550 \dfrac{P}{n}$，得

$$m_A = 9550 \frac{P_A}{n} = 12.73 (kN \cdot m)$$

$$m_B = m_C = 9550 \frac{P_B}{n} = 3.82 (kN \cdot m)$$

$$m_D = m_A - (m_B + m_C) = 5.09 (kN \cdot m)$$

由图 10-3 （b）得 $$\sum m_x = 0, \quad T_1 + m_B = 0$$

解得 $$T_1 = -m_B = -3.82 (kN \cdot m)$$

由图 10-3 （c）得 $$\sum m_x = 0, \quad T_2 + m_B + m_C = 0$$

解得 $$T_2 = -m_B - m_C = -7.64 (kN \cdot m)$$

由图 10-3 （d）得 $$\sum m_x = 0, \quad T_3 - m_A + m_B + m_C = 0$$

解得 $$T_3 = m_A - m_B - m_C = 5.09 (kN \cdot m)$$

2. 扭矩图

当杆件上作用有多个外力偶时，杆件不同段横截面上的扭矩也各不相同，为了直观地看到杆件各段扭矩的变化规律，可用类似画轴力图的方法画出杆件的扭矩图。

**【例 10 - 2】** 试作出例 10 - 1 中传动轴的扭矩图。

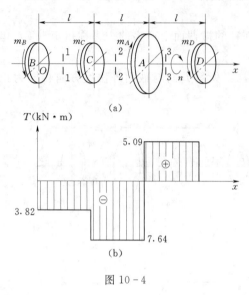

(a)

图 10 - 4

**解** $BC$ 段：$T(x) = -m_B = -3.28\text{kN} \cdot \text{m}$ $(0 < x < l)$

$T_B^+ = T_C^- = -3.28\text{kN} \cdot \text{m}$

$CA$ 段：$T(x) = -m_B - m_C = -7.64\text{kN} \cdot \text{m}$ $(l < x < 2l)$

$T_C^+ = T_A^- = -7.64\text{kN} \cdot \text{m}$

$AD$ 段：$T(x) = m_D = 5.09\text{kN} \cdot \text{m} (2l < x < 3l)$

$T_A^+ = T_D^- = 5.09\text{kN} \cdot \text{m}$

根据 $T_B^+$、$T_C^-$、$T_C^+$、$T_A^-$、$T_A^+$、$T_D^-$ 的对应值便可作出图 10 - 4（b）所示的扭矩图。$T^+$ 及 $T^-$ 分别对应横截面右侧及左侧相邻横截面的扭矩。

由例子可见，轴的不同截面上具有不同的扭矩，而对轴进行强度计算时，要以轴内最大的扭矩为计算依据，所以必须知道各个截面上的扭矩，以便确定出最大的扭矩值。这就需要画扭矩图来解决。

# 第二节 圆轴扭转的应力及强度计算

## 一、薄壁圆筒扭转时横截面上的应力

为了观察薄壁圆筒的扭转变形现象，先在圆筒表面上作出图 10 - 5（a）所示的纵向线及圆周线，当圆筒两端加上一对力偶 $m$ 后，由图 10 - 5（b）可见：各纵向线仍近似为直线，且其均倾斜了同一微小角度 $\gamma$，各圆周线的形状、大小及圆周线绕轴线转了不同角度。由此说明，圆筒横截面及含轴线的纵向截面上均没有正应力，则横截面上只有切于截面的切应力 $\tau$。因为薄壁的厚度 $\delta$ 很小，所以可以认为切应力沿壁厚方向均匀分布，见图 10 - 5（e）。

由 $$\sum M_x = 0, \int_0^{2\pi} \tau R_0^2 \delta \mathrm{d}\theta - m = 0$$

解得 $$\tau = \frac{m}{2\pi R_0^2 \delta} \tag{10 - 2}$$

式中：$R_0$ 为圆筒的平均半径。

扭转角 $\varphi$ 与切应变 $\gamma$ 的关系，由图 10 - 5（b）有

$$R\varphi \approx l\gamma$$

即

$$\gamma = r\frac{\varphi}{l} \tag{10 - 3}$$

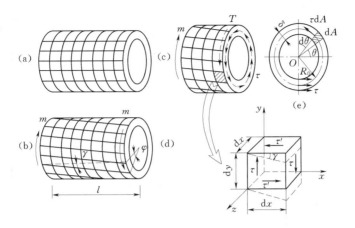

图 10-5

## 二、切应力互等定理

用相邻的两个横截面、两个径向截面及两个圆柱面，从圆筒中取出边长分别为 $\mathrm{d}x$、$\mathrm{d}y$、$\mathrm{d}z$ 的单元体［图 10-5（d）］，单元体左、右两侧面是横截面的一部分，则其上作用有等值、反向的切应力 $\tau$，其组成一个力偶矩为 $(\tau \mathrm{d}z\mathrm{d}y)\mathrm{d}x$ 的力偶。则单元体上、下面上的切应力 $\tau$ 必组成一等值、反向的力偶与其平衡。

由 $$\sum m = 0, (\tau'z\mathrm{d}x)\mathrm{d}y - (\tau \mathrm{d}z\mathrm{d}y)\mathrm{d}x = 0$$

解得 $$\tau = \tau' \tag{10-4}$$

上式表明：在互相垂直的两个平面上，切应力总是成对存在，且数值相等；两者均垂直两个平面交线，方向则同时指向或同时背离这一交线。如图 10-5 （d）所示的单元体的四个侧面上，只有切应力而没有正应力作用，这种情况称为纯剪切。

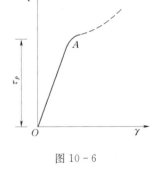

图 10-6

## 三、剪切胡克定律

通过薄壁圆筒扭转试验可得逐渐增加的外力偶矩 $m$ 与扭转角 $\varphi$ 的对应关系，然后由式（10-2）和式（10-3）得到一系列的 $\tau$ 与 $\gamma$ 的对应值，便可作出图 10-6 所示的 $\tau-\gamma$ 曲线（由低碳钢材料得出的），其与 $\sigma-\varepsilon$ 曲线相似。在 $\tau-\gamma$ 曲线中 $OA$ 为一直线，表明 $\tau \leqslant \tau_P$ 时，$\tau \propto \gamma$ 这就是剪切胡克定律，即

$$\tau = G\gamma \tag{10-5}$$

式中：$G$ 为比例系数，称为材料的剪切弹性模量，单位与弹性模量 $E$ 相同，单位为 Pa。钢材的剪切弹性模量约为 80GPa。当外加力偶矩在某一范围时，力矩与转角呈线性关系，这个范围即是材料剪切的比例极限范围，统称为线弹性范围。在此范围内，剪切胡克定律才成立。所以，剪切胡克定律的适用条件是材料的线弹性范围。

## 四、圆轴扭转时横截面上的应力

1. 扭转变形现象及平面假设

由图 10-7 可知，圆轴与薄壁圆筒的扭转变形相同。由此作出圆轴扭转变形的平面假设：圆轴变形后其横截面仍保持为平面，其大小及相邻两横截面间的距离不变。按照该假设，圆轴扭转变形时，其横截面就像刚性平面一样，绕轴线转了一个角度。

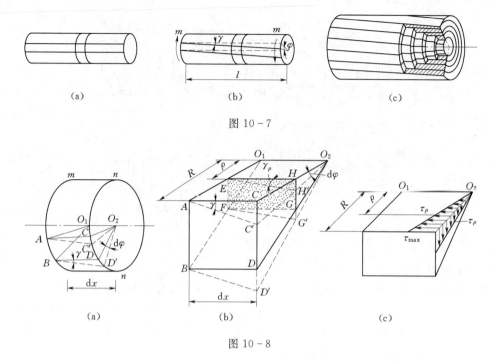

图 10-7

图 10-8

**2. 变形的几何关系**

从圆轴中取出长为 $\mathrm{d}x$ 的微段 [图 10-8 (a)]，截面 $n$—$n$ 相对于截面 $m$—$m$ 绕轴转了 $\mathrm{d}\varphi$ 角，半径 $O_2C$ 转至 $O_2C'$ 位置。若将圆周看成无数薄壁圆筒组成，则在此微段中，组成圆轴的所有圆筒的扭转角 $\mathrm{d}\varphi$ 均相同。设其中任意圆筒的半径为 $\rho$，且应变为 $\gamma_\rho$

$$\gamma_\rho = \rho\frac{\mathrm{d}\varphi}{\mathrm{d}x} = \rho\theta \tag{10-6}$$

式中：$\theta$ 为沿轴线方向单位长度的扭转角。对一个给定的截面 $\theta$ 为常数。显然 $\gamma_\rho$ 发生在垂直于 $O_2H$ 半径的平面内。

**3. 物理关系**

以 $\tau_\rho$ 表示横截面上距圆心为 $\rho$ 处的切应力，由式（10-5），有

$$\tau_\rho = G\gamma_\rho$$

将式（10-6）代入上式，得

$$\tau_\rho = G\rho\frac{\mathrm{d}\varphi}{\mathrm{d}x} = G\rho\theta \tag{10-7}$$

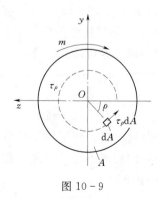

图 10-9

式（10-7）表明，横截面上任意点的切应力 $\tau_\rho$ 与该点到圆心的距离 $\rho$ 成正比。因为 $\gamma_\rho$ 发生在垂直于半径的平面内，所以 $\tau_\rho$ 也与半径垂直，切应力在纵、横截面上沿半径分布如图 10-8 (c) 所示。

**4. 静力学关系**

在横截面上距圆心为 $\rho$ 处取一微面积 $\mathrm{d}A$（图 10-9），其上内力 $\tau_\rho\mathrm{d}A$ 对轴之矩为 $\rho\tau_\rho\mathrm{d}A$，所有内力矩的总和即为截面上的扭矩

$$T = \int_A \rho\tau_\rho\mathrm{d}A \tag{10-8}$$

将式（10-7）代入式（10-8），得

$$T = G\theta \int_A \rho^2 \mathrm{d}A = G\theta I_P \qquad (10-9)$$

式中：$I_P = \int_A \rho^2 \mathrm{d}A$ 为横截面对点 $O$ 的极惯性矩。

由式（10-9）可得单位长度扭转为

$$\theta = \frac{T}{GI_P} \qquad (10-10)$$

将式（10-9）代入式（10-7），得

$$\tau_\rho = \frac{T\rho}{I_P} \qquad (10-11)$$

这就是圆轴扭转时横截面上任意点的切应力公式。

在圆截面边缘上，$\rho$ 的最大值为 $R$，则最大切应力为

$$\tau_{\max} = \frac{TR}{I_P}$$

令 $W_t = I_P/R$，则上式可写为

$$\tau_{\max} = \frac{T}{W_t} \qquad (10-12)$$

式中：$W_t$ 仅与截面的几何尺寸有关，称为抗扭截面模量。若截面是直径为 $d$ 的圆形，则

$$W_t = \frac{I_P}{d/2} = \frac{\pi d^3}{16}$$

若截面是外径为 $D$、内径为 $d$ 的空心圆轴，则

$$W_t = \frac{I_P}{D/2} = \frac{\pi D^3}{16}\left[1 - \left(\frac{d}{D}\right)^4\right]$$

**【例 10-3】**　如图 10-10 所示，传动轴的转速 $n = 360\text{r/min}$，其传递的功率 $P = 15\text{kW}$。已知 $D = 30\text{mm}$，$d = 20\text{mm}$。试计算 $AC$ 段横截面上的最大切应力；$CD$ 段横截面上的最大和最小切应力。

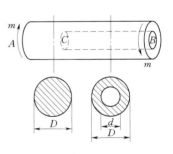

图 10-10

**解**　由 $m = 9550\dfrac{P}{n}$ 计算外力偶矩

$$m = 9550 \times \frac{15}{360} = 398(\text{N} \cdot \text{m})$$

扭矩　　　　$T = m = 398\text{N} \cdot \text{m}$

$AC$ 段：　　$\tau_{\max} = \dfrac{T}{W_t}, W_t = \dfrac{\pi}{16}D^3$

$$\tau_{\max} = \frac{398 \times 16}{3.14 \times 30^3 \times 10^{-9}} = 75 \times 10^6 (\text{Pa}) = 75\text{MPa}$$

$CB$ 段：　　　　$\tau_{\max} = \dfrac{T}{W_t}, W_t = \dfrac{\pi D^3}{16}\left[1 - \left(\dfrac{d}{D}\right)^4\right]$

$$\tau_{\max} = \frac{398 \times 16}{3.14 \times 30^3 \times 10^{-9}\left[1 - \left(\dfrac{2}{3}\right)^4\right]} = 93.6 \times 10^6 (\text{Pa}) = 93.6\text{MPa}$$

$$\tau_{\min} = \frac{T\rho}{I_P}, \rho = \frac{d}{2}, I_P = \frac{\pi D^4}{32}\left[1 - \left(\frac{d}{D}\right)^4\right]$$

$$\tau_{\min}=\frac{398\times10\times10^{-3}\times32}{3.14\times30^4\times10^{-12}\left[1-\left(\frac{2}{3}\right)^4\right]}=62.4\times10^6\,(\mathrm{Pa})=62.4\mathrm{MPa}$$

**五、圆轴扭转的强度计算**

为了保证圆轴受扭时具有足够的强度，轴内的最大剪应力不能超过材料的允许剪应力。即

$$\tau_{\max}\leqslant[\tau] \tag{10-13}$$

将式（10-12）代入式（10-13）可得

$$\tau_{\max}=\frac{T_{\max}}{W_t}\leqslant[\tau] \tag{10-14}$$

抗扭截面模量（系数）：　　　　　$W_t=\dfrac{I_P}{R}$

实心轴：　　　　　　　　　　　$W_t=\dfrac{\pi D^3}{16}$

空心轴：　　　　　　　　　　　$W_t=\dfrac{\pi D^3}{16}\,(1-\alpha^4)$

**【例 10-4】** 如图 10-11（a）所示的阶梯形圆轴，$AB$ 段的直径 $d_1=40\mathrm{mm}$，$BD$ 段的直径 $d_2=70\mathrm{mm}$，外力偶矩分别为：$m_A=0.7$ kN·m，$m_C=1.1\mathrm{kN\cdot m}$，$m_D=1.8\mathrm{kN\cdot m}$。许用切应力 $[\tau]=60\mathrm{MPa}$。试校核该轴的强度。

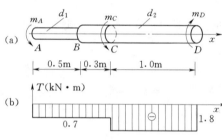

图 10-11

**解**　$AC$、$CD$ 段的扭矩分别为 $T_1=-0.7$ kN·m，$T_2=-1.8\mathrm{kN\cdot m}$。扭矩图如图 10-11（b）所示。

虽然 $CD$ 段的扭矩大于 $AB$ 段的扭矩，但 $CD$ 段的直径也大于 $AB$ 段直径，所以对这两段轴均应进行强度校核。

AB 段：　　　　$\tau_{\max}=\dfrac{T_1}{W_t}=55.7(\mathrm{MPa})<60\mathrm{MPa}=[\tau]$

CD 段：　　　　$\tau_{\max}=\dfrac{T_2}{W_t}=26.7(\mathrm{MPa})<60\mathrm{MPa}=[\tau]$

故该轴满足强度条件。

# 第三节　圆轴扭转的变形及刚度计算

**一、圆轴扭转的变形计算**

圆轴扭转变形时，杆的任意两横截面间将发生相对扭转角。

将 $\theta=\dfrac{\mathrm{d}\varphi}{\mathrm{d}x}$ 代入由前面的公式（10-10）并积分，便得相距为 $l$ 的两个截面间的扭转角 $\varphi$ 为

$$\varphi=\int_l\mathrm{d}\varphi=\int_l\frac{T}{GI_P}\mathrm{d}x$$

若相距为 $l$ 的两个截面间的 $T$、$G$、$I_P$ 均不变，则此二截面间扭转角为

$$\varphi=\frac{Tl}{GI_P} \tag{10-15}$$

轴的单位长度扭转角

$$\theta = \frac{\varphi}{l} = \frac{T}{GI_P} \tag{10-16}$$

### 二、圆轴扭转时的刚度条件

扭转轴在满足强度条件的同时，还需满足刚度要求。工程上对受扭构件的单位长度扭转角进行限制，即单位长度扭转角不能超过规定的许用值，若用 $[\theta]$ 表示单位长度扭转角的许用值，则有

$$\theta_{\max} = \frac{T_{\max}}{GI_P} \leqslant [\theta] \quad (\mathrm{rad/m}) \tag{10-17}$$

此式即为圆轴扭转时的刚度条件。

若 $[\theta]$ 的单位为 °/m，式（10-17）应改为

$$\theta_{\max} = \frac{T_{\max} \times 180°}{\pi GI_P} \leqslant [\theta] \quad (°/\mathrm{m}) \tag{10-18}$$

**【例 10-5】** 有一闸门启闭机的传动轴。已知：材料为 45 号钢，剪切弹性模量 $G = 79\mathrm{GPa}$，许用切应力 $[\tau] = 88.2\mathrm{MPa}$，许用单位扭转角 $[\theta] = 0.5°/\mathrm{m}$，使原轴转动的电动机功率为 16kW，转速为 3.86r/min，试根据强度条件和刚度条件选择圆轴的直径。

**解** （1）计算传动轴传递的扭矩：

$$T = m = 9550\frac{P}{n} = 9550 \times \frac{16}{3.86} = 39.59(\mathrm{kN \cdot m})$$

（2）由强度条件确定圆轴的直径。

由式（10-14）有

$$W_t \geqslant \frac{T}{[\tau]} = 0.4488 \times 10^{-3}(\mathrm{m}^3)$$

而 $W_t = \frac{\pi d^3}{16}$，则

$$d \geqslant \sqrt[3]{\frac{16W_t}{\pi}} = 131(\mathrm{mm})$$

（3）由刚度条件确定圆轴的直径。

由式（10-18）有

$$I_P \geqslant \frac{T}{G[\theta]} \times \frac{180}{\pi}$$

而 $I_P = \frac{\pi d^4}{32}$，则

$$d \geqslant \sqrt[4]{\frac{32T}{\pi G[\theta]} \times \frac{180}{\pi}} = 155 \quad (\mathrm{mm})$$

选择圆轴的直径 $d = 160\mathrm{mm}$。即满足强度条件又满足刚度条件。

# 小　　结

（1）用截面法求轴的内力——扭矩，做扭矩图。

（2）剪应力互等定理：在互相垂直的两个平面上，切应力总是成对存在，且数值相等；两者均垂直两个平面交线，方向则同时指向或同时背离这一交线。

（3）剪切胡克定律：在线弹性范围内，剪应力与剪应变成正比关系。

（4）圆轴剪应力计算：横截面上任意一点剪应力的大小与该点矩圆心的距离成正比。

（5）圆轴扭转的强度条件为：$\tau_{max} \leqslant [\tau]$。

（6）圆轴扭转的刚度条件为：$\theta_{max} \leqslant [\theta]$。

## 思　考　题

10-1　外力偶矩与扭矩的区别与联系是什么？

10-2　直径相同、材料不同的两根等长的实心圆轴，在相同的扭矩作用下，其最大剪应力是否相同？

10-3　对比实心圆截面和空心圆截面，为什么说空心圆截面是扭转轴的合理截面？

10-4　横截面面积相同的空心圆轴和实心圆轴相比，为什么空心圆轴的强度和刚度都较大？

## 习　　题

10-1　计算图 10-12 所示圆轴指定截面的扭矩，并在各截面上表示出扭矩的转向。

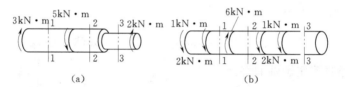

(a)　　　　　　　　　　　　(b)

图 10-12

10-2　如图 10-13 所示传动轴，转速 $n=130\text{r/min}$，$P_A=13\text{kW}$，$P_B=30\text{kW}$，$P_C=10\text{kW}$，$P_D=7\text{kW}$。画出该轴扭矩图。

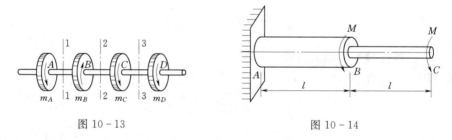

图 10-13　　　　　　　　　　　　图 10-14

10-3　如图 10-14 所示圆截面轴，$AB$ 与 $BC$ 段的直径分别为 $d_1$ 和 $d_2$，且 $d_4=\dfrac{3d_2}{4}$，试求轴内的最大扭转切应力。

10-4　一根外径 $D=80\text{mm}$，内径 $d=60\text{mm}$ 的空心圆截面轴，其传递的功率 $P=150\text{kW}$，转速 $n=100\text{r/min}$，求内圆上一点和外圆上一点的应力。

10-5　如图 10-15 所示传动轴，其直径 $d=50\text{mm}$，试计算：轴的最大切应力；截面 I—I 上半径为 20mm 圆轴处的切应力；从强度考虑三个轮子如何布置比较合理，为什么？

10-6　如图 10-16 所示传动轴，转速 $n=500\text{r/min}$，主动轮 1 输入功率 $P_1=500\text{kW}$，从动轮 2、3 输出功率分别为 $P_2=200\text{kW}$，$P_3=300\text{kW}$。已知 $[\tau]=70\text{MPa}$，试确定 $AB$ 段的直径 $d_1$ 和 $BC$ 段的直径 $d_2$；若将主动轮 1 和从动轮 2 调换位置，试确定等径直轴 $AC$

的直径 $d$。

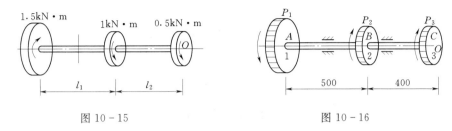

图 10 - 15　　　　　　　　　　　　　　　图 10 - 16

10 - 7　如图 10 - 17 所示实心轴和空心轴用牙嵌式离合器连接在一起，其传递的转速 $n$ = 96r/min，功率 $P_1$ = 7.5kW，材料的许用应力 $[\tau]$ = 40MPa，试求实心段的直径 $d_1$ 和空心段的外径 $D_2$。内外径比值为 0.7。

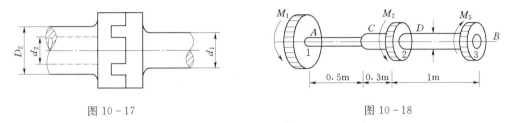

图 10 - 17　　　　　　　　　　　　　　　图 10 - 18

10 - 8　如图 10 - 18 所示阶梯轴，直径分别为 $d_1$ = 40mm，$d_2$ = 70mm，轴上装有三个皮带轮。已知轮 3 的输入功率 $P_3$ = 30kW。轮 1 的输出功率 $P_1$ = 13kW，轴的转速 $n$ = 200 r/min，材料的许用应力 $[\tau]$ = 640MPa，试校核轴的强度。

10 - 9　某圆截面钢轴，转速 $n$ = 250r/min，其传递功率 $P$ = 60kN，已知：$[\tau]$ = 40MPa，$[\theta]$ = 0.8°/m，$G$ = 80GPa。试设计轴径。

10 - 10　已知轴的许用应力 $[\tau]$ = 21MPa，$[\theta]$ = 0.3°/m，$G$ = 80GPa，问该轴的直径达到多少时，轴的直径由强度条件决定，而刚度条件总可以满足。

10 - 11　有一受扭钢轴。已知横截面直径 $d$ = 25mm，剪切弹性模量 $G$ = 79GPa，当扭转角为 6°时的最大切应力为 95MPa。试求此轴的长度。

# 第十一章 梁的强度计算

## 第一节 平面弯曲的概念

### 一、弯曲实例

弯曲是杆件的基本变形形式之一。等直杆受到垂直于杆件轴线方向的横向外力或在杆轴线所在平面内受到外力偶的作用时，杆件轴线由原来的直线变成为曲线。这种变形形式称为弯曲。凡是以弯曲变形为主的杆件，通称为梁。

在工程实际中发生弯曲变形的杆件是很多的。例如，房屋建筑中的楼板梁［图 11-1（a）］，桥梁中的纵梁［图 11-1（b）］等。

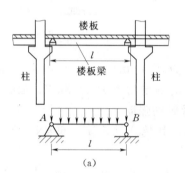
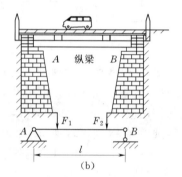

图 11-1

### 二、平面弯曲的概念

工程中常用的梁，其横截面通常有一根竖向对称轴［图 11-2（a）］，梁的轴线与横截面的竖向对称轴构成的平面称为梁的纵向对称面，当所有载荷都作用在梁的纵向对称面内时，梁的轴线变成位于对称平面内的一条平面曲线［图 11-2（b）］，这样的弯曲称为平面弯曲。平面弯曲是工程中最常见基本弯曲变形情况，也是最基本的弯曲问题。掌握了它的计算对于工程应用以及进一步研究复杂的弯曲问题都有十分重要的意义。本书主要研究平面弯曲问题。

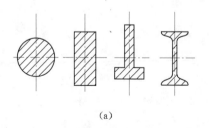
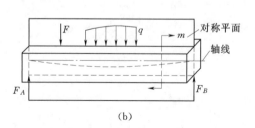

图 11-2

### 三、梁的计算简图

梁的支承条件与载荷情况一般都比较复杂，为了便于分析计算，工程中的梁一般应进行三方面的简化，以便抽象出计算简图。

**（一）梁本身的简化**

由于所研究的是等截面直梁，而且外力为作用在梁纵向对称面内的平面力系，因此，在梁的计算简图中就用梁的轴线代表梁。工程上有些构件，例如挡水墙，由于其长度较大，横截面和受力情况又沿长度基本保持不变，因此，可以取它的一个单位长度部分，近似地当作梁来分析研究。

**（二）载荷的简化**

作用于梁上的载荷（包括支座反力）可简化为三种类型：集中力 $F$、集中力偶 $m$ 和分布载荷 $q$。

如果力或力偶分布在梁表面一小块面积上，则可近似地把它看作集中作用在一个点上，称为集中力或集中力偶。

如果载荷分布在梁上较大的范围内，则应看作分布载荷。例如，梁的自重可简化为均布载荷，水压力或土压力简化为非均布载荷。

**（三）支座的简化**

梁的支座按其对梁在载荷作用平面的约束情况，可简化为以下三种基本形式。它们的简化形式和支座反力分别如下。

1. 固定铰支座

固定铰支座有：桥梁下的固定支座，止推滚珠轴承等 ［图 11-3（a）］。

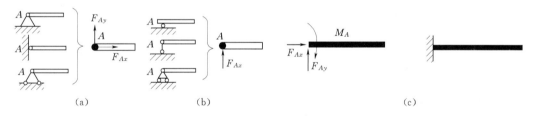

图 11-3

2. 可动铰支座

可动铰支座有：桥梁下的辊轴支座，滚珠轴承等 ［图 11-3（b）］。

3. 固定端

固定端有：游泳池的跳水板支座，木桩下端的支座等 ［图 11-3（c）］。

工程中的梁经过梁本身、载荷、支座等三方面的简化后，便得到如图 11-4 所示的计算简图。工程上最常用的三种简单梁，分别为简支梁 ［图 11-4（a）］、外伸梁 ［图 11-4（b）］、悬臂梁 ［图 11-4（c）］。

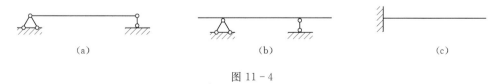

图 11-4

在平面弯曲问题中，梁上的载荷与支座反力组成一平面任意平衡力系，该力系有三个独立的平衡方程。悬臂梁、简支梁和外伸梁各自恰好有三个未知的支座反力，它们可由静力平衡方程求出。因此，这三种梁属于静定梁。

在求得了梁的外力后，就可进一步分析梁横截面上的内力。

# 第二节　梁的内力及内力图

## 一、梁的内力

梁横截面上的内力可用截面法求得。以图 $11-5$（a）所示的简支梁为例。受集中载荷 $F_1$、$F_2$、$F_3$ 的作用的简支梁，求距 $A$ 端 $x$ 处横截面 $m—m$ 上的内力。首先求出支座反力 $F_A$、$F_B$，然后用截面法沿截面 $m—m$ 假想地将梁一分为二，取如图 $11-5$（b）所示的左半部分为研究对象。因为作用于其上的各力在垂直于梁轴方向的投影之和一般不为零，为使左段梁在垂直方向平衡，则在横截面上必然存在一个切于该横截面的合力 $F_S$，称为剪力。它是与横截面相切的分布内力系的合力；同时左段梁上各力对截面形心 $O$ 之矩的代数和一般不为零，为使该段梁不发生转动，在横截面上一定存在一个位于荷载平面内的内力偶，其力偶矩用 $M$ 表示，称为弯矩。它是与横截面垂直的分布内力偶系的合力偶的力偶矩。由此可知，梁弯曲时横截面上一般存在两种内力，见图 $11-5$（b）。

由　　　　　　　　　　$$\sum F_y = 0, \quad F_A - F_1 - F_S = 0$$

解得　　　　　　　　　　$$F_S = F_A - F_1$$

由　　　　　　　　$$\sum m_o = 0, \quad -F_A x + F_1(x-a) + M = 0$$

解得　　　　　　　　　　$$M = F_A x - F_1(x-a)$$

剪力与弯矩的符号规定如下。

剪力符号：当截面上的剪力使分离体作顺时针方向转动时为正，反之为负，见图 $11-6$（a）。

弯矩符号：当截面上的弯矩使分离体上部受压、下部受拉时为正，反之为负，见图 $11-6$（b）。

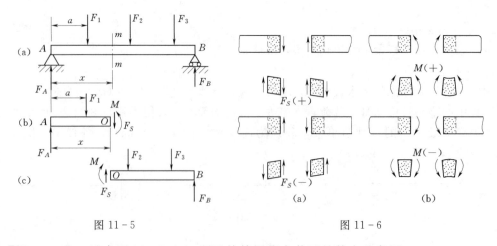

图 $11-5$　　　　　　　　　　图 $11-6$

【**例 $11-1$**】　试求图 $11-7$（a）所示外伸梁指定截面的剪力和弯矩。

**解**　如图 $11-7$（b）所示。求梁的支座反力。

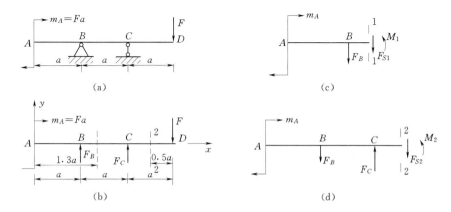

图 11 - 7

**解** 由
$$\sum m_B = 0$$
$$F_C a - F2a - m_A = 0$$

解得
$$F_C = 3F$$

由
$$\sum F_y = 0, \quad F_C + F_B - F = 0$$

解得
$$F_B = -2F$$

由图 11 - 7（c）
$$\sum F_y = 0, \quad -F_{S1} - F_B = 0$$

解得
$$F_{S1} = -2F$$

由
$$\sum m_{O1} = 0, \quad M_1 + F_B(1.3a - a) - m_A = 0$$

解得
$$M_1 = -F_B(1.3a - a) + m_A = 0.4Fa$$

由图 11 - 7（d）
$$\sum F_y = 0, \quad F_C - F_{S2} - F_B = 0$$

解得
$$F_{S2} = F$$

由
$$\sum m_{O2} = 0, M_2 + F_B(2.5a - a) - F_C \times 0.5a - m_A = 0$$

解得
$$M_2 = -F_B(2.5a - a) + m_A + F_C \times 0.5a = -0.5Fa$$

由上述剪力及弯矩计算过程推得：

任一截面上的剪力的数值等于对应截面一侧所有外力在垂直于梁轴线方向上的投影的代数和，且当外力对截面形心之矩为顺时针转向时外力的投影取正，反之取负。

任一截面上弯矩的数值等于对应截面一侧所有外力对该截面形心的矩的代数和，若取左侧，则当外力对截面形心之矩为顺时针转向时取正，反之取负；若取右侧，则当外力对截面形心之矩为逆时针转向时取正，反之取负；即

$$F_S = \sum F, \quad M = \sum m \quad (11 - 1)$$

**【例 11 - 2】** 如图 11 - 8 所示简支梁，在点 $C$ 处作用一集中力 $F = 10\text{kN}$，求截面 $n$—$n$ 上的剪力和弯矩。

**解** 求梁的支座反力。

由
$$\sum m_A = 0 \quad 4F_B - 1.5F = 0$$

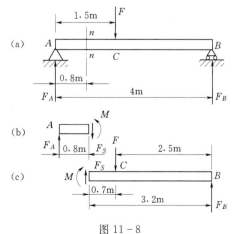

图 11 - 8

解得 $\qquad$ $F_B=3.75\text{kN}$

由 $\qquad$ $\sum F_y=0 \quad F_A+F_B-F=0$

解得 $\qquad$ $F_A=6.25\text{kN}$

取左段 $\qquad$ $F_S=F_A=6.25\text{kN}$

$\qquad$ $M=0.8F_A=5(\text{kN}\cdot\text{m})$

取右段 $\qquad$ $F_S=F-F_B=6.25(\text{kN})$

$\qquad$ $M=F_B(4-0.8)-F(1.5-0.8)=5(\text{kN}\cdot\text{m})$

剪力图和弯矩图——用内力方程法绘制。

在一般情况下，梁横截面上的剪力和弯矩是随横截面的位置而变化的。设横截面沿梁轴线的位置用坐标 $x$ 表示，则梁的各个横截面上的剪力和弯矩可以表示为坐标 $x$ 的函数，即

$$F_S=F_S(x) \quad \text{和} \quad M=M(x)$$

以上两式表示沿梁轴线各横截面上剪力和弯矩的变化规律，分别称为梁的剪力方程和弯矩方程。

为了形象直观地反映内力沿杆长度方向的变化规律，以平行于杆轴线的坐标 $x$ 表示横截面的位置，以垂直于杆轴线的坐标表示内力的大小，选取适当的比例尺，根据剪力方程和弯矩方程绘出表示 $F_S(x)$ 或 $M(x)$ 的图线，分别称为剪力图或弯矩图。绘图时将正值的剪力画在 $x$ 轴的上侧；至于正值的弯矩则画在梁的受拉侧，也就是画在 $x$ 轴的下侧。

应用剪力图和弯矩图可以确定梁的剪力和弯矩的最大值及其所在截面的位置。此外，在计算梁的位移时，也需利用剪力方程或弯矩方程。

**【例 11-3】** 试作出图 11-9（a）所示梁的剪力图和弯矩图。

**解** 如图 11-9（a）所示，求梁的支座反力。

由 $\sum m_A=0$ $\qquad$ $4F_B-4q\times2-m+20\times1=0$

解得 $\qquad$ $F_B=25\text{kN}$

由 $\qquad$ $\sum F_y=0,\quad F_A+F_B-4q-20=0$

解得 $\qquad$ $F_A=35\text{kN}$

$CA$ 段：$F_S(x)=F=-20\text{kN} \quad (0<x<1)$

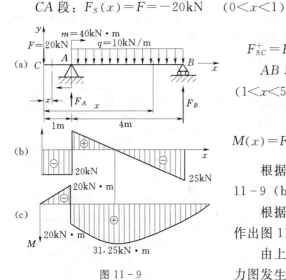

图 11-9

$M(x)=-20x \quad (0\leqslant x<1)$

$F_{SC}^+=F_{SA}^-=-20\text{kN} \quad M_C=0,\ M_A^-=-20\text{kN}\cdot\text{m}$

$AB$ 段：$F_S(x)=q(5-x)-F_B=25-10(x)$
$(1<x<5)$

$F_{SA}^+=15\text{kN} \quad F_{SB}^-=-25\text{kN}$

$M(x)=F_B(5-x)-\frac{1}{2}q(5-x)^2=25x-5x^2 \quad (1<x\leqslant5)$

根据 $F_{SB}^-$、$F_{SC}^-$、$F_{SA}^-$、$F_{SA}^+$ 的对应值便可作出图 11-9（b）所示的剪力图。

根据 $M_C$、$M_B$、$M_{max}$、$M_A^-$、$M_A^+$ 的对应值便可作出图 11-9（c）所示的弯矩图。

由上述内力图可见，集中力作用处的横截面，剪力图发生突变，突变的值等于集中力的数值；集中力

偶作用的横截面，剪力图无变化，弯矩图发生突变，突变的值等于集中力偶的力偶矩数值。

**二、剪力图和弯矩图——用微分关系法绘制**

利用 $F_s(x)$、$M(x)$ 和 $q(x)$ 间的微分关系，将进一步揭示载荷、剪力图和弯矩图三者间存在的某些规律，在不列内力方程的情况下，能够快速准确地画出内力图。

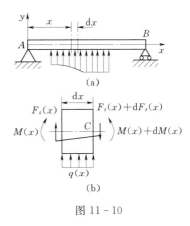

图 11-10

如图 11-10（a）所示的梁上作用的分布载荷集度 $q(x)$ 是 $x$ 的连续函数。设分布载荷向上为正，反之为负，并以 $A$ 为原点，取 $x$ 轴向右为正。用坐标分别为 $x$ 和 $x+dx$ 的两个横截面从梁上截出长为 $dx$ 的微段，其受力图如图 11-10（b）所示。

由　$\sum F_y=0, F_s(x)+q(x)dx-[F_s(x)+dF_s(x)]=0$

解得

$$q(x)=\frac{dF_s(x)}{dx} \tag{11-2}$$

由　$\sum m_C=0, -M(x)-F_s(x)dx-\frac{1}{2}q(x)(dx)^2+[M(x)+dM(x)]=0$

略去二阶微量 $\frac{1}{2}q(x)(dx)^2$ 解得

$$F_s(x)=\frac{dM(x)}{dx} \tag{11-3}$$

将式（11-3）代入式（11-2）得

$$q(x)=\frac{d^2M(x)}{dx^2} \tag{11-4}$$

式（11-2）、式（11-3）和式（11-4）就是载荷集度、剪力和弯矩间的微分关系。由此可知 $q(x)$ 和 $F_s(x)$ 分别是剪力图和弯矩图的斜率。

根据上述各关系式及其几何意义，可得出画内力图的一些规律如下。

（1）$q=0$：剪力图为一水平直线，弯矩图为一斜直线。

（2）$q=$ 常数：剪力图为一斜直线，弯矩图为一抛物线。

（3）集中力 $F$ 作用处：剪力图在 $F$ 作用处有突变，突变值等于 $F$。弯矩图为一折线，$F$ 作用处有转折。

（4）集中力偶作用处：剪力图在力偶作用处无变化。弯矩图在力偶作用处有突变，突变值等于集中力偶。

利用上述规律，首先根据作用于梁上的已知载荷，应用有关平衡方程求出支座反力，然后将梁分段，并由各段内载荷的情况初步确定剪力图和弯矩图的形状，求出特殊截面上的内力值，便可画出全梁的剪力图和弯矩图。这种绘图方法称为简捷法。下面举例说明。

**【例 11-4】** 外伸梁如图 11-11（a）所示，试画出该梁的内力图。

**解**　（1）求梁的支座反力。

由　$$\sum m_B=0, F\times 4a-F_A\times 3a+m+\frac{1}{2}q(2a)^2=0$$

解得　$$F_A=\frac{1}{3}\left(4F+\frac{m}{a}+2qa\right)=10(kN)$$

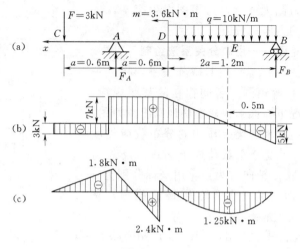

图 11-11

由 $$\sum F_y=0 \quad -F+F_A+F_B-2qa=0$$

解得 $$F_B=F+2qa-F_A=5(kN)$$

（2）画内力图。

$CA$ 段：$q=0kN$，剪力图为水平直线；弯矩图为斜直线。

$$F_{SC}^+=F_{SA}^-=-F=-3kN$$

$$M_C=0,\ M_A=-Fa=-1.8(kN\cdot m)$$

$AD$ 段：$q=0kN$，剪力图为水平直线；弯矩图为斜直线。

$$M_A=-Fa=-1.8(kN\cdot m)$$

$$F_{SA}^+=F_{SD}=-F_S+F_A=7(kN)$$

$$M_D^-=-F_S\times 2a+F_A a=2.4(kN\cdot m)$$

$DB$ 段：$q<0$（因其为方向向下），剪力图为斜直线；弯矩图为抛物线。

$$F_{SB}^-=-F_B=-5kN,\ F_s(x)=-F_B+qx \quad (0<x\leqslant 2a)$$

令 $F_S(x)=0$ 得 $$x=\frac{F_B}{q}=0.5(m)$$

$$M_D^+=-F\times 2a+F_A a-m=-1.2(kN\cdot m)$$

$$M_E=0.5F_B-q\times 0.5^2/2=1.25(kN\cdot m),\ M_B=0$$

根据 $F_{SB}^-$、$F_{SC}^+$、$F_{SA}^-$、$F_{SA}^+$、$F_{SD}$ 的对应值便可作出图 11-10（b）所示的剪力图。由图可见，在 $AD$ 段剪力最大，$F_{Smax}=7kN$。

根据 $M_C$、$M_B$、$M_A$、$M_E$、$M_D^-$、$M_D^+$ 的对应值便可作出图 11-10（c）所示的弯矩图。由图可见，梁上点 $D$ 左侧相邻的横截面上弯矩最大，$M_{max}=M_D^-=2.4kN\cdot m$。

### 三、剪力图和弯矩图——用叠加法绘制

在小变形情况下，梁在载荷作用下，其长度的改变可忽略不计，则当梁上同时作用有几个载荷时，其每一个载荷所引起梁的支座反力、剪力及弯矩将不受其他载荷的影响，$F_S(x)$ 及 $M(x)$ 均是载荷的线性函数。因此，梁在几个载荷共同作用时的弯矩值，等于各载荷单独作用时弯矩的代数和。

利用叠加法作弯矩图时，只有熟悉一些基本载荷的弯矩图，才能快速省时。为此将常见梁的弯矩图附录Ⅱ中，以便查用。

**【例 11 - 5】** 用叠加法作图 11 - 12（a）所示梁的弯矩图。

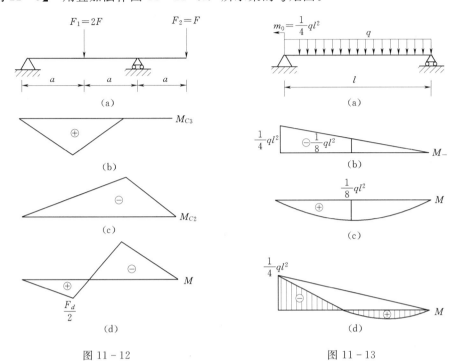

图 11 - 12

图 11 - 13

　　**解**　查附录Ⅱ，可得 $F_1$、$F_2$ 单独作用时产生的弯矩图分别为图 11 - 12（b）、（c）然后将此二弯矩图对应的纵坐标代数相加，便可作出由 $F_1$、$F_2$ 共同作用时梁的弯矩图。如图 11 - 12（d）所示。

　　**【例 11 - 6】** 用叠加法作图 11 - 13（a）所示梁的弯矩图。

　　**解**　查附录Ⅱ，可得 $m_0$、$q$ 单独作用时产生的弯矩图分别为图 11 - 13（b）、（c），叠加时可先将 $M_{m0}$ 图画上，然后以其斜直线为基础，作 $M_q$ 图的对应纵坐标，异号的弯矩值相抵消，使得图 11 - 13（d）所示的阴影部分，即为梁的弯矩图。

# 第三节　梁的应力及强度计算

　　在一般情况下，梁的横截面上即有弯矩，又有剪力，如图 11 - 14（a）所示梁的 AC 及 DB 段。此二段梁不仅有弯矩，而且还有剪力，这种平面弯曲称为横力弯曲。为使问题简化，先研究梁内仅有弯矩而无剪力的情况。如图 11 - 14（a）所示梁的 CD 段，这种弯曲称为纯弯曲。

**一、纯弯曲时梁横截面上的正应力**

1. 纯弯曲变形现象与假设

　　为观察纯弯曲梁变形现象，在梁表面上作出图 11 - 15（a）所示的纵、横线，当梁端上加一力偶 M 后，由图 11 - 15（b）可见：横向线转过了一个角度但仍为直线；位于凸边的纵向线伸长了，位于凹边的纵向线缩短了；纵向线变弯后仍与横向线垂直。由此作出纯弯曲变形的平面假设：梁变形后其横截面仍保持为平面，且仍与变形后的梁轴线垂直。同时还假设梁的各纵向纤维之间无挤压。即所有与轴线平行的纵向纤维均是轴向拉、压。如图 11 - 15

(c) 所示，梁的下部纵向纤维伸长，而上部纵向纤维缩短，由变形的连续性可知，梁内肯定有一层长度不变的纤维层，称为中性层，中性层与横截面的交线称为中性轴，由于载荷作用于梁的纵向对称面内，梁的变形沿纵向对称，则中性轴垂直于横截面的对称轴。如图 11 - 15 (c) 所示。梁弯曲变形时，其横截面绕中性轴旋转某一角度。

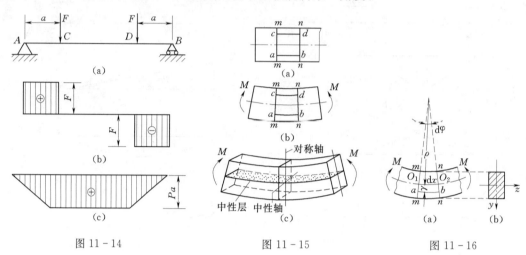

图 11 - 14          图 11 - 15          图 11 - 16

**2. 变形的几何关系**

如图 11 - 16 (a)，为从图 11 - 15 (a) 所示梁中取出的长为 $dx$ 的微段，变形后其两端相对转了 $d\varphi$ 角。距中性层为 $y$ 处的各纵向纤维变形，由图得

$$\widehat{ab} = (\rho + y)d\varphi$$

式中：$\rho$ 为中性层上的纤维 $\widehat{O_1O_2}$ 的曲率半径。而 $\widehat{O_1O_2} = \rho d\varphi = dx$，则纤维 $ab$ 的应变为

$$\varepsilon = \frac{\widehat{ab} - dx}{dx} = \frac{(\rho + y)d\varphi - \rho d\varphi}{\rho d\varphi} = \frac{y}{\rho} \tag{a}$$

由式 (a) 可知，梁内任一层纵向纤维的线应变 $\varepsilon$ 与其 $y$ 的坐标成正比。

**3. 物理关系**

由于将纵向纤维假设为轴向拉压，当 $\sigma \leqslant \sigma_P$ 时，则有

$$\sigma = E\varepsilon = E \cdot \frac{y}{\rho} \tag{b}$$

由式 (b) 可知，横截面上任一点的正应力与该纤维层的 $y$ 坐标成正比，其分布规律如图 11 - 17 所示。

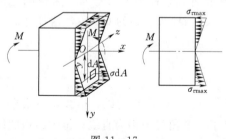

图 11 - 17

**4. 静力学关系**

如图 11 - 17 所示，取截面的纵向对称轴为 $y$ 轴，$z$ 轴为中性轴，过轴 $y$、$z$ 的交点沿纵向线取为 $x$ 轴。横截面上坐标为 ($y$, $z$) 的微面积上的内力为 $\sigma dA$。于是整个截面上所有内力组成一空间平行力系，由 $\sum F_x = 0$，有

$$\int \sigma dA = 0 \tag{c}$$

将式 (b) 代入式 (c) 得

$$\int_A E\,\frac{y}{\rho}\mathrm{d}A = \frac{E}{\rho}\int_A y\,\mathrm{d}A = 0$$

式中：$\int_A y\,\mathrm{d}A = S_z$ 为横截面对中性轴的静矩，而 $\frac{E}{\rho}\neq 0$，则 $S_z = 0$。由 $S_z = Ay_C$ 可知，中性轴 $z$ 必过截面形心。

由 $\sum m_y = 0$，有

$$\int \sigma\mathrm{d}A \cdot Z = 0 \tag{d}$$

将式（b）代入式（d）得

$$\frac{E}{\rho}\int_A yZ\mathrm{d}A = 0$$

式中：$\int_A yZ\mathrm{d}A = I_{yz}$ 为横截面对轴 $y$、$z$ 的惯性积，因 $y$ 轴为对称轴，且 $z$ 轴又过形心，则轴 $y$，$z$ 为横截面的形心主惯性轴，$I_{yz} = 0$ 成立。

由 $\sum m_z = 0$，有

$$\int \sigma\mathrm{d}Ay = 0 \tag{e}$$

将式（b）代入式（e）得

$$M = \frac{E}{\rho}\int_A y^2\mathrm{d}A = 0$$

式中：$\int_A y^2\mathrm{d}A = I_z$ 为横截面对中性轴的惯性矩，则上式可写为

$$\frac{1}{\rho} = \frac{M}{EI_z} \tag{11-5}$$

其中 $1/\rho$ 是梁轴线变形后的曲率。上式表明，当弯矩不变时，$EI_z$ 越大，曲率 $1/\rho$ 越小，故 $EI_z$ 称为梁的抗弯刚度。

将式（11-5）代入式（b）得

$$\sigma = \frac{My}{I_z} \tag{11-6}$$

式（11-6）为纯弯曲时横截面上正应力的计算公式。它适用于横截面具有一个竖向对称轴的等直梁。

由式（11-6）可知，正应力 $\sigma$ 沿截面高度呈线性分布，在离中性轴最远的上、下边缘 $y = y_{\max}$ 处，正应力最大（图 11-17），其值为

$$\sigma_{\max} = \frac{My_{\max}}{I_z} \tag{11-7}$$

令 $I_z / y_{\max} = W_z$，则上式可写为

$$\sigma_{\max} = \frac{M_{\max}}{W_z} \tag{11-8}$$

式中：$W_z$ 仅与截面的几何形状及尺寸有关，称为截面对中性轴的抗弯截面系数。若截面是高为 $h$，宽为 $b$ 的矩形，则

$$W_z = \frac{I_z}{h/2} = \frac{bh^3/12}{h/2} = \frac{bh^2}{6}$$

若截面是直径为 $d$ 的圆形，则

$$W_z = \frac{I_z}{d/2} = \frac{\pi d^4/64}{d/2} = \frac{\pi d^3}{32}$$

若截面是外径为 $D$、内径为 $d$ 的空心圆形，则

$$W_z = \frac{I_z}{D/2} = \frac{\pi(D^4-d^4)/64}{D/2} = \frac{\pi D^3}{32}\left[1-\left(\frac{d}{D}\right)^4\right]$$

各种型钢截面的抗弯截面系数可在型钢表中（附录Ⅲ）查到。

**二、横力弯曲时梁横截面上的正应力**

梁横力弯曲时，横截面上不仅有正应力还有切应力。由于切应力的存在，梁的横截面将发生翘曲而不再保持为平面。此外，梁的纵向纤维还会相互挤压。因此，在式（11-6）的推导中，所作的平面假设和各纵向纤维间互不挤压的假设均不能成立。但进一步研究表明，对于跨长与横截面高度 $\frac{l}{h} \geqslant 5$ 的梁，按式（11-6）计算横截面上的正应力，误差甚小。因此，式（11-6）也适用于横力弯曲。但此时应注意用相应横截面上的弯矩 $M(x)$ 代替该式中的 $M$。

横力弯曲时，如果梁的横截面对称于中性轴，例如矩形、圆形等截面，则梁的最大正应力将发生在最大弯矩（绝对值）所在横截面的边缘各点处，且最大拉应力和最大压应力的值相等。梁的最大正应力为

$$\sigma_{\max} = \frac{M(x)}{W_z} \tag{11-9}$$

如果梁的横截面不对称于中性轴，例如 T 形（图 11-18）、槽形等截面，由于 $y_1 \neq y_2$，则梁的最大正应力将发生在最大正弯矩或最大负弯矩所在横截面的边缘各点处，且最大拉应力、最大压应力的值不相等（详见例 11-8）。

**【例 11-7】** 受均布载荷作用的简支梁如图 11-19 所示，试计算跨中点截面上 $a$、$b$、$c$、$d$、$e$ 各点处的正应力，并求梁的最大正应力。

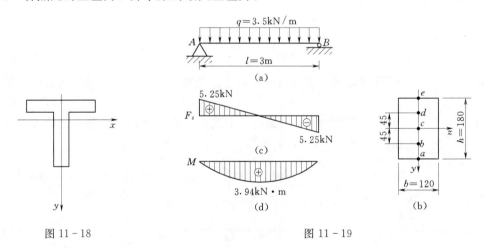

图 11-18 图 11-19

**解** （1）求跨中点截面上的弯矩。梁的弯矩如图 11-19（d）所示。由图可知，跨中点截面上的弯矩为

$$M = \frac{1}{8}ql^2 = \frac{1}{8} \times 3.5 \times 3^2 = 3.94(\text{kN} \cdot \text{m})$$

（2）计算正应力。矩形截面对中性轴的惯性矩为

$$I_z = \frac{bh^3}{12} = \frac{120 \times 10^{-3} \times 180^3 \times 10^{-9}}{12} = 58.32 \times 10^{-6} (\text{m}^4)$$

（3）截面上各点处的正应力分别为

$$\sigma_a = \frac{My_a}{I_z} = \frac{3.94 \times 10^3 \times 90 \times 10^{-3}}{58.32 \times 10^{-6}} = 6.08 \times 10^6 (\text{Pa}) = 6.08 \text{MPa}（拉）$$

$$\sigma_b = \frac{My_b}{I_z} = \frac{3.94 \times 10^3 \times 45 \times 10^{-3}}{58.32 \times 10^{-6}} = 3.04 \times 10^6 (\text{Pa}) = 3.04 \text{MPa}（拉）$$

$$\sigma_c = 0$$

$$\sigma_d = \frac{My_d}{I_z} = \frac{3.94 \times 10^3 \times 45 \times 10^{-3}}{58.32 \times 10^{-6}} = 3.04 \times 10^6 (\text{Pa}) = 3.04 \text{MPa}（压）$$

$$\sigma_e = \frac{My_e}{I_z} = \frac{3.94 \times 10^3 \times 90 \times 10^{-3}}{58.32 \times 10^{-6}} = 6.08 \times 10^6 (\text{Pa}) = 6.08 \text{MPa}（压）$$

由弯矩图可知，跨中点截面上的弯矩最大，梁的最大正应力发生在该截面的上、下边缘各点处，其值为 $\sigma_{\max} = 6.08 \text{MPa}$。

【例 11-8】 如图 11-20 所示 T 形截面梁。已知 $F_1 = 8 \text{kN}$，$F_2 = 20 \text{kN}$，$a = 0.6 \text{m}$；横截面的惯性矩 $I_z = 5.33 \times 10^6 \text{mm}^4$。试求此梁的最大拉应力和最大压应力。

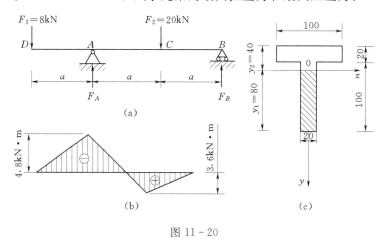

图 11-20

解 （1）求支座反力。

由 $\qquad \sum m_A = 0，\; F_B \times 2a - F_2 \times a + F_1 \times a = 0$

解得 $\qquad\qquad F_B = 6 \text{kN}$

由 $\qquad \sum F_y = 0，\; -F_B + F_2 + F_1 - F_A = 0$

解得 $\qquad\qquad F_A = 22 \text{kN}$

（2）作弯矩图。

DA 段： $\qquad M_D = 0，\; M_A = -F \times a = -4.8 (\text{kN} \cdot \text{m})$

AC 段： $\qquad M_C = F_B \times a = 3.6 (\text{kN} \cdot \text{m})$

CB 段： $\qquad M_B = 0$

根据 $M_D$、$M_A$、$M_C$、$M_B$ 的对应值便可作出图 11-20（b）所示的弯矩图。

（3）求最大拉压应力。

由弯矩图可知，截面 A 的上边缘及截面 C 的下边缘受拉；截面 A 的下边缘及截面 C 的上边缘受压。

虽然 $|M_A|>|M_C|$，但 $|y_2|<|y_1|$，所以只有分别计算此二截面的拉应力，才能判断出最大拉应力所对应的截面；截面 $A$ 下边缘的压应力最大。

截面 $A$ 上边缘处

$$\sigma_t=\frac{M_A y_2}{I_z}=\frac{4.8\times10^3\times40\times10^{-3}}{5.33\times10^6\times10^{-12}}=36(\text{MPa})$$

截面 $C$ 下边缘处

$$\sigma_t=\frac{M_C y_1}{I_z}=\frac{3.6\times10^3\times80\times10^{-3}}{5.33\times10^6\times10^{-12}}=54(\text{MPa})$$

比较可知在截面 $C$ 下边缘处产生最大拉应力，其值为 $\sigma_{t\max}=54\text{MPa}$。

截面 $A$ 下边缘处

$$\sigma_{c\max}=\frac{M_A y_1}{I_z}=\frac{4.8\times10^3\times80\times10^{-3}}{5.33\times10^6\times10^{-12}}=72(\text{MPa})$$

### 三、梁横截面上的切应力

在工程中的梁，大多数并非发生纯弯曲，而是横力弯曲。但由于其绝大多数为细长梁，并且在一般情况下，细长梁的强度取决于其正应力强度，而无须考虑其切应力强度。但在遇到梁的跨度较小或在支座附近作用有较大载荷；铆接或焊接的组合截面钢梁（如工字形截面的腹板厚度与高度之比较一般型钢截面的对应比值小）；木梁等特殊情况，则必须考虑切应力强度。为此，将常见梁截面的切应力分布规律及其计算公式简介如下。

1. 矩形截面梁横截面上的切应力

如图 11-21（a）所示，若 $h>b$，假设横截面上任意点处的切应力均与剪力同向；且距中性轴等距的各点处的切应力大小相等。则横截面上任意点处的切应力按下述公式计算。

$$\tau=\frac{F_s S_z^*}{I_z b} \tag{11-10}$$

式中：$F_s$ 为横截面上的剪力；$S_z^*$ 为矩中性轴为 $y$ 的横线以外的部分横截面的面积［图 11-21（a）中的阴影线面积］对中性轴的静矩；$I_z$ 为横截面对中性轴的惯性矩；$b$ 为矩形截面的宽度。

如图 11-21（a）所示，计算 $S_z^*$。

$$S_z^*=b\left(\frac{h}{2}-y\right)\left[y+\frac{1}{2}\left(\frac{h}{2}-y\right)\right]=\frac{b}{2}\left(\frac{h^2}{4}-y^2\right)$$

将 $S_z^*$ 代入式（11-10）得

$$\tau=\frac{F_s}{2I_z}\left(\frac{h^2}{4}-y^2\right)$$

由上式可知，矩形截面梁横截面上的切应力大小沿截面高度方向按二次抛物线规律变化［图 11-21（b）］，且在横截面的上、下边缘处 $\left(y=\pm\frac{h}{2}\right)$ 的切应力为零，在中性轴上（$y=0$）的切应力值最大，即

$$\tau_{\max}=\frac{F_s h^2}{8I_z}=\frac{F_s h^2}{8\times bh^3/12}=\frac{3F_s}{2bh}=\frac{3}{2}\frac{F_s}{A} \tag{11-11}$$

式中：$A=bh$ 为矩形截面的面积。

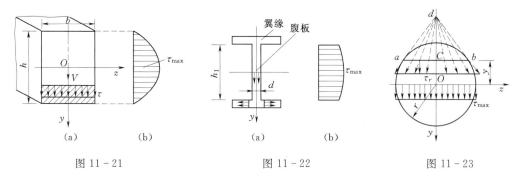

图 11-21  图 11-22  图 11-23

### 2. 工字形截面梁横截面上的切应力

如图 11-22 (a) 所示，工字形截面梁由腹板和翼缘组成。横截面上的切应力主要分布于腹板上。翼缘部分的切应力分布比较复杂，数值很小，可以忽略。由于腹板是狭长矩形，则腹板上任一点的切应力可由式 (11-10) 计算。其切应力沿腹板高度方向的变化规律仍为二次抛物线 [图 11-22 (b)]。中性轴上切应力值最大，其值为

$$\tau_{max} = \frac{F_s S_{zmax}^*}{I_z d} \tag{11-12}$$

式中：$d$ 为腹板的厚度；$S_{zmax}^*$ 为中性轴一侧的截面面积对中性轴的静矩；比值 $I_z / S_{zmax}^*$ 可直接由型钢表查出。

### 3. 圆形截面梁的最大切应力

如图 11-23 所示，圆形截面上应力分布比较复杂，但其最大切应力仍在中性轴上各点处，由切应力互等定理可知，该圆形截面左右边缘上点的切应力方向不仅与其圆周相切，而且与剪力 $F_s$ 同向。若假设中性轴上各点切应力均布，便可借用式 (11-12) 来求 $\tau_{max}$ 的约值，此时，$b$ 为圆的直径 $d$，而 $S_z^*$ 则为半圆面积对中性轴的静矩 $\left( S_z^* = \frac{\pi d^2}{8} \cdot \frac{2d}{3\pi} \right)$。将 $S_z^*$ 和 $d$ 代入式 (11-12) 便得

$$\tau_{max} = \frac{F_s S_z^*}{I_z b} = \frac{F_s \cdot \frac{\pi d^2}{8} \cdot \frac{2d}{3\pi}}{\frac{\pi d^4}{64} \cdot d} = \frac{4F_s}{3A} \tag{11-13}$$

式中：$A = \frac{\pi}{4} d^2$ 为圆形截面的面积。

【**例 11-9**】 试计算例 11-7 中矩形截面梁在支座附近截面上 $b$、$c$ 两点处的剪应力。

**解** (1) 作剪力图。

梁的剪力图如图 11-19 (c) 所示。由图可知，在支座附近截面上，剪力最大，$|F_{smax}| = 5.25\text{kN}$。

(2) 计算剪应力。

横截面上 $b$ 点处的横线以外的面积对中性轴 $z$ 的静矩为

$$S_z^* = 120 \times 45 \times 67.5 = 364500 (\text{mm}^3) = 364.5 \times 10^{-6} \text{ m}^3$$

将 $F_{smax} = 5.25\text{kN}$、$I_z = 58.32 \times 10^{-6} \text{m}^4$、$b = 120\text{mm}$ 以及 $S_z^*$ 代入式 (11-10)，得 $b$ 点处的剪应力为

$$\tau_b = \frac{F_{smax} S_z^*}{I_z b} = \frac{5.25 \times 10^3 \times 364.5 \times 10^{-6}}{58.32 \times 10^{-6} \times 120 \times 10^{-3}}$$

$$= 0.273 \times 10^6 (\text{Pa}) = 0.273 \text{MPa}$$

$c$ 点处的剪应力是梁的最大剪应力，可利用式（11-11）计算：

$$\tau_c = \tau_{\max} = \frac{3F_{s\max}}{2A} = \frac{3 \times 5.25 \times 10^3}{2 \times 120 \times 180 \times 10^{-6}}$$

$$= 0.365 \times 10^6 (\text{Pa}) = 0.365 \text{MPa}$$

**四、梁的强度条件及强度计算**

由内力图可直观地判断出等直杆内力最大值所发生的截面，称为危险截面，危险截面上应力值最大的点称为危险点。为了保证构件有足够的强度，其危险点的有关应力需满足对应的强度条件。

1. 梁的正应力强度条件

等直梁弯曲时的最大正应力发生在最大弯矩所在截面的边缘各点处，在这些点处，剪应力等于零，相当于单向应力状态。仿照拉（压）杆的强度条件，梁的正应力强度条件为

$$\sigma_{\max} \leqslant [\sigma] \tag{11-14}$$

利用式（11-10）还可将上式改写为

$$\sigma_{\max} = \frac{M_{\max}}{W_z} \leqslant [\sigma] \tag{11-15}$$

式中：$[\sigma]$ 为材料的许用应力，其值可在有关设计规范中查得。

对于抗拉和抗压强度不同的材料（如铸铁、混凝土等），则要求梁的最大拉应力 $\sigma_{t\max}$ 不超过材料的许用拉应力 $[\sigma_t]$，最大压应力 $\sigma_{c\max}$ 不超过材料的许用压应力 $[\sigma_c]$，即

$$\left. \begin{array}{l} \sigma_{t\max} \leqslant [\sigma_t] \\ \sigma_{c\max} \leqslant [\sigma_c] \end{array} \right\} \tag{11-16}$$

2. 梁的切应力强度条件

梁的最大切应力 $\tau_{\max}$ 发生在最大剪力所在截面的中性轴上各点处，在这些点处，正应力等于零，是纯剪切。仿照受扭杆的强度条件，梁的切应力强度条件

$$\tau_{\max} \leqslant [\tau] \tag{11-17}$$

利用式（11-12）还可将上式改写为

$$\tau_{\max} = \frac{F_{s\max} S_{z\max}^*}{I_z b} \leqslant [\tau] \tag{11-18}$$

式中：$[\tau]$ 为材料的许用切应力。

根据梁的强度条件，可以解决校核强度、设计截面和确定许可载荷等三类强度计算问题。

**【例 11-10】** 图 11-24（a）为一受均布载荷的梁，其跨度 $l = 200$ mm，梁截面直径 $d = 25$ mm，许用应力 $[\sigma] = 150$ MPa。试求沿梁每米长度上可能承受的最大载荷 $q$ 为多少？

**解**　弯矩图如图 11-24（b）所示。最大弯矩发生在梁的中点所在横截面上

$$M_{\max} = ql^2/8 = 5 \times 10^{-3} q \ (\text{N} \cdot \text{m})$$

由式（11-15）有

$$M_{\max} \leqslant W_z [\sigma] = \frac{\pi d^3}{32} [\sigma] = 234 (\text{N} \cdot \text{m})$$

于是　　　　　　　　　　　　　　$5 \times 10^{-3} q \leqslant 234$

解得 $$q_{max}=46.8\text{kN/m}$$

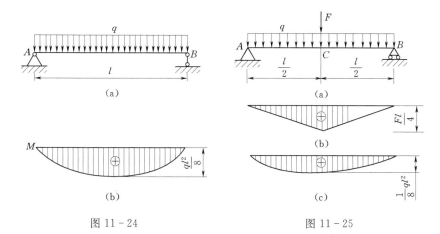

图 11-24                                  图 11-25

【例 11-11】 某车间安装一简易天车［图 11-25（a）］起重量 $G=50\text{kN}$，其跨度 $l=9500\text{mm}$，电葫芦自重 $G_1=19\text{kN}$，许用应力 $[\sigma]=140\text{MPa}$。试选择工字钢截面。

**解** 在一般机械中，梁的自重较其承受的其他荷载小，故可按集中力初选工字钢截面，集中力 $F$ 值

$$F=G+G_1=69(\text{kN})$$

弯矩图如图 11-24（b）所示。$M_{pmax}=Fl/4=161.5(\text{kN}\cdot\text{m})$

由式（11-15）有

$$W_z\geqslant\frac{M_{pmax}}{[\sigma]}=1153\times10^3(\text{mm}^3)$$

由型钢表找 $W_z$ 比 $1153\times10^3\text{mm}^3$ 稍大一些的工字钢型号，查出 40C 工字钢，其 $W_z=1190\times10^3\text{mm}^3$，此钢号的自重 $q=801\text{N/m}$。自重单独作用时的弯矩图如图 11-24（c）所示。$M_{qmax}=ql^2/8=9.04(\text{kN}\cdot\text{m})$。

中央截面的总弯矩为

$$M_{max}=M_{pmax}+M_{qmax}=170.5(\text{kN}\cdot\text{m})$$

于是考虑自重在内的最大工作应力为

$$\sigma_{max}=\frac{M_{max}}{W_z}=143.3(\text{MPa})>140\text{MPa}=[\sigma]$$

$$\frac{\sigma_{max}-[\sigma]}{[\sigma]}\times100\%=\frac{143.3-140}{140}\times100\%=2.35\%$$

$\sigma_{max}$ 虽大于许用应力 $[\sigma]$，但超出值在 5% 以内，工程中是允许的。

【例 11-12】 如图 11-26（a）所示，工字钢截面简支梁。已知 $l=2\text{m}$，$q=10\text{kN/m}$，$p=200\text{kN}$，$a=0.2\text{m}$。许用应力 $[\sigma]=160\text{MPa}$，$[\tau]=100\text{MPa}$。试选择工字钢型号。

**解** 由结构及荷载分布的对称性得梁的支座反力为

$$F_A=F_B=(ql+2p)/2=210(\text{kN})$$

由图 11-26（b）、（c）所示的剪力图和弯矩图可知，$F_{smax}=210\text{kN}$，$M_{max}=45\text{kN}\cdot\text{m}$。

由式（11-15）得

$$W_z = \frac{M_{\max}}{[\sigma]} = \frac{45 \times 10^3}{160 \times 10^6} = 281 \times 10^{-6} (\text{m}^3) = 281 \text{cm}^3$$

查型钢表，选取 22a 工字钢，其 $W_z = 309\text{cm}^3$，$I_z/S_z^* = 18.9\text{cm}$，腹板厚度 $d = 0.75\text{cm}$。

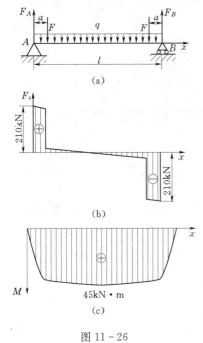

图 11-26

由式（11-18）得

$$\tau_{\max} = \frac{F_{s\max} S_{z\max}^*}{I_z b} = \frac{210 \times 10^3}{18.9 \times 10^{-2} \times 0.75 \times 10^{-2}}$$

$$= 148 (\text{MPa}) > 100\text{MPa} = [\tau]$$

由此可选取 22a 工字钢其切应力强度不够，则需重新选择。

若选取 25b 工字钢，由查型钢表查出，$I_z/S_z^* = 21.3\text{cm}$，$d = 1\text{cm}$，由式（11-18）得

$$\tau_{\max} = \frac{F_{s\max} S_{z\max}^*}{I_z b} = \frac{210 \times 10^3}{21.3 \times 10^{-2} \times 1 \times 10^{-2}}$$

$$= 98.6 (\text{MPa}) < 100\text{MPa} = [\tau]$$

因此，选取 25b 工字钢，同时满足梁的正应力和切应力强度条件。

3. 梁的合理截面

梁的合理截面应该是：采用尽可能小的截面面积 $A$，而获得尽可能大的抗弯截面因数 $W_z$。因此可以用比值 $W_z/A$ 来评价截面的合理程度，这个比值越大，截面就较合理。从正应力在横截面上的分布规律来看，靠近中性轴的地方，正应力小，材料不能得到充分利用。如果把中性轴附近的部分材料移植到离中性轴较远的地方，就能提高材料的利用率，从而提高梁的抗弯能力。

工程上常用的空心板就较实心板合理。圆环形截面就较圆形截面合理。矩形截面竖放比平放合理；如把中性轴附近材料移植到上、下边缘处，成为工字形截面（图 11-27）就更为合理。以上几种情况，前者都比后者有较大的 $W_z/A$ 比值。

在讨论梁的合理截面时，还应考虑到材料的特性。

对于钢材等抗拉与抗压强度相同的塑性材料，宜采用对称于中性轴的截面，例如矩形、工字形等截面。

因为这样可使截面上、下边缘处的最大拉应力和最大压应力的值相等，并可同时达

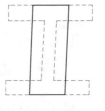
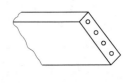

图 11-27

到材料的许用应力。而对于铸铁等抗拉强度低于抗压强度的脆性材料，宜采用不对称于中性轴的截面，例如 T 形或槽形截面，并使中性轴偏于受拉一侧。

应该指出，合理的截面还应满足梁的刚度、稳定性以及制造、使用等方面的要求。例如，梁的横截面高度很大，宽度很小，从强度的观点是合理的，但却容易发生侧向变形而破坏（侧向失稳）。木梁由于制造上的原因，通常采用矩形截面。

# 小　结

（1）梁弯曲时，横截面上一般产生两种内力——剪力和弯矩。与此相对应的应力也有两种——切应力和正应力。

（2）梁弯曲时的正应力计算公式为

$$\sigma = \frac{M}{I_z}y$$

该式表明正应力在横截面上沿高度呈线性分布的规律。

（3）梁弯曲时的切应力计算公式为

$$\tau = \frac{F_s S_z^*}{I_z b}$$

它是由矩形截面梁导出的。但可推广应用于其他截面形状的梁，如工字形梁、T 形梁等。

（4）梁的强度计算，校核梁的强度或进行截面设计，必须同时满足梁的正应力强度条件和切应力强度条件，即

$$\sigma_{\max} = \frac{M_{\max}}{W_z} \leqslant [\sigma]$$

$$\tau_{\max} = \frac{F_{s\max} S_{z\max}^*}{I_z b} \leqslant [\tau]$$

## 思　考　题

11-1　列 $F_s(x)$ 及 $M(x)$ 方程时，在何处需要分段？

11-2　集中力及集中力偶作用的构件横截面上的剪力、弯矩如何变化？

11-3　按 $q(x)$、$F_s(x)$ 及 $M(x)$ 间的微分关系，直观判断图 11-28 所示的剪力图、弯矩图中有哪些错误？并改正。

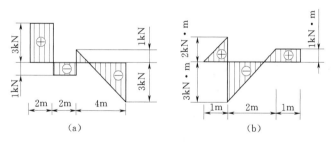

图 11-28

11-4　在推导纯弯曲正应力公式时作了哪些假设？在什么条件下这些假设才是正确的？

11-5　对比矩形截面和工字钢截面，为什么说工字形截面是平面弯曲梁的合理截面？

11-6　若矩形截面的高度或宽度增大一倍，截面的抗弯能力各增大几倍？

## 习　题

11-1　求图 11-29 所示各梁指定截面上的剪力和弯矩。

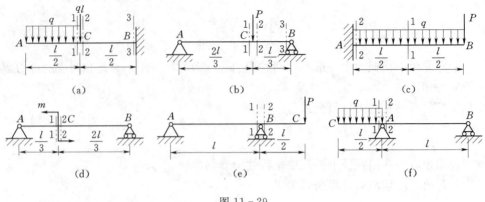

图 11-29

11-2 设已知图 11-30 所示各梁的载荷 $P$、$q$、$m$ 和尺寸 $a$，试：

(1) 列出梁的剪力方程和弯矩方程。

(2) 作剪力图和弯矩图。

11-3 用微分关系作下列如图 11-31 所示各梁的剪力图和弯矩图。

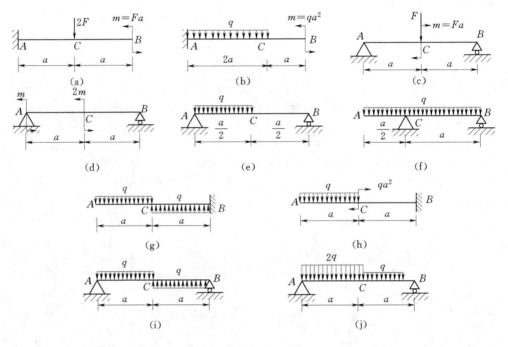

图 11-30

11-4 试根据弯矩、剪力与荷载集度之间的微分关系，指出图 11-32 所示剪力图和弯矩图的错误。

11-5 已知简支梁的剪力图如图 11-33 所示，作梁的弯矩图和荷载图（已知梁上没有集中力偶作用）。

11-6 用叠加法作图 11-34 所示各梁的弯矩图。

11-7 矩形截面的悬臂梁受集中力和集中力偶作用，如图 11-35 所示。试求 Ⅰ—Ⅰ 截面和固定端 Ⅱ—Ⅱ 截面上 $A$、$B$、$C$、$D$ 四点处的正应力。

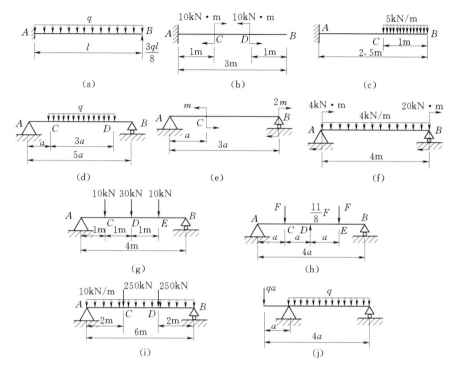

图 11-31

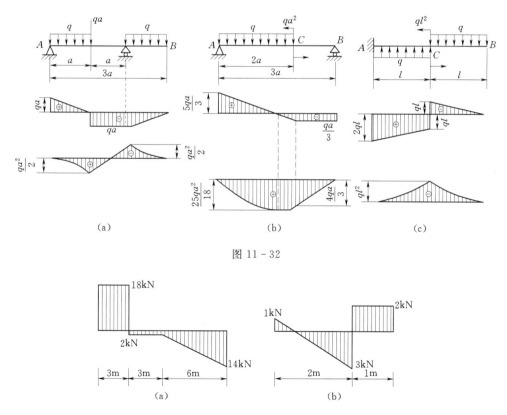

图 11-32

图 11-33

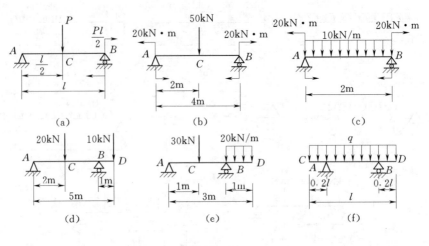

图 11 - 34

11 - 8　简支梁承受均布载荷如图 11 - 36 所示。若分别采用截面面积相等的实心和空心圆截面，且 $D_1=40mm$、$\dfrac{d_2}{D_2}=\dfrac{3}{5}$，试分别计算它们的最大正应力，并问空心截面比实心截面的最大正应力减少了百分之几？

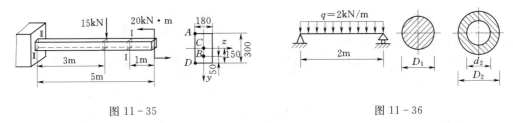

图 11 - 35　　　　　　　　　　　　　　图 11 - 36

11 - 9　矩形截面悬臂梁如图 11 - 37 所示。已知 $l=4m$，$b/h=2/3$，$q=10kN/m$，$[\sigma]=10MPa$。试确定此梁横截面的尺寸。

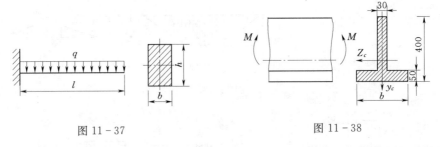

图 11 - 37　　　　　　　　　　　　　图 11 - 38

11 - 10　图 11 - 38 所示为一承受弯曲的铸铁梁，其截面为⊥形，材料的拉伸和压缩许用应力之比 $[\sigma_t]/[\sigma_c]=1/4$。求水平翼板的合理宽度 $b$。

11 - 11　铸铁梁的载荷及横截面尺寸如图 11 - 39 所示。许用拉应力 $[\sigma_t]=40MPa$，许用压应力 $[\sigma_c]=160MPa$。试按正应力强度条件校核梁的强度。若载荷不变，但将 T 形截面倒置，即翼缘在下成为⊥形，是否合理？何故？

11 - 12　由工字钢制成的简支梁受力如图 11 - 40 所示。已知材料的许用弯曲正应力

$[\sigma]=170\mathrm{MPa}$，许用剪应力$[\tau]=100\mathrm{MPa}$。试选择工字钢型号。

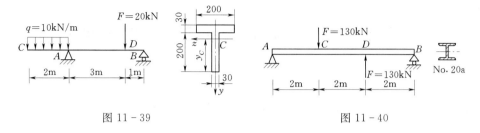

图 11－39　　　　　　　　　　　　　　　　　图 11－40

# 第十二章 梁的变形及刚度计算

## 第一节 挠度和转角

### 一、挠度和转角

直梁在平面弯曲时，杆件的轴线将变为其纵向对称平面内的一条平面曲线（图 12-1）该曲线称为梁的挠曲线，它是 $x$ 的函数 $y＝y(x)$。

梁轴线上任一点 $c$ 在梁变形后移到 $c'$ 点，$cc'$ 为 $c$ 点的线位移。任一横截面的形心沿 $y$ 轴

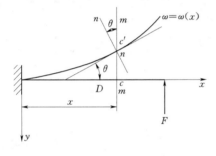

图 12-1

方向的线位移（横向变形），称为梁在该截面的挠度，以 $\omega$ 表示。显然，不同截面的挠度值是不同的，各截面的挠度值为 $x$ 的函数。

梁的任一截面在变形后绕中性轴转过一个角度，如图 12-1 所示。任一横截面相对其原方位的角位移，称为梁在该截面的转角，以 $\theta$ 表示。不同截面的转角值也是不同的，各截面的转角值也为 $x$ 的函数。

挠度和转角是量度弯曲变形的两个基本量，在图 12-1 所示的坐标系中，向下的挠度为正，反之为负；顺时针转向的转角为正，反之为负。挠度的常用单位为 m 或 mm，转角的单位为弧度（rad）。

### 二、挠度与转角之间的关系

挠度 $y$ 与转角 $\theta$ 之间存在着一定的关系。由图 12-1 看到，因为横截面变形前、后均垂直于轴线，在小变形的情况下，则有

$$\theta \approx \tan\theta = \frac{\mathrm{d}\omega}{\mathrm{d}x} = \omega' \tag{12-1}$$

由式（12-1）可知，若求出梁的挠曲线方程 $\omega＝\omega(x)$，便可求得任一点的挠度 $y$ 和任一截面的转角 $\theta$。

## 第二节 挠曲线的近似微分方程

梁的挠曲线是一条平面曲线，它的曲率 $\frac{1}{\rho}$ 与横截面上的弯矩 $M$ 及梁的抗弯刚度 $EI$ 有关，它们之间的关系见式（11-5），即

$$\frac{1}{\rho} = \frac{M(x)}{EI_z} \tag{a}$$

对于横力弯曲，若 $l/h \geqslant 5$ 时，剪力 $F_s$ 对弯曲变形的影响很小，可略去不计，式（a）仍然适用，而且此时的 $M$ 与 $\rho$ 均为 $x$ 的函数。

平面曲线的曲率为

$$\frac{1}{\rho} = \pm \frac{\omega''}{[1+(\omega')^2]^{3/2}} \qquad\qquad (b)$$

如图 12-2 所示，弯矩的正负号与挠曲线曲率的正负号相反，将式（a）代入式（b），得

$$\frac{\omega''}{[1+(\omega')^2]^{3/2}} = -\frac{M(x)}{EI_z} \qquad\qquad (12-2)$$

上式为梁弯曲的挠曲线微分方程。因为 $\omega' \approx 0$ 很小，$(\omega')^2$ 就更小，其与 1 相比可略去，便可得挠曲线的近似微分方程为

$$\omega'' = \frac{-M(x)}{EI_z} \qquad\qquad (12-3)$$

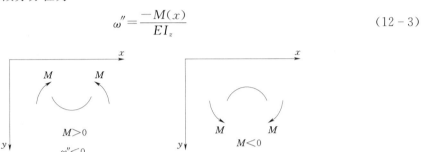

图 12-2

## 第三节　积分法计算梁的位移

梁的挠曲线近似微分方程（12-3）连续积分，分别得

$$\left.\begin{array}{l} \theta = \omega' = -\displaystyle\int \frac{M(x)}{EI}\mathrm{d}x + C \\[3mm] \omega = -\displaystyle\iint \frac{M(x)}{EI}\mathrm{d}x\mathrm{d}x + Cx + D \end{array}\right\} \qquad (12-4)$$

对于等面直梁，$EI$ 为常数，则式（12-4）可改写为

$$\left.\begin{array}{l} EI\theta = -\displaystyle\int M(x)\mathrm{d}x + C \\[3mm] EI\omega = -\displaystyle\iint M(x)\mathrm{d}x\mathrm{d}x + Cx + D \end{array}\right\} \qquad (12-5)$$

应用式（12-4）或式（12-5）时应注意，当梁的载荷较多或截面的形状、尺寸沿梁轴改变时，各段梁的挠曲线近似微分方程也不相同。这样，在求梁的变形时就要分段写出不同的挠曲线近似微分方程。式中积分常数 $C$、$D$，可由挠曲线上任一点处（弯矩方程的分界处、支座处或变截面处等）其左、右截面的转角和挠度分别相等且唯一的连续条件来确定。

**【例 12-1】** 如图 12-3 所示，受集中力的悬臂梁，其 $EI$ 为常数，求此梁的最大挠度及最大转角。

**解**　建立坐标系并写出弯矩方程

$$M(x) = F(x-l)$$

将 $M(x)$ 代入 $\omega'' = -\dfrac{M(x)}{EI_z}$，得梁的挠曲线近

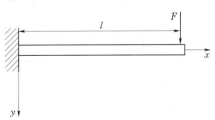

图 12-3

似微分方程

$$EI\omega'' = -M(x) = F(l-x)$$

将上式积分一次，可得梁的转角方程

$$\theta = \omega' = \frac{1}{EI}\left[-\frac{1}{2}F(l-x)^2 + C_1\right]$$

再积分一次，可得梁的挠曲线方程

$$\omega = \frac{1}{EI}\left(-\frac{1}{2}Fl^2 + C_1\right) = 0$$

固定端的挠度和转角都等于零，故

$$\omega = 0 \quad (\text{当 } x = 0 \text{ 时})$$

$$\theta = 0 \quad (\text{当 } x = 0 \text{ 时})$$

把以上这两个边界条件带入挠度方程和转角方程的表达式

$$\theta = \omega' = \frac{1}{EI}\left(-\frac{1}{2}Fl^2 + C_1\right) = 0$$

$$\omega = \frac{1}{EI}\left(\frac{1}{6}Fl^3 + C_2\right) = 0$$

解得

$$C_1 = \frac{1}{2}Fl^2 \quad C_2 = -\frac{1}{6}Fl^3$$

于是得梁的转角方程

$$\theta = \omega' = \frac{1}{EI}\left[-\frac{1}{2}F(l-x)^2 + \frac{1}{2}Fl^2\right]$$

梁的挠度方程

$$\omega = \frac{F}{6EI}\left[(l-x)^3 + 3l^2 x - l^3\right] = 0$$

在 $x = 1$ 时，挠度最大

$$\omega_{\max} = \omega(l) = \frac{Fl^3}{3EI}$$

在 $x = 1$ 时，转角最大

$$\theta_{\max} = \theta(l) = \frac{Fl^2}{2EI}$$

# 第四节　叠加法求梁的位移

尽管积分法是求梁的变形的基本方法。利用此方法求任意截面的挠度和转角时，必须先求出梁的挠度方程和转角方程。当梁上同时作用若干个载荷，而且只需要求出某些特定截面的挠度和转角时，积分法的运算就显得繁琐。而实际工程中常求某些特定截面的转角和挠度，为方便起见，用叠加法计算梁上特定截面的转角和挠度。

在小变形、线弹性的前提下，梁的挠度和转角与载荷之间为线性关系，当梁上有几个载荷共同作用时，可以先将复杂载荷分解为若干简单载荷，分别计算梁在每个载荷单独作用时的变形，然后进行叠加，即可求得梁在几个载荷共同作用时的总变形。为此，将几种常用梁在简单载荷作用下的挠度和转角汇总在附录Ⅱ中，以便直接查用，利用它们求在多个载荷共同作用下的梁的变形是很方便的。

【例 12-2】 如图 12-4（a）所示的悬臂梁 $AB$，在自由端 $B$ 受集中力 $F$ 和力偶 $m$ 作用。已知 $EI$ 为常数，试用叠加法求自由端的转角和挠度。

**解** 如图 12-4（b）、（c）所示，梁的变形等于（b）和（c）两种情况的代数和。

在力 $F$ 作用下，由附录Ⅱ的序号 2 得

$$\theta_{BP} = \frac{Fl^2}{2EI}, \quad \omega_{BP} = \frac{Fl^3}{3EI}$$

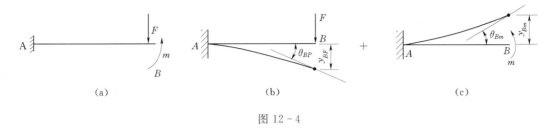

图 12 - 4

在力 $m$ 作用下，由附录 Ⅱ 序号 1 得

$$\theta_{Bm} = \frac{ml}{EI}, \quad \omega_{Bm} = \frac{ml^2}{2EI}$$

叠加得

$$\theta_B = \theta_{Bm} + \theta_{BP} = \frac{Fl^2}{2EI} - \frac{ml}{EI}$$

$$\omega_B = \omega_{BP} + \omega_{Bm} = \frac{Fl^3}{3EI} - \frac{ml^2}{2EI}$$

# 第五节　梁 的 刚 度 计 算

工程中的梁除满足强度要求外，还应满足刚度要求。所谓刚度要求就是控制梁的变形，使梁在载荷作用下产生的变形不致太大，否则将会影响其正常使用。例如，在建筑中承受楼板载荷的楼板梁，当它变形过大时，下面的灰层就会开裂、脱落。尽管这时梁没有破坏但由于灰层的开裂、脱落，却影响了正常使用，显然，这是工程中所不允许的。因此，在工程中，还需要对梁进行刚度校核。刚度校核是检查梁在载荷作用下产生的位移是否超过规定的允许值。则梁的刚度条件为

$$\left.\begin{array}{l} |\omega|_{\max} \leqslant [\omega] \\ |\theta|_{\max} \leqslant [\theta] \end{array}\right\} \tag{12-6}$$

式中：$[\omega]$ 和 $[\theta]$ 分别为规定的许用挠度和许用转角，可从有关的设计规范中查得。

在土建工程中，通常以允许的挠度与梁跨长的比值不超过允许的比值作为校核的标准，即梁在载荷作用下产生的最大挠度 $\omega_{\max}$ 与跨长 $l$ 的比值不能超过 $\left[\dfrac{f}{l}\right]$ 值。

$$\frac{\omega_{\max}}{l} \leqslant \left[\frac{f}{l}\right] \tag{12-7}$$

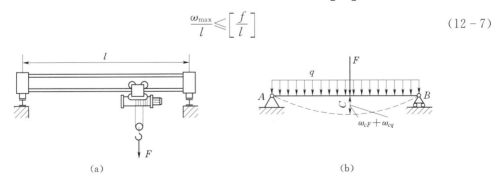

图 12 - 5

在建筑工程中，强度条件一般起控制作用，在设计梁时，通常是用梁的强度条件选择梁

的截面，然后再进行刚度校核。

【例 12 - 3】　如图 12 - 5 所示的单梁吊车简图，由 45b 号工字钢制成，其跨度 $l=10\text{m}$。已知：起重量为 50kN，材料的弹性模量 $E=210\text{GPa}$，梁的许用挠度 $[\omega]=l/500$。试校核该梁的刚度。

**解**　梁的自重为均布载荷，当外力作用在梁跨中点时，梁所产生的挠度最大。

（1）计算变形。

由型钢表查得，梁的自重及惯性矩分别为

$$q=874\text{N/m},\ I=33760\text{m}^4$$

因 $F$ 和 $q$ 而引起的最大挠度均位于梁跨中点 $C$，由附录Ⅱ查得

$$\omega_{CP}=\frac{Fl^3}{48EI}=\frac{50\times10^3\times10^3\times10^3}{48\times210\times10^9\times33760\times10^{-8}}=14.69(\text{mm})$$

$$\omega_{cq}=\frac{5ql^4}{384EI}=\frac{5\times874\times10^4\times10^3}{384\times210\times10^9\times33760\times10^{-8}}=1.605(\text{mm})$$

由叠加梁的最大挠度为

$$|\omega_c|_{\max}=|\omega_{cF}+\omega_{cq}|=16.3(\text{mm})$$

（2）校核刚度。

$$[\omega]=l/500=10/500=0.02(\text{m})=20\text{mm}$$

因为

$$|\omega_c|_{\max}=16.3\text{mm}<20\text{mm}=[\omega]$$

所以此梁满足刚度条件。

【例 12 - 4】　如图 12 - 6（a）所示的一矩形截面悬臂梁，$q=10\text{kN/m}$，$l=3\text{m}$，梁的许用挠度 $[\omega/l]=1/250$，材料的许用应力 $[\sigma]=12\text{MPa}$，材料的弹性模量 $E=2\times10^4\text{MPa}$，截面尺寸比 $h/b=2$。试确定截面尺寸 $b$、$h$。

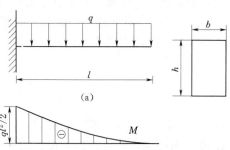

图 12 - 6

**解**　该梁既要满足强度条件，又要满足刚度条件，这时可分别按强度条件和刚度条件来设计截面尺寸，取其较大者。

（1）按强度条件 $\sigma_{\max}=\dfrac{M_{\max}}{W_z}\leqslant[\sigma]$ 设计截面尺寸。弯矩图如图 12 - 6（b）所示。最大弯矩、抗弯截面系数分别为

$$M_{\max}=\frac{q}{2}l^2=45(\text{kN}\cdot\text{m})\qquad W_z=\frac{b}{6}h^2=\frac{2}{3}b^3$$

把 $M$ 及 $W_z$ 代入强度条件，得

$$b\geqslant\sqrt[3]{\frac{3M_{\max}}{2[\sigma]}}=\sqrt[3]{\frac{3\times45\times10^6}{2\times12}}=178(\text{mm})\qquad h=2b=356(\text{mm})$$

（2）按刚度条件 $\dfrac{\omega_{\max}}{l}\leqslant\left[\dfrac{f}{l}\right]$ 设计截面尺寸。

查附录Ⅱ，得

$$\omega_{\max}=\frac{ql^4}{8EI_z}$$

又

$$I_z=\frac{b}{12}h^3=\frac{2}{3}b^4$$

把 $\omega_{max}$ 及 $I_z$ 代入刚度条件，得

$$b \geqslant \sqrt[4]{\frac{3ql^3}{16\left[\dfrac{\omega}{l}\right]E}} = \sqrt[4]{\frac{3 \times 10 \times 3000^3 \times 250}{16 \times 2 \times 10^4}} = 159(\text{mm})$$

$$h = 2b = 318(\text{mm})$$

（3）所要求的截面尺寸按大者选取，即 $h = 356\text{mm}$，$b = 178\text{mm}$。另外，工程上截面尺寸应符合要求，取整数即 $h = 360\text{mm}$，$b = 180\text{mm}$。

# 小　　结

（1）对弯曲变形的构件，可建立挠曲线近似微分方程，通过积分运算求出转角和挠度。这其中，正确地写出弯矩方程、正确地运用边界条件和变形连续条件确定积分常数是十分重要的。

（2）提高刚度的措施。

## 思　考　题

12-1　减小梁的跨度，对该段梁的抗弯刚度有何影响？

12-2　更换优质钢材是否是提高构件刚度的有效途径？

## 习　　题

12-1　用积分法求图 12-7 所示各梁的挠曲线方程及自由端的挠度和转角。设 $EI = $ 常数。

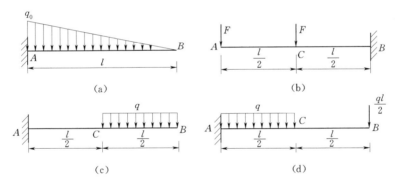

图 12-7

12-2　用积分法求图 12-8 所示各梁的挠曲线方程、端截面转角 $\theta_A$ 和 $\theta_B$、跨度中点的挠度和最大挠度。设 $EI = $ 常量。

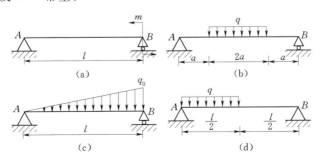

图 12-8

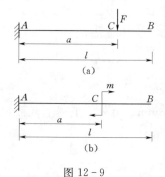

图 12-9

12-3　求图 12-9 所示悬臂梁的挠曲线方程及自由端的挠度和转角。设 $EI=$ 常数。求解时应注意到梁在 $CB$ 段内无载荷，故 $CB$ 仍为直线。

12-4　用叠加法求图 12-10 所示各梁截面 $A$ 的挠度和截面 $B$ 的转角。$EI$ 为已知常数。

12-5　用叠加法求图 12-11 所示各外伸梁外伸端的挠度和转角。设 $EI=$ 常数。

12-6　图 12-12 为一空心圆杆，内外径分别为：$d=40\text{mm}$、$D=80\text{mm}$，杆的 $E=210\text{GPa}$，工程规定 $C$ 点的 $[f/L]=0.00001$，$B$ 点的 $[\theta]=0.001\text{rad}$，试核此杆的刚度。

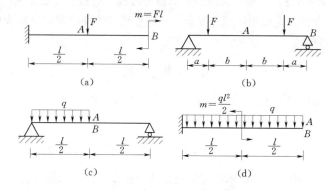

图 12-10

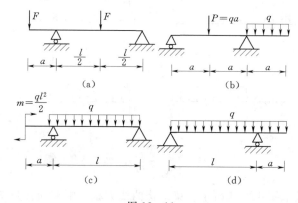

图 12-11

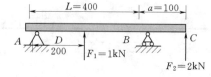

图 12-12

146

# 第十三章　应力状态和强度理论

## 第一节　应力状态的概念

在研究杆件的基本变形时，讨论过轴向拉伸或压缩、圆轴扭转和平面弯曲杆件中过一点任一斜截面上的应力，这些应力都是随着斜截面的位置的变化而变化的。通过杆件上某一点可以作无数个不同方位的截面，这些截面上的应力情况就称为一点的应力状态。

研究一点的应力状态，称为应力分析。理论分析已经证明，在过受力构件中一点所有截面中，只要有三个正交面上的应力是已知的，则所有其他截面上的应力都能确定。因此，在研究受力构件内某点的应力状态时，关键是围绕该点切取一个各个面上应力都已知的微小正六面体，这个微小正六面体称为原始单元体。由于单元体边长为无穷小量，可以认为：①单元体各面上的应力均匀分布，并且平行面上应力大小和正负都是相同的；②单元体各个截面上的应力也就代表受力构件内过该点对应截面上的应力。例如，在图 13-1（a）中，围绕轴向拉伸杆件上一点 $K$ 切取的原始单元体，如图 13-（b）所示。该单元体的左、右平面与杆件的横截面重合，上、下平面和前、后平面则与杆件的纵截面重合，而 3456 平面则代表了过 $K$ 点与杆轴线成 45°角的斜截面。图 13-1（c）表示一扭转圆轴，$B$ 为其上一点，$B$ 点的原始单元体示如图 13-1（d）中。图 13-2（a）所示悬臂梁上 $A$、$B$、$C$ 三点的原始单元体分别如图 13-2（b）、（c）、（d）所示。可以注意到，从杆件上截取原始单元体时，总是有两个平面与杆件的横截面重合，其余四个平面则与杆的纵截面重合。

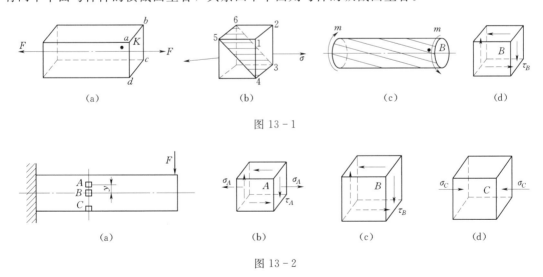

图 13-1

图 13-2

如果单元体的某一个面上只有正应力分量而没有切应力分量，则这个面称为主平面，主平面上的正应力称为主应力。可以证明，在受力构件内的任意点总可以找到三个互相垂直的主平面，因此总存在三个互相垂直的主应力，通常用 $\sigma_1$、$\sigma_2$、$\sigma_3$ 表示，规定 $\sigma_1$、$\sigma_2$、$\sigma_3$ 按代数值大小排列，即 $\sigma_1 \geqslant \sigma_2 \geqslant \sigma_3$。

根据主应力的情况，应力状态可分为三种：

（1）三个主应力中只有一个不等于零，这种应力状态称为单向应力状态。例如，轴向拉伸或压缩杆件内任一点的应力状态就属于单向应力状态。

（2）三个主应力中有两个不等于零，这种应力状态称为二向应力状态。例如，横力弯曲梁内任一点（该点不在梁的表面）的应力状态，圆轴扭转时一点的应力状态都属于二向应力状态。

（3）三个主应力均不等于零的应力状态称为三向应力状态。例如，钢轨受到机车车轮、滚珠轴承受到滚珠压力作用点处，还有建筑物中基础内的一点均属于三向压应力状态，受轴向拉伸的螺纹根部各点则为三向拉应力状态。

单向应力状态也称为简单应力状态，二向应力状态和三向应力状态统称为复杂应力状态。从几何的意义上划分，单向应力状和二向应力状态均称平面应力状态；三向应力状态则称为空间应力状态。

在材料力学中重点讨论平面应力状态，对三向应力状态只作简要介绍，更详细的讨论可参考弹性力学。

# 第二节　平面应力状态分析

## 一、任意斜截面上的应力——解析法

图 13 - 3（a）所示的单元体为二向应力状态的一般情况，外法线与 $z$ 轴重合的平面是主平面，其上的主应力为零。可将其简化为如图 13 - 3（b）所示的平面图形。现在要确定任

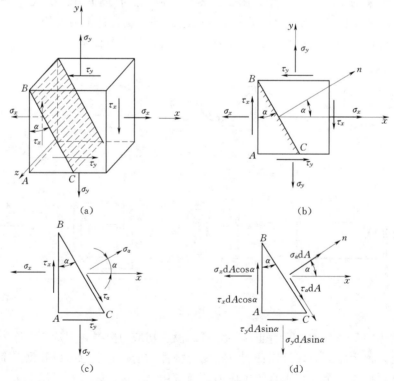

（a）　　　　　　　　　　　　（b）

（c）　　　　　　　　　　　　（d）

图 13 - 3

意与 $x$ 参考面间的夹角为 $\alpha$ 的斜截面上应力。$\alpha$ 是斜截面外法线与参考面内法线 $x$ 间的夹角，规定 $\alpha$ 从 $x$ 到 $n$ 逆时针转向为正，顺时针转向为负。

设想用 $\alpha$ 截面将单元体切分为两部分，取其左下部分为分离体，斜截面上的正应力和切应力分别以 $\sigma_\alpha$ 和 $\tau_\alpha$ 表示，如图 13-3（c）所示。为方便，取与 $\alpha$ 斜截面相切和垂直的坐标轴如图 13-3（d）所示，并设 $\alpha$ 斜截面面积为 $\mathrm{d}A$，由分离体的平衡方程 $\sum F_n = 0$，$\sum F_t = 0$。整理后得

$$\sigma_\alpha = \frac{\sigma_x + \sigma_y}{2} + \frac{\sigma_x - \sigma_y}{2}\cos 2\alpha - \tau_x \sin 2\alpha \tag{13-1}$$

$$\tau_\alpha = \frac{\sigma_x - \sigma_y}{2}\sin 2\alpha + \tau_x \cos 2\alpha \tag{13-2}$$

应用式（13-1）和式（13-2）计算 $\sigma_\alpha$、$\tau_\alpha$ 时，$\sigma_x$、$\sigma_y$、$\tau_x$ 均为代数量。

**【例 13-1】** 求图 13-4（a）所示二向应力状态下斜截面上的应力（图中应力单位是 MPa），并用图表示出来。

**解** 求图 13-4（a）中单元体指定斜截面上的应力。取右截面为参考平面，则已知：$\sigma_x = 30\mathrm{MPa}$，$\sigma_y = -40\mathrm{MPa}$，$\tau_x = 60\mathrm{MPa}$，$\alpha = 30°$，将各数值代入式（13-1）、式（13-2）得斜截面上的应力

$$\sigma_{30} = \frac{30-40}{2} + \frac{30+40}{2}\cos 60° - 60\sin 60° = -39.46(\mathrm{MPa})$$

$$\tau_{30} = \frac{30+40}{2}\sin 60° + 60\cos 60° = 60.31(\mathrm{MPa})$$

将 $\sigma_{30}$、$\tau_{30}$ 方向画在斜截面上，如图 13-4（a）所示。

**二、二向应力状态分析——图解法**

由二向应力状态分析解析法方程式（13-1）和式（13-2），可以得到二向应力状态分析的另一种解法——图解法。

将式（13-1）改写为

$$\sigma_\alpha = \frac{\sigma_x + \sigma_y}{2} + \frac{\sigma_x - \sigma_y}{2}\cos 2\alpha - \tau_x \sin 2\alpha$$
$$(13-1')$$

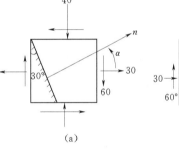
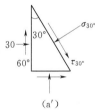

图 13-4

再将式（13-1'）和式（13-2）两边平方，然后相加，注意到 $\sin^2 2\alpha + \cos 2\alpha^2 = 1$，便可得出

$$\left(\sigma_\alpha - \frac{\sigma_x + \sigma_y}{2}\right)^2 + \tau_\alpha^2 = \left(\frac{\sigma_x - \sigma_y}{2}\right)^2 + \tau_x^2 \tag{13-3}$$

对于所研究的单元体，$\sigma_x$、$\sigma_y$、$\tau_s$ 是常量，$\sigma_\alpha$、$\tau_\alpha$ 是变量，可以注意到，式（13-4）是以 $\sigma_\alpha$、$\tau_\alpha$ 为变量，以 $\sqrt{\left(\frac{\sigma_x - \sigma_y}{2}\right)^2 + \tau_x^2}$ 为半径的圆的方程。方程表明，当通过受力构件上一点的截面位置（即 $\alpha$ 角）连续变化时，作用在其上的正应力 $\sigma_\alpha$ 和剪应力 $\tau_\alpha$ 的变化规律是一个圆。

若取 $\sigma$ 为横坐标，$\tau$ 为纵坐标，建立平面直角坐标系，则在 $\tau$—$\sigma$ 坐标系中，该圆的圆心坐标为 $\left(\frac{\sigma_x + \sigma_y}{2}, 0\right)$。这样画出的圆，其上每一点的两个坐标分别对应两个应力，故称为应

力圆。因为应力圆是德国学者莫尔（O. Mohr）于 1882 年最先提出的，所以又叫莫尔圆。

现说明应力圆的画法。

设二向应力状态单元体如图 13-5（a）所示，互相垂直的两个面上的应力 $\sigma_x$、$\sigma_y$、$\tau_x$、$\tau_y$ 已知，且设 $\sigma_x > \sigma_y > 0$、$\tau_x > 0$。在作单元体的应力圆时，首先选择好比例尺，避免使画出的圆过大或过小。之后，按比例尺在 $\sigma$ 轴上量取线段 $OA$，令其按比例尺等于 $\sigma_x$，即 $OA = \sigma_x$。过 $A$ 点作 $\sigma$ 轴的垂线，在此垂线上量取 $AD_1 = \tau_x$，因为 $\tau_x > 0$，所以 $AD_1$ 在横轴的上方。这样，根据参考面上的应力就在 $\sigma$—$\tau$ 坐标系中得到了一个与 $x$ 平面对应的点 $D_1$。按同样的方法，沿 $\sigma$ 轴量取 $OB = \sigma_y$，$BD_2 = \tau_y$，于是又得到了与 $y$ 平面对应的点 $D_2$，连接点 $D_1$ 和 $D_2$ 交 $\sigma$ 轴于点 $C$，则以 $C$ 为圆心，$CD_1$（或 $CD_2$）为半径作圆，可以证明此圆即给定单元体的应力圆。证明时只要证明此圆的圆心和半径满足式（13-4）。利用几何关系可以证明 $Rt\triangle CAD_1 \cong Rt\triangle CBD_2$，因此有

$$\overline{CA} + \overline{CB} = \frac{\sigma_x - \sigma_y}{2}, \overline{OC} = \overline{OB} + \overline{CB} = \frac{\sigma_x + \sigma_y}{2} \tag{a}$$

可见按上述步骤画出的应力圆的圆心为 $\left(\dfrac{\sigma_x + \sigma_y}{2}, 0\right)$，圆的半径

$$\overline{CD_1} = \sqrt{\overline{CA}^2 + \overline{AD_1}^2} = \sqrt{\left(\frac{\sigma_x - \sigma_y}{2}\right)^2 + \tau_x^2} \tag{b}$$

故此，上述结论获证。

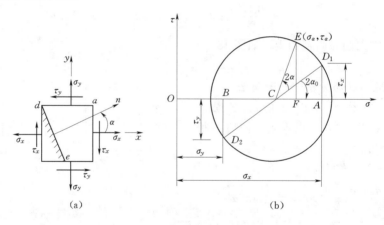

图 13-5

按上述作图方法绘制应力圆，可以得出应力圆与单元体之间如下对应关系：

（1）应力圆上的一个点，对应单元体上的一个面，如图上的点 $D_1$，即对应单元体上 $x$ 平面。

（2）应力圆上一点的横、纵坐标即对应该点单元体相应面上的正应力和切应力，例如 $D_1$ 点的两个坐标，即对应 $x$ 平面上的 $\sigma_x$、$\tau_x$。

（3）单元体上斜截面的方位角为 $\alpha$，应力圆上斜截面的对应点与参考点 $D_1$ 的夹角为 $2\alpha$，且二者的转向相同。如单元体的 $y$ 平面与 $x$ 平面（参考面）夹角为 $90°$，则应力圆上与 $y$ 平面对应的点 $D_2$ 与 $x$ 平面对应的点 $D_1$（参考点）夹角为 $180°$，且都是正号。

有了上述对应关系，若用图解法去求单元体任意斜截面 $\alpha$ 上的应力，只需将应力圆上过参考点 $D_1$ 的半径沿 $\alpha$ 的方向旋转 $2\alpha$，即可得到 $\alpha$ 斜截面在应力圆上的对应点 $E$，则 $E$ 点的

纵横坐标即 $\alpha$ 斜截面上的切应力 $\tau_\alpha$ 和正应力 $\sigma_\alpha$，这个结果可作如下证明。

过 $E$ 点作 $EF$ 垂直 $\sigma$ 轴，则

$$\overline{OF}=\overline{OC}+\overline{CF}=\overline{OC}+\overline{CE}\cos(2\alpha+2\alpha_0)$$

$$=\overline{OC}+\overline{CE}\cos2\alpha_0\cos2\alpha-\overline{CE}\sin2\alpha_0\sin2\alpha$$

$$=\overline{OC}+\overline{CD}_1\cos2\alpha_0\cos2\alpha-\overline{CD}_1\sin2\alpha_0\sin2\alpha$$

$$=\overline{OC}+\overline{CA}\cos2\alpha-\overline{AD}_1\sin2\alpha$$

$$=\frac{\sigma_x+\sigma_y}{2}+\frac{\sigma_x-\sigma_y}{2}\cos2\alpha-\tau_x\sin2\alpha$$

这就是前面用解析法得出的结论。同理可证，$E$ 点的纵坐标等于斜截面上的剪应力。

**【例 13-2】** 用图解法求解例 13-1。

**解** 按单元体上的已知应力作应力圆如图 13-6（b）所示。

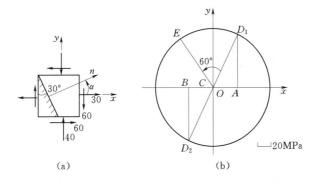

图 13-6

指定斜截面的外法线与 $\sigma_x$ 间的夹角 $\alpha=30°$，从应力圆上的 $D_1$ 点逆时针量取圆心角 $60°$ 得 $E$ 点，量出 $E$ 点的横、纵坐标，按比例尺换算后得 $\sigma_E=-40\text{MPa}$、$\tau_E=60\text{MPa}$。

### 三、主应力及主平面的确定

应力分析的目的之一就是确定一点的主应力和主平面，这是后面要讨论的强度理论的基础。正应力的确定也可以用解析法和图解法。

1. 解析法

根据主应力的定义，由式（13-2），令 $\tau_\alpha=0$，便可得出单元体主平面的位置。设主平面外法线与 $x$ 轴的夹角为 $\alpha_0$，则

$$\tan2\alpha_0=-\frac{2\tau_x}{\sigma_x-\sigma_y} \tag{13-4}$$

其中，$\alpha_0$ 有两个根：$\alpha_0$ 和（$\alpha_0+90°$），因此说明由式（13-4）可以确定两个互相垂直的主平面。

利用式（13-4）可以得出

$$\cos2\alpha_0=\pm\frac{\dfrac{\sigma_x-\sigma_y}{2}}{\sqrt{\left(\dfrac{\sigma_x-\sigma_y}{2}\right)^2+\tau_x^2}}$$

$$\sin 2\alpha_0 = \mp \frac{\tau_x}{\sqrt{\left(\dfrac{\sigma_x - \sigma_y}{2}\right)^2 + \tau_x^2}}$$

代入式（13-1）整理后便可得到主应力计算公式

$$\sigma_{\min}^{\max} = \frac{\sigma_x + \sigma_y}{2} \pm \sqrt{\left(\frac{\sigma_x - \sigma_y}{2}\right)^2 + \tau_x^2} \tag{13-5}$$

由式（13-5）得出的主应力有两个，由式（13-4）计算出的角度 $\alpha_0$ 也有两个，那么 $\alpha_0$ 是 $x$ 轴和 $\sigma_{\max}$ 之间的夹角还是 $x$ 轴和 $\sigma_{\min}$ 之间的夹角，可按以下法则来判断：

（1）当 $\sigma_x > \sigma_y$ 时，$\alpha_0$ 是 $x$ 轴和 $\sigma_{\max}$ 之间的夹角。

（2）当 $\sigma_x < \sigma_y$ 时，$\alpha_0$ 是 $x$ 轴和 $\sigma_{\min}$ 之间的夹角。

（3）当 $\sigma_x = \sigma_y$ 时，$\alpha_0 = 45°$，主应力的方位可由单元体上剪应力的情况判断［图13-7（a）、（b）］。

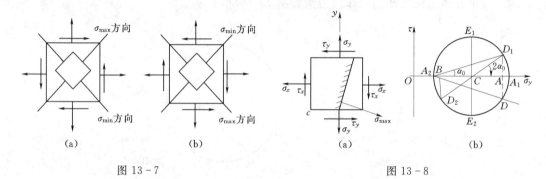

图 13-7　　　　　　　　　　　　　图 13-8

应指出：应用以上法则时，由式（13-4）计算的 $2\alpha_0$ 应取锐角（正或负）。

2. 图解法

利用应力圆很容易确定主应力与主平面方位。应力圆与 $\sigma$ 轴的交点 $A_1$、$A_2$［图13-8（b）］的纵坐标 $\tau$ 等于零，所以 $A_1$、$A_2$ 点对应于单元体上两个主平面，其横坐标即为主应力的值。又因 $OA_1 > OA_2$，故 $A_1$、$A_2$ 分别对应 $\sigma_{\max}$、$\sigma_{\min}$。因为 $D_1$ 代表单元体上的参考平面，所以从 $D_1 \to A_1$ 的圆弧所对的角则是圆心角 $\angle D_1 C A_1$ 的一半也就是 $\sigma_{\max}$ 所在平面的方位角。从几何上来说也就是圆周角 $\angle D_1 A_2 A_1$。若从 $D_1 \to A_1$ 为逆时针，该角为正，反之为负。

【例13-3】　试用解析法求图13-9（a）所示应力状态的主应力及其方向，并在单元体上表示出来（各应力单位：MPa）。

解

$$\sigma_{\min}^{\max} = \frac{\sigma_x + \sigma_y}{2} \pm \sqrt{\left(\frac{\sigma_x - \sigma_y}{2}\right)^2 + \tau_x^2}$$

$$= \frac{-30 + 50}{2} \pm \sqrt{\left(\frac{-30 - 50}{2}\right)^2 + 20^2}$$

$$= 10 \pm 44.72 = \frac{54.72}{-34.72} \ (\text{MPa})$$

$$\tan 2\alpha_0 = -\frac{2\tau_x}{\sigma_x - \sigma_y} = -\frac{2 \times 20}{-30 - 50} = 0.5$$

$$\alpha_0 = 13°17'$$

因 $\sigma_x < \sigma_y$，所以从 $\sigma_x$（$x$ 轴）逆时针方向量取 $13°17'$ 即为 $\sigma_{\min}$ 的方向，$\sigma_{\max}$ 和 $\sigma_{\min}$ 作用面垂直，画到单元体上如图 13-9（b）所示。

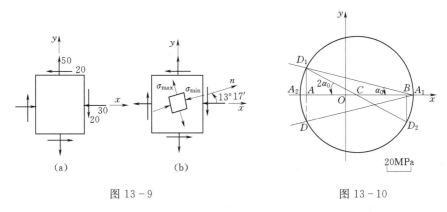

图 13-9       图 13-10

【例 13-4】 试用图解法计算例 13-3。

**解** 根据已知条件画出应力圆如图 13-10 所示。从图上量得 $OA_1 = \sigma_{\max} = 55\text{MPa}$，$OA_2 = \sigma_{\min} = -35\text{MPa}$。

因 $D_1$ 点对应于 $x$ 截面，所以 $D_1A_2$ 弧所对的圆周角 $\angle D_1A_1A_2$ 即为 $\sigma_{\min}$ 的方位角，量得 $\alpha_0 \approx 13°$。在应力圆上的真实方向为 $A_1D$。

**四、最大剪（切）应力的确定**

由式（13-2）可确定最大剪应力的大小及所在的位置。

1. 解析法

$\dfrac{\mathrm{d}\tau_\alpha}{\mathrm{d}\alpha} = 0$，则可求得剪应力极值所在的平面方位角位置 $\alpha_1$ 的计算公式

$$\tan 2\alpha_1 = \frac{\sigma_x - \sigma_y}{2\tau_x} \tag{13-6}$$

由式（13-6）可以确定相差 $90°$ 的两个面，分别作用着最大剪应力和最小剪应力，其值可用下式计算

$$\tau_{\min}^{\max} = \pm\sqrt{\left(\frac{\sigma_x - \sigma_y}{2}\right)^2 + \tau_x^2} \tag{13-7}$$

如果已知主应力，则剪应力极值的另一形式计算公式为

$$\tau_{\min}^{\max} = \pm\frac{\sigma_{\max} - \sigma_{\min}}{2} = \pm\sqrt{\left(\frac{\sigma_x - \sigma_y}{2}\right)^2 + \tau_x} \tag{13-8}$$

比较式（13-4）和式（13-6）得

$$\tan 2\alpha_1 = -\cot 2\alpha_0 \tag{13-9}$$

即 $\alpha_1 = \alpha_0 + 45°$，说明剪应力的极值平面和主平面成 $45°$ 角。

2. 图解法

应力圆上最高点 $E_1$ 及最低点 $E_2$ 显然是 $\tau_{\max}$ 和 $\tau_{\min}$ 对应的位置 [图 13-8（b）]，因此两点的纵坐标分别为 $\tau_{\max}$、$\tau_{\min}$ 的值；其方位角由 $D_1E_1$ 弧和 $D_1E_2$ 弧所对的圆周角之半（或该弧所对的圆周角）量得。

由应力圆还可以看出，剪应力的极值平面和主平面成 $45°$ 角。

**五、最大主应力与最大切应力的关系**

由上面的讨论可以注意到最大主应力与最大切应力从数值到作用面的方位都存在一定

关系。

数值上：由式（13-5）和式（13-7）可以得出

$$\sigma_{max} = \frac{\sigma_x + \sigma_y}{2} \pm \tau_{max}$$

作用面的方位：由式（13-4）和式（13-6）可以得出

$$\tan 2\alpha_0 \cdot \tan 2\alpha_1 = -1$$

由此可知

$$\alpha_1 = \alpha_0 + \frac{\pi}{4}$$

即最大切应力面与最大主应力作用面相差 45°。上述这些结论，从应力圆上可以直接看出来。

**【例 13-5】** 如图 13-11（a）所示一矩形截面简支梁，矩形尺寸：$b = 80\text{mm}$，$h = 160\text{mm}$ 跨中作用集中载荷 $F = 20\text{kN}$。试计算距离左端支座 $x = 0.3\text{m}$ 的 $D$ 处截面中性层以上 $y = 20\text{mm}$ 某点 $K$ 的主应力、最大剪应力及其方位，并用单元体表示出主应力。

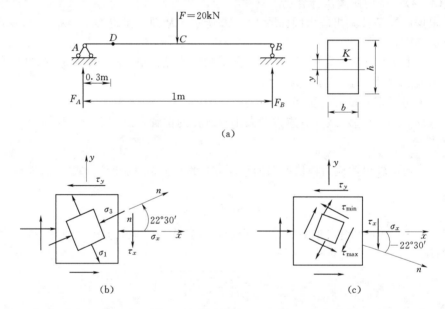

图 13-11

**解** （1）计算 $D$ 处的剪力及弯矩。

$$F_{SD} = F_A = 10\text{kN} \qquad M_D = F_A x = 3\text{kN} \cdot \text{m}$$

（2）计算 $D$ 处截面中性层以上 20mm 处 $K$ 点的正应力及剪应力。

$$\sigma_K = -\frac{M_D y}{I_z} = -\frac{3 \times 10^6 \times 20}{\frac{1}{12} \times 80 \times 160^3} = -2.2(\text{MPa})$$

$$\tau_K = \frac{F_{SD} S}{I_z b} = \frac{F_{SD} b \left(\frac{h}{2} - y\right) \times \frac{1}{2}\left(\frac{h}{2} + y\right)}{I_z b} = 1.1(\text{MPa})$$

（3）计算主应力及其方位。

取 $K$ 点单元体见图 13-11（b），$\sigma_x = \sigma_K = -2.2\text{MPa}$，因梁的纵向纤维之间互不挤压，故 $\sigma_y = 0$；$\tau_x = \tau_K = 1.1\text{MPa}$，由公式（13-5）可得

$$\sigma_3^1 = \frac{-2.2}{2} \pm \sqrt{\left(\frac{-2.2}{2}\right)^2 + 1.1^2} = \begin{matrix} 0.46 \\ -2.66 \end{matrix} (\text{MPa})$$

主平面 $$\tan 2\alpha_0 = \frac{-2 \times 1.1}{-2.2} = 1$$

$\sigma_1$ 与 $x$ 轴夹角为 $$\alpha_0 = -67°30'(\alpha' = 22°30')$$

因 $\sigma_x < \sigma_y$ 所以 $\alpha'$ 是 $\sigma_3$ 所在截面与 $\sigma_x$ 作用面的夹角。表示到单元体上如图 13-11（b）所示。

（4）计算最大剪应力及其方位。

$$\tau_{\min}^{\max} = \pm \sqrt{\left(\frac{-2.2}{2}\right)^2 + 1.1^2} = \pm 1.56 (\text{MPa})$$

$$\tan 2\alpha_1 = \frac{-2.2}{2 \times 1.1} = -1$$

$\tau_{\max}$ 作用面方位 $$\alpha_1 = -22°30'$$

计算结果示于图 13-11（c）中。

另一种解法：

此题先计算 $\tau_{\min}^{\max}$，则

$$\sigma_3' = \frac{\sigma_x}{2} \pm \tau_{\max} = \frac{-2.2}{2} \pm 1.56 = \begin{matrix} 0.46 \\ -2.66 \end{matrix} \quad (\text{MPa})$$

$\sigma_1$ 作用面方位 $$\alpha_0 = \alpha_1 - 45° = -67°30'$$

整个计算更简捷，关系清楚。

# 第三节 空间应力状态

受力物体内一点的应力状态，最一般的情况是所取单元体六个面上都作用着正应力 $\sigma$ 和切应力 $\tau$，为计算方便将各面上的切应力沿坐标轴方向分解为两个分量，如图 13-12 中，$x$ 平面上的正应力为 $\sigma_x$，切应力为 $\tau_{xy}$ 和 $\tau_{xz}$。切应力的两个下标，第一个表示切应力所在的平面，第二个表示切应力的方向。同理，在 $y$ 平面上有正应力 $\sigma_y$、切应力 $\tau_{yx}$ 和 $\tau_{yz}$；在 $z$ 平面上有正应力 $\sigma_z$、切应力 $\tau_{zx}$ 和 $\tau_{zy}$。这种单元体所代表的应力状态，称为空间应力状态。

在一般空间应力状态的 9 个应力分量中，根据切应力互等定理，在数值上有 $\tau_{xy} = \tau_{yx}$、$\tau_{yz} = \tau_{zy}$、$\tau_{zx} = \tau_{xz}$，因而，独立的应力分量是 6 个：$\sigma_x$、$\sigma_y$、$\sigma_z$、$\tau_{xy}$、$\tau_{yz}$、$\tau_{zx}$。

对于危险点处于空间应力状态下的构件进行强度计算，通常需确定其最大正应力和最大切应力。在这里只讨论三个主应力 $\sigma_1$、$\sigma_2$ 和 $\sigma_3$ 均为已知的情况。在此情况下，利用应力圆，可确定该点处的最大正应力和最大切应力。设空间应力状态如图 13-13（a）所示，先研究与主应力 $\sigma_3$ 的作用面垂直的斜截面上的应力。为此，沿该斜截面将单元体截分为二，并研究其左边部分平衡。由图 13-13（b）可以看出，主

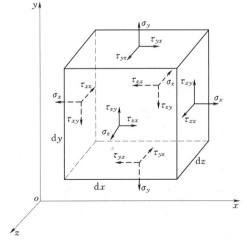

图 3-12

应力 $\sigma_3$ 在前后两个面上的合力是一对平衡的力，对斜截面上的应力无影响。因此，这族斜截面上的应力只与 $\sigma_1$、$\sigma_2$ 有关。按平面应力分析的方法，由 $\sigma_1$ 与 $\sigma_2$ 作出应力圆，则该应力圆上点的坐标即代表这一族平面上的正应力和切应力。该应力圆最高点的纵坐标即代表这一族平面上的最大切应力，由图 13-13（b）可以确定，其大小为 $\tau_{12} = \dfrac{\sigma_1 - \sigma_2}{2}$；同理，在与 $\sigma_2$（或 $\sigma_1$）作用面垂直的斜截面上的正应力和切应力，可用由 $\sigma_1$、$\sigma_3$（或 $\sigma_2$、$\sigma_3$）作出的应力圆来确定。这两个应力圆的最高点的纵坐标即代表这两族平面上的最大切应力 $\tau_{13}$ 和 $\tau_{23}$，其值分别为 $\tau_{13} = \dfrac{\sigma_1 - \sigma_3}{2}$、$\tau_{23} = \dfrac{\sigma_2 - \sigma_3}{2}$。进一步的研究证明，与三个主平面斜交的任意斜截面，如图 13-13（a）中的 $abc$ 截面，在 $\sigma-\tau$ 坐标系中的对应点 $D$，必位于上述三个应力圆所围成的阴影范围内，如图 13-13（c）所示。因此在三向应力状态中，任一斜截面上的正应力 $\sigma$ 的数值不会高于 $\sigma_1$，也不会低于 $\sigma_3$，$\sigma_3 \leqslant \sigma \leqslant \sigma_1$。

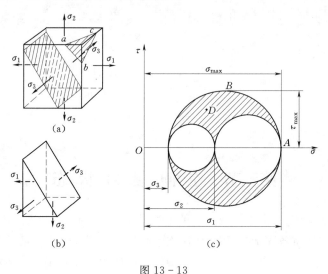

图 13-13

三向应力状态单元体的最大正应力和最大切应力，系由最大应力圆上点的横、纵坐标确定，即

$$\sigma_{\max} = \sigma_1 \qquad (13-10)$$

$$\tau_{\max} = \frac{\sigma_1 - \sigma_3}{2} \qquad (13-11)$$

最大切应力的作用面，与主应力 $\sigma_1$ 和 $\sigma_3$ 均构成 45°夹角。

上述两个公式同样适用于平面应力状态，只需将具体问题中的主应力求出，并按代数值 $\sigma_1 \geqslant \sigma_2 \geqslant \sigma_3$ 的顺序排列。

【例 13-6】已知图 13-14（a）所示应力状态中的应力 $\tau_x = 40\text{MPa}$，$\sigma_y = -60\text{MPa}$，$\sigma_z = 60\text{MPa}$，试作三向应力圆，并求主应力和最大切应力。

解　（1）作三向应力圆。

单元体上的 $\sigma_z$ 是主应力，由（$\sigma_z$，0）在力 $\sigma-\tau$ 坐标系中确定一点 $A_1$。与 $\sigma_z$ 平行的斜截面上的应力和 $\sigma_z$ 无关，故可由 $x$ 截面的应力和 $y$ 截面上的应力按平面应力状态的方法作应力圆，即可得图 13-14（b）中过点 $D_x$、$D_y$ 的圆。该圆与 $\sigma$ 轴的交点为 $A_2$，$A_3$。过点 $A_1$，$A_2$ 作应力圆；再过 $A_1$，$A_3$ 作应力圆。即得三向应力圆。

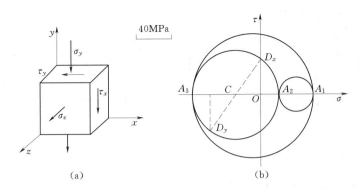

图 13-14

（2）确定主应力、最大正应力。

$\sigma_1$，$\sigma_2$，$\sigma_3$ 分别为点 $A_1$，$A_2$，$A_3$ 的横坐标，量得 $\sigma_{max} = \sigma_1 = \sigma_z = 60（MPa）$，$\sigma_2 = 20MPa$，$\sigma_3 = -80MPa$。

（3）确定最大切应力。

$$\tau_{max} = \frac{\sigma_1 - \sigma_3}{2} = \frac{60 - (-80)}{2} = 70（MPa）$$

也可通过量取最大应力圆的半径得到。

# 第四节　复杂应力状态下的应力和应变之间的关系

前面已经学习了单向和纯剪切应力状态下的胡克定律，本节介绍复杂应力状态下的应力—应变关系，即广义胡克定律。

在建立复杂应力状态下的应力—应变关系时，再次明确讨论问题的范围，仅限于各向同性材料、弹性小变形。在这样的条件下，有如下的简化结果。

（1）单元体各棱边的线应变只与该单元体各面上的正应力有关，与切应力无关；同样，各正交的坐标面间的切应变也只与切应力有关，而与正应力无关。

（2）每个应力分量对相应的应变分量的影响是独立的。因此当 $n$ 个应力分量同时存在时，对同一应变的影响可以使用叠加原理，先分别单独考虑每一个应力分量的影响，再叠加得出最后结果。

## 一、平面应力状态下的应力—应变关系

考虑图 13-15（a）所示的一般平面应力状态。按上述分析方法，将图 13-16（a）中所示单元体的应力状态看成是 $b$、$c$、$d$ 三种情况的叠加，单元体的某应变等于单元体 $b$、$c$、$d$ 同一应变的代数和。单元体 $b$、$c$ 的各棱边只有线应变，线应变的大小可利用单向拉压胡克定律求得，单元体 $d$ 只有各面之间的切应变，其值可利用剪切胡克定律求取。最后可得，单元体 $a$ 的应变为

$$\left.\begin{array}{l} \varepsilon_x = \dfrac{1}{E}(\sigma_x - \nu\sigma_y) \\[2mm] \varepsilon_y = \dfrac{1}{E}(\sigma_y - \nu\sigma_x) \\[2mm] \varepsilon_z = -\dfrac{\nu}{E}(\sigma_x + \sigma_y) \end{array}\right\} \qquad \left.\begin{array}{l} \gamma_x = \dfrac{\tau_x}{G} \\[2mm] \gamma_y = \dfrac{\tau_y}{G} \end{array}\right\} \qquad (13-12)$$

该式为一般平面应力状态下的应力—应变关系。

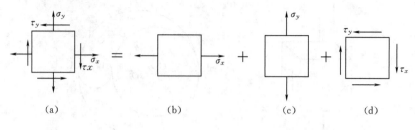

图 13-15

## 二、空间应力状态下的应力—应变关系

对于图 13-16（a）所示的一般空间应力状态，可以像平面应力状态一样，利用叠加法导出其应力—应变关系为

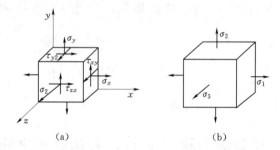

图 13-16

$$\left.\begin{aligned}\varepsilon_x&=\frac{1}{E}\left[\sigma_x-\nu(\sigma_y+\sigma_z)\right]\\\varepsilon_y&=\frac{1}{E}\left[\sigma_y-\nu(\sigma_x+\sigma_z)\right]\\\varepsilon_z&=\frac{1}{E}\left[\sigma_z-\nu(\sigma_x+\sigma_y)\right]\end{aligned}\right\}\quad\left.\begin{aligned}\gamma_{xy}&=\frac{1}{G}\tau_{xy}\\\gamma_{yz}&=\frac{1}{G}\tau_{yz}\\\gamma_{zx}&=\frac{1}{G}\tau_{zx}\end{aligned}\right\}\tag{13-13}$$

如果是主单元体，如图 13-17（b）所示，应力—应变关系为

$$\left.\begin{aligned}\varepsilon_1&=\frac{1}{E}\left[\sigma_1-\nu(\sigma_2+\sigma_3)\right]\\\varepsilon_2&=\frac{1}{E}\left[\sigma_2-\nu(\sigma_3+\sigma_1)\right]\\\varepsilon_3&=\frac{1}{E}\left[\sigma_3-\nu(\sigma_1+\sigma_2)\right]\end{aligned}\right\}\tag{13-14}$$

对于各向同性材料，由上式定出的正应变称为主应变。可以证明，$\varepsilon_1$、$\varepsilon_2$、$\varepsilon_3$ 方向分别与 $\sigma_1$、$\sigma_2$、$\sigma_3$ 平行，且 $\varepsilon_1 \geqslant \varepsilon_2 \geqslant \varepsilon_3$，$\varepsilon_1$ 和 $\varepsilon_3$ 为一点处各方向正应变中的最大值和最小值。

# 第五节　强　度　理　论

## 一、关于强度理论的理念

在研究杆件的基本变形时，已经讨论过强度问题，并且建立了强度条件，这些强度条件有两种，即

$$\sigma_{\max} \leqslant [\sigma] \tag{a}$$

$$\tau_{\max} \leqslant [\tau] \tag{b}$$

在建立上述两个强度条件时，$[\sigma]$、$[\tau]$ 都是直接通过试验确定的，并没有考虑材料的破坏机制。这样的强度条件称为实验强度条件。实验强度条件直观、简便，但是只能用于应力状态比较简单、最大正应力与最大切应力有简单的比例关系（如单向应力状态和纯剪状态），正应力和切应力都可以通过实验测定的情况。

对一般情况下的二向和三向应力状态，材料的破坏与各主应力都有关系。材料是多种多样的，使材料破坏的主应力的组合变化也是无穷的，要把各种应力状态下材料的极限应力（失效应力）都依靠实验一一确定下来，既不可能也没有科学意义。所以，在一般复杂应力状态下的强度计算，不可能再单纯依靠实验。必须采用判断和推理的方法，从理论上研究材料的破坏机制。

生产和科学实验中，人们一直在观察、探索材料破坏的机制。作为长期观察和研究的结果，人们已经发现了材料破坏的某些规律，概括起来说，即尽管各种材料的力学性质千差万别，受力构件的应力状态也是多种多样，但是材料破坏的形式只有两种：一种是脆性断裂。例如，铸铁材料杆件拉伸时的破坏，铸铁圆轴扭转时的破坏都属这种情形；另一种是屈服流动。例如，低碳钢等塑性材料杆件在拉伸或扭转时的破坏都属于塑性流动破坏。

材料是多种多样的，应力状态也是多种多样的，然而材料的破坏形式却只有两种，说明材料的每种破坏形式必定存在共同的破坏基因。既然是这样，只要找出这两种破坏形式的破坏基因，则所有的强度问题都可以解决。至于每一种破坏形式的破坏基因，则可以通过使材料在这种形式下破坏的任意一个试验来确定。这就是强度理论的理念。按照这样的理念人们对强度失效提出过各种假说，这些假说就称为强度理论。这里只介绍四种常用强度理论。

**二、常用的四个强度理论**

前面已经提到，强度失效的主要形式由两种，即屈服与断裂。相应地强度理论也分成两类：一类是解释断裂失效的，其中有最大拉应力理论和最大伸长线应变理论。另一类是解释屈服失效的，其中有最大切应力理论和畸变能密度理论。现依次介绍如下。

1. 第一强度理论：最大拉应力理论

17 世纪，伽利略根据直观提出了这一理论。该理论认为：最大拉应力是引起材料脆性断裂的基因。也就是说，不论什么材料、也不管材料处于什么应力状态，只要最大拉应力达到与材料性质有关的某一极限值 $\sigma_u$，材料就直接发生断裂破坏。相应的强度条件为

$$\sigma_1 \leqslant [\sigma] \tag{13-15}$$

式中：$[\sigma]$ 为材料拉伸时的许用应力。

试验证明，该理论只对少数脆性材料受拉伸的情况符合，对别的材料和受力情况。

2. 第二强度理论：最大伸长线应变理论

该理论是 1682 年由马里奥特（E. Mariotte）提出的。该理论认为：最大伸长线应变是引起材料脆性断裂的主要原因。即不论什么材料、也不管材料处于什么应力状态，只要最大伸长线应变 $\varepsilon_1$ 达到与材料性质有关的某一极限值 $\varepsilon_u$，材料即发生断裂。相应的强度条件为

$$\varepsilon_1 \leqslant [\varepsilon]$$

用正应力形式表示，第二强度理论的强度条件是

$$\sigma_1 - \nu(\sigma_2 + \sigma_3) \leqslant [\sigma] \tag{13-16}$$

试验证明，该理论与少数脆性材料试验结果相符，对于具有一拉一压主应力的二向应力

状态，试验结果也与理论计算结果相近；但对塑性材料，则不能被试验结果所证明。该结论适用范围较小，目前已很少采用。

3. 第三强度理论：最大切应力理论

该理论是由库仑（C. A. Coulomb）在 1773 年提出的。该理论认为：最大切应力是引起屈服的主要因素。即认为不论什么材料、也不管材料处于什么应力状态，只要最大切应力 $\tau_{max}$ 达到与材料性质有关的某一极限值，则材料就发生屈服。按此强度理论建立起来的材料的破坏条件为

$$\tau_{max} \leqslant [\tau]$$

用正应力形式表示，第三强度理论的强度条件为

$$\sigma_1 - \sigma_3 \leqslant [\sigma] \tag{13-17}$$

试验证明，该理论对塑性材料较为符合，而且偏于安全。但对三向接近等值受拉状态下，材料表现脆性，该理论不适用。

4. 第四强度理论：畸变能密度理论

该理论最早是由贝尔特拉密（E. Beltrami）于 1885 年提出的，但未被试验所证实，后于 1904 年由波兰力学家胡勃（M. T. Huber）修改。该理论认为：畸变能密度是引起屈服流动破坏的主要因素。即认为不论什么材料、也不管材料处于什么应力状态，只要畸变能密度 $v_d$ 达到与材料性质有关的某一极限值，则材料就发生屈服。按照第四强度理论的观点，材料塑性流动破坏的条件为

$$v_d \leqslant [v_d]$$

用正应力形式表示，第四强度理论的强度条件为

$$\sqrt{\frac{1}{2}\left[(\sigma_1-\sigma_2)^2+(\sigma_2-\sigma_3)^2+(\sigma_3-\sigma_1)^2\right]} \leqslant [\sigma] \tag{13-18}$$

试验资料表明，畸变能密度屈服条件与试验资料相当吻合，通常称其为精确理论。

综合式（13-15）～式（13-18）四个强度条件写成统一形式

$$\sigma_r \leqslant [\sigma] \tag{13-19}$$

式中：$\sigma_r$ 为相当应力，它是由三个主应力按一定形式组合而成。

【例 13-7】　一铸铁零件，在危险点处的应力状态主应力 $\sigma_1 = 24\text{MPa}$，$\sigma_2 = 0$，$\sigma_3 = -36\text{MPa}$。已知材料的 $[\sigma_t] = 35\text{MPa}$，$\nu = 0.25$ 试校核其强度。

**解**　因为铸铁是脆性材料，且二向应力状态中主压应力 $\sigma_3$ 的绝对值大于主压应力，适于选用第二强度理论。其相当应力

$$\sigma_{r2} = \sigma_r - \nu(\sigma_2 + \sigma_3) = 24 - 0.25 \times (0 - 36) = 33(\text{MPa}) < [\sigma_t] = 35\text{MPa}$$

所以零件是安全的。

如果选用第三强度理论，其相当应力

$$\sigma_{r3} = \sigma_1 - \sigma_3 = 24 - (-36) = 60(\text{MPa}) > [\sigma_t] = 35\text{MPa}$$

即按第三强度理论计算，零件不安全。但实际是安全的，这是因为铸铁属脆性材料，不适合于应用第三强度理论。

【例 13-8】　两端简支的组合工字钢梁承受载荷如图 13-17（a）所示。已知材料为 Q235 号钢，许用应力 $[\sigma] = 170\text{MPa}$，$[\tau] = 100\text{MPa}$，试按强度条件选择工字钢的型号。

**解**　（1）确定危险截面。

求梁的支座反力，画出梁的剪力图和弯矩图如图 13 - 17 （b）、（c）所示。由图可知，$C$、$D$ 截面为危险截面。因其危险程度相当，故选择其中 $C$ 截面进行计算。

（2）先按正应力强度条件选择截面。由型钢表查得 20a 工字钢有关数据。

由正应力强度条件

$$\sigma_{max} \leqslant [\sigma]$$

求出所需的截面系数

$$W_z = \frac{M_{max}}{[\sigma]} = \frac{84 \times 10^3}{170 \times 10^6} = 494 \times 10^{-6} (\mathrm{m}^3)$$

如选用 28a 号工字钢，则其截面的 $W_z = 508 \mathrm{cm}^3$。显然，这一截面满足正应力强度条件的要求。

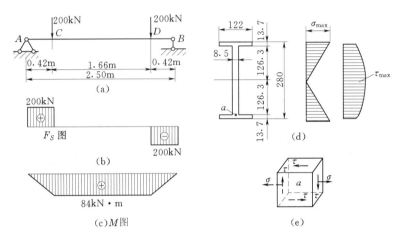

图 13 - 17

（3）再按切应力强度条件进行校核。

对于 28a 号工字钢的截面，查表得

$$I_z = 7114 \mathrm{cm}^4, \frac{I_z}{S_z} = 24.62 \mathrm{cm}, d = 8.5 \mathrm{mm}$$

$$\tau_{max} = \frac{F_{s,max} S_z^*}{I_z d} = \frac{200 \times 10^3}{24.62 \times 10^{-2} \times 8.5 \times 10^{-3}} = 95.5 (\mathrm{MPa}) < [\tau]$$

由此可见，选用 28a 号工字钢满足切应力强度条件。

（4）应用强度理论校核。

以上考虑了危险截面上的最大正应力和最大切应力。但是，对于工字形截面，危险截面上腹板与翼缘交界处的正应力和剪应力同时有较大的数值，且为平面应力状态，因此该处的主应力可能很大，是危险点，应进行强度校核，为此在该处取 $a$ 点，围绕该点取单元体［图 13 - 17 （e）］，计算单元体上的应力

$$\sigma = \frac{M_{max} y}{I_z} = \frac{84 \times 10^3 \times 0.1263}{7114 \times 10^{-8}} = 149.1 \times 10^6 (\mathrm{Pa})$$

$$= 149.1 \mathrm{MPa}$$

$$\tau = \frac{F_{s,max} S_z^*}{I_z d} = \frac{200 \times 10^3 \times 223 \times 10^{-6}}{7114 \times 10^{-8} \times 8.5 \times 10^{-3}} = 73.8 \times 10^6 (\mathrm{Pa})$$

$$= 73.8 \mathrm{MPa}$$

上式中的 $S_z^*$ 是横截面的下翼缘面积对中性轴的静矩，其值为

$$S_z^* = 122 \times 13.7 \times \left(126.3 + \frac{13.7}{2}\right) = 223000(\text{mm}^3)$$

$$= 223 \times 10^{-6} \text{m}^3$$

在图 13-17 （e） 所示的应力状态下，该点的三个主应力为

$$\sigma_1 = \frac{\sigma}{2} + \sqrt{\left(\frac{\sigma}{2}\right)^2 + \tau^2}$$

$$\sigma_2 = 0$$

$$\sigma_3 = \frac{\sigma}{2} - \sqrt{\left(\frac{\sigma}{2}\right)^2 + \tau^2}$$

由于材料是 Q235 钢，按第四强度理论进行强度校核，把上述主应力代入式 （13-18） 后，得强度条件为

$$\sqrt{\sigma^2 + 3\tau^2} \leqslant [\sigma]$$

将上述 $a$ 点处的 $\sigma$，$\tau$ 值代入上式，得

$$\sigma_{r4} = \sqrt{(149.1)^2 + 3(73.8)^2} = 196.4 \times 10^6 (\text{Pa}) = 196.4\text{MPa}$$

因 $\sigma_{r4}$ 较 $[\sigma]$ 大了 15.5%，所以应另选较大的工字钢。若选用 28b 工字钢，再按上述方法，算得 $a$ 点处的 $\sigma_{r4} = 173.2\text{MPa}$，较 $[\sigma]$ 大了 1.88%，故选用 28b 工字钢。

若按第三强度理论对 $a$ 点进行强度校核，把上述主应力代入式 （13-17） 后，得强度条件为

$$\sqrt{\sigma^2 + 4\tau^2} \leqslant [\sigma]$$

然后将上述 $a$ 点处的 $\sigma$，$\tau$ 值代入上式进行计算。

# 小　　结

（1）一点处应力状态的概念是指过一点各个方位截面上的应力情况。

（2）用单元体来表示一点处的应力状态。

（3）应力状态的分类：平面应力状态与空间应力状态。

（4）主平面与主应力：如果单元体的某一个面上只有正应力分量而无剪应力分量，则这个面称为主平面，主平面上的正应力称为主应力。通常用 $\sigma_1$、$\sigma_2$、$\sigma_3$ 表示三个主应力，而且按代数值大小排列，即 $\sigma_1 \geqslant \sigma_2 \geqslant \sigma_3$。根据主应力的情况，应力状态可分为三种：单向应力状态、二向应力状态和三向应力状态。

（5）用解析法求斜截面上的应力：

$$\sigma_\alpha = \frac{\sigma_x + \sigma_y}{2} + \frac{\sigma_x - \sigma_y}{2}\cos 2\alpha - \tau_x \sin 2\alpha$$

$$\tau_\alpha = \frac{\sigma_x - \sigma_y}{2}\sin 2\alpha + \tau_x \cos 2\alpha$$

（6）用图解法求斜截面上的应力——应力圆。

（7）主应力的大小和方位：

$$\sigma_{\min}^{\max} = \frac{\sigma_x + \sigma_y}{2} \pm \sqrt{\left(\frac{\sigma_x - \sigma_y}{2}\right)^2 + \tau_x^2}$$

$$\tan 2\alpha_0 = -\frac{2\tau_x}{\sigma_x - \sigma_y}$$

（8）空间应力圆：

$$\tau_{max} = \frac{\sigma_1 - \sigma_3}{2}$$

（9）广义胡克定律：

$$\left.\begin{array}{l}
\varepsilon_x = \dfrac{1}{E}\left[\sigma_x - v(\sigma_y + \sigma_z)\right] \\[2mm]
\varepsilon_y = \dfrac{1}{E}\left[\sigma_y - v(\sigma_x + \sigma_z)\right] \\[2mm]
\varepsilon_z = \dfrac{1}{E}\left[\sigma_z - v(\sigma_x + \sigma_y)\right] \\[2mm]
\gamma_{xy} = \dfrac{1}{G}\tau_{xy} \\[2mm]
\gamma_{yz} = \dfrac{1}{G}\tau_{yz} \\[2mm]
\gamma_{zx} = \dfrac{1}{G}\tau_{zx}
\end{array}\right\}$$

（10）四个强度理论与相当应力：

$$\left.\begin{array}{l}
\sigma_{r1} = \sigma_1 \\[2mm]
\sigma_{r2} = \sigma_1 - \nu(\sigma_2 + \sigma_3) \\[2mm]
\sigma_{r3} = \sigma_1 - \sigma_3 \\[2mm]
\sigma_{r4} = \sqrt{\dfrac{1}{2}\left[(\sigma_1 - \sigma_2)^2 + (\sigma_2 - \sigma_3)^2 + (\sigma_3 - \sigma_1)^2\right]}
\end{array}\right\}$$

## 思　考　题

13-1　围绕构件内一点，如何取出单元体？为什么说单元体的应力状态可以代表一点的应力状态？

13-2　有人认为，如图 13-18 所示的单元体沿 $z$ 轴方向上没有剪应力，因此它属于二向应力状态，对吗？

13-3　什么是主平面？什么是主应力？

13-4　最大剪应力平面上的正应力是否一定相等？

13-5　为什么应用"规则"判断主平面方位时还要限制"$2\alpha_0$ 取锐角"这个条件？

13-6　用应力圆确定某截面上应力时，为什么 $2\alpha$ 总是从 $D_1$ 点（$D_1$ 点代表 $x$ 截面），而不是从 $D_2$ 点量取？如图 13-19 所示。

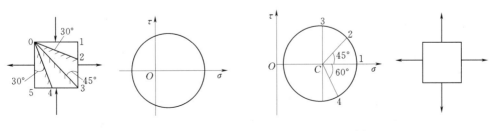

图 13-18　　　　　　　　　　　　　　　　　图 13-19

13-7　广义胡克定律的应用条件是什么？对于各向同性材料，一点处的最大、最小正应变与最大、最小正应力有什么关系？

13-8　什么是强度理论？金属材料的典型破坏形式有几种？常用的强度理论有哪些？

13-9　通常情况下，塑性材料适用什么强度理论？脆性材料适用什么强度理论？

## 习　题

13-1　已知应力状态如图13-20所示，求指定斜截面 ab 上的应力，并画在单元体上。

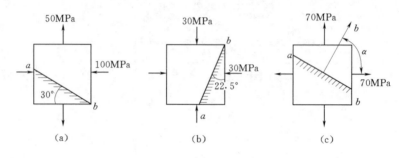

图 13-20

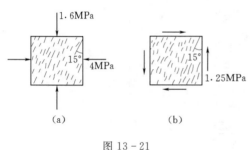

图 13-21

13-2　木制构件中的微元受力如图13-21所示，其中所示的角度为木纹方向与铅垂方向的夹角。试求：

（1）平行于木纹方向的切应力。

（2）垂直于木纹方向的正应力。

13-3　已知应力状态如图13-22所示，图中应力单位皆为 MPa。试用解析法及图解法求：

（1）主应力大小，主平面位置。

（2）在单元体上绘出主平面位置及主应力方向。

（3）剪应力极值。

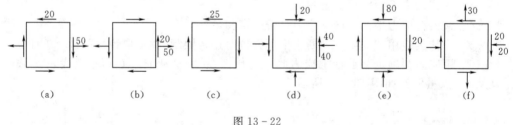

图 13-22

13-4　试确定图13-23所示应力状态中的最大正应力和最大切应力。图中应力的单位为 MPa。

13-5　结构中某一点处的应力状态如图13-24所示。试求：

（1）当 $\tau_{xy}=0$，$\sigma_x=200\text{MPa}$，$\sigma_y=100\text{MPa}$ 时，测得由 $\sigma_x$、$\sigma_y$ 引起的 $x$、$y$ 方向的正应变分别为 $\varepsilon_x=2.42\times10^{-3}$，$\varepsilon_y=0.49\times10^{-3}$。求结构材料的弹性模量 $E$ 和泊松比 $v$ 的数值。

（2）在上述所示的 $E$、$\nu$ 值条件下，当切应力 $\tau_{xy}=80\text{MPa}$，$\sigma_x=200\text{MPa}$，$\sigma_y=100\text{MPa}$ 时，求 $\gamma_{xy}$。

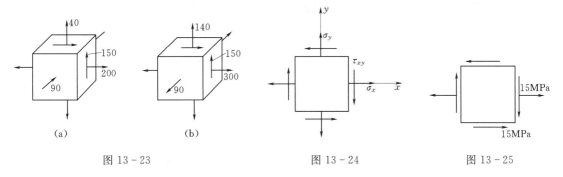

图 13-23　　　　　　　　　　　　图 13-24　　　　　　　　　图 13-25

13-6　从某铸铁构件内取出的危险点处的单元体，其各面上的应力分量如图 13-25 所示。已知铸铁材料的横向变形系数 $\nu=0.25$，许用拉应力 $[\sigma_t]=30\text{MPa}$，许用压应力 $[\sigma_c]=90\text{MPa}$。试按第一和第二强度理论校核其强度。

13-7　车轮与钢轨接触点处的主应力为 $-800\text{MPa}$、$-900\text{MPa}$、$-1100\text{MPa}$。若 $[\sigma]=300\text{MPa}$，试对接触点作强度校核。

13-8　对图 13-26 所示各应力状态，写出四个常用强度理论的相当应力。设 $\nu=0.3$。如材料为中碳钢，指出该用哪一理论。

13-9　对图 13-27 所示各应力状态（应力单位为 MPa），写出四个常用理论的相当应力。设 $\nu=0.25$。

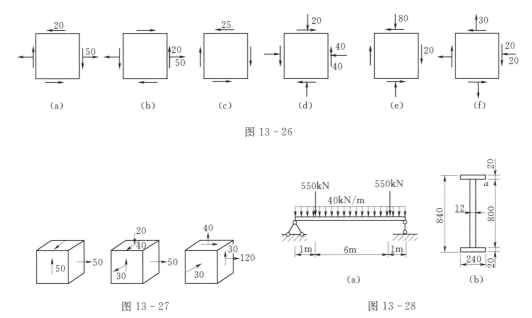

图 13-26

图 13-27　　　　　　　　　　　图 13-28

13-10　一简支钢板梁受荷载如图 13-28（a）所示，它的截面尺寸见图 13-28（b）。已知钢材的许用应力为 $[\sigma]=170\text{MPa}$，$[\tau]=100\text{MPa}$。试校核梁内的最大正应力和最大剪应力，并按第四强度理论对危险截面上的 $a$ 点作强度校核（若 $a$ 位置为翼缘与腹板的交界处）。

13-11　如图 3-29 所示，用 Q235 钢制成的实心圆截面杆，受轴向拉力 $P$ 及扭转力偶

矩 $m$ 共同作用，且 $m = Pd/10$。今测得圆杆表面 $k$ 点处沿图示方向的线应变 $\varepsilon_{30°} = 57.33 \times 10^{-5}$。已知该杆直径 $d = 10\text{mm}$，材料的弹性常数为 $E = 200\text{GPa}$，$\nu = 0.3$。试求荷载 $P$ 和 $m$。若其许用应力 $[\sigma] = 160\text{MPa}$，试按第四强度理论校核该杆的强度。

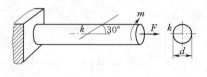

图 13 - 29

# 第十四章 组 合 变 形

## 第一节 概 述

杆件的四种基本变形形式（轴向拉伸和压缩、剪切、扭转、弯曲等）都是在特定的载荷条件下发生的。工程实际中杆件所受的一般载荷，常常不满足产生基本变形形式的载荷条件。这些一般载荷所引起的变形可视为两种或两种以上基本变形的组合，称之为组合变形。

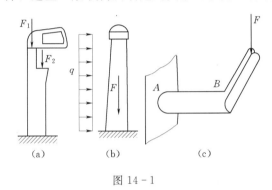

图 14-1

例如，图 14-1（a）所示设有吊车的厂房的柱子，除受轴向压力 $F_1$ 外，还受到偏心压力 $F_2$ 的作用，立柱将同时发生轴向压缩和弯曲变形。又如，图 14-1（b）所示的烟囱，除自重引起压缩变形外，水平风力使其产生弯曲变形，也是同时产生两种基本变形。再如，图 14-1（c）所示的曲拐轴，在载荷 $F$ 作用下，$AB$ 段既受弯又受扭，即同时产生弯曲变形和扭转变形。

对于组合变形下的构件，在线弹性范围内、小变形条件下，可按构件的原始形状和尺寸进行计算。因而，可先将载荷简化为符合基本变形外力作用条件的外力系，分别计算构件在每一种基本变形下的内力、应力或变形。然后，利用叠加原理，综合考虑各基本变形的组合情况，以确定构件的危险截面、危险点的位置及危险点的应力状态，并据此进行强度计算。

本章将研究两个平面弯曲的组合变形和拉伸（压缩）与弯曲的组合变形。在弹性范围内，小变形条件下，求这两种组合变形的应力，并进行强度计算。

## 第二节 斜 弯 曲

第十一章中讨论了梁的平面弯曲，例如，图 14-2（a）所示的矩形截面悬臂梁，外力 $F$ 作用在梁的对称平面内时，梁弯曲后，其挠曲线位于梁的纵向对称平面内，此类弯曲为平面弯曲。本节讨论的斜弯曲与平面弯曲不同，例如，图 14-2（b）所示的同样的矩形截面梁，外力的作用线通过截面的形心但不与截面的对称轴重合，此梁弯曲后的挠曲线不再位于梁的纵向对称平面内，这类弯曲称为斜弯曲。斜弯曲是两个平面弯曲的组合变形，这里将讨论斜弯曲时得正应力和正应力强度计算。

### 一、正应力计算

斜弯曲时，梁横截面上一般是存在正应力和切应力，因切应力值一般很小，这里不予考虑。下面结合图 14-3（a）所示的矩形截面悬臂梁说明正应力的计算方法。

计算距右端面为 $a$ 的截面上某点 $K(y, z)$ 处的正应力时，是将外力 $F$ 沿截面的两个对

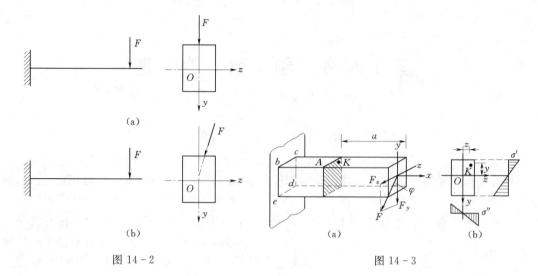

图 14 - 2　　　　　　　　　　　　　　　　图 14 - 3

称轴方向分解为 $F_y$ 和 $F_z$，分别计算 $F_y$ 和 $F_z$ 单独作用下该点的正应力，再代数相加。$F_y$ 和 $F_z$ 单独作用下梁的变形分别为在 $xy$ 面内和在 $xz$ 面内发生的平面弯曲，也就是说，计算斜弯曲时的正应力，是将斜弯曲分解为两个平面弯曲，分别计算每个平面弯曲下的正应力，再进行叠加。

由图 14 - 3（a）可知，$F_y$、$F_z$ 的值分别为

$$F_y = F\cos\varphi, \quad F_z = F\sin\varphi$$

距右端为 $a$ 的任一横截面上由 $F_y$ 和 $F_z$ 引起的弯矩分别为

$$M_z = F_y a = Fa\cos\varphi = M\cos\varphi$$

$$M_y = F_y a = Fa\sin\varphi = M\cos\varphi$$

式中 $M = Fa$ 是外力 $F$ 引起的该截面上的总弯矩。由 $M_y$ 和 $M_z$（$F_y$ 和 $F_z$）引起的该截面上一点 $K$ 处的正应力，为

$$\sigma' = \frac{M_z}{I_z}y, \quad \sigma'' = \frac{M_y}{I_y}z$$

$F_y$ 和 $F_z$ 共同作用下 $K$ 点的正应力为

$$\sigma = \sigma' + \sigma'' = \frac{M_z}{I_z}y + \frac{M_y}{I_y}z \tag{14-1a}$$

或

$$\sigma = \sigma' + \sigma'' = M\left(\frac{\cos\varphi}{I_z}y + \frac{\sin\varphi}{I_y}z\right) \tag{14-1b}$$

式（14 - 1a）或式（14 - 1b）就是上述梁斜弯曲时横截面任一点的正应力计算公式。式中 $I_z$ 和 $I_y$ 分别为截面对 $z$ 轴和 $y$ 轴的惯性矩；$y$ 和 $z$ 分别为所求应力点到 $z$ 轴和 $y$ 轴的距离，见图 14 - 3（b）。

用式（14 - 1a）计算正应力时，应将式中的 $M_y$、$M_z$、$y$、$z$ 等均以绝对值代入，求得的 $\sigma'$ 和 $\sigma''$ 的正、负，可根据梁的变形和求应力点的位置来判定（拉为正、压为负）。例如图 14 - 3（a）中 $A$ 点的应力，在 $F_y$ 单独作用下梁凹向下弯曲，此时 $A$ 点位于受拉区，$F_y$ 引起的该点的正应力 $\sigma'$ 为正值。同理，在 $F_z$ 单独作用下 $A$ 点位于受压区，$F_z$ 引起的该点的正应力 $\sigma''$ 为负值。

## 二、正应力强度条件

梁的正应力强度条件是载荷作用下梁横截面内的最大正应力不能超过材料的许用应力，即

$$\sigma_{max} \leqslant [\sigma]$$

计算 $\sigma_{max}$ 时，应首先知道其所在位置。工程中常用的矩形、工字形等对称截面梁，斜弯曲时梁中的最大正应力都发生在危险截面边缘的角点处。当将斜弯曲分解为两个平面弯曲后，很容易找到最大正应力的所在位置。例如图 14-3（a）所示的矩形截面梁，其左侧固定端截面的弯矩最大，该截面为危险截面，危险截面上应力最大的点称为危险点。$M_z$ 引起的最大拉应力（$\sigma'_{max}$）位于该截面上边缘 $bc$ 线各点，$M_y$ 引起的最大拉应力（$\sigma''_{max}$）位于 $cd$ 线上各点。叠加后，$bc$ 与 $cd$ 交点 $c$ 处的拉应力最大。同理，最大压应力发生在 $e$ 点。此时，依式（14-1a）或式（14-1b）最大正应力为

$$\sigma_{max} = \sigma'_{max} + \sigma''_{max} = \frac{M_{zmax}}{I_z} y_{max} + \frac{M_{ymax}}{I_y} z_{max}$$

$$= \frac{M_{zmax}}{W_z} + \frac{M_{ymax}}{W_y}$$

或

$$\sigma_{max} = \sigma'_{max} + \sigma''_{max} = M_{max} \left( \frac{\cos\varphi}{I_z} y_{max} + \frac{\sin\varphi}{I_y} z_{max} \right)$$

$$= M_{max} \left( \frac{\cos\varphi}{W_z} + \frac{\sin\varphi}{W_y} \right)$$

$$= \frac{M_{max}}{W_z} \left( \cos\varphi + \frac{W_z}{W_y} \sin\varphi \right)$$

式中：$M_{max}$ 是由 $F$ 引起的最大弯矩。所以，上述梁斜弯曲时的强度条件为

$$\sigma_{max} = \frac{M_{zmax}}{W_z} + \frac{M_{ymax}}{W_y} \leqslant [\sigma] \tag{14-2a}$$

或

$$\sigma_{max} = \frac{M_{max}}{W_z} \left( \cos\varphi + \frac{W_z}{W_y} \sin\varphi \right) \leqslant [\sigma] \tag{14-2b}$$

与平面弯曲类似，利用式（14-2a）或式（14-2b）所示的强度条件，可解决工程中常见的三类典型问题，即校核强度、选择截面和确定许可载荷。在选择截面（即设计截面）时应注意：因式中存在两个未知的弯曲截面系数 $W_y$ 和 $W_z$，所以，在选择截面时，需先确定一个 $\dfrac{W_z}{W_y}$ 的比值（对矩形截面，$W_z/W_y = \dfrac{1}{6}bh^2 / \dfrac{1}{6}hb^2 = h/b$），然后由式（14-2b）算出 $W_z$ 值，再确定截面的具体尺寸。

**【例 14-1】** 矩形截面简支梁受均布载荷如图 14-4（a）所示，已知 $q = 2\text{kN/m}$，$l = 4\text{m}$，$b = 100\text{mm}$，$h = 200\text{mm}$，$\varphi = 15°$，试求梁中点截面上 $K$ 点的正应力。

**解** 将 $q$ 沿截面的两个对称轴 $y$、$z$ 分解为 $q_y$ 和 $q_z$，见图 14-4（b）中点截面上的弯矩 $M_z$ 和 $M_y$ 分别为

$$M_z = \frac{1}{8} q_y l^2 = \frac{1}{8} q\cos\varphi\, l^2 = \frac{1}{8} \times 2 \times 10^3 \times \cos15° \times 4^2 = 3863(\text{N·m})$$

$$M_y = \frac{1}{8} q_z l^2 = \frac{1}{8} q\sin\varphi\, l^2 = \frac{1}{8} \times 2 \times 10^3 \times \sin15° \times 4^2 = 1035(\text{N·m})$$

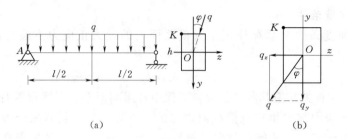

图 14-4

依式（14-1a）中点截面上 $K$ 点的正应力为

$$\sigma=-\frac{M_z}{I_z}y+\frac{M_y}{I_y}z=-\frac{M_z}{\frac{1}{12}bh^3}\cdot\frac{h}{2}+\frac{M_y}{\frac{1}{12}hb^3}\cdot\frac{b}{2}$$

$$=-\frac{6M_z}{bh^2}+\frac{6M_y}{hb^2}z=\left(-\frac{6\times3863}{0.1\times0.2^2}+\frac{6\times1035}{0.2\times0.1^2}\right)=-2.68(\text{MPa})$$

以上计算中 $M_y$、$M_z$、$y$、$z$ 均取绝对值。因为在载荷分量 $q_y$ 所引起的 $xy$ 面内的平面弯曲中 $K$ 点受压，式中第一项为压应力，取负号。在载荷分量 $q_z$ 所引起的 $xz$ 面内的平面弯曲中 $K$ 点受拉，式中第二项为拉应力，取正号。

**【例 14-2】** 矩形截面悬臂梁受力如图 14-5 所示，$F_1$ 作用在梁的竖向对称面内，$F_2$ 作用在梁的水平对称面内，$F_1$、$F_2$ 作用线均与梁的轴线垂直。已知 $F_1=2\text{kN}$，$F_2=1\text{kN}$，$l_1=1\text{m}$，$l_2=2\text{m}$，$b=120\text{mm}$，$h=180\text{mm}$，材料的许用正应力 $[\sigma]=10\text{MPa}$，试校核该梁的强度。

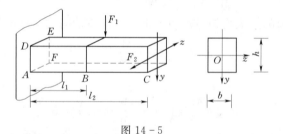

图 14-5

**解** 分析梁的变形：该梁 $AB$、$BC$ 段的变形不同，$BC$ 段在 $F_2$ 作用下只在水平对称平面内发生平面弯曲；$AB$ 段除在水平面内发生平面弯曲外，在梁的竖向对称平面内也发生平面弯曲，所以 $AB$ 段为两个平面弯曲的组合变形，即为斜弯曲。

$F_1$ 作用下最大拉应力发生在固定端截面 $DE$ 线上各点，$F_2$ 作用下最大拉应力发生在固定端截面 $EF$ 线上各点，显然，$F_1$、$F_2$ 共同作用下 $E$ 点的拉应力最大（同理，最大压应力发生 $A$ 点，其绝对值与最大拉应力相同），其值为

$$\sigma_{\max}=\frac{M_{z\max}}{W_z}+\frac{M_{y\max}}{W_y}=\frac{F_1l_1}{\frac{1}{6}bh^2}+\frac{F_2l_2}{\frac{1}{6}hb^2}$$

$$=\left(\frac{2\times10^3\times1}{\frac{1}{6}\times0.12\times0.18^2}+\frac{1\times10^3\times2}{\frac{1}{6}\times0.18\times0.12^2}\right)$$

$$=7.72(\text{MPa})<[\sigma]$$

满足强度条件。

# 第三节　拉伸（压缩）与弯曲

当杆件上同时作用有轴向外力和横向外力时〔图 14-6 (a)〕，轴向力使杆件伸长（或缩短），横向力使杆件弯曲，因而杆件的变形为轴向拉伸（或压缩）与弯曲的组合变形。下面结合图 14-6 (a) 所示的受力构件说明拉（压）与弯曲组合时的正应力及其强度计算。

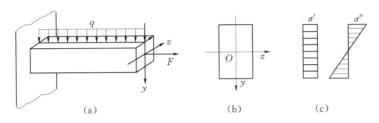

图 14-6

计算杆件在拉（压）与弯曲组合变形下的正应力时，仍采用叠加的方法，即分别计算杆件在轴向拉伸（压缩）和弯曲变形下的应力，再代数相加。轴向外力 $F$ 单独作用时，横截面上的正应力均匀分布〔图 14-6 (c)〕，其值为

$$\sigma' = \frac{F_N}{A}$$

横向力 $q$ 作用下梁发生平面弯曲，正应力沿截面高度呈直线规律分布图〔14-6 (c)〕，横截面上任一点的正应力为

$$\sigma'' = \frac{M}{I_z} y$$

$F$、$q$ 共同作用下，横截面上任一点的正应力为

$$\sigma = \sigma' + \sigma'' = \frac{F_N}{A} + \frac{M}{I_z} y \tag{14-3}$$

式（14-3）就是杆件在拉（压）、弯曲组合变形时横截面上任一点的正应力公式。

用式（14-3）计算正应力时，应注意正、负号：轴向拉伸时 $\sigma'$ 为正，压缩时 $\sigma'$ 为负；$\sigma''$ 的正负随点的位置而不同，仍根据梁的变形来判定（拉为正，压为负）。

有了正应力计算公式，很容易建立正应力强度条件。对图 14-6 (a) 所示的拉、弯曲组合变形杆，最大正应力发生在弯矩最大截面的边缘处，其值为

$$\sigma_{\max} = \frac{F_N}{A} + \frac{M_{\max}}{W_z}$$

正应力强度条件则为

$$\sigma_{\max} = \frac{F_N}{A} + \frac{M_{\max}}{W_z} \leqslant [\sigma] \tag{14-4}$$

【例 14-3】 图 14-7 所示矩形截面杆，作用于自由端的集中力 $F$ 位于杆的纵向对称面 $Oxy$ 内，并与杆的轴线 $x$ 成一夹角 $\varphi$。试求：

(1) 杆截面上 $K$ 点的正应力。

(2) 杆中的最大拉应力和最大压应力。

**解**　令 $F = F_x + F_y$，则有

$$F_x = F\cos\varphi, \quad F_y = F\sin\varphi$$

在轴向分力 $F_x$ 单独作用下，杆将产生轴向拉伸，杆横截面上 $K$ 点的拉应力为 $\sigma_k' = \dfrac{F_N}{A}$ $= \dfrac{F_x}{A}$。

在横向分力 $F_y$ 单独作用下，杆将在 $Oxy$ 内发生平面弯曲，其弯矩方程为

$$M = F_y(l-x) = F(l-x)\sin\varphi \quad (0 < x \leqslant l)$$

横截面上 $K$ 点的应力为

$$\sigma_k'' = \frac{My}{I_z}$$

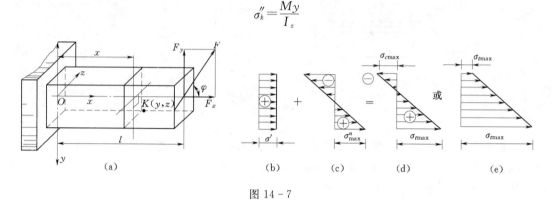

图 14 - 7

由叠加原理可得横截面上 $K$ 点的总应力为

$$\sigma_k = \sigma_k' + \sigma_k'' = \frac{F_N}{A} + \frac{My}{I_z}$$

固定端右侧相邻横截面为危险截面，危险点位于其上边缘或下边缘处。上边缘或下边缘各点分别产生最大拉应力和最大压应力，其值分别为

$$\begin{aligned} \sigma_{tmax} \\ \sigma_{cmax} \end{aligned} = \frac{F_N}{A} \pm \frac{M_{max}}{W_z}$$

**【例 14 - 4】** 如图 14 - 8 所示悬臂梁吊车的横梁用 25a 工字钢制成，已知：$l=4\text{m}$，$\alpha=30°$，$[\sigma]=100\text{MPa}$，电葫芦重 $Q_1=4\text{kN}$，起重量 $Q_2=20\text{kN}$。试校核横梁的强度。

**解** 如图 14 - 8（b）所示，当载荷 $F=Q_1+Q_2=$ 24kN 移动至梁的中点时，可近似地认为梁处于危险状态，此时梁 $AB$ 发生弯曲与压缩组合变形。

由 $\qquad \sum m_A = 0$，$F_{By} \times l - Fl/2 = 0$

解得 $\qquad F_{By} = F/2 = 12(\text{kN})$

而 $\qquad F_{Bx} = F_{By}\cot 30° = 20.8(\text{kN})$

由 $\sum F_y = 0$，$F_{Ay} - F + F_{By} = 0$

解得 $\qquad F_{Ay} = 12\text{kN}$

由 $\sum F_x = 0$，$F_{Ax} - F_{Bx} = 0$

解得 $\qquad F_{Ax} = 20.8\text{kN}$

$$\sigma_{max} = \frac{M_{max}}{W_z} = \frac{24 \times 10^3}{402 \times 10^{-6}} \approx 59.7 \times 10^{-6}(\text{Pa}) = 59.7\text{MPa}$$

梁 $AB$ 所受的轴向压力为

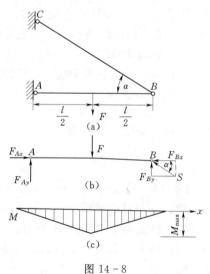

图 14 - 8

$$F_N = -F_{Bx} = -20.8(\text{kN})$$

其轴向压应力为

$$\sigma_c = -\frac{F_N}{A} = -4.20(\text{MPa})$$

梁中点横截面上、下边缘处的总正应力分别为

$$\sigma_{cmax} = -\frac{F_N}{A} - \frac{M_{max}}{W_z} = -64(\text{MPa})$$

$$\sigma_{tmax} = -\frac{F_N}{A} + \frac{M_{max}}{W_z} = 55.4(\text{MPa})$$

因为工字钢的抗拉、抗压能力相同，则 $|\sigma_{max}| = 64\text{MPa} < 100\text{MPa} = [\sigma]$ 此悬臂吊车的横梁安全。

# 第四节　截　面　核　心

偏心压缩（拉伸）是相对于轴向压缩（拉伸）而言的。轴向压缩（拉伸）时外力 $F$ 的作用线与杆件重合，当外力 $F$ 的作用线只平行于杆件轴线而不与轴线重合时，则称为偏心压缩（拉伸）。偏心压缩（拉伸）可分解为轴向压缩（拉伸）和弯曲两种基本变形，也是一种组合变形。

根据偏心力作用点位置不同，常见偏心压缩（拉伸）分为单向偏心压缩（拉伸）和双向偏心压缩（拉伸）两种情况，下面分别讨论其强度计算。

## 一、单向偏心压缩时的应力计算

当偏心压力 $F$ 作用在截面上的某一对称轴（例如 $y$ 轴）上的 $K$ 点时，杆件产生的偏心压缩称为单向偏心压缩图 14 - 9（a），这种情况在工程实际中最常见。

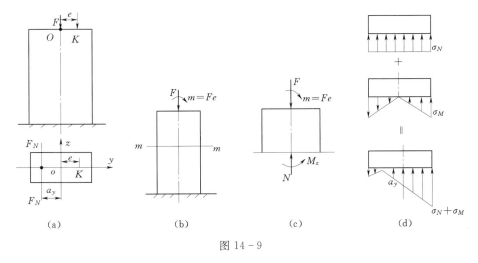

(a)　　　　　　(b)　　　　　　(c)　　　　　　(d)

图 14 - 9

1. 外力分析

将偏心压力 $F$ 向截面形心简化，得到一个轴向压力 $F$ 和一个力偶矩 $m = Fe$ 的力偶［图 14 - 9（b）］。

2. 内力分析

用截面法可求得任一横截面 $m$—$m$ 上的内力为

$$F_N = -F \qquad M_z = m = Fe$$

由外力简化和内力计算结果可知，偏心压缩为轴向压缩和纯弯曲的变形组合。

3. 应力分析

根据叠加原理，将轴力 $F_N$ 对应的正应力 $\sigma_N$ 与弯矩 $M$ 对应的正应力 $\sigma_M$ 叠加起来，即得单向偏心压缩时任意横截面上任一处正应力的计算式

$$\sigma = \sigma_N + \sigma_M = \frac{F_N}{A} \pm \frac{My}{I_z} = -\frac{F}{A} \pm \frac{Fe}{I_z} y \qquad (14-5)$$

应用式（14-5）计算应力时，式中各量均以绝对值代入，公式中第二项前的正负号通过观察弯曲变形确定，该点在受拉区为正，在受压区为负。

4. 最大应力

若不计柱自重，则各截面内力相同。由应力分布图 [14-9（d）] 可知偏心压缩时的中性轴不再通过截面形心，最大正应力和最小正应力分别发生在横截面上距中性轴最远的左、右两边缘上，其计算公式为

$$\sigma_{\substack{\max \\ \min}} = -\frac{F}{A} \pm \frac{Fe}{W_z} \qquad (14-6)$$

**二、双向偏心压缩时的应力计算**

当外力 $F$ 不作用在对称轴上，而是作用在横截面上任一位置 $K$ 点处时 [图 14-10（a）]，产生的偏心压缩称为双向偏心压缩。这是偏心压缩的一般情况，其计算方法和步骤与单向偏心压缩相同。

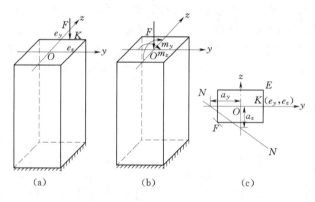

图 14-10

若用 $e_y$ 和 $e_z$ 分别表示偏心压力 $F$ 作用点到 $z$、$y$ 轴的距离，将外力向截面形心 $O$ 简化得一轴向压力 $F$ 和对 $y$ 轴的力偶矩 $m_y = Fe_z$，对 $z$ 轴的力偶矩 $m_z = Fe_y$ [图 14-10（b）]。

由截面法可求得杆件任一截面上的内力有轴力 $F_N = -F$、弯矩 $M_y = m_y = Fe_z$ 和 $M_z = m_z = Fe_y$。由此可见，双向偏心压缩实质上是压缩与两个方向纯弯曲的组合，或压缩与斜弯曲的组合变形。

根据叠加原理，可得杆件横截面上任意一点 $C(y，z)$ 处正应力计算式为

$$\sigma = \sigma_N + \sigma_{My} + \sigma_{Mz} = \frac{F_N}{A} \pm \frac{M_z y}{I_z} \pm \frac{M_y z}{I_y} = -\frac{F}{A} \pm \frac{Fe_y}{I_z} y \pm \frac{Fe_z}{I_y} z \qquad (14-7)$$

最大和最小正应力发生在截面距中性轴 $N$—$N$ 最远的角点 $E$、$F$ 处图 14-10（c）。

$$\sigma_{\substack{\max \\ \min}}^{\substack{F \\ E}} = -\frac{F}{A} \pm \frac{M_z}{W_z} \pm \frac{M_y}{W_y} \qquad (14-8)$$

上述各公式同样适用于偏心拉伸,但须将公式中第一项前改为正号。

**三、截面核心**

土木工程中常用的砖、石、混凝土等脆性材料,它们的抗拉强度远远小于抗压强度,所以在设计由这类材料制成的偏心受压构件时,要求横截面上不出现拉应力。由式(14-6)、式(14-8)可知,当偏心压力 $F$ 和截面形状、尺寸确定后,应力的分布只与偏心距有关。偏心距越小,横截面上拉应力的数值也就越小。因此,总可以找到包含截面形心在内的一个特定区域,当偏心压力作用在该区域内时,截面上就不会出现拉应力,这个区域称为截面核心。如图 14-11 所示的矩形截面杆,在单向偏心压缩时,要使横截面上不出现拉应力,就应使

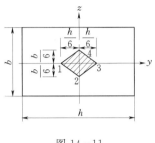

图 14-11

$$\sigma_{max}^{+} = -\frac{F}{A} \pm \frac{Fe}{W} \leqslant 0$$

将 $A = bh$、$W_z = \dfrac{bh^2}{6}$ 代入上式可得

$$1 - \frac{6e}{h} \geqslant 0$$

从而得 $e \leqslant \dfrac{h}{6}$,这说明当偏心压力作用在 $y$ 轴上 $\pm\dfrac{h}{6}$ 范围以内时,截面上不会出现拉应力。同理,当偏心压力作用在 $z$ 轴上 $\pm\dfrac{b}{6}$ 范围以内时,截面上不会出现拉应力。当偏心压力不作用在对称轴上时,可以证明将图中 1、2、3、4 点顺次用直线连接所得的菱形,即为矩形截面核心。常见截面的截面核心如图 14-12 所示。

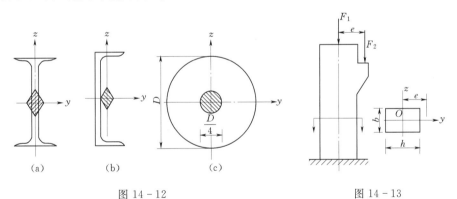

图 14-12

图 14-13

**【例 14-5】** 如图 14-13 所示为厂房的牛腿柱。设由屋架传来的压力 $F_1 = 100\text{kN}$,由吊车梁传来的压力 $F_2 = 30\text{kN}$,$F_2$ 与柱子的轴线有一偏心距 $e = 0.2\text{m}$。如果柱横截面宽度 $b = 180\text{mm}$,试求当 $h$ 为多少时,截面才不会出现拉应力。并求柱这时的最大压应力。

**解** (1) 外力计算为

$$F = F_1 + F_2 = 130(\text{kN})$$
$$M_z = F_2 e = 30 \times 0.2 = 6(\text{kN} \cdot \text{m})$$

(2) 内力计算,用截面法可求得横截面上的内力为

$$F_N = -F = -130\text{kN}$$

$$M_z = m_z = F_2 e = 6 (\text{kN} \cdot \text{m})$$

（3）应力计算为

$$\sigma_{\max}^+ = -\frac{F}{A} + \frac{M_z}{W_z} = -\frac{130 \times 10^3}{0.18h} + \frac{6 \times 10^3}{0.18h^2/6} = 0$$

解得

$$h = 0.28\text{m}$$

此时柱的最大压应力发生在截面的右边缘各点处，其值为

$$\sigma_{\max}^- = \frac{F}{A} + \frac{M_z}{W_z} = \frac{130 \times 10^3}{0.18h} + \frac{6 \times 10^3}{0.18h^2/6} = 5.13(\text{MPa})$$

# 小　　结

（1）计算斜弯曲、拉（压）弯组合和偏心压缩（拉伸）下的正应力时，都是采用叠加的方法，即将组合变形分解为基本变形，然后分别计算个基本变形下的应力，再代数相加。

（2）解决组合变形的关键，在于将组合变形分解为有关的基本变形，应明确：

1）弯曲分解为两个平面弯曲。

2）拉（压）、弯曲组合——分解为轴向拉伸（压缩）与平面弯曲。

3）偏心压缩（拉伸）——单向偏心压缩（拉伸）时，分解为轴向拉伸（压缩）与一个平面弯曲；双单向偏心压缩（拉伸）时，分解为轴向拉伸（压缩）与两个平面弯曲。

（3）组合变形分解为基本变形的关键，在于正确地对外力进行简化与分解。其要点为：

1）对平行于杆件轴线的外力，当其作用线不通过截面形心时，一律向形心简化（即将外力平移至形心处）。

2）对垂直于杆件轴线的横向力，当其作用线通过截面形心但不与截面的对称轴重合时，应将横向力沿截面的两个对称轴方向分解。

（4）对本章中所讨论的组合变形杆件进行强度计算时，其强度条件为

$$\sigma_{\max} \leqslant [\sigma]$$

式中：$\sigma_{\max}$ 为危险截面上危险点的应力，其值等于为先垫在各基本变形（拉伸、压缩、平面弯曲等）中的应力之和。

# 思　考　题

14-1　何谓组合变形？如何计算组合变形杆件横截面上任一点的应力？

14-2　对两种组合变形构件总述其计算危险点应力的解题一般步骤。

14-3　何谓平面弯曲？何谓斜弯曲？二者有何区别？

14-4　构件发生弯曲与压缩组合变形时，在什么条件下可按叠加原理计算横截面上的最大正应力？

14-5　将斜弯曲、拉（压）弯组合及偏心压缩（拉伸）分解为基本变形时，如何确定各基本变形下正应力的正负？

14-6　什么叫截面核心？为什么工程中将偏心压力控制在受压杆件的截面核心范围内？

# 习　　题

14-1　悬臂吊如图 14-14 所示，起重量（包括电葫芦）$G = 30\text{kN}$，横梁 $BC$ 为工字

钢，许用应力 $[\sigma]=140\text{MPa}$，试选择工字钢的型号（可近似按 $G$ 行至梁中点位置计算）。

14-2　如图 14-15 所示，斜杆 $AB$ 的横截面为 $100\text{mm}\times100\text{mm}$ 的正方形，若 $F=3\text{kN}$，试求其最大拉应力和最大压应力。

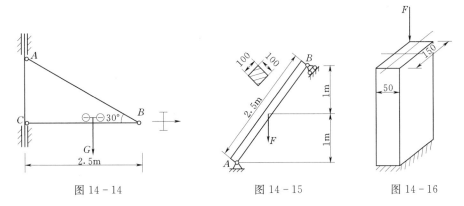

图 14-14　　　　　图 14-15　　　　　图 14-16

14-3　一矩形截面短柱，受图 14-16 所示偏心压力 $F$ 作用，已知许用拉应力 $[\sigma_t]=30\text{MPa}$，许用压应力 $[\sigma_c]=90\text{MPa}$，求许可压力 $[F]$。

14-4　材料为灰铸铁 HT15-33 的压力机框架如图 14-17 所示。许用拉应力为 $[\sigma_t]=30\text{MPa}$，许用压应力为 $[\sigma_c]=80\text{MPa}$。试校核框架立柱的强度。

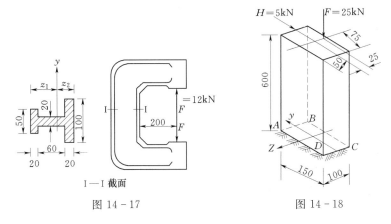

I—I 截面

图 14-17　　　　　　　　　图 14-18

14-5　图 14-18 所示短柱受载荷 $F$ 和 $H$ 的作用，试求固定端截面上角点 $A$、$B$、$C$ 及 $D$ 的正应力，并确定其中性轴的位置。

14-6　短柱的截面形状如图 14-19 所示，试确定截面核心。

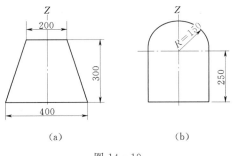

（a）　　　　　　　（b）

图 14-19

# 第十五章 压 杆 稳 定

## 第一节 压杆稳定性的概念

### 一、稳定性的概念

关于压杆，在第二章的讨论中认为，只要其满足强度和刚度条件，工作就是可靠的。其实，这是对短压杆来说的。对于长压杆，这只是必要条件，而不是充分条件。为了说明这个问题，先举一个简单实例。取两根截面宽 300mm、厚 5mm，抗压强度极限 $\sigma_c=40$MPa 的松木杆，长度分别为 30mm 和 1000mm，进行轴向压缩实验。实验结果表明，对长为 30mm 的短压杆，承受的轴向压力可高达 6kN（$\sigma_b A$），而对长为 1000mm 的长压杆，在承受不足 30N 的轴向压力时起就突然发生弯曲，继而断裂破坏。

分析其原因可以注意到，短压杆在轴向压力作用下始终保持着直线形式下的平衡形式，杆中的内力只有轴力，轴力的大小完全取决于荷载，与变形的大小无关。如果给这样的压杆一个临时的、细微的横向干扰，杆件的直线平衡形式不会改变，也不会改变内力的性质。这样的平衡称为稳定平衡。在稳定平衡中，构件的工作可靠性取决于强度和刚度。

对细长压杆，压力较小时平衡是稳定的，当压力增加到一定的数值 $F_{cr}$ 时，再受到偶然的横向干扰，杆件不再能保持直线下的平衡，而是在一种微弯的形式下平衡。在同一荷载 $F_{cr}$ 的作用下，可以有不同的平衡形式，说明这种平衡是不稳定的，工程上称其为失稳。因为杆件发生了弯曲，截面上的内力不仅有轴力，而且还有弯矩，可见这种情况下的内力不仅取决于荷载，而且还与变形形式有关。这时，尽管材料仍处在弹性范围，但是应力与荷载已不再是线性关系。此后，若荷载再稍有增加，变形就会有较大的增加，变形的增加又会使内力增加，如此循环的结果，导致杆件在较小的荷载下即失去承载能力，这种失效是由于失稳造成的，而不是由于强度或刚度的不足。这也就是长压杆与短压杆的区别。因此，对于长压杆，除考虑强度、刚度以外，还必须考虑稳定性问题。

### 二、临界状态和临界荷载

细长压杆在轴向压力作用下，从稳定平衡到失稳破坏，这个过程是连续变化的，中间必有一个从稳定到失稳的分界状态，这个状态称为临界状态。因为临界状态是个分界状态，对压杆稳定性的研究有特殊的意义。若称临界状态作用在压杆上的力为临界力，以 $F_{cr}$ 表示，显然，当加在压杆上的力 $F<F_{cr}$ 时，压杆的平衡是稳定的；当 $F>F_{cr}$ 时压杆将失稳。所以，临界力 $F_{cr}$ 就是压杆是否稳定的判据，对压杆稳定性的研究，也就变成了对压杆临界力的确定。

临界力 $F_{cr}$ 的数值通过实验侧定，也可以用理论计算。为了建立稳定性的直观概念，我们先介绍一个测定临界力 $F_{cr}$ 的实验。

取一细长直杆，将其下端固定，上端处于自由状态，如图 15-1（a）所示。然后，在其自由端加一大小可以连续变化的轴向压力，并随时观察实验现象，可以注意到：

（1）试验发现当压力 $F$ 值较小时（$F \ll F_{cr}$），杆件将在直线下保持平衡。若给杆件一个瞬间横向干扰，压杆将在直线平衡位置左右摆动，但经过几次摆动后很快就会恢复到原来的直线平衡位置，如图 15-1 （b） 所示。这表明，这时压杆的平衡是稳定的。

（2） 当压力 $F$ 逐渐增加，但只要 $F$ 的数值未超过临界值 $F_{cr}$，受到瞬间横向干扰后，压杆仍能恢复到原来的直线平衡状态，但是随着 $F$ 的增大，压杆在直线平衡位置左右的摆动将越来越缓慢。

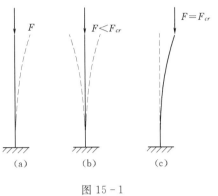

图 15-1

（3） 当压力 $F$ 增加到某一数值时，再受到横向干扰后，压杆不再能够回到直线下的平衡，而是在被干扰成的微弯状态下处于平衡，如图 15-1 （c） 所示。由前述概念可知，这就是临界状态。这时的荷载即临界荷载或临界力 $F_{cr}$。

在工程实际中，考虑细长压杆的稳定性问题非常重要。首先这类构件的失稳发生在其强度破坏之前，即小载荷破坏；其次是失稳的发生非常突然，失稳发生前无任何迹象，一旦发生，瞬间瓦解，以至于人们猝不及防，所以更具危险性。

# 第二节　细长中心受压直杆临界力的欧拉公式

理论上对细长压杆临界力的确定是由瑞典数学家欧拉（Euler）完成的。欧拉研究的压杆是压杆的一个理想模型，即由理想材料做成的几何直杆，载荷沿杆的轴线作用，这样的压杆在轴向压力作用下，如果不受到横向干扰，即使压力超过 $F_{cr}$，其平衡形式也不会改变。但当压力超过 $F_{cr}$ 后，横向干扰一旦出现，就会立即失稳。工程实际中的压杆不可能具备理想模型的条件，横向干扰（如材料的缺陷、载荷的偏心等）几乎是事先就存在的，所以当 $F=F_{cr}$ 时，压杆明显弯曲，但尚能保持平衡，所以实际中的压杆是以微弯状态下的平衡作为临界状态的标志的。

理论和实验确定结果表明，压杆的临界压力 $F_{cr}$ 与压杆材料的力学性质有关，与杆件截面的几何性质有关，还有杆的长度、两端约束等有关。在确定 $F_{cr}$ 时，要综合考虑这些因素。

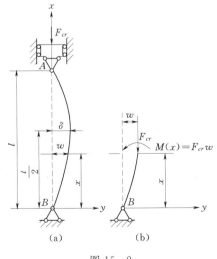

图 15-2

作为压杆稳定问题的基本内容，在研究方法上，先讨论比较普遍的、有代表性的两端铰支细长压杆，得出其临界力 $F_{cr}$ 的计算公式，对其他形式的压杆可以通过比较法，简便地得出临界压力 $F_{cr}$ 的公式结果。

## 一、两端铰支细长压杆的临界力

设有细长弹性直杆，两端为球形铰座（对任何方向的转动都不受限制）。设此杆在轴向压力作用下，在微弯的状态下保持平衡，如图 15-2 （a） 所示。根据临界力的概念，这时作用在杆上的压力即临界力。因为杆件在微弯的状态下保持平衡，杆件截面上的基本内力分量有轴力也有弯矩，因为导致压杆失稳的是弯曲变形，所以临界力 $F_{cr}$ 应利用压杆的挠曲线近似微分方程来确定。

在图 15-2（b）所示坐标系中，设压杆在距原点 $o$（即图中的 $B$ 点）为 $x$ 处的挠度为 $w(x)$，则由平衡可得该截面的弯矩

$$M(x) = F_\sigma w(x) \qquad\qquad\qquad\qquad (a)$$

式中：$F_\sigma$ 为载荷的大小，且规定压力为正。位移 $w(x)$ 与 $y$ 轴同向者为正，反之为负。因为压杆在临界状态时，挠度很小，挠曲线满足近似微分方程，

即

$$\frac{d^2 w(x)}{dx^2} = -\frac{M(x)}{EI} = -F_\sigma \cdot w(x) \qquad\qquad (b)$$

引用记号

$$k^2 = \frac{F_\sigma}{EI} \qquad\qquad\qquad\qquad (c)$$

于是式（c）可写成

$$\frac{d^2 w(x)}{dx^2} + k^2 w(x) = 0 \qquad\qquad\qquad (d)$$

式（d）为二阶常微分方程，其通解为

$$w = A\sin kx + B\cos kx \qquad\qquad\qquad (e)$$

式中，积分常数 $A$、$B$ 及 $k$ 由下述压杆的位移边界条件确定

$$w(0) = 0, w(l) = 0 \qquad\qquad\qquad (f)$$

将式（f）代入式（e），得

$$\left.\begin{array}{l} 0 \cdot A + B = 0 \\ \sin kl \cdot A + \cos kl \cdot B = 0 \end{array}\right\} \qquad\qquad (g)$$

式（g）是关于 $A$、$B$ 的齐次线性方程组，其有非零解的条件是

$$\begin{vmatrix} 0 & 1 \\ \sin kl & \cos kl \end{vmatrix} = 0$$

由此得 $\sin kl = 0$，则有 $k = \dfrac{n\pi}{l}$ （$n = 0$，1，2，…）。

式中，$n$ 的取值由挠曲线的形状确定，讨论中已经设定压杆是在微弯状态下保持平衡，所以 $n = 1$。

从而

$$k = \frac{\pi}{l} \qquad\qquad\qquad\qquad (h)$$

综合上述讨论可得

$$w = A\sin\frac{\pi}{l}x \qquad\qquad\qquad (i)$$

即两端铰支的细长压杆，临界状态下的挠曲线是半波正弦曲线。式中 $A$ 为杆件中点 $\left(\text{即 } x = \dfrac{l}{2} \text{ 处}\right)$ 的挠度。工程中常见的压杆一般都是小变形，所以，在小挠度的情况下，由欧拉公式确定的临界力是有实际意义的。

将上式（h）代入式（c），得

$$F_\sigma = \frac{\pi^2 EI}{l^2} \qquad\qquad\qquad (15-1)$$

式（15-1）即两端铰支细长压杆的临界力计算公式，也称为欧拉公式。

同理可导出两端为其他约束的细长压杆的临界力的欧拉公式，如表15-1所示。

表 15-1　　　　　各种支承条件下等截面细长压杆临界力欧拉公式

| 支承情况 | 两端铰支 | 一端固定另端铰支 | 两端固定 | 一端固定另端自由 |
|---|---|---|---|---|
| 失稳时挠曲线形状 | <br><br><br> | <br>C—挠曲线拐点 | <br>C，D—挠曲线拐点 | <br> |
| 临界力 $F_{cr}$ 欧拉公式 | $F_{cr}=\dfrac{\pi^2 EI}{l^2}$ | $F_{cr}=\dfrac{\pi^2 EI}{(0.7l)^2}$ | $F_{cr}=\dfrac{\pi^2 EI}{(0.5l)^2}$ | $F_{cr}=\dfrac{\pi^2 EI}{(2l)^2}$ |
| 长度系数 $\mu$ | $\mu=1$ | $\mu=0.7$ | $\mu=0.5$ | $\mu=2$ |

**二、欧拉公式的一般表达式**

由表 15-1 所述几种细长压杆的临界载荷的欧拉公式基本相似，只是分母中的系数不同。为应用方便，将表中各式写成欧拉公式的一般表达形式为

$$F_{cr}=\frac{\pi^2 EI}{(\mu l)^2} \tag{15-2}$$

式中：$\mu$ 称为长度因数；$\mu l$ 称为压杆的相当长度，也就是说，欧拉公式是将约束对细长压杆临界力的影响当量地换名为压杆长度对临界力的影响，$\mu$ 就是这样换算的当量因数。

【例 15-1】　如图 15-3 所示，矩形截面压杆，上端自由，下端固定。已知 $b=2\mathrm{cm}$，$h=4\mathrm{cm}$，$l=1\mathrm{m}$ 材料的弹性模量 $E=200\mathrm{GPa}$，试计算压杆的临界载荷。

**解**　由表 15-1 得 $\mu=2$。

因为 $h>b$，则 $I_y=\dfrac{hb^3}{12}<\dfrac{bh^3}{12}=I_z$，最小刚度面为 $xz$ 平面（中性轴为 $y$ 轴）。

由式（15-1），得

$$F_{cr}=\frac{\pi^2 EI_y}{(\mu l)^2}=\frac{\pi^2\times200\times10^3\times40\times20^3}{12\times(2\times1000)^2}\approx13.2(\mathrm{kN})$$

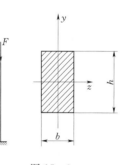

图 15-3

# 第三节　临界应力、欧拉公式适用范围和临界应力总图

**一、细长压杆的临界应力**

压杆的临界应力是指压杆处于临界平衡状态时，其横截面上的平均应力，用 $\sigma_{cr}$ 表示。

将式（15-2）两端同除压杆横截面积 $A$，便得

$$\sigma_{cr} = \frac{F_{cr}}{A} = \frac{\pi^2 EI}{(\mu l)^2} \times \frac{1}{A} \tag{a}$$

注意到式中 $I/A$ 即截面惯性半径的平方，亦即

$$i = \sqrt{\frac{I}{A}} \tag{15-3}$$

常用横截面的惯性半径分别为：

直径为 $d$ 的圆形截面，其惯性半径 $i = \dfrac{d}{4}$。边长为 $h$、$b$ 的矩形截面，若中性轴与 $h$ 垂直，则其惯性半径为 $i = \dfrac{h}{2\sqrt{3}}$；若中性轴与 $b$ 垂直，则其惯性半径为 $i = \dfrac{b}{2\sqrt{3}}$；常用型钢截面的惯性半径查有关附表。

将式（15-3）代入式（a），并令 $\lambda = \mu l / i$，则得细长压杆的临界应力欧拉公式为

$$\sigma_{cr} = \frac{\pi^2 E}{\lambda^2} \tag{15-4}$$

式中 $\lambda$ 综合反映了压杆的长度、约束形式及截面几何性质对临界应力的影响，称为柔度系数或长细比。

## 二、欧拉公式适用范围

挠曲线近似微分方程仅适用于线弹性范围，即 $\sigma \leqslant \sigma_P$ 细长压杆临界力欧拉公式是根据挠曲线近似微分方程建立的，因此，欧拉公式适用范围应为

$$\sigma_{cr} = \frac{\pi^2 E}{\lambda^2} \leqslant \sigma_P$$

由上式可得，$\lambda \geqslant \pi \sqrt{\dfrac{E}{\sigma_P}}$，若令

$$\lambda_P = \pi \sqrt{\frac{E}{\sigma_P}} \tag{15-5}$$

则欧拉公式的适用范围可表示为 $\lambda \geqslant \lambda_P$。因为欧拉公式是由细长压杆得来的，所以将 $\lambda \geqslant \lambda_P$ 的压杆，称为大柔度杆（细长杆）。在工程实际中许多压杆的柔度 $\lambda < \lambda_P$，实验表明这样的压杆也存在稳定性问题，但是其临界应力 $\sigma_{cr} > \sigma_P$，属于弹塑性稳定问题。为了讨论方便，对应于屈服极限 $\sigma_S$ 的柔度为 $\lambda_S$，则将 $\lambda_S \leqslant \lambda \leqslant \lambda_P$ 的压杆称为中柔度杆（中长压杆）；$\lambda \leqslant \lambda_S$ 的压杆称为小柔度杆（短杆）。

## 三、临界应力的经验公式和临界应力总图

在试验与分析的基础上建立的常用经验公式有直线公式和抛物线公式。

### 1. 直线公式

对于由合金钢、铝合金、铸铁与松木等制成的中柔度杆，可采用下述直线公式计算临界应力。

$$\sigma_{cr} = a - b\lambda \tag{15-6}$$

式中，$a$ 和 $b$ 为与材料性能有关的常数，单位为 MPa，几种常用材料的 $a$ 和 $b$ 值见表 15-2。如果设 $\sigma_{cr} = \sigma_S$ 时压杆的柔度为 $\lambda_S$，根据式（15-6），可得 $\lambda_S = \dfrac{a - \sigma_S}{b}$。图 15-4 所示为各类压杆的临界应力和 $\lambda$ 的关系，称为临界应力总图。由此图可明显地看出，短杆的临界应力与

λ 无关，而中、长杆的临界应力则随 λ 的增加而减小。

**表 15-2**　　　　　　　　　**常用材料的 $a$、$b$ 和 $\lambda_P$ 值**

| 材　　料 | $a$（MPa） | $b$（MPa） | $\lambda_P$ |
|---|---|---|---|
| Q235 钢 $\sigma_S=235\text{MPa}$ | 304 | 1.12 | 102 |
| 优质碳钢 $\sigma_S=306\text{MPa}$ | 461 | 2.568 | 95 |
| 铸铁 | 332.2 | 1.454 | 70 |
| 木材 | 28.7 | 0.190 | 80 |
| 松木 | 39 | 0.2 | 59 |
| 硬钻 | 372 | 2.14 | 50 |

**2. 抛物线公式**

对于由结构钢与低合金结构钢等材料制成的中柔度压杆，可采用下述抛物线公式计算临界应力。

$$\sigma_{cr}=a_1-b_1\lambda^2 \tag{15-7}$$

式中：$a_1$ 和 $b_1$ 为与材料性能有关的常数，查有关附表。

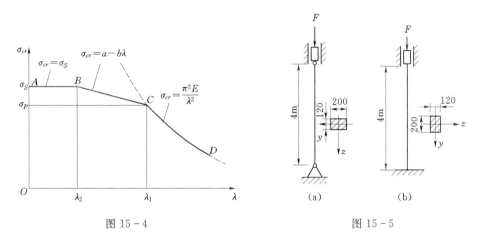

图 15-4　　　　　　　　　　图 15-5

**【例 15-2】**　一截面为 $12\times20\text{cm}^2$ 的矩形木柱，长为 $l=4\text{m}$，其支承情况是：在最大刚度平面内弯曲时为两端铰支 [图 15-5（a）]；在最小刚度平面内弯曲时为两端固定 [图 15-5（b）]，木柱为松木，其弹性模量 $E=10\text{GPa}$，试求木柱的临界力和临界应力。

**解**　（1）计算最大刚度平面内的临界力和临界应力。

$$I_z=12\times20^3/12=8000(\text{cm}^4)$$

由式（15-2），得

由

$$i_z=\sqrt{\frac{I_z}{A}}=\sqrt{\frac{8000}{12\times20}}=5.77(\text{cm})$$

由表 15-1 查得 $\mu=1$，查表 15-2 得 $\lambda_P=59$

$$\lambda=\frac{\mu l}{i_z}=\frac{1\times400}{5.77}=69.3>59=\lambda_P$$

由式（15-2），得

$$F_{cr} = \frac{\pi^2 EI}{(\mu l)^2} = \frac{\pi^2 \times 10 \times 10^9 \times 8 \times 10^{-5}}{(1 \times 4)^2} = 493.5 \times 10^3 (\text{N})$$

（2）计算最小刚度平面内的临界力和临界应力。

$$I_y = 12 \times 12^3 / 12 = 2880 (\text{cm}^4)$$

由式（15-2），得

$$i_y = \sqrt{\frac{I_y}{A}} = \sqrt{\frac{2880}{12 \times 20}} = 3.46 (\text{cm})$$

由表 15-1 查得 $\mu = 0.5$，则

$$\lambda = \frac{\mu l}{i_z} = \frac{0.5 \times 400}{3.46} = 57.8 < 59 = \lambda_P$$

由表 15-2 查得，$a = 39\text{MPa}$，$b = 0.2\text{MPa}$，由式（15-6），得

$$\sigma_{cr} = a - b\lambda = 39 - 0.2 \times 57.8 = 27.44 (\text{MPa})$$

$$F_{cr} = \sigma_{cr} A = 27.44 \times 10^6 \times 0.12 \times 0.2 = 658.56 (\text{kN})$$

由上述计算结果可知，第一种情况的临界力小，所以压杆失稳时将在最大刚度平面内产生弯曲。

# 第四节　压杆稳定性条件及实用计算

## 一、稳定条件

对于工程实际中的压杆，为使其不丧失稳定，就必须使压杆所承受的轴向压力 $F \leqslant F_{cr}$。另外为安全起见，还要有一定的安全因数，使压杆具有足够的稳定性。因此，压杆的稳定条件为

$$n = \frac{F_{cr}}{F} \geqslant [n_{st}] \tag{15-8}$$

式中：$n$ 为压杆的工作安全系数；$n_{st}$ 为规定的稳定安全系数。

在选择规定的稳定安全系数时，除考虑强度安全系数的因素外，还要考虑压杆存在的初曲率和不可避免的荷载偏心等不利因素。因此，规定的稳定安全系数一般要大于强度安全系数。其值可从有关设计规范和手册中查得。几种常见压杆规定的稳定安全系数列于表 15-3 中，以备查用。

表 15-3　　　　　　　　　　几种常见压杆规定的稳定安全系数

| 实际压杆 | 金属结构中的压杆 | 矿山、冶金设备中的压杆 | 机床丝杠 | 精密丝杠 | 水平长丝杆 | 磨床油缸活塞杆 | 低速发动机挺杆 | 高速发动机挺杆 |
|---|---|---|---|---|---|---|---|---|
| $n_{st}$ | 1.8～3.0 | 4～8 | 2.5～4 | >4 | >4 | 2～5 | 4～6 | 2～5 |

【例 15-3】　两端铰支的空心圆截面连杆，承受轴向压力 $F = 20\text{kN}$。已知连杆用硬铝制成，其外径 $D = 38\text{mm}$，内径 $d = 34\text{mm}$，杆长 $l = 600\text{mm}$，规定稳定安全系数 $[n_{st}] = 2.5$，试校核该杆的稳定性。

**解**
$$i = \sqrt{\frac{\pi(D^4 - d^4)}{64} \frac{4}{\pi(D^2 - d^2)}} = \frac{\sqrt{D^2 + d^2}}{4}$$

$$= \frac{\sqrt{0.038^2 + 0.034^2}}{4} = 0.01275(\text{m})$$

$$\lambda = \frac{\mu l}{i} = \frac{1 \times 0.6}{0.01275} = 47.1$$

由表 15-2 查得 $\lambda_P = 50$，则 $\lambda = 47.1 < 50 = \lambda_P$，又查得 $a = 372\text{MPa}$，$b = 2.14\text{MPa}$。由式 (15-6)，得

$$\sigma_{cr} = a - b\lambda = 372 \times 10^6 - 2.14 \times 10^6 \times 47.1 = 2.71 \times 10^8 (\text{Pa})$$

$$F_{cr} = \sigma_{cr}A = 2.71 \times 10^8 \times \frac{\pi(0.038^2 - 0.034^2)}{4} = 61.25 \times 10^3 (\text{kN})$$

$$n_{st} = \frac{F_{cr}}{F} = \frac{61.25}{20} = 3.06 > 2.5 = [n_{st}]$$

此连杆稳定性符合要求。

### 二、折减系数法

在工程实际，还常采用所谓折减系数法进行稳定计算。将式 (15-8) 两端同除压杆横截面面积 $A$，并整理得 $\sigma \leqslant \frac{\sigma_{cr}}{n_{st}} = [\sigma_{st}]$，将稳定许用应力改写为

$$[\sigma_{st}] = [\sigma_c]' \tag{15-9}$$

则杆件的稳定条件为

$$\sigma \leqslant \varphi[\sigma_c]' \tag{15-10}$$

式中 $[\sigma_c]$ 为许用应力，$\varphi$ 是一个小于 1 的系数，称为折减系数或稳定因数，其值与压杆的柔度及所用材料有关。表 15-4 所列为几种常用工程材料的 $\varphi$—$\lambda$ 对应数值。对于柔度为表中两相邻 $\lambda$ 值之间的 $\varphi$，可由直线内插法求得。由于考虑了杆件的初曲率和载荷偏心的影响，即使对于短粗杆，仍应在许用应力中考虑稳定系数 $\varphi$。在土建工程中，一般按稳定系数法进行稳定计算。

与强度计算类似，可以用折减系数法式 (15-10) 对压杆进行三类问题的计算。

1. 稳定校核

若已知压杆的长度、支承情况、材料截面及载荷，则可校核压杆的稳定性。即

$$\sigma = \frac{F_N}{A} \leqslant \varphi[\sigma]$$

表 15-4　　　　　　　　　　　　压　杆　的　稳　定　系　数

| $\lambda = \frac{\mu l}{i}$ | $\varphi$ | | | |
|:---:|:---:|:---:|:---:|:---:|
| | 3 号钢 | 16Mn 钢 | 铸 铁 | 木 材 |
| 0 | 1.000 | 1.000 | 1.00 | 1.00 |
| 10 | 0.995 | 0.993 | 0.97 | 0.99 |
| 20 | 0.981 | 0.973 | 0.91 | 0.97 |
| 30 | 0.958 | 0.940 | 0.81 | 0.93 |
| 40 | 0.927 | 0.895 | 0.69 | 0.87 |
| 50 | 0.888 | 0.840 | 0.57 | 0.80 |
| 60 | 0.842 | 0.776 | 0.44 | 0.71 |
| 70 | 0.789 | 0.705 | 0.34 | 0.60 |

续表

| $\lambda=\dfrac{\mu l}{i}$ | $\varphi$ | | | |
|---|---|---|---|---|
| | 3 号钢 | 16Mn 钢 | 铸 铁 | 木 材 |
| 80 | 0.731 | 0.627 | 0.26 | 0.48 |
| 90 | 0.669 | 0.546 | 0.20 | 0.38 |
| 100 | 0.604 | 0.462 | 0.16 | 0.31 |
| 110 | 0.536 | 0.384 | | 0.26 |
| 120 | 0.466 | 0.325 | | 0.22 |
| 130 | 0.401 | 0.279 | | 0.18 |
| 140 | 0.349 | 0.242 | | 0.16 |
| 150 | 0.306 | 0.213 | | 0.14 |
| 160 | 0.272 | 0.188 | | 0.12 |
| 170 | 0.243 | 0.168 | | 0.11 |
| 180 | 0.218 | 0.151 | | 0.10 |
| 190 | 0.197 | 0.136 | | 0.09 |
| 200 | 0.180 | 0.124 | | 0.08 |

2. 设计截面

将折减系数法式（15-10）改写为

$$A \geqslant \frac{F_N}{\varphi[\sigma_c]}$$

在设计截面时，由于 $\varphi$ 和 $A$ 都是未知量，并且它们又是两个相依的未知量，所以常采用试算法进行计算。步骤如下：

(1) 假设一个 $\varphi_1$ 值（一般取 $\varphi_1=0.5\sim0.6$），由此可初步定出截面尺寸 $A_1$。

(2) 按所选的截面 $A_1$，计算柔度 $\lambda_1$，查出相应的 $\varphi_1'$，比较 $\varphi_1$ 与 $\varphi_1'$，若两者接近，可对所选截面进行校核。

(3) 若 $\varphi_1$ 与 $\varphi_1'$ 相差较大，可再设 $\varphi_2=\dfrac{\varphi_1+\varphi_1'}{2}$，重复 (1)、(2) 步骤试算，直至求得 $\varphi_1$ 与所设的 $\varphi$ 接近为止。

3. 确定许用载荷

若已知压杆的长度、支承情况、材料截面及载荷，则可按折减系数法公式来确定压杆能承受的最大载荷值，即

$$[F] \leqslant A\varphi[\sigma_c]$$

【例 15-4】 木柱高 6m，截面为圆形，直径 $d=20$cm，两端铰接。承受轴向压力 $F=50$kN。试校核其稳定性。木材的许用应力 $[\sigma_c]=10$MPa。

**解** 截面的惯性半径：

$$i=\frac{d}{4}=\frac{20}{4}=5(\text{cm})$$

两端铰接时的长度系数 $\mu=1$，所以 $\lambda=\dfrac{\mu l}{i}=\dfrac{1\times600}{5}=120$

由表 15-4 查得 $\varphi=0.22$

$$\sigma = \frac{F}{A} = \frac{50 \times 10^3}{\dfrac{\pi(20 \times 10^{-2})^2}{4}} = 1.59 \times 10^6 = 1.59(\text{MPa})$$

$$\varphi[\sigma_c] = 0.22 \times 10 = 2.2(\text{MPa})$$

由于 $\sigma < \varphi[\sigma_c]$，所以木柱安全。

# 第五节　提高压杆稳定性的措施

由以上各节的讨论可知，压杆的稳定性取决于临界载荷的大小。由临界应力总图可知，当柔度 $\lambda$ 减小时，则临界应力提高，而 $\lambda = \dfrac{\mu l}{i}$，所以提高压杆承载能力的措施主要是尽量减小压杆的长度，选用合理的截面形状，增加支承的刚性以及合理选用材料等。因而，也从这几个方面入手，讨论如何提高压杆的稳定性。

### 一、选择合理的截面形状

从欧拉公式看出，截面的惯性矩 $I$ 越大，临界压力 $F_{cr}$ 越大。从经验公式又看到，柔度 $\lambda$ 越小，临界应力越高。由于 $\lambda = \dfrac{\mu l}{i}$，所以提高惯性半径 $i$ 的数值就能减小 $\lambda$ 的数值。可见，如不增加截面面积，尽可能地把材料放在离截面形心较远处，已取得较大的 $I$ 和 $i$，就等于提高了临界压力。例如，空心环形截面就比实心圆截面合理，因为若两者截面面积相同，环形截面的 $I$ 和 $i$ 都比实心圆截面的大得多。当然也不能为了取得较大的 $I$ 和 $i$，就无限制的增加环形截面的直径并减小其壁厚，这将使其因变成薄壁圆管而有引起局部失稳，发生局部折断的危险。若构件在 $xy$、$xz$ 平面的支承条件相同，则应尽量使截面的 $I_z$ 与 $I_y$ 相等。

如压杆在各纵向平面内的相当长度 $\mu l$ 相同，应使截面对任一形心轴的 $i$ 相等，或接近相等，这样，压杆在各个纵向平面内的柔度 $\lambda$ 都相等或接近相等，于是在各个纵向平面内有相等或接近相等的稳定性。例如，圆形或圆环形，都能满足这一要求。相反，某些压杆在不同的纵向平面内，$\mu l$ 并不相同。例如，发动机的连杆，在摆动平面内，两端可简化为铰支座，$\mu_1 = 1$；而在垂直于摆动平面的平面内，两端可简化为固定段，$\mu_2 = \dfrac{1}{2}$。这就要求连杆截面对两个形心主惯性轴 $x$ 和 $y$ 有不同的 $i_x$ 和 $i_y$，使得在两个主惯性平面内的柔度 $\lambda_1 = \dfrac{\mu_1 l_1}{i_x}$ 和 $\lambda_2 = \dfrac{\mu_2 l_2}{i_y}$ 接近相等。这样，连杆在两个主惯性平面内仍然可以有接近相等的稳定性。

### 二、改善压杆的约束条件

改善压杆的支座条件直接影响临界力的大小。例如两端铰支的压杆在其中间增加一支座，或者把两端改为固定端，则减小了压杆的相当长度，压杆的临界应力变为原来的 4 倍。一般说增加压杆的约束，使其更不容易发生弯曲变形，都可以提高压杆的稳定性。

### 三、合理选择材料

由式（15-4）可知，细长杆的临界应力，与材料的弹性模量 $E$ 有关。因此，选择弹性模量较高的材料，显然可以提高细长杆的稳定性。然而，就钢而言，由于各种钢的弹性模量值相差不大，若仅从稳定性考虑，选用高强度钢作细长杆是不经济的。

中柔度杆的临界应力与材料的比例极限、压缩极限应力等有关，因而强度高的材料，临界应力相应也高。所以，选用高强度材料作中柔度杆显然有利于稳定性的提高。

最后尚需指出，对于压杆，除了可以采取上述几方面的措施以提高其承载能力外，在可能的条件下，还可以从结构方面采取相应的措施。例如，将结构中的压杆转换成拉杆，这样，就可以从根本上避免失稳问题，从而避免了压杆的失稳问题。

# 小　结

（1）学习本章时，首先要准确地理解压杆稳定的概念，并弄清压杆"稳定"和"失稳"，是指压杆直线形式的平衡状态是稳定的，还是不稳定的。

（2）欧拉公式是计算细长压杆临界力的基本公式，应用此公式时，要注意它的适用范围。即 $\lambda \geqslant \lambda_P$ 时，临界力和临界应力分别为

$$F_{cr} = \frac{\pi^2 EI}{(\mu l)^2}, \quad \sigma_{cr} = \frac{\pi^2 E}{\lambda^2}$$

（3）长度因数 $\mu$ 反映了杆端支承对压杆临界力的影响，在计算压杆的临界力时，应根据支承情况选用相应的长度因数 $\mu$。

1）两端铰支压杆　　　　　　　　　　$\mu = 1$

2）一端固定，另一端自由压杆　　　　$\mu = 2$

3）两端固定压杆　　　　　　　　　　$\mu = 0.5$

4）一端固定，另一端铰支压杆　　　　$\mu = 0.7$

（4）要理解柔度 $\lambda$ 的物理意义及其在稳定计算中的的作用，$\lambda$ 值愈大，压杆越易失稳。

（5）临界应力总图：

1）柔度 $\lambda \geqslant \lambda_P$ 的压杆，称为大柔度杆，应用欧拉公式 $\sigma_{cr} = \frac{\pi^2 E}{\lambda^2}$。

2）柔度 $\lambda_s \leqslant \lambda < \lambda_P$ 的压杆，称为中柔度杆，应用经验公式 $\sigma_{cr} = a - b\lambda$。

3）柔度 $\lambda < \lambda_s$ 的压杆，称为小柔度杆，其属于强度问题。

（6）压杆的稳定校核有两种方法。

1）稳定性条件

$$n = \frac{F_{cr}}{F} \geqslant n_{st}$$

2）折减系数法

$$\sigma \leqslant \varphi[\sigma_c]$$

（7）提高压杆稳定性的措施。

1）选择合理的截面形状。

2）改善压杆的约束条件。

3）增加支承的刚性。

4）合理选择材料。

# 思　考　题

15-1　何谓失稳？何谓稳定平衡与不稳定平衡？何谓临界载荷？

15－2　试判断以下两种说法对否？

（1）临界力是使压杆丧失稳定的最小荷载。

（2）临界力是压杆维持直线稳定平衡状态的最大荷载。

15－3　应用欧拉公式的条件是什么？

15－4　柔度 $\lambda$ 的物理意义是什么？它与哪些量有关系？各个量如何确定？

15－5　利用压杆的稳定条件可以解决哪些类型的问题？试说明步骤。

15－6　何谓稳定系数？它随哪些因素变化？为什么？

15－7　提高压杆的稳定性可以采取哪些措施？采用优质钢材对提高压杆稳定性的效果如何？

15－8　采用 Q235 钢制成的三根压杆，分别为大、中、小柔度杆。若材料必用优质碳素钢，是否可提高各杆的承载能力？为什么？

# 习　　题

15－1　图 15－7 所示的细长压杆均为圆杆，其直径 $d$ 均相同，材料 Q235 钢，$E=210\mathrm{GPa}$。其中：图（a）为两端铰支；图（b）为一端固定，一端铰支；图（c）两端固定。试判别哪一种情形的临界力最大？哪种其次？哪种最小？若圆杆直径 $d=16\mathrm{cm}$，试求最大的临界力 $F_{cr}$。

15－2　三根圆截面压杆，直径均为 $d=160\mathrm{mm}$，材料为 Q235 钢，$E=200\mathrm{GPa}$，$\sigma_s=240\mathrm{MPa}$。两端均为铰支，长度分别为 $l_1$、$l_2$ 和 $l_3$，且 $l_1=2l_2=4l_3=5\mathrm{m}$。试求各杆的临界压力 $F_{cr}$。

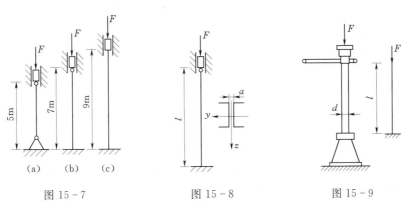

图 15－7　　　　　　　图 15－8　　　　　　　图 15－9

15－3　两端固定的矩形截面细长压杆，其横截面尺寸为 $h=60\mathrm{mm}$，$b=30\mathrm{mm}$，材料的比例极限 $\sigma_P=200\mathrm{MPa}$，弹性模量 $E=210\mathrm{GPa}$。试求此压杆的临界力适用于欧拉公式时的最小长度。

15－4　图 15－8 所示立柱由两根 10 号槽钢组成，立柱上端为球铰，下端固定，柱长 $l=6\mathrm{m}$，试求两槽钢距离 $a$ 值取多少立柱的临界力最大？并求最大临界力是多少？已知材料的弹性模量 $E=200\mathrm{GPa}$，比例极限 $\sigma_P=200\mathrm{MPa}$。

15－5　一木柱两端铰支，其截面为 $120\mathrm{mm}\times200\mathrm{mm}$ 的矩形，长度为 $4\mathrm{m}$。木材的 $E=10\mathrm{GPa}$，$\sigma_P=20\mathrm{MPa}$。试求木柱的临界应力。计算临界应力的公式有：（1）欧拉公式。（2）直线公式 $\sigma_{cr}=28.7-0.19\lambda$。

15－6　如图 15－9 所示，设千斤顶的最大承载压力为 $F=150\mathrm{kN}$，螺杆内径 $d=52\mathrm{mm}$，

$l=50\text{cm}$。材料为 A3 钢，$E=200\text{GPa}$。稳定安全系数规定为 $n_{st}=3$。试校核其稳定性。

15-7　图 15-10 所示托架中杆 AB 的直径 $d=4\text{cm}$，长度 $l=0.8\text{m}$，两端可视为铰支，材料是 A3 钢。

（1）试按杆 AB 的稳定条件求托架的临界力 $F_{cr}$。

（2）若已知实际载荷 $Q=70\text{kN}$，稳定安全系数 $n_{st}=2$，问此托架是否安全？

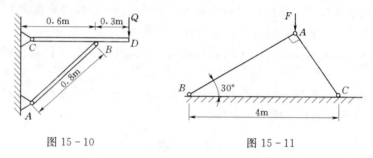

图 15-10　　　　　　　　　　图 15-11

15-8　如图 15-11 所示，已知 AB 为 A3 钢，杆 $l_{AB}=80\text{cm}$，$n_{st}=2$，$\lambda_1=100$，$\lambda_2=57$，试校核 AB 杆。

15-9　某厂自制的简易起重机如图 15-12 所示，其压杆 BD 为 20 号的槽钢，材料为 Q235 钢。起重机的最大起重量是 $F=40\text{kN}$。若规定的稳定安全系数为 $n_{st}=5$，试校核 BD 杆的稳定性。

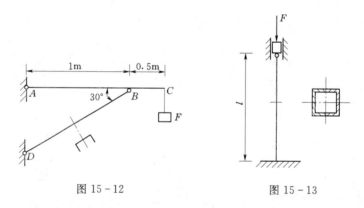

图 15-12　　　　　　　　　　图 15-13

15-10　下端固定、上端铰支、长 $l=4\text{m}$ 的压杆，由两根 10 号槽钢焊接而成，如图 15-13 所示。已知杆的材料为 3 号钢，强度许用应力 $[\sigma]=160\text{MPa}$，试求压杆的许可荷载。

# 第十六章　结构的计算简图与平面体系的几何组成分析

## 第一节　结构的计算简图和分类

### 一、杆件结构的计算简图

工程力学所研究的结构是将实际结构加以抽象和简化，略去一些次要因素，突出主要特点，进行科学抽象的一个简化了的理想模型。这种在结构计算中用以代替实际结构并能反映结构主要受力和变形特点的理想模型，称为结构的计算简图。

计算简图的选取是十分重要的，它直接影响着计算结果的精确度和计算工作量的大小。计算简图的选取必须遵循以下两个原则：①尽可能地反映出结构的受力和变形特点；②与采取的计算工具相适应，尽可能地使计算简便。

结构计算简图的选取，通常包括结构体系的简化、支座的简化、结点的简化及荷载的简化等方面的内容。

**（一）结构体系的简化**

一般的工程结构都是空间结构，如房屋建筑是由许多纵向梁柱和横向梁柱组成的。工程中常将其简化成为若干个纵向梁柱组成的纵向平面结构和若干个由横向梁柱组成的横向平面结构。并且，简化后的荷载与梁、柱的轴线位于同一平面内，即略去了横、纵向的联系作用，把原来的空间结构简化为若干个平面结构来分析。同时，在平面简化过程中，用梁、柱的轴线来代替实体杆件，以各杆轴线所形成的几何轮廓代替原结构。这种从空间到平面，从实体到杆轴线几何轮廓的简化称为结构体系的简化。

**（二）结点的简化**

在杆件结构中，杆件的相互联结处称为结点。根据联结处的构造情况和结构的受力特点，可将其简化为铰结点和刚结点两种基本类型。

**1. 刚结点**

刚结点的特征是汇交于结点各杆件在变形前后结点处各杆杆端切线夹角保持不变，即结点对杆端有约束转动和移动的作用，故产生杆端轴力、剪力和杆端弯矩。如图16-1（a）所示钢筋混凝土结构的某一结点，其特点是上

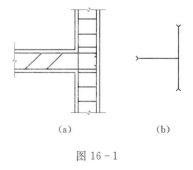

(a)　　　　　(b)

图 16-1

柱、下柱和梁之间用钢筋联成整体并用混凝土浇筑在一起，这种结点即可视为刚结点，其计算简图如图16-1（b）所示。

**2. 铰结点**

铰结点的特征是汇交于结点的各杆件都可绕结点自由转动，即结点对各杆端仅限制相对移动而没有约束转动的作用，故不引起杆端弯矩，而只能产生杆端剪力和杆端轴力。应指出，在实际结构中完全理想的铰是不存在的，这种简化有一定的近似性。如图16-2（a）

所示木屋架的端结点，其构造特点大致符合上述约束要求，因此可取图16-2（b）的计算简图，其中杆件之间的夹角 $\alpha$ 是可变的。

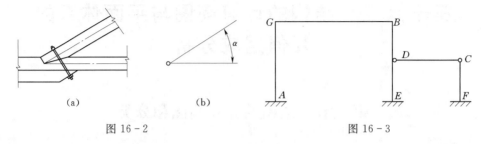

（a）　　　　　　　　　（b）

图16-2　　　　　　　　　　　　　　图16-3

在实际结构中，根据其受力特点，如果杆件只受有轴力，则此杆两端可用铰与其他部分相连（参照图16-8）。

有时还会遇到铰结点与刚结点共存的组合结点，如图16-3所示。$C$ 为铰结点，$D$ 则组合结点。$D$ 点为 $BD$、$ED$、$CD$ 三杆结点，其中 $BD$ 与 $ED$ 二杆是刚性联结，$CD$ 杆与其他两杆则由铰联结。组合结点处的铰称为不完全铰。

（三）支座的简化

结构与基础相联结的装置称为支座。平面结构的支座可简化为可动铰支座、固定铰支座、固定端支座和定向支座四种（前三种支座见第二章）。

1. 可动铰支座

可动铰支座又称滚轴支座。其特点是结构既可以绕铰自由转动，又可以沿支承面作微小移动，但不能产生沿垂直于支承面方向移动。故可动铰支座只能产生一个通过铰并垂直于支承面的约束反力。其计算简图与支座反力如图16-4所示。

2. 固定铰支座

固定铰支座的特点是结构可以绕铰自由转动，但不能移动。故固定铰支座可产生通过铰心沿任意方向的约束反力，为计算方便可将其分解为互相垂直的两个约束反力，计算简图和支座反力如图16-5所示。

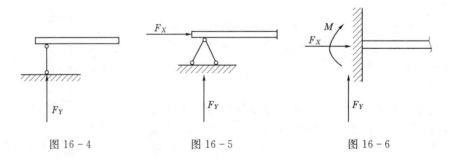

图16-4　　　　　　　　图16-5　　　　　　　　图16-6

3. 固定端支座

固定端支座简称固定支座。其特点是结构与基础相联结处既不能产生转动也不能移动，因此固定支座可以产生互相垂直的两个约束反力和一个反力偶。其计算简图与支座反力如图16-6所示。

4. 定向支座

定向支座又称滑动支座，其特点是只允许沿某一指定方向移动，因此其可以产生一个与移动方向垂直的反力和一个反力偶。如图16-7（a）所示为定向支座的示意图，像平板闸门的门槽、龙门架的滑道等均可视为定向支座。其计算简图和支座反力如图 16－7（b）所示。

（四）荷载的简化

荷载是作用在结构上的主动力，支座反力为被动力，二者都是结构的外力。外力可分为体积力和表面力。体积力指的是结构的自重或惯性力等；表面力是由其他物体通过接触面传递给结构的作用力，如土压力、起重机的轮压

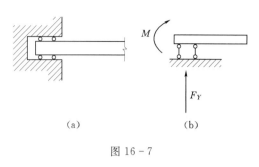

图 16－7

力等。由于杆件结构中把杆件简化为轴线，因此不管是体积力还是表面力，都认为这些外力作用在杆件轴线上。根据其作用的具体情况，外力又可简化为集中荷载和分布荷载。集中荷载是指在结构上某一点处的荷载，当实际结构上所作用的分布荷载其作用尺寸远小于结构尺寸时，为了计算方便，可将此分布荷载的总和视为作用在某一点上的集中荷载。分布荷载是指连续分布在结构某一部分上的荷载，它又可分为均布荷载和非均布荷载。当分布荷载的集度处处相同时，称为均布荷载，例如等截面直杆的自重则可简化为沿杆长作用的均布荷载；当分布荷载集度不相同时，称为非均布荷载，如作用在池壁上的水压力和挡土墙上的土压力，均可简化为按直线变化的非均布荷载（又称线布荷载）。

（五）计算简图示例

如图 16－8（a）所示为工业建筑中采用的一种桁架式组合吊车梁，横梁 AB 和竖杆 CD 由钢筋混凝土做成，但 CD 杆的截面尺寸比 AB 梁的尺寸小很多，斜杆 AD、BD 则为 16Mn 钢。吊车梁两端由柱子上的牛腿支承。

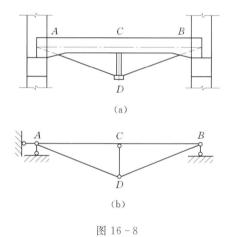

图 16－8

支座简化：吊车梁两端的预埋钢板仅通过较短的焊缝与柱子牛腿上的预埋钢板相连，其对吊车梁的转动起不了多大的约束作用，又考虑到梁的受力情况和计算方便，则梁的一端可以简化为固定铰支座而另一端可简化为可动铰支座。

结点简化：因 AB 是一根整体的钢筋混凝土梁，截面抗弯刚度较大，故计算简图 16－8中 AB 取为连续杆，而竖杆 CD 和钢拉杆 AD、BD 与横梁 AB 相比，其截面的抗弯刚度小得多，其主要产生轴力，则杆件 CD、AD、BD 两端皆可看作铰结，其中结点 C 为组合结点，铰 C 在梁 AB 的下方。

最后，用各杆的轴线代替各构件，得图 16－8（b）所示的计算简图。这个计算简图保证了横梁 AB 的受力特点（弯矩、剪力、轴力），其余三杆保留了主要内力为轴力这一特点，而忽略了较小的弯矩、剪力影响；对于支座保留了主要的竖向支撑作用，而忽略了微小转动的约束作用。

实践证明，分析时这样选取的计算简图是合理的，它既反映了结构主要的变形和受力特点，又能使得计算比较简便。

又如图 16－9（a）所示为真实结构示意图，是常用的简单空间刚架。假设有纵向力 $F_P$ 和横向力 $F_Q$ 作用。当力 $F_P$ 单独作用时，横梁 AE、BF 等基本不受力，则可取图 16－9

（b）所示计算简图。当力 $F_Q$ 单独作用时，纵梁 $AB$、$EF$ 等基本不受力，可取图 16 - 9 （c）所示计图。即把空间结构简化为多个平面结构。把空间结构简化为平面结构是有条件的，并非所有的空间结构都可简化为平面结构，必须按照结构的具体构造、受力特征和几何特征等多方面综合加以考虑，不能一概认为空间结构都可简化为平面结构。例如图 16 - 9 （a）中力 $F_Q$ 不相等且相差甚为悬殊时或力 $F_Q$ 虽然相等但与 $F_Q$ 平行的各平面刚架尺寸不同且相差悬殊时，则不能按图 20 - 9 （c）平面刚架考虑，而只能按空间刚架来计算。

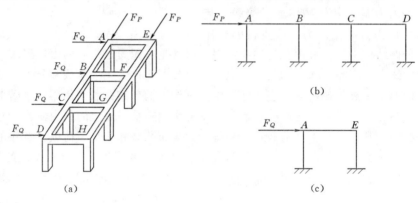

图 16 - 9

## 二、平面杆系结构的分类

平面杆系结构是本课程的研究对象，其分类实际上是指对计算简图的分类。常见的平面杆件结构有以下几种类型。

（1）梁。梁是一种受弯构件，轴线通常为直线，也有曲梁等。梁可以是单跨的 ［图 16 - 10 （a）、（c）］，也可以是多跨的 ［图 16 - 10 （b）、（d）］。

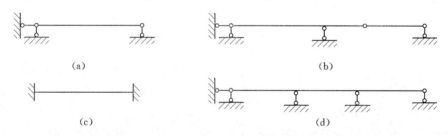

图 16 - 10

（2）拱。拱结构的轴线为曲线，且在竖向荷载作用下也产生水平反力（图 16 - 11）。这种水平反力将使用拱内弯矩远小于跨度、荷载及支承情况相同的梁的弯矩。

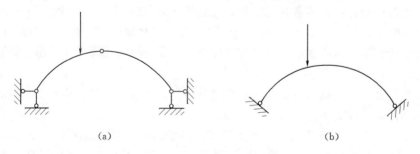

图 16 - 11

（3）刚架。刚架是由梁和柱组成的结构，如图 16-12 所示，各杆件主要受弯。刚架中的结点主要是刚结点，也可以有部分铰结点或组合结点。

（4）桁架。桁架是由若干直杆组成，所有结点都是铰结点，如图 16-13 所示。当受到结点荷载作用时，各杆只产生轴力。

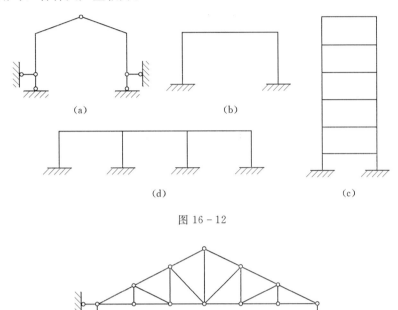

图 16-12

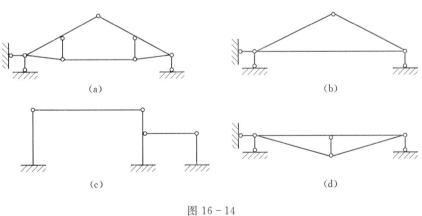

图 16-13

（5）组合结构。在这种结构中，有些杆件只承受轴力，而另一些杆件则同时产生弯矩、剪力和轴力，如图 16-14 所示。

图 16-14

# 第二节 平面体系的几何组成分析

**一、几何组成分析的目的**

杆件结构是由若干个杆件相互联结而形成的体系，并与地基联结成一体，用来承受预定

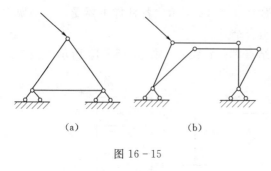

图 16 - 15

荷载的作用。当不考虑各杆件自身的变形时，杆件只有按照一定的组成规则连接起来，才能保持其原有的几何形状和位置保持不变，形成几何不变体系，才能够承受荷载而作为结构使用。如图 16 - 15（a）、（b）所示的杆件体系，前者能够承受荷载，是结构；后者受载后将倾倒，即不能承受荷载，因而不能作为结构。

在结构的几何组成分析中，把所有的杆件都假想地看成不变形的刚体，这种杆件体系可分为两大类。

（1）几何不变体系：在任意力系作用下，其几何形状和位置都保持不变的体系。

（2）几何可变体系：在任意力系作用下，其几何形状和位置发生改变的体系。

工程结构在使用过程中应能使自身的几何形状和位置保持不变，因而必须是几何不变体系。只有几何不变体系才能够承受荷载而作为结构使用。

平面体系几何组成分析的目的是：①判别体系是否为几何不变体系，从而确定它是否能作为结构使用；②正确区分静定结构和超静定结构，以便选择计算方法，为结构的内力分析打下必要的基础；③明确体系的几何组成顺序，有助于了解结构各部分之间的受力和变形关系，确定相应的计算顺序。

**二、平面体系的自由度**

综上所述，在几何组成分析中，忽略了材料的应变，因而把构件看成刚体。同样，体系中已为几何不变的部分和地基也都可视为刚体。通常将平面体系中的刚体成为刚片。

所谓体系的自由度，是指该体系运动时，用来确定其位置所需独立的坐标（或参变量）数目。如果一个体系的自由度大于零，则该体系就是几何可变体系。

（1）点的自由度。平面内一动点 $A$，其位置需用两个坐标 $x$ 和 $y$ 来确定，如图 16 - 16（a）所示，所以一个点在平面内有两个自由度。

（2）刚片的自由度。一个刚片在平面内运动时，其位置将由其上任一点 $A$ 的坐标

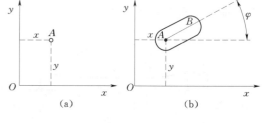

图 16 - 16

$x$、$y$ 和过点 $A$ 的任一直线 $AB$ 的倾角 $\varphi$ 确定，如图 16 - 16（b）所示。因此，一个刚片在平面内有三个自由度。

**三、约束**

约束是指能够减少自由度的装置（又称联系）。减少一个自由度的装置，就称为一个约束（或联系）。

1. 链杆约束

凡刚性构件，不论直杆或曲杆，只要两端用铰相连，都称为链杆（即二力杆）。如图 16 - 17（a）所示，用一个链杆与基础相连，则刚片不能沿链杆方向移动，因而减少一个自由度，故一个链杆相当于一个约束。如果在刚片与基础之间再增加一个链杆 ［图 16 - 17（b）］，则刚片又减少一个自由度，此时刚片只能绕 $A$ 点转动，而去掉了移动的可能，即减

少了两个自由度，相当于两个约束。

2. 铰链约束

用一个铰将刚片Ⅰ、Ⅱ联结起来，如图 16 – 17（c）所示，对刚片Ⅰ而言，其位置可由 $A$ 点的坐标 $x$、$y$ 和 $AB$ 线的倾角 $\varphi_1$ 来确定，因此其有三个自由度，刚片Ⅱ相对刚片Ⅰ只能绕 $A$ 点转动，即两刚片间只保留了相对转角 $\varphi_2$，则由刚片Ⅰ、Ⅱ所组成的体系在平面内有四个自由度，而两刚片在平面内独立的自由度个数为六个，则一个铰的约束去掉了两个自由度。这种联结两个刚片的铰称为单铰。一个单铰相当于两个约束；也相当于两根链杆的约束作用 [图 16 – 17（b）]，亦即相当于一固定铰支座的作用。

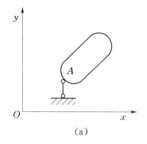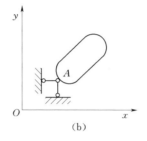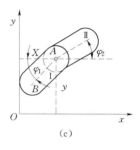

图 16 – 17

若用一个铰同时联结三个或三个以上的刚片，则这种铰称为复铰（图 16 – 18）。设其中一刚片可沿 $x$、$y$ 向移动和绕某点转动，则其余两刚片都只能绕其转动，因此各减少两个自由度。像这种联结三刚片的复铰相当于两个单铰的作用，由此可见，联结 $n$ 个刚片的复铰，相当于（$n-1$）个单铰的作用。

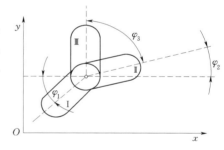

图 16 – 18

3. 刚性连接

通过类似的分析可知，固定支座相当于三个链杆的约束，联结两杆件的刚性结点也相当于三个链杆的约束，即有三个约束。

4. 多余约束

如果在一个体系中增加一个约束，而体系的自由度并不减少，则此约束为多余约束。如图 16 – 19（a）所示，一点 $A$ 与基础的联结，链杆①、②约束了点 $A$ 的两个自由度，即点 $A$ 被固定了，则链杆①、②是非多余约束（即必要约束）。若再增加一个链杆 [图 16 – 19（b）]，实际上仍减少两个自由度，则有一个是多余约束（可把三个链杆中任何一个看作是

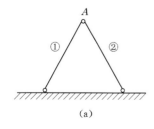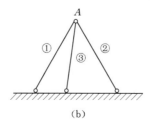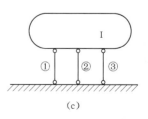

图 16 – 19

多余约束）。又如图 16 - 19（c）用三个平行链杆将刚片Ⅰ与基础联结，此时刚片Ⅰ仍可作平行移动，即存在一个自由度，三根链杆实际上只减少了两个自由度。因此，有两个链杆是必要约束，其中一个链杆则为多余约束。

实际上，一个平面体系通常都是由若干个刚片加入许多约束所组成的。如果在组成体系的各刚片之间恰当地加入足够的约束，就能使各刚片之间不能发生相对运动，从而使该体系成为几何不变体系。

**四、平面体系自由度的计算**

平面体系可以看成是多个刚片组合成。平面体系的计算自由度为各刚片不受约束时的自由度总数与因约束作用而减少的自由度数之差，即

$$W=3m-(2h+r) \qquad (16-1)$$

式中：$W$ 为平面体系的计算自由度；$m$ 为刚片数；$h$ 为单铰数；$r$ 为支座链杆数。

应用式（16-1）计算平面体系自由度时，必须注意单铰数 $h$，如遇复铰，必将复铰折算成单铰后再代入。

实际上每一个约束不一定都能使体系减少一个自由度，因为这还与约束的具体布置有关。因此，$W$ 不一定能反映体系真实的自由度。

平面体系中，经常遇到全部杆件均为链杆而组成的链杆体系（如桁架），计算这种体系的自由度时，除可用式（16-1）外，还可用下面导出的公式。

设链杆体系中铰接结点数目为 $j$，杆件数为 $b$，支座链杆数为 $r$。由于一个自由结点有两个自由度，未加约束之前，结点应有的自由度数目为 $2j$，每根杆件及支座链杆都相当于一个约束，共减少 $(b+r)$ 个自由度，于是链杆体系的计算自由度公式为

$$W=2j-(b+r) \qquad (16-2)$$

【例 16 - 1】　计算图 16 - 20 所示体系的自由度。

**解**　该体系的刚片数 $m=5$，结点 $D$、$F$、$G$ 各为一个单铰。结点 $E$ 是复铰，相当于两个单铰，因此单铰数 $h=5$，应用式（16-1），体系自由度为

$$W=3m-2h-r=3\times5-2\times5-5=0$$

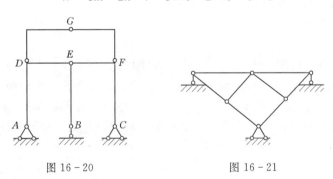

图 16 - 20　　　　　　　　　　图 16 - 21

【例 16 - 2】　计算图 16 - 21 所示体系的自由度。

**解**　该体系中 $j=6$，$b=8$，$r=4$ 由式（16-2）可计算体系的自由度为

$$W=2\times6-(8+4)=0$$

按照以上计算，体系计算自由度与体系类别的关系如下：

（1）$W>0$，表明体系缺少足够的约束，体系一定是几何可变的。

（2）$W=0$，表明体系有保证几何不变所需的最少约束数，但不一定就是几何不变体系。

如约束不当，仍然可能是几何可变的，或瞬变的。

（3）$W<0$，表明体系内有多余约束存在。

因此，$W \leq 0$ 是保证体系几何不变的必要条件，但不是充分条件，为了确定体系是否几何不变，尚需进一步研究几何不变体系的合理组成规则。

# 第三节　几何不变体系的简单组成规则

### 一、二元体规则

如图 16-22（a）所示为一个点与刚片的联结装置，显然它是个几何不变体系。这种由两根不共线的链杆联结一个结点的装置称为二元体。由前所知，一个结点的自由度为 2，用两根不共线的链杆相连，其约束数也为 2，则 $A$ 点被固定，且无多余约束。

**规则Ⅰ：一个点与一刚片用两根不共线的链杆相联结（三个铰不在同一直线上），则组成几何不变体系，且无多余联系。**

若将刚片看成为链杆 [16-22（b）]，则形成一用三铰联结三链杆的装置，这一情况如同用三条线，$AB$、$BC$、$CA$ 作一三角形。由平面几何知识可知，用三条定长的线段只能作出一个形状和大小都一定的三角形，即此三角形是几何不变的，通常称之为铰结三角形，是体系形成几何不变的基本单元。

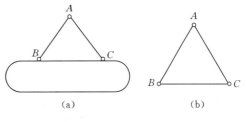

图 16-22

由二元体的概念可得出**推论Ⅰ：在一个几何不变体系上增加或撤去一个二元体，则该体系仍然是几何不变体系。**因此，在进行体系的几何组成分析时，宜先将二元体撤除，再对剩余部分进行分析，所得结论就是原体系的几何组成分析结论。

### 二、两刚片规则

平面中两个独立的刚片共有六个自由度，若将它们组成一个刚片，则只有三个自由度。由此可知，在两刚片之间至少应该用三个约束相连，才可能组成一个几何不变的体系。

如图 16-23（a）所示，两刚片用两根不平行的链杆 $AB$、$CD$ 相联结。若设刚片Ⅰ不动，刚片Ⅱ将绕 $AB$、$CD$ 两杆延长线的交点 $O$ 转动；反之若设刚片Ⅱ不动，则刚片Ⅰ也将绕 $O$ 点转动。$O$ 点称为刚片Ⅰ、Ⅱ的相对转动瞬心（即瞬心）。该铰的位置在两链杆轴线的交点上，且其位置随两刚片的转动而改变，又称为虚铰。为制止两刚片的相对转动，需增加一根链杆 $EF$ [图 16-23（b）]，若 $EF$ 的延长线不通过 $O$ 点，则刚片Ⅰ、Ⅱ之间就不可能再产生相对转动。

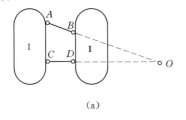 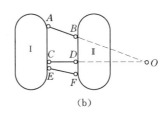

图 16-23

**规则Ⅱ：两刚片之间用不全交于一点也不全平行的三根链杆相联结，则组成几何不变体系，且无多余联系。**

由前所知，一个铰的约束相当于两根链杆的约束，若将 $AB$、$CD$ 的约束看成一个铰 $O$，如图 16-23（b）所示，则可得出推论Ⅱ：**两刚片之间用一个铰和一根与铰不共线的链杆相联结，则组成几何不变体系，且无多余联系。**

### 三、三刚片规则

平面中三个独立的刚片共有九个自由度，若组成一个刚体则只有三个自由度，由此可知，在三个刚片之间至少应增加六个链杆或三个铰，才可能将三刚片组成为几何不变体系。

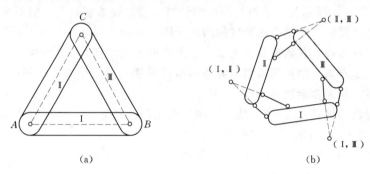

图 16-24

如图 16-24（a）所示，刚片Ⅰ、Ⅱ、Ⅲ用不在同一直线上的三个铰 $A$、$B$、$C$ 两两相连形成三角形，为几何不变体系，由此得出规则Ⅲ。

**规则Ⅲ：三刚片之间用不在同一直线上的三个铰两两相连。则组成几何不变体系，且无多余联系。**

若将每一个铰换为两根链杆相连［图 16-24（b）］，显然该体系也为几何不变体系。推论Ⅲ：**三刚片之间用六根链杆两两相连，只要六根链杆所形成的三个铰不在同一直线上，则组成几何不变体系，且无多余联系。**

实际上，以上所述规则及推论中若将刚片皆看成链杆时，则三个规则及推论所述的皆是铰结三角形，都是同一个问题，只是在叙述的方式上有所不同。这也就得出一个结论：铰结三角形是组成几何不变体系的基本单元。

### 四、瞬变体系

上述几何组成规则及其推论中，皆有一定的限制条件，如果不能满足这些条件，则将会出现如下情况。

如图 16-25 中所示，其中图（a）为两刚片用三根相交于一点的链杆相联结。由于其延长线相交于 $O$ 点，此时两刚片可绕 $O$ 点作相对转动，但在产生微小转动后，三根链杆就不

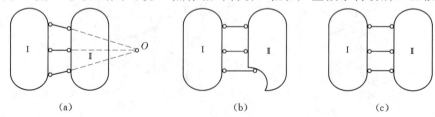

图 16-25

再交于一点，则不能继续产生相对运动。这种在某一瞬时可以产生微小运动的体系，称为瞬变体系。又如图 16-25（b）中三刚片用三根平行链杆相连，此时两刚片可沿垂直链杆方向产生相对移动，但在发生一微小移动后，三链杆就不再互相平行，则这种体系也为瞬变体系。应当注意，若三根链杆等长且互相平行〔图 16-25（c）〕，当两刚片发生一微小移动后，三链杆仍为平行，运动将继续发生，为几何可变体系，通常又称为常可变体系。实际上，在几何组成分析中瞬变体系也属于几何可变的，绝对不能作为结构在工程中使用。

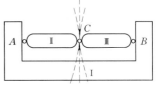

图 16-26

如图 16-26 所示，若三刚片用位于同一直线的三铰相连，此时 $C$ 点为 $AC$、$BC$ 两个圆弧的公切点，故 $C$ 点可沿公切线方向产生微小的移动。当微小运动产生后，三个铰就不在同一直线上，运动也就不再继续，故为瞬变体系。瞬变体系只发生微小的相对运动，似乎可作为结构使用，但实际上当它受力时将会产生很大的内力而导致破坏，或者产生过大变形而影响使用。如图 16-27（a）所示瞬变体系，在外力 $F_P$ 作用下，铰 $C$ 向下产生一微小的位移而到 $C'$ 位置，由图 16-27（b）所示，由隔离体的平衡条件 $\sum F_y = 0$ 可得

$$F_N = \frac{F_P}{2\sin\varphi}$$

因为 $\varphi$ 为一无穷小量，所以

$$F_N = \lim_{\varphi \to 0} \frac{F_P}{2\sin\varphi} = \infty$$

由此可见，杆 $AC$ 和 $BC$ 将产生很大的内力和变形，将首先产生破坏。因此瞬变体系是属于几何可变体系的一类，绝对不能在工程结构中采用。

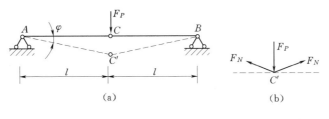

图 16-27

# 第四节　几何组成分析示例

几何组成分析就是根据前述的三个规则对体系的几何组成进行分析，判断是否为几何不变体系，且有无多余联系。分析中可根据铰结三角形或二元体来简化体系。

【例 16-3】　试对图 16-28 所示体系作几何组成分析。

**解**　该体系的特点：一是与基础的连接使用了三个链杆，称为简支，分析时可以暂不考虑；二是体系完全铰结，可使用铰结三角形概念简化结构。分析如下：

$ABC$ 部分是从铰结三角形 $BGF$ 开始按规则Ⅰ依次增加二元体所形成的一几何不变的部分，作为刚片Ⅰ；同理，$ADE$ 部分也是几何不变，作为刚片Ⅱ；杆件 $CD$ 作为刚片Ⅲ。刚片Ⅰ、Ⅱ用铰 $A$ 相连，刚片Ⅱ、Ⅲ用铰 $D$ 相连，刚片Ⅰ、Ⅲ用铰 $C$ 相连，$A$、$C$、$D$ 三铰不

在同一直线上，符合规则Ⅲ。将 $ABE$ 看作一刚片，与基础用三链杆相连为简支，符合规则Ⅲ，组成几何不变体系，且无多余联系。

**【例 16-4】** 试对图 16-29 所示体系进行几何组成分析。

**解**　该体系有铰结部分，可以运用铰结三角形或二元体规则进行分析。首先在基础上依次增加 $A—D—B$ 和 $A—C—D$ 两个二元体，则该部分可与基础作为一个刚片；再将 $EF$ 看作另一刚片。该两刚片通过链杆 $DE$ 和支座 $F$ 处的两水平链杆相联结，符合规则Ⅱ，则为几何不变体系，且无多余联系。

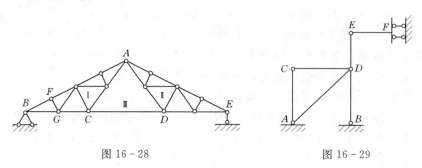

图 16-28　　　　　　　　　图 16-29

**【例 16-5】** 对图 16-30 所示体系进行几何组成分析。

**解**　将基础看作刚片Ⅰ，$BDE$ 看作刚片Ⅱ，$AB$ 看作链杆，则刚片Ⅰ、Ⅱ之间用链杆 $AB$ 及铰 $D$ 和铰 $E$ 处的两根链杆相联结，因三链杆交于一点 $C$，则该体系为瞬变体系。

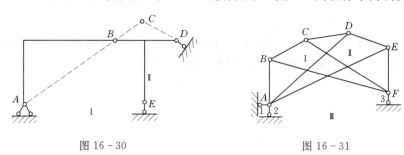

图 16-30　　　　　　　　　图 16-31

**【例 16-6】** 对图 16-31 所示体系进行几何组成分析。

**解**　如图 16-31 所示，结构为简支；先不考虑支座。结构内部 $BCF$ 和 $ADE$ 为两个铰结三角形，分别作为刚片Ⅰ、Ⅱ，两刚片用链杆 $CD$、$AB$、$EF$ 相连，符合两刚片规则，则结构内部为几何不变体系，又与基础用链杆 1、2、3 相连，符合规则Ⅱ，则体系为几何不变体系，且无多余联系。

**【例 16-7】** 试对图 16-32 所示体系进行几何组成分析。

**解**　由规则Ⅱ，先去掉二元体 $G—J—H$、$D—G—F$、$F—H—E$ 和 $D—F—E$，使体系得到简化。$ADC$ 和 $BEC$ 部分别为铰结三角形基础上增加二元体所形成的几何不变部分，分别作为刚片Ⅰ、Ⅱ，基础看作刚片Ⅲ，刚片Ⅰ、Ⅱ、Ⅲ之间分别用 $C$、$B$、$A$ 三个铰相连，且三铰不在同一直线上，符合规则Ⅲ，则该体系为几何不变体系，且无多余联系。

**【例 16-8】** 试对图 16-33 所示体系进行几何组成分析。

**解**　杆件 $AB$ 与基础简支符合规则Ⅱ，为几何不变部分。再增加二元体 $A—C—E$ 和 $B—D—F$，为几何不变，此外又增加上一根链杆 $CD$，则此体系为具有一个多余联系的几何不变体系。

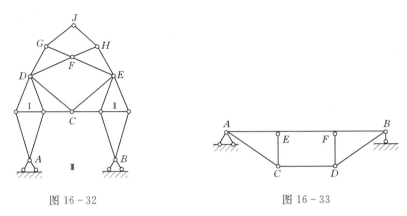

图 16 - 32　　　　　　　　　　　　　　图 16 - 33

【**例 16 - 9**】　试对图 16 - 34 所示体系进行几何组成分析。

**解**　链杆 6 和 DE 可看作二元体。基础为刚片Ⅰ，与刚片 AB 用 1、2、3 三根链杆相联结，且三链杆不全交于一点也不互相平行，符合规则Ⅱ，组成几何不变部分，作为大刚片Ⅰ，其与刚片 CD 用链杆 BC 和 4、5 相联结，符合规则Ⅱ，则所形成的体系为几何不变体系，且无多余联系。

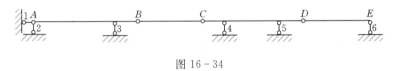

图 16 - 34

# 第五节　静定结构与超静定结构

用来作为结构的杆件体系，必须是几何不变体系，而几何不变体系又分为无多余约束和有多余约束两类。后者的约束数目除满足几何不变的要求外尚有多余。如图 16 - 35 （a） 所示连续梁，若将 C、D 处两支座链杆去掉［图 16 - 35 （b）］，剩余的支座链杆恰好满足两刚片联结的要求，则它有两个多余联系。

又如图 16 - 36 （a） 所示加筋梁，若将链杆 ab 去掉［图 16 - 36 （b）］，则成为无多余约束的几何不变体系。故此加筋梁为具有一个多余约束的几何不变体系。

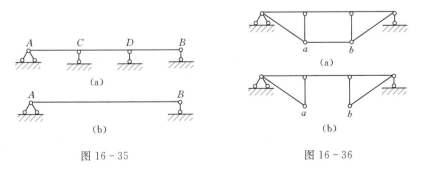

图 16 - 35　　　　　　　　　图 16 - 36

对于无多余约束的结构，其全部反力和内力都可由静力平衡条件求解，这类结构称为静定结构（图 16 - 37）。对于具有多余约束的几何不变体系，仅依静力平衡条件是不能求解出其全部反力和内力的，如图 16 - 38 所示连续梁，其支座反力有五个，而静力平衡条件只有三个，显然静力平衡条件无法求得其全部反力，从而也就不可能求得其全部内力。这种具有多余约束而用静力平衡条件无法求得其全部反力和内力的几何不变体系，被称为超静定结构。超静定结构必须要借助于变形条件方可求解。

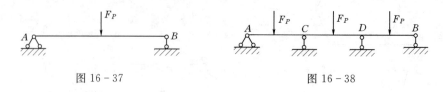

图 16-37　　　　　　　　　　　　　　　图 16-38

# 小　结

1. 平面体系的分类

$$
体系
\begin{cases}
几何不变
\begin{cases}
无多余约束 ——静定结构 \\
有多余约束 ——超静定结构
\end{cases} \\
几何可变
\begin{cases}
常变体系 \\
瞬变体系
\end{cases}
不能用作建筑工程结构
\end{cases}
$$

2. 几何不变体系组成规则

基本规律：平面体系中的铰结三角形为几何不变体系。

规则Ⅰ：一个点与一刚片用两根不共线的链杆相联结（三个铰不在同一直线上），则组成几何不变体系，且无多余联系。

规则Ⅱ：两刚片之间用不全交于一点也不全平行的三根链杆相联结，则组成几何不变体系，且无多余联系。

规则Ⅲ：三刚片之间用不在同一直线上的三个铰两两相联，则组成几何不变体系，且无多余联系。

一个铰相当于两个链杆的约束作用。两个链杆也相当于一个铰的约束作用。

3. 分析平面体系几何组成的任务

(1) 确定体系是几何不变的或几何可变的，从而确定此体系是否能用于实际结构。

(2) 确定体系是静定结构还是超静定结构，从而选择相应的计算方法。

(3) 探讨合理的结构形式。

# 思　考　题

16-1　链杆能否作为刚片？刚片能否作为链杆？二者有何区别？

16-2　体系中任何两根链杆是否都相当于在其交点处的一个虚铰？

16-3　如图 16-39 (a)、(b) 中，$B—A—C$ 是否为二元体，$B—D—C$ 能否看成是二元体？

16-4　瞬变体系与可变体系各有何特征？为什么土木工程中要避免采用瞬变和接近瞬变的体系？

16-5　在进行几何组成分析时，应注意体系的哪些特点才能使分析得到简化？

16-6　如图 16-40 所示，因 $A$、$B$、$C$ 三铰共线，所以是瞬变，这样分析是否正确？

16-7　何为多余约束？如何确定多余约束的个数？

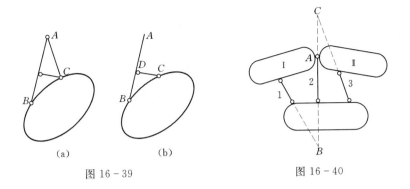

图 16 - 39　　　　　　　　图 16 - 40

# 习　题

试对图 16 - 41～图 16 - 62 所示体系作几何组成分析。若为多余约束的几何不变体系，则指出其多余约束的数目。

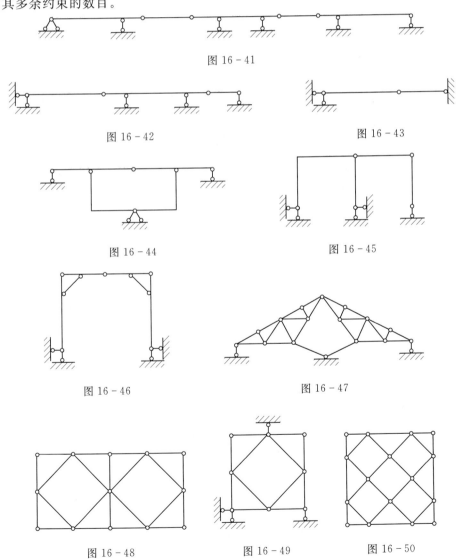

图 16 - 41

图 16 - 42　　　　　　　　图 16 - 43

图 16 - 44　　　　　　　　图 16 - 45

图 16 - 46　　　　　　　　图 16 - 47

图 16 - 48　　　　图 16 - 49　　　　图 16 - 50

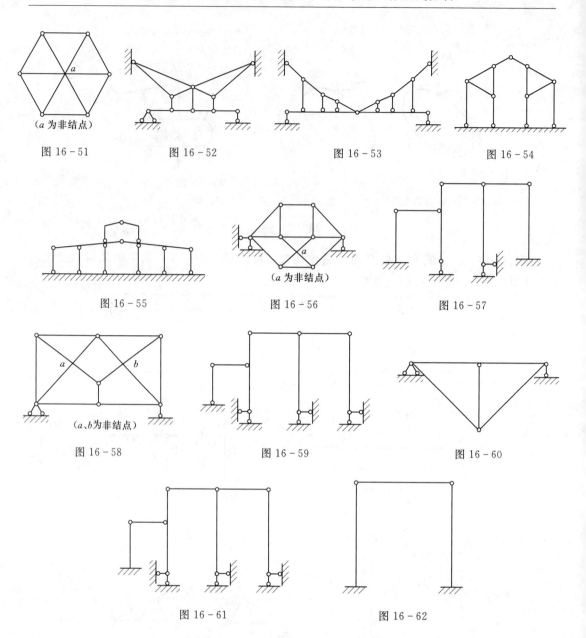

（a 为非结点）

图 16-51

图 16-52

图 16-53

图 16-54

图 16-55

（a 为非结点）

图 16-56

图 16-57

（a、b 为非结点）

图 16-58

图 16-59

图 16-60

图 16-61

图 16-62

# 第十七章　静定结构的内力分析

## 第一节　多跨静定梁

### 一、多跨静定梁特点

多跨静定梁是由若干个单跨静定梁用铰联结而成的静定结构。在工程结构中，常用它来跨越几个相连的跨度。例如公路桥梁的主要承重结构和房屋建筑中的木檩条常采用这种结构形式，如图 17-1（a）、（d）所示。

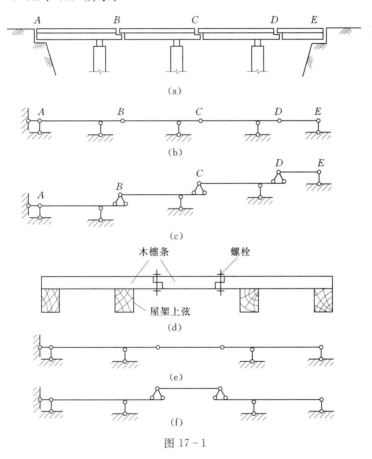

图 17-1

对上述的计算简图［图 17-1（b）、（e）］，按几何组成规律分析，它们都是几何不变无多余联系的静定结构。其中，若不依赖于其他部分本身就能独立地承受荷载并能保持平衡，称为多跨静定梁的**基本部分**；而依赖于其他部分的存在，才能承受荷载而维持平衡，是多跨静定梁的**附属部分**。例如，在图 17-1（b）中，$AB$ 是一外伸梁，它本身就是一个几何不变体系，可单独承受荷载的作用，为基本部分；而 $BC$、$CD$、$DE$ 只有依赖 $AB$ 才能承受荷载，均为附属部分。表示各部分之间相互依赖关系的图形，称为**层次图**，如图 17-1（c）所示。

从层次图可以看出：一旦基本部分遭到破坏，附属部分的几何不变性也随之破坏；若附属部分遭到破坏，则对基本部分的几何不变性并无任何影响。在层次图中，基本部分画在最下层，各附属部分依次画在相邻基本部分上层。

图 17-1 (b) 所示的多跨静定梁，是多跨静定梁的基本形式之一，其构造特点是除一跨无铰外，其余各跨均为一铰。另一种基本形式如图 17-1 (e) 所示〔图 17-1 (f) 是它的层次图〕，构造特点是无铰跨与二铰跨交互排列。由基本形式还可组合成其他形式的多跨静定梁。

**二、多跨静定梁的内力分析及内力图绘制**

根据多跨静定梁的几何组成和表示其各部分之间支承关系的层次图，就可以将多跨静定梁拆分成单跨静定梁分别进行计算。荷载是从最上层的附属部分逐次往下传给基本部分的。所以，计算基本部分时，要考虑附属部分对它的作用，计算附属部分时，则不考虑基本部分的荷载。遵循先附属部分后基本部分的计算原则。把每一单跨梁的内力图单独画出以后，拼在一起，就是多跨定梁的内力图。

**【例 17-1】** 作图 17-2 (a) 所示多跨静定梁的内力图。

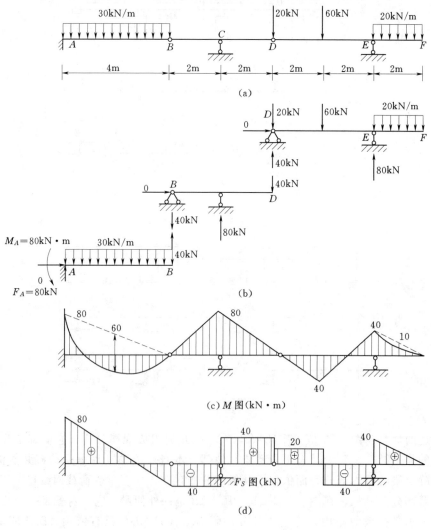

图 17-2

**解** （1）作层次图。梁 $AB$ 为基本部分。梁 $BD$ 左端支承在基本部分 $AB$ 上，另有一根链杆与基础相连，为附属部分。同理 $DF$ 也为附属部分，其层次图如图 17-2（b）所示。

（2）计算支座反力。由层次图可以看出，整个多跨静定梁可分为悬臂梁 $AB$ 及两个伸臂 $BD$ 和 $DF$，共三层。按由最高层到最底层的计算次序，应用静力平衡条件，分别计算出支座反力，如图 17-2（b）所示。

（3）作内力图。当支座反力求出后，可分别作出各梁段的内力图。再将各梁段的内力图连在一起，即为整个多跨静定梁的内力图，如图 17-2（c）、（d）所示。

从上例可以看出，多跨静定梁中间铰处的弯矩为零。因此，可以调整铰的位置从而改变全梁弯矩的分布情况。一般说来，多跨静定梁的最大弯矩比一串简支梁的最大弯矩要小，所用材料节省。但因中间铰的构造较复杂，因此在实际工程中采用哪种形式，还需要根据多方面的具体条件比较才能确定。

# 第二节 静 定 平 面 刚 架

### 一、刚架的特点及分类

刚架是由若干不同方向的直杆全部或部分用刚结点联结组成的结构。

由于刚结点具有约束杆端相对转动的作用，能承受和传递弯矩，图 17-3（a）中刚架因受荷载作用而产生变形，在刚结点 $B$（或 $C$）处，各杆件之间的夹角保持不变，刚结点所联各杆端产生相同的转角 $\theta_B$（或 $\theta_c$）。如图 17-3（b）所示具有铰结点的结构相比，刚架的整体性好，刚度大，弯矩分布较均匀，故比较节省材料。此外，刚架还具有能形成较大的空间便于利用和制作方便等优点。因而，刚架的应用极广，在工业与民用建筑中，

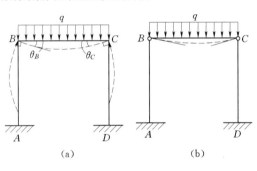

图 17-3

钢筋混凝土刚架被广泛采用；水工建筑和桥梁工程中也应用很广。

静定平面刚架常见的形式有三种：悬臂刚架、简支刚架和三铰刚架，如图 17-4（a）、（b）、（c）所示。此外，这三种刚架也可组合刚架，如图 17-4（d）所示。

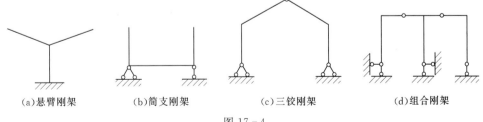

(a)悬臂刚架　　(b)简支刚架　　(c)三铰刚架　　(d)组合刚架

图 17-4

### 二、刚架的内力分析及内力图绘制

平面刚架的内力有：弯矩 $M$、剪力 $F_S$ 和轴力 $F_N$。杆端的内力的符号均附有两个脚标：第一个表示内力所属截面；第二个表示该截面所在杆件的另一端。例如，$M_{AB}$ 表示 $AB$ 杆 $A$ 端截面的弯矩，$M_{BA}$ 表示 $AB$ 杆 $B$ 端截面的弯矩。

与静定梁相似，用直接法求刚架内力时：**某截面的弯矩在数值上等于该截面任一侧刚架上所有外力对截面形心力矩的代数和；某截面的剪力在数值上等于该截面任一侧刚架上所有外力在垂直于杆轴方向投影的代数和；某截面的轴力在数值上等于该截面任一侧刚架上所有外力在沿杆轴方向投影的代数和。**

平面刚架杆件的轴力和剪力的正负规定与梁相同，轴力图和剪力图可画在杆件的任一侧，但必须注明正负。弯矩正负规定：横杆与梁相同；对于立杆，以使杆右侧受拉为正，弯矩图必须画在杆件的受拉侧，可不注正负号。

**【例 17-2】** 绘制图 17-5（a）所示刚架的内力图。

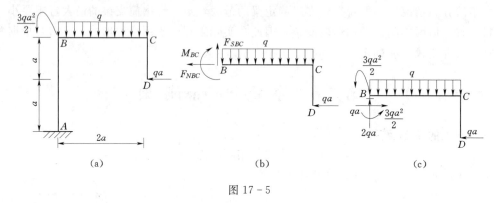

图 17-5

**解** 悬臂刚架可不计算支座反力。用截面法求图 17-5（a）所示刚架 $BC$ 杆 $B$ 端截面内力 $M_{BC}$、$F_{SBC}$、$F_{NBC}$。

自 $BC$ 杆的 $B$ 端切开，取 $BCD$ 为脱离体如图 17-5（b）所示，图中内力 $M_{BC}$、$F_{SBC}$、$F_{NBC}$ 均按正向画出。利用平衡条件，即由

$$\sum F_X = 0, \quad F_{NBC} + qa = 0, \qquad 得 F_{NBC} = -qa$$
$$\sum F_Y = 0, \quad F_{SBC} - 2qa = 0, \qquad 得 F_{SBC} = +2qa$$
$$\sum M_B = 0, \quad M_{BC} + 2qa^2 + qa^2 = 0, \quad 得 M_{BC} = -3qa^2$$

若用直接求出，可得同样计算结果

$$F_{NBA} = -qa, \quad F_{SBC} = +2qa, \quad M_{BC} = -2qa^2 - qa^2 = -3qa^2$$

再如求 $M_{BA}$、$F_{SBA}$、$F_{NBA}$ 运用内力计算式，并画出脱离体 $BCD$ 如图 17-5（c）所示。应该注意该截面所在的 $BA$ 杆为竖杆。根据脱离体平衡，可直接确定该截面内力：

$$F_{NBA} = -2qa, \quad F_{SBA} = -qa, \quad M_{BA} = -qa^2 - 2qa^2 + \frac{3}{2}qa^2 = -\frac{3}{2}qa^2$$

内力计算式运用熟练时，一般可不画出脱离体。

（1）求各杆端弯矩值，作 $M$ 图。

$CD$ 杆 $\quad M_{DC} = 0, \ M_{CD} = +qa^2$

$CB$ 杆 $\quad M_{CB} = -qa^2, \ M_{BC} = -3qa^2$

$BA$ 杆 $\quad M_{BA} = -\dfrac{3}{2}qa^2, \ M_{AB} = +qa^2 - 2qa^2 + \dfrac{3}{2}qa^2 = +\dfrac{1}{2}qa^2$

将各杆端弯矩值的纵标画在杆的受拉一侧。$AB$、$CD$ 杆为无荷载段，将该二杆两端弯矩值分别连成直线；$BC$ 杆是有荷载段，可应用区段叠加法作出 $M$ 图。刚架的 $M$ 图如图 17-6（a）所示。

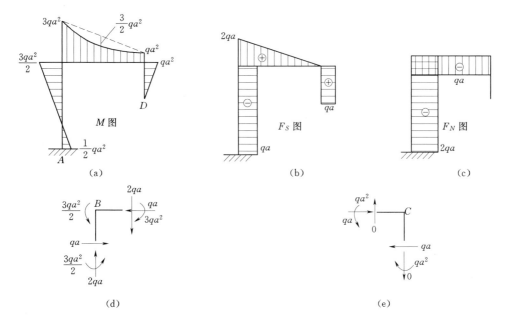

图 17 - 6

（2）求各杆端剪力值，作 $F_S$ 图。

CD 杆　$F_{SDC} = F_{SDC} = +qa$

CB 杆　$F_{SCB} = 0$，$F_{SBC} = +2qa$

BA 杆　$F_{SBA} = F_{SAB} = -qa$

AB、CD 杆的 $F_S$ 图与杆轴平行；BC 杆的 $F_S$ 图为斜直线。刚架的 $F_S$ 图如图 17 - 6（b）所示。

（3）求各杆端轴力值，作 $F_N$ 图。

CD 杆　$F_{NDC} = F_{NCD} = 0$

CB 杆　$F_{NCB} = F_{NBC} = -qa$

BA 杆　$F_{NBA} = F_{NAB} = -2qa$

各杆 $F_N$ 图均与杆轴平行，如图 17 - 6（c）所示。

（4）校核。通常取刚结点或刚架上任一部分为脱离体，检查其受力是否满足静力平衡条件。

取结点 B 为脱离体如图 17 - 6（d）所示，图中结点荷载及各杆端内力由已绘出的 M、$F_S$ 图中找出并按实际方向画在脱离体上。校核平衡条件

$$\sum F_X = qa - qa = 0, \quad \sum F_Y = 2qa - 2qa = 0, \quad \sum M_B = 3qa^2 - \frac{3}{2}qa^2 - \frac{3}{2}qa^2 = 0$$

取结点 C 为脱离体如图 17 - 6（e）所示，校核平衡条件

$$\sum F_X = qa - qa = 0, \quad \sum F_Y = 0, \quad \sum M_C = qa^2 - qa^2 = 0$$

故知计算无误。

**【例 17 - 3】**　试绘制图 17 - 7（a）所示刚架的内力图。

**解**　（1）求支座反力，利用整体平衡条件：

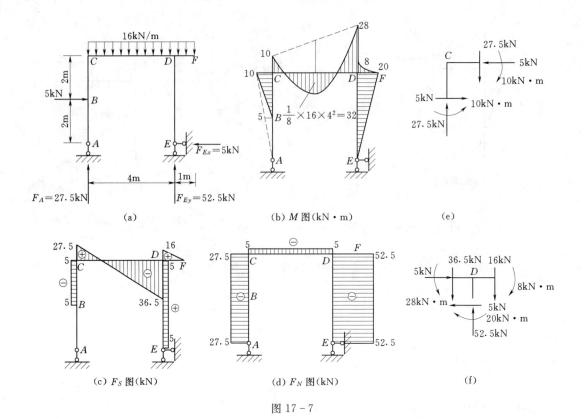

图 17 - 7

由 $\sum F_X = 0$，$5 - F_{EX} = 0$，得 $F_{EX} = 5\text{kN}$（←）

由 $\sum M_E = 0$，$4F_A + 5 \times 2 - 16 \times 5 \times 1.5 = 0$，得 $F_A = 27.5\text{kN}$（↑）

由 $\sum F_Y = 0$，$F_{EY} + 27.5 - 16 \times 5 = 0$，得 $F_{EY} = 52.5\text{kN}$（↑）

校核：$\sum M_A = 5 \times 2 - 16 \times 5 \times 2.5 - 52.5 \times 4 = 0$

故知反力计算无误。

（2）绘制内力图。

1）弯矩图由刚架左侧开始，可知：

$AC$ 杆　$M_{AC} = 0$，$M_{CA} = -5 \times 2 = -10(\text{kN} \cdot \text{m})$

$CD$ 杆　$M_{CD} = -5 \times 2 = -10(\text{kN} \cdot \text{m})$

由刚架右侧考虑，可知

$DF$ 杆　$M_{FD} = 0$，$M_{DF} = -\dfrac{1}{2} \times 16 \times 1^2 = -8(\text{kN} \cdot \text{m})$

$ED$ 杆　$M_{ED} = 0$，$M_{DE} = 5 \times 4 = 20(\text{kN} \cdot \text{m})$

$CD$ 杆　$M_{DC} = -\dfrac{1}{2} \times 16 \times 1^2 - 5 \times 4 = 28(\text{kN} \cdot \text{m})$

$AC$ 杆、$CD$ 杆、$DF$ 杆甩区段叠加法绘出弯矩图，$DE$ 杆将杆端弯矩连成直线，刚架的 $M$ 图如图 17 - 7（b）所示。

2）剪力图。

$AC$ 杆　$F_{SAC} = F_{SBA} = 0$，$F_{SBC} = F_{SCB} = -5\text{kN}$

$CD$ 杆　$F_{SCD} = 27.5\text{kN}$，$F_{SDC} = 27.5 - 16 \times 4 = -36.5(\text{kN})$

$ED$ 杆　　$F_{SED}=5\text{kN}$, $F_{SDE}=5\text{kN}$

$DF$ 杆　　$F_{SDF}=16\times1=16(\text{kN})$, $F_{SFD}=0$

刚架的 $F_S$ 图如图 17-7（c）所示

3）轴力图。

$AC$ 杆　　$F_{NAC}=F_{NCA}=-27.5\text{kN}$

$CD$ 杆　　$F_{NCD}=F_{NDC}=-5\text{kN}$

$ED$ 杆　　$F_{NED}=F_{NDE}=-52.5\text{kN}$

$DF$ 杆　　$F_{NDF}=F_{NFD}=0\text{kN}$

刚架的 $F_N$ 图如图 17-7（d）所示。

4）校核。取结点 $C$、$D$ 为脱离体如图 17-7（e）、（f）所示。可以看出满足平衡条件。故刚架内力计算无误。

以上绘制刚架内力图时，杆端内力值是由截面一侧脱离体的平衡条件求出的。为了使计算得到简化，有时也可截取刚架任一部分为脱离体，利用其平衡条件由已知的杆端内力计算未知的杆端内力。现结合例 17-3 说明如下。

（1）取结点为脱离体，根据力矩平衡，由已知杆端弯矩求未知的杆端弯矩。如在图 17-7（a）中，用截面法求出 $M_{DE}=20\text{kN}\cdot\text{m}$　　$M_{DF}=-8\text{kN}\cdot\text{m}$ 后，可取结点 $D$ 为脱离体，如图 17-8 所示，由力矩平衡可求出杆端弯矩：$M_{DC}=-28\text{kN}\cdot\text{m}$。

（2）取一根杆件为脱离体，用力矩方程由杆端弯矩求杆端剪力。取 $CD$ 杆为脱离体如图 17-9 所示，由力矩平衡方程可得

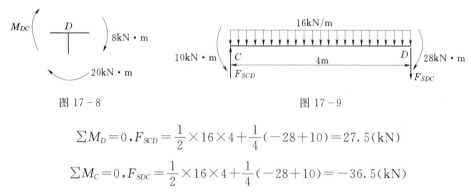

图 17-8　　　　　　　　　　　　　　　图 17-9

$$\sum M_D=0, F_{SCD}=\frac{1}{2}\times16\times4+\frac{1}{4}(-28+10)=27.5(\text{kN})$$

$$\sum M_C=0, F_{SDC}=\frac{1}{2}\times16\times4+\frac{1}{4}(-28+10)=-36.5(\text{kN})$$

（3）取结点为脱离体，根据力的投影平衡由杆端剪力求杆端轴力。如图 17-7（a）所示刚架中结点 $C$ 为脱离体，由力的投影平衡条件求出各杆端轴力

$$F_{NCD}=-5\text{kN}, F_{NCA}=-27.5\text{kN}$$

以上求得的杆端内力均与例 17-3 中求出的结果相同。

**【例 17-4】** 试绘制图 17-10（a）所示三铰刚架的内力图。

**解**　（1）求支座反力，先利用整体平衡条件。

由 $\sum M_A=0$，$\dfrac{1}{2}qa^2-F_{BY}\times2a=0$，得 $F_{BY}=\dfrac{qa}{4}$（↑）

由 $\sum M_B=0$，$\dfrac{1}{2}qa^2-F_{AY}\times2a=0$，得 $F_{AY}=-\dfrac{qa}{4}$（↑）

由 $\sum F_X=0$，$F_{AX}-F_{BY}+qa=0$，得 $F_{AX}=F_{BY}-qa$

再取 $C$ 以右为脱离体如图 17-10（b）所示，即

$$\sum M_C=0,F_{BX}\times a-\frac{1}{4}qa\times a=0,得\ F_{BX}=\frac{qa}{4}(\leftarrow)$$

于是得
$$F_{AX}=\frac{qa}{4}-qa=-\frac{3}{4}qa(\leftarrow)$$

（2）绘制内力图。

1）作 $M$ 图：

AD 杆　　　　　　　$M_{AD}=0$，$M_{DA}=\frac{3}{4}qa^2-\frac{1}{2}qa^2=\frac{1}{4}qa^2$

BE 杆　　　　　　　　　　$M_{BE}=0$，$M_{EB}=\frac{1}{4}qa^2$

DE 杆　可取结点 $D$ 和 $E$ 为脱离体如图 17-10（c）所示。

由 $\sum M_D=0$，求得 $M_{DE}=-\frac{1}{4}qa^2$；由 $\sum M_D=0$，求得 $M_{ED}=-\frac{1}{4}qa^2$。

刚架的 $M$ 图如图 17-10（d）所示。

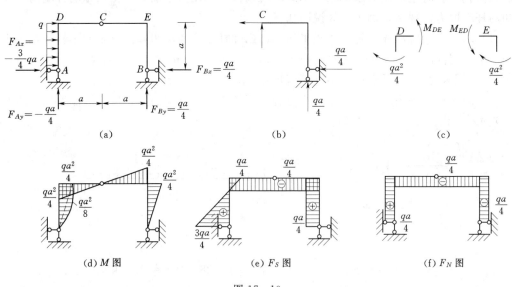

图 17-10

2）作 $F_S$ 图：

AD 杆　　　　　　$F_{SAD}=\frac{3}{4}qa$，$F_{SDA}=\frac{3}{4}qa-qa=-\frac{1}{4}qa$

BE 杆　　　　　　　　　$F_{SBE}=F_{SEB}=\frac{1}{4}qa$

DE 杆　　　　　　　　　$F_{SDE}=F_{SED}=-\frac{1}{4}qa$

作出 $F_S$ 图如图 17-10（e）所示。

3）作 $F_N$ 图：用内力计算式求得

$$F_{NAD}=F_{NDA}=\frac{qa}{4},\quad F_{NBE}=F_{NEB}=-\frac{qa}{4},\quad F_{NDE}=F_{NED}=-\frac{qa}{4}$$

作出 $F_N$ 图如图 17-10（f）所示。

# 第三节 三 铰 拱

## 一、概述

拱结构的轴线为曲线，而且在仅有竖向荷载作用时也能产生水平支座反力。如图 17 - 11（a）所示结构为一个三铰拱。拱的水平反力指向拱内，称为水平推力。又如图 17 - 11（b）所示结构，其轴线虽然也是曲线，但在竖向荷载作用下不能产生水平反力，其截面弯矩与相应的简支梁（同跨度、同荷载的梁）相同，故称其为曲梁。因此，在竖向荷载作用下，有无水平推力是拱与梁的基本区别。

在图 17 - 11（a）中，拱的两端支座处 $A$、$B$ 称为**拱脚**。拱轴最高处 $C$ 称为**拱顶**。中间铰通常放在拱顶处，称为**顶铰**。两拱脚间的水平距离 $l$ 称为拱跨。拱顶到两拱脚连线的竖向距离，称为拱高。拱高与拱跨之比 $f/l$ 称为高跨比。

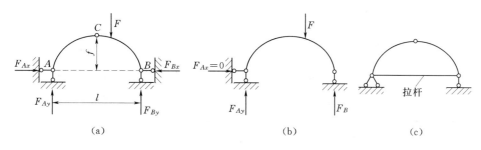

图 17 - 11

由于水平推力的存在，拱的截面弯矩将此相应的简支梁的弯矩要小得多，且拱主要承受压力。因此，拱比梁更适用于大跨度的结构；拱还可以采用抗压强度较高的砖、石、混凝土等廉价的建筑材料。此外，拱的外形美观，且拱下有较大的空间可以利用。所以，在水利工程、房屋建筑和桥梁工程中得到广泛的应用。拱结构也有缺点，拱的外形给施工带来不便，拱对基础作用着向外的水平推力，因此要求具有较坚固的基础。为减轻基础的负担，可以在拱脚设置拉杆，称为有拉杆的拱［图 17 - 11（c）］。

根据拱结构铰的多少，拱可以分为无铰拱、两铰拱和三铰拱（图 17 - 12）。其中只有三铰拱是静定的。本节只讨论三铰拱的计算。

(a)无铰拱　　　　　　(b)两铰拱　　　　　　(c)三铰拱

图 17 - 12

## 二、三铰拱的计算

三铰拱为静定拱，其全部反力和内力都可由静力平衡方程算出。为了说明三铰拱的计算方法，现以图 17 - 13（a）为例，导出其计算公式。

（一）支座反力计算

三铰拱的两端都是铰支座，因此有四个支座反力，故需列四个平衡方程。除了三铰拱整体平衡的三个方程之外，还需利用中间铰处不能抵抗弯矩（即 $M_C=0$）的特征建立第四个方程。

首先考虑三铰拱的整体平衡条件。

由 $\sum M_B=0$，$\quad F_1b_1+F_2b_2+\cdots+F_nb_n-F_{Ay}l=0$ 得

$$F_{Ay}=\frac{\sum F_ib_i}{l} \tag{17-1}$$

由 $\sum M_A=0$，$\quad F_1a_1+F_2a_2+\cdots+F_na_n-F_{By}l=0$ 得

$$F_{By}=\frac{\sum F_ia_i}{l} \tag{17-2}$$

由 $\sum F_X=0$，得

$$F_{Ax}=F_{Bx}=F_x$$

由左半拱平衡，$\sum M_C=0$，得

$$F_{Ay}\times\frac{l}{2}-F_1\left(\frac{l}{2}-a_1\right)-F_2\left(\frac{l}{2}-a_2\right)-F_{Ax}f=0$$

$$F_{Ax}=\frac{1}{f}\left[F_{Ay}\times\frac{l}{2}-F_1\left(\frac{l}{2}-a_1\right)-F_2\left(\frac{l}{2}-a_2\right)\right] \tag{17-3}$$

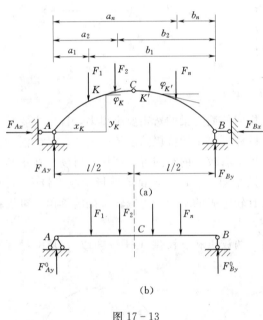

图 17-13

为了将拱的计算结果与梁的相比，现取图 17-13（a）所示三铰拱的相应简支梁 [图 17-13（b）]。可以看出相应水平梁的支座反力 $F_{Ay}^0$、$F_{By}^0$ 的结果与式（17-1）和式（17-2）右边值相等，式（17-3）右边的分子，等于相应简支梁上与拱中间铰位置相对应的截面 $C$ 的弯矩 $M_C^0$。由此可得

$$\left.\begin{array}{l} F_{Ay}=F_{Ay}^0 \\[2mm] F_{Ax}=F_{Bx}=\dfrac{M_C^0}{f} \\[2mm] F_{By}=F_{By}^0 \end{array}\right\} \tag{17-4}$$

式（17-4）就是竖向荷载作用下两拱脚在同水平线上的三铰拱的支座反力计算公式。其第三式表明：在一定荷载作用下，当拱跨 $l$ 和拱高 $f$ 已确定时，$M_C^0$ 和 $f$ 的数值既定。所以水平推力 $F_x$ 的数值只决定于三个铰的位置，而与拱轴线的形状无关；水平推力 $F_x$ 的大小与拱高 $f$ 成反比，拱越扁平水平推力就越大。

（二）内力计算

三铰拱任一截面的内力有弯矩 $M$、剪力 $F_S$ 和轴力 $F_N$ 内力正负的规定：弯矩以使拱内侧纤维受拉为正，反之为负；剪力和轴力与梁的正负规定相同。

内力计算的基本方法仍为截面法。拱上任一截面 $K$ 位置决定于截面形心 $K$ 的坐标 $x_K$、$y_K$ 和 $K$ 截面处拱轴切线与水平线所成的锐角 $\varphi_K$。当截面在左半拱时，$\varphi$ 取正号；在右半拱时，$\varphi$ 取负号。以上几何参数可由拱轴方程 $y=f(x)$ 及其导数 $\dfrac{\mathrm{d}y}{\mathrm{d}x}=\tan\varphi$ 求出。

如欲求图 17-13（a）所示三铰拱 $K$ 截面内力。现取 $AK$ 部分为脱离体，如图 17-14（a）所示。根据其平衡条件，可导出三铰拱任一截面内力的计算公式。

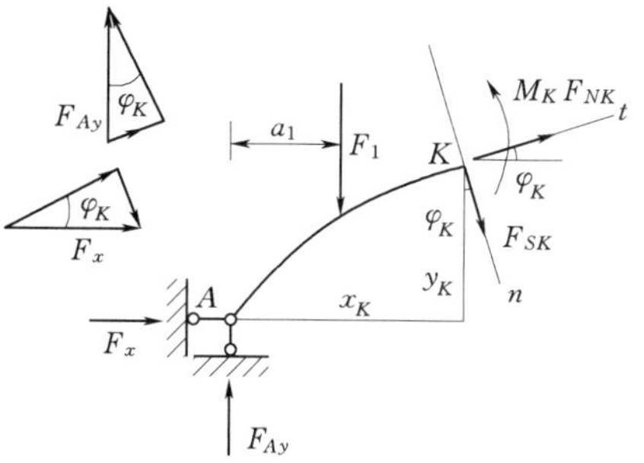

1. 弯矩计算公式

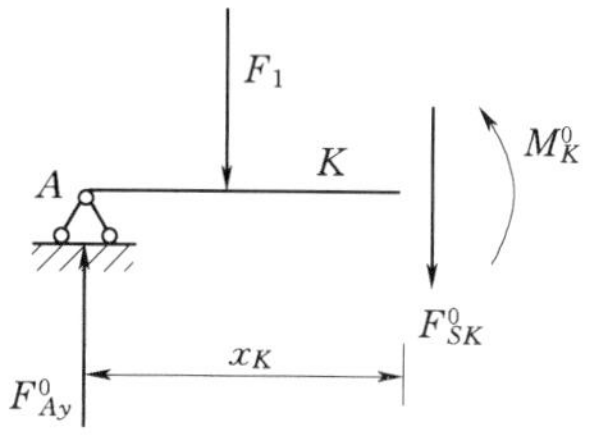

由 $\sum M_K=0$，得

$$F_{Ay}x_K-F_1(x_K-a_1)-F_xy_K-M_K=0$$

$$M_K=[F_{Ay}x_K-F_1(x_K-a_1)]-F_xy_K$$

根据 $F_{Ay}=F_{Ay}^0$，可见上式方括号之数值等于相应水平梁上截面 $K$ 的弯矩 $M_K^0$ ［图 17-14（b）］，故上式可改写为

$$M_K=M_K^0-F_xy_K \qquad (17-5)$$

即三铰拱内任一截面的弯矩，等于其相应水平梁对应截面的弯矩 $M_K^0$ 减去水平推力所引起的弯矩 $F_xy_K$。由此可知，由于推力的存在，三铰拱的弯矩比相应简支梁的弯矩要小。

2. 剪力的计算公式

由 $\sum F_n=0$，$F_{SK}-F_A\cos\varphi_K+F_1\cos\varphi_K+F_x\sin\varphi_K=0$ 得

$$F_{SK}=(F_{Ay}^0-F_1)\cos\varphi_K-F_x\sin\varphi_K \qquad (17-6)$$

3. 轴力的计算公式

由 $\sum F_t=0$，$-F_{NK}-F_{Ay}\sin\varphi_K+F_1\sin\varphi_K-F_x\cos\varphi_K=0$ 得

$$F_{NK}=-(F_{Ay}^0-F_1)\sin\varphi_K-F_x\cos\varphi_K$$

即

$$F_{NK}=-(F_{SK}^0\sin\varphi_K+F_x\cos\varphi_K) \qquad (17-7)$$

竖向荷载作用下，两拱铰在同一水平线上的三铰拱，其内力计算公式归纳如下

$$\left.\begin{array}{l}M_K=M_K^0-F_xy_K \\[2mm] F_{SK}=F_{SK}^0\cos\varphi_K-F_x\sin\varphi_K \\[2mm] F_{NK}=-(F_{SK}^0\sin\varphi_K+F_x\cos\varphi_K)\end{array}\right\} \qquad (17-8)$$

（三）内力图绘

先将拱沿跨长或沿轴分成若干等分段，用式（17-8）求出各段点处拱的截面内力，再以水平线或拱轴为基线，将各分段点内力纵标的顶点连成曲线，即为拱的内力图。

【例 17-5】 试绘制如图 17-15 所示三铰拱 $D$ 点的内力。已知拱轴为二次抛物线，拱轴方程为：$y=\dfrac{4f}{l^2}x(l-x)$。

图 17-14

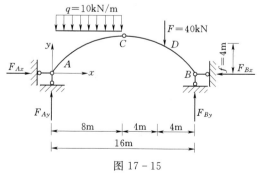

图 17-15

解 （1）求支座反力。由式（17-4）可求得

$$F_{Ay} = F_{Ay}^0 = \frac{1}{16} \times (40 \times 4 + 10 \times 8 \times 12) = 70 (\text{kN}) (\uparrow)$$

$$F_{By} = F_{By}^0 = \frac{1}{16} \times (10 \times 8 \times 4 + 40 \times 12) = 50 (\text{kN}) (\uparrow)$$

$$F_x = \frac{M_C^0}{f} = \frac{1}{4} \times (70 \times 8 - 10 \times 8 \times 4) = 60 (\text{kN}) (\rightarrow \leftarrow)$$

（2）内力计算。求拱的内力，应用式（17-8）计算。

1）截面的几何参数。由已知的拱轴方程

$$y = \frac{4f}{l^2} x(l-x) = \frac{4 \times 4}{16^2}(16x - x) = x - \frac{x^2}{16}$$

可知

$$\tan\varphi = \frac{\mathrm{d}y}{\mathrm{d}x} = \frac{4f}{l^2}(l-x) = 1 - \frac{x}{8}$$

2）计算截面的内力值。按式（17-8）截面的弯矩值，剪力值和轴力值列表17-1中。

表 17-1　　　　　　　　　　三铰拱的内力计算表

| 截面几何参数 | | | | | $F_S^0$ (kN) | $M$(kN·m) | | | $F_S$(kN) | | | $F_N$(kN) | | |
|---|---|---|---|---|---|---|---|---|---|---|---|---|---|---|
| $x$ (m) | $y$ (m) | $\tan\varphi$ | $\sin\varphi$ | $\cos\varphi$ | | $M^0$ | $F_x y$ | $M$ | $F_S^0\cos\varphi$ | $F_x\sin\varphi$ | $F_S$ | $F_S^0\sin\varphi$ | $F_x\cos\varphi$ | $F_N$ |
| 12 | 3.00 | −0.50 | −0.477 | −0.894 | −10 | 200 | −180 | 20 | −8.9 | 26.8 | 17.9 | 4.5 | 53.6 | −58.1 |
| | | | | | −50 | | | | −44.7 | | −17.9 | 22.4 | | −76.0 |

### 三、拱的合理轴线

一般情况下，三铰拱的截面上有弯矩、剪力、轴力三个内力分量，拱是偏心受拉构件，截面上的法向应力呈不均匀分布。

现分析弯矩的计算式：$M = M^0 - F_x y$，可以看出，当三铰拱的跨度和荷载已定时，相应水平梁的 $M^0$ 是一定的，拱的截面弯矩 $M$ 将随 $F_x y$ 的变化而改变，即与拱轴方程有关，所以可以选择一条适当的拱轴线，使得拱的任一截面上的弯矩为零而只承受轴力。此时，拱截面上的法向应力均匀分布，从而使拱的材料得到最充分的利用，把在一定荷载作用下，便拱处于均匀受压状态（即无弯矩状态）的拱轴，称为**合理拱轴**。

合理拱轴线的数解法是：列出三铰拱的弯矩方程 $M$ 并令其为零，从中求出拱轴方程 $y$，即为合理拱轴线方程。

【例 17-6】　试求图 17-16（a）所示三铰拱在竖向满跨均布荷载 $q$ 作用下的合理拱轴线。

**解**　取支座 $A$ 为坐标原点，坐标系如图 17-16 所示。

相当简支梁。图 17-16（b）的弯矩方程为

$$M^0 = \frac{1}{2}qlx - \frac{1}{2}qx^2$$

水平推力为

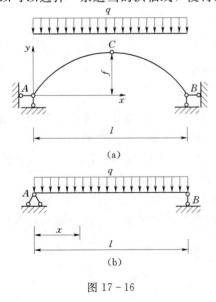

图 17-16

$$F_x = \frac{M^0}{f} = \frac{ql^2}{8f}$$

三铰拱的合理拱方程为

$$y = \frac{M^0}{F_x} = \frac{\frac{1}{2}qlx - \frac{1}{2}qx^2}{\frac{ql^2}{8f}}$$

即

$$y = \frac{4f}{l^2}x(l-x)$$

可见，在沿跨长的竖向均布荷载作用下，三铰拱的合理拱轴线为二次抛物线。因此，在屋面结构中，常采用抛物线拱。

**【例 17 - 7】** 求如图 17 - 17（a）所示结构受径向均布荷载作用时，三铰拱的合理拱轴线。

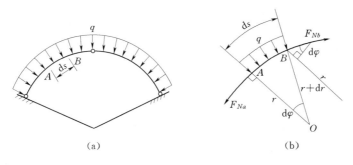

图 17 - 17

**解** 先假设受径向均布荷载时三铰拱处于无弯矩的状态，则各截面只有轴力，然后根据平衡条件推出合理拱轴线型式。

取三铰拱中一微段 $AB$，其弧长为 $ds$，夹角为 $d\varphi$，根据几何关系有 $r = \frac{ds}{d\varphi}$。

由于拱处无弯矩状态，任意截面只有轴力 [图 17 - 17（b）]。以曲率中心 $O$ 点为矩心，列力矩方程，$qds$ 的外荷载通过矩心，只有 $F_{Na}$ 和 $F_{Nb}$ 有矩，得到略去微量后得 $\sum F_{Na} \cdot r = F_{Nb}(r+dr)$。略去微量后得 $F_{Na} = F_N$。说明此时三铰拱各截面轴力相等。设 $F_{Na} = F_{Nb} = F_N$。

现把微段上的所着力对半径 $r$ 列投影方程，由于取的是微段，可以为 $qds$ 作用在微段中心。

由

$$\sum Fr = 0, \qquad qds \cdot \cos\frac{d\varphi}{2} + N\sin\varphi = 0$$

因 $d\varphi$ 是很微小的，所以 $\cos\frac{d\varphi}{2} = 1$，$\sin\varphi = d\varphi$，代入上式后得

$$qds + F_N d\varphi = 0$$

则

$$\frac{F_N}{q} = -\frac{ds}{d\varphi} = -r$$

上式中由于 $F_N$ 是不变化的，$q$ 是常量，则 $r$ 就是常量，说明拱的轴线为圆弧线，且轴力为 $qr$ 的压力。

水利工程中的拱结构，有时要承受沿拱轴均匀分布的静水压力，即径向均布荷载作用。因此，在水管、隧洞衬砌、涵洞等输水结构中常采用圆形截面，拱坝的轴线也常用圆弧线。

应当指出，合理拱轴是针对一种荷载而言的。当荷载改变时，合理拱轴随之而变。因而，在实际工程中一般是以主要荷载作用下的合理拱轴线作为拱的设计轴线。

# 第四节 静定平面桁架

## 一、概述

桁架是由若干直杆在两端用铰联结而成的一种结构，这种结构当祷载作用在各结点上时，各杆的截面内力主要是轴向力，截面上应分布较均匀。与梁相比，材料的使用经济合理、自重较轻。桁架的缺点是结点多、施工复杂。所以，桁架多用在桥梁、屋架、水闸闸门构架、输电塔架及其他大跨度结构中。图 17-18 所示为钢屋架的示意图。

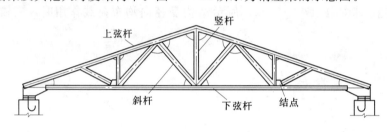

图 17-18

实际桁架的受力情况比较复杂，在计算中应选取即能反映桁架受力的主要特点，又便于计算的简图。通常对桁架计算简图采用下列假定：

（1）桁架的各结点都是光滑无摩擦的理想铰结点。

（2）各杆的轴线都是直线并通过铰的中心。

（3）荷载和支座反力都作用在结点上。

符合上述假设的桁架，为理想桁架，桁架各杆将只产生轴向力。在轴向受拉或受压的杆件中，由于其截面上的应力为均匀分布且同时达到极限值，故材料能得到充分的利用。

实际桁架不是理想桁架。各种桁架的结点都具有不同程度的刚性；有非结点荷载的影响；杆轴线不一定是直线；结点上各杆轴也不一定全交于一点等，以上因素的影响，使桁架还会产生弯矩和剪力，通常把由于不满足上述假设而产生的内力叫做次内力。经试验和理论分析的结果表明：在一般的情况下，桁架的次内力很小可以忽略不计。实际桁架的内力以轴力主，称为主内力（即理想桁架的内力）。本节只讨论理想桁架的计算。

平面桁架按几何组成方式可分为三类：

（1）简单桁架。由基础或由一个基本铰结三角形上，依次增加二元体，组成的桁架，如图 17-19（a）所示。

（2）联合桁架。由几个简单桁架按几何不变体系的组成规则联成一个桁架，如图 17-19（b）所示。

（3）复杂桁架。不是按以上两种方式组成的桁架，如图 17-19（c）所示。

平面桁架按竖向荷载作用下能否产生水平推力，又可分为梁式桁架［图 17-19（a）、(b)、(c)］和拱式桁架［图 17-19（d）］。

## 二、桁架的内力计算

桁架杆件内力正负号的规定：拉力为正，压力为负，如图 17-20 所示。

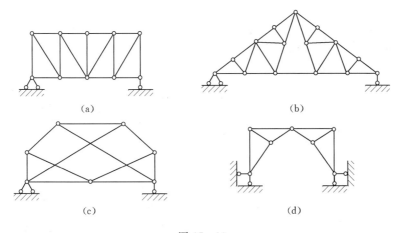

图 17-19

桁架内力计算的基本方法有结点法和截面法。

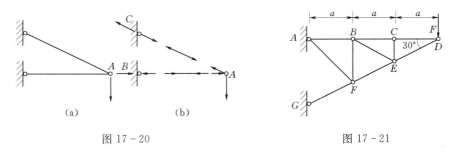

图 17-20                图 17-21

1. 结点法

结点法是截取桁架的一个结点为脱离体，作用在结点上的力（荷载、支座反力、截断杆的内力）组成一个平面汇交力系，利用平衡条件：$\sum F_x = 0$，$\sum F_y = 0$，可求出两个未知内力。

使用结点法时，每取一结点所截断的内力未知的杆件不应超过两根，才能避免解算联立方程，使计算得到简化。对于简单桁架，计算时选取结点的顺序一般与其几何组成的顺序相反，如图 17-21 所示。这样，每个结点的未知力均不多于两个，从而顺利地求出所有杆件的内力。可见结点法最适用于计算简单桁架。

在计算中，通常先假设未知杆件内力为拉力。若计算结果为正值，表明该杆内力是拉力；若结果为负，则表明其内力是压力。

下面举例说明结点法的计算方法。

【**例 17-8**】 用结点法计算图 17-22（a）所示桁架各杆的内力。

**解** 由于该桁架及荷载都是对称的，在对称位置上的支座反力的内力必然相等，故只需计算半个桁架的内力。

（1）计算支座反力。由整体平衡条件，求得

$$F_{Ay} = F_B = 40\text{kN}, \quad F_{Ax} = 0$$

（2）计算各杆内力。应先由结点 $A$（或 $B$）开始，按 $A \rightarrow G \rightarrow E \rightarrow C$（或 $B \rightarrow H \rightarrow F \rightarrow C$）的顺序依次取结点进行计算。

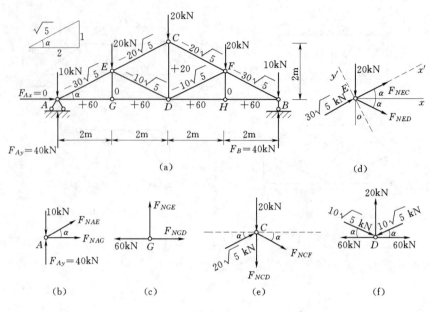

图 17 - 22

结点 $A$ 其脱离体如图 17 - 22（b）所示。图中斜杆的倾角为 $\alpha$，$\sin\alpha=\dfrac{1}{\sqrt{5}}$，$\cos\alpha=\dfrac{2}{\sqrt{5}}$根据平衡条件：

由 $\sum F_Y=0$，$F_{NAE}\sin\alpha-10+40=0$ 得

$$F_{NAE}=\sqrt{5}\times(-30)=-30\sqrt{5}(\text{kN})（压力）$$

由 $\sum F_X=0$，$F_{NAE}\cos\alpha+F_{NAG}=0$ 得

$$F_{NAG}=-(-30\sqrt{5})\times\frac{2}{\sqrt{5}}=+60(\text{kN})（压力）$$

结点 $G$：其脱离体如图 17 - 22（c）所示。图中将已求出的内力 $F_{NAG}=60\text{kN}$ 按实际方向画出。

由 $\sum F_y=0$，得 $\qquad\qquad F_{NGE}=0$

由 $\sum F_x=0$，得 $\qquad\quad F_{NGD}=+60\text{kN}$（拉力）

结点 $E$：其脱离体如图 17 - 22（d）所示。为了避免解开联立方程。另选一坐标系 $x'oy'$ 使未知力在 $x'$ 轴上。

由 $\sum F'_y=0$，$-F_{NED}\sin2\alpha-20\cos\alpha=0$ 得

$$F_{NED}=-\frac{20}{\sin\alpha}=-10\sqrt{5}(\text{kN})（压力）$$

由 $\sum F'_x=0$，$F_{NEC}+F_{NED}\cos2\alpha+30\sqrt{5}-20\sin\alpha=0$ 得

$$F_{NEC}=-20\sqrt{5}\text{kN}（压力）$$

结点 $C$：其脱离体如图 17 - 22（e）所示。

由 $\sum F_x=0$，得 $\qquad\qquad F_{NCF}=-20\sqrt{5}\text{kN}（压力）$

由 $\sum F_y=0$，得 $\qquad 20\sqrt{5}\sin\alpha-F_{NCF}\sin\alpha-20-F_{NCD}=0$

$$F_{NCD}=+20\text{kN}（拉力）$$

桁架各杆内力示于图 17-22（a）中。

校核：取结点 $D$ 如图 17-22（f）所示，校核该结点的平衡条件

$$\sum F_x = +60-60+10\cos\alpha-10\sqrt{5}\cos\alpha=0$$

$$\sum F_y = +20-2\times10\sqrt{5}\sin\alpha=+20-20\sqrt{5}\times\frac{1}{\sqrt{5}}=0$$

故计算结果无误。

在桁架计算中，有时会遇到某些杆件内力为零的情况（如上例中 $EG$ 杆、$FH$ 杆）。这些内力为零的杆称为零杆。计算中若先判断出零杆（或直接可求出的杆），可使计算得到简化，此种情况有以下几种：

（1）二杆结点上无荷载作用时 [图 17-23（a）]，二杆均为零杆。

（2）不共线二杆结点有与其中一杆共线的荷载，则另一杆为零杆 [图 17-23（b）]。或三杆结点上无荷载作用时 [图 17-23（c）]，若其中二杆共线，则另一杆为零杆，并且共线杆内力相等。

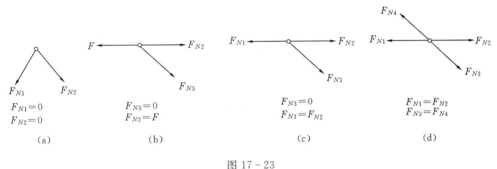

图 17-23

（3）四杆结点上无荷载作用时 [图 17-23（d）]，若其杆轴成两条相交直线，则共线的二杆内力相等。

2. 截面法

在桁架的内力计算中，有时只需要计算某几个指定杆的内力，这时用截面法比较方便。

截面法就是选择一适当的截面切断欲求内力的杆件，取桁架的一部分（至少包括两个结点）为脱离体，作用在脱离体上的力（荷载、支座、反力、截断杆件的内力）组成一个平面一般力来，利用平衡条件：$\sum F_x=0$，$\sum F_y=0$，$\sum M=0$。可求出三个未知内力。

使用截面法时，如果被切断的内力未知杆件不超过三根，而且它们不相交于同一点，即可由平衡条件求出其内力。

为了计算方便，最好使每一个平衡方程中只包含一个未知力，以避免解算联立方程。为此，要注意选择恰当的投影轴和力矩中心。

【例 17-9】 计算图 17-24（a）所示桁架指定杆的内力。

解 （1）计算支座反力。由整体平衡条件求得

$$F_A = F_B = 2F(\uparrow)$$

（2）计算指定杆①、②、③、④的内力。用截面 I—I 切断①、②、③杆，取左半部为脱离体如图 17-24（b）所示。

1）求 $F_{N1}$。取 $F_{N2}$ 与 $F_{N3}$ 的交点 $C$ 为矩心。

由 $\sum M_C=0$，$2F\times2a-\dfrac{F}{2}\times2a-F\times a+F_{N1}\times a=0$ 得

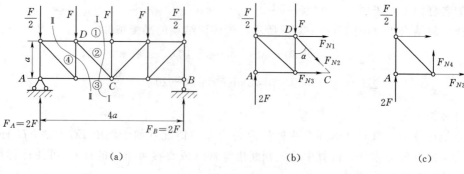

图 17 - 24

$$F_{N1} = -2F(压力)$$

2）求 $F_{N3}$。取 $F_{N1}$ 与 $F_{N3}$ 的交点 $D$ 为矩心。

由 $\sum M_D = 0$，$2F \times a - \dfrac{F}{2} \times a - F_{N3} \times a = 0$ 得

$$F_{N3} = +\frac{3}{2}F(拉力)$$

3）求 $F_{N2}$。$F_{N1}$ 与 $F_{N3}$ 平行，可取垂直于 $F_{N1}$、$F_{N3}$ 的 $Y$ 轴为投影轴。

由 $\sum F_Y = 0$，$2F - \dfrac{F}{2} - F - F_{N2}\cos a = 0$ 得

$$F_{N2} = \frac{F}{2\cos\alpha} = +\frac{\sqrt{2}}{2}F(拉力)$$

4）求 $F_{N4}$。用截面Ⅱ—Ⅱ取左半部为脱离体，如图 17 - 24（c）所示。

由 $\sum F_Y = 0$，$2F - \dfrac{F}{2} + F_{N4} = 0$ 得

$$F_{N4} = -\frac{3}{2}F(压力)$$

由上例可以看出，若取两个未知内力的交点为矩心，可由力矩方程求出第三个未知力；

若有二未知力互相平行，则可取与该二力相垂直的直线为投影轴，由投影方程求出第三个未知力。

下面介绍几种特殊情况下截面法的应用。

（1）若被切断的内力未知杆件虽然超过三根，但其中除一根杆外，其余各杆均汇交于一点（或互相平行），可取各杆之交点为矩心（或取垂直于各杆的直线为投影轴），由力矩方程（或投影方程）直接求出另一杆的内力。如欲求图 17 - 25（a）所示桁架①杆的内力，可用截面Ⅰ—Ⅰ截取脱离体，由 $\sum M_C = 0$ 求出①杆内 $F_{N1}$；欲求图 17 - 25（b）所示桁架①杆内

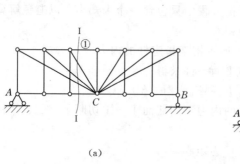

图 17 - 25

力，则应用截面Ⅰ—Ⅰ截取脱体，并由 $\sum F'_X = 0$ 求出①杆内力 $F_{N1}$。

（2）截面可针对所欲求的杆件选取任一形状。如欲求图 17-26（a）所示桁架中①、②杆的内力。可用曲线形截面Ⅰ—Ⅰ截取脱离体，所切断的四个杆中除①杆外其余三杆交于 $C$ 点，可由 $\sum M_C = 0$ 求得 $F_{N1}$；同理，可由 $\sum M_D = 0$ 求得 $F_{N2}$。

又如欲求图 17-26（b）所示桁架中①、②、③杆的内力，该桁架是由两个简单桁架用①、②、③杆连成了联合桁架。可用一闭合截面同时切断三杆，取出任一简单桁架为脱离体，由平衡条件求出三杆内力。

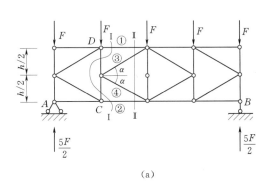

| | |
|---|---|
| （a） | （b） |

图 17-26

有的桁架杆件用截面法一次难求得其内力，可以将截面与结点法联合使用。

【例 17-10】 试求图 17-27（a）所示桁架中③、④杆内力。

**解** 以截面Ⅱ—Ⅱ截取桁架左半部为脱离体如图 17-27（a）所示。该脱离体上四个未知力不能直接求出。若联合使用结点法和截面法，可方便地求出 $F_{N3}$、$F_{N4}$。

（1）取 $E$ 结点脱离体如图 17-27（b）所示。由

$$\sum F_X = 0, F_{N3}\cos\alpha + F_{N4}\cos\alpha = 0 \text{ 得}$$
$$F_{N3} = -F_{N4}$$

（2）取Ⅱ—Ⅱ左侧为脱离体见图 17-27（a），由

$$\sum F_Y = 0, \frac{5}{2}F - 2F + F_{N3}\sin\alpha - F_{N4}\sin\alpha = 0, \text{ 得}$$

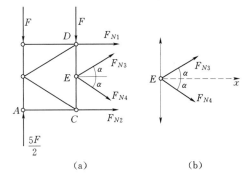

| | |
|---|---|
| （a） | （b） |

图 17-27

$$F_{N3} = -\frac{F}{4\sin\alpha}(\text{压力}); F_{N4} = +\frac{F}{4\sin\alpha}(\text{拉力})$$

# 第五节 组 合 结 构

组合结构是由两类杆件：链杆和梁式杆组合而成的结构。图 17-28（a）所示屋架是组合结构的实例，屋架的上弦是钢筋混凝土制作的受弯构件，下弦和竖杆是由型钢制作的两端相当于铰接的链杆。图 17-28（b）是其计算简图。

计算组合结构的关键是正确区分两类杆件。其特点为：

链杆：两端铰结且无横向力（包括荷载和约束力）作用的直杆。这类杆件只产生轴向变

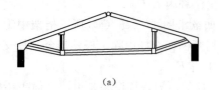

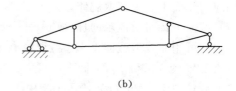

图 17 - 28

形，其截面上只有轴力，又称为二力杆。

梁式杆：承受横向力作用的杆件。这类杆件可产生弯曲变形，其截面上一般有弯矩、剪力和轴力，又称受弯构件。

计算组合结构时，应先根据其几何组成来确定计算的顺序，依次求各部分的约束力，然后再求内力。求内力时，一般先求各链杆的轴力，再求各梁式杆的内力，绘制内力图。

**【例 17 - 11】** 试作出图 17 - 29（a）所示组合结构的内力图。

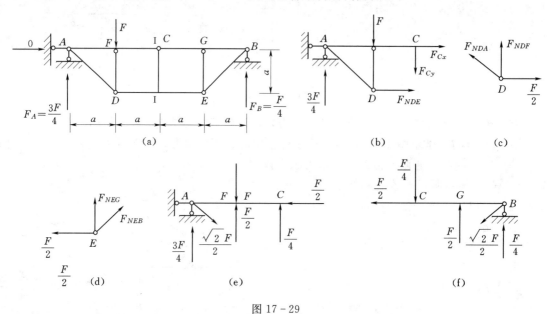

图 17 - 29

**解**　该结构 $AC$、$BC$ 杆为梁式杆，其余各杆均为二力杆。

（1）求支座反力。由整体平衡条件求得

$$F_A = \frac{3}{4}F(\uparrow),\ F_B = \frac{1}{4}F(\uparrow)$$

（2）计算各链杆内力。

1）用截面 I—I 截取刚片 $ADFC$ 为脱离体，如图 17 - 29（b）所示。由平衡条件求出链杆 $DE$ 的内力。

由 $\sum M_C = 0$，得 $\qquad F_{NDE} = \frac{1}{2}F(拉力)$

由 $\sum F_x = 0$，得 $\qquad F_{CX} = \frac{1}{2}F(\leftarrow)$

由 $\sum F_y = 0$，得 $\qquad F_{CY} = -\dfrac{1}{4}F(\uparrow)$

2）由结点 $D$［图 17-29（c）］平衡求得

$$F_{NDA} = +\dfrac{\sqrt{2}}{2}F（拉力）；\quad F_{NDF} = -\dfrac{1}{2}F（压力）$$

3）由结点 $E$［图 17-29（d）］平衡求得

$$F_{NEB} = +\dfrac{\sqrt{2}}{2}F（拉力）；\quad F_{NEG} = -\dfrac{1}{2}F（压力）$$

（3）计算梁式杆内力、绘制内力图。

1）$AC$ 杆受力如图 17-29（e）所示。图中各已知力均按实际方向画出。

弯矩： $\qquad M_A = M_C = 0, \qquad M_F = \dfrac{1}{4}Fa$

剪力： $\qquad F_{SAF} = \dfrac{3}{4}F - \dfrac{\sqrt{2}}{2}F \times \dfrac{1}{\sqrt{2}} = \dfrac{1}{4}F, \quad F_{SFC} = -\dfrac{1}{4}F$

轴力： $\qquad F_{NAC} = -\dfrac{1}{2}F$

2）$CB$ 杆受力如图 17-29（f）所示。

弯矩： $\qquad M_C = M_B = 0, \qquad M_G = -\dfrac{1}{4}Fa$

剪力： $\qquad F_{SCG} = -\dfrac{1}{4}F, \qquad F_{SGB} = -\dfrac{1}{4}F + \dfrac{1}{2}F = \dfrac{1}{4}F$

轴力： $\qquad F_{NCB} = -\dfrac{1}{2}F$

3）根据各分段点内力值绘出 $M$ 图、$F_S$ 图及各杆轴力如图 17-30 所示。

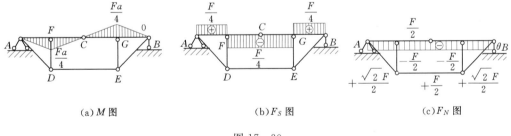

(a) $M$ 图 　　　　　(b) $F_S$ 图 　　　　　(c) $F_N$ 图

图 17-30

# 第六节　静 定 结 构 小 结

1. 静定结构的基本特征

（1）在几何组成方面，静定结构是几何不变无多余联系的体系。

（2）在静力方面，静定结构的全部反力和内力均可由静力平衡条件求得，且其解答是唯一的。

（3）静定结构的反力和内力，仅与结构的几何形状和尺寸及荷载情况有关，而与材料的性质和杆件截面的尺寸和形状无关。

（4）支座移动、温度改变、制造误差等非荷载因素，对静定结构不产生反力和内力，但可以引起位移。

（5）一组平衡力系作用在静定结构某一几何不变部分上时，只是该部分受力，其他部分不受力。

如图 17-31（a）所示桁架上，只有 $EFGH$ 部分受力；图 17-31（b）所示刚架上，只有 $CD$ 杆受力，如图 17-31（c）所示多跨静定梁上，只有 $AB$ 段受力。

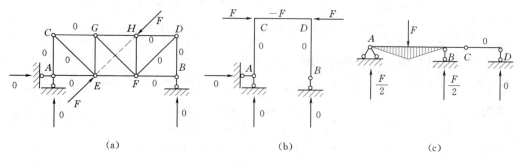

图 17-31

（6）当作用在静定结构的某一几何不变部分上的荷载为其等效荷载（即合力相等的荷载）所代替时，只有该部分内力产生变化，其他部分的反力和内力不变。

如图 17-32（a）、（b）所示桁架上的荷载为等效荷载，该桁架上除了 $AC$ 杆以外其他的反力、内力均不变。

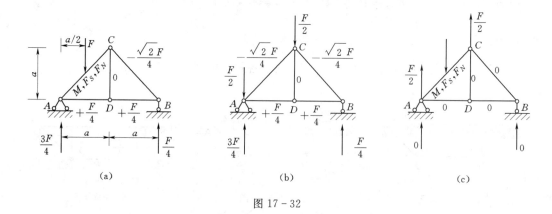

图 17-32

根据（5）、（6）中所述特性，桁架承受非结点荷载作用时产生的内力［图 17-32（a）］，应等于桁架在等效结点荷载作用下所产生的轴力图 17-32（b）与局部平衡荷载所产生的内力［图 17-32（c）］相叠加。

2. 静定结构的受力分析

求解静定结构的反力和内力时，基本方法是截取脱离体，将未知力暴露出来，使之成为脱离体上的外力。脱离体所受力系包括原有荷载及切割面上的内力或约束力。根据脱离体的平衡条件，列出平衡方程组加以求解。

当作用在脱离体上的力系为平面汇交力系时，利用两个独立的平衡条件，可求解两个未知力；若为平面一般力系，则有三个独立的平衡条件，可求解三个未知力。

3. 常用的几类静定结构分析内力特点

实际工程中常用的静定结构有简支梁、悬臂梁、桁架、三铰拱、三铰刚架和组合结构。

(1) 梁。梁为受弯构件，由于截面上的应力分布不均匀，故材料得不到充分利用。简支梁一般多用于小跨度的情况。在同样跨度并承受同样均布荷载的情况下，悬臂梁的最大弯矩值和最大挠度值都远大于简支梁的这些数值，故悬臂梁一般只宜用作跨度很小的阳台、雨篷、挑廊等承重结构。

(2) 桁架。在理想的情况下，桁架中各杆只产生轴力，截面上应力分布均匀且能同时达到极限值，故材料能得到充分利用。与梁相比桁架能跨越较大的空间。

(3) 三铰拱。三铰拱中的内力主要是轴向压力。由于有水平推力，所以拱中的弯矩比相应简支梁的要小，拱下空间比简支梁的大。三铰拱可作屋面承重结构。

(4) 三铰刚架。三铰刚架是受弯结构，且具有较大的空间，可作为食堂、冷加工车间等建筑承重结构。

(5) 组合结构。同一结构中因含有受力性质完全不同的两类杆件，故此结构兼有梁和桁架结构的特点。

## 思　考　题

17-1　如何区分多跨静定梁的基本部分和附属部分？当荷载作用在基本部分上时，为什么附属部分不产生内力？

17-2　如何正确认识多跨静定梁的弯矩分布？因此同样多跨数的独立简支梁的弯矩分布均匀。

17-3　刚架内力图在刚结点处有何特点？

17-4　如何根据刚架的弯矩作出它的剪力图？如何根据剪力图作出它的轴图？

17-5　如何校核刚架内力图的正确性？

17-6　试比较拱与梁的受力特点。

17-7　什么叫三铰拱的合理拱轴？三铰拱只有一条合理拱轴吗？

17-8　理想桁架应符合哪些基本假定？

17-9　计算桁架内力时，应如何利用其几何组成特点简化计算，以避免解算联立方程？

17-10　组合结构的计算有何特点？

## 习　题

17-1　试求图 17-33 所示多跨静定梁的 $M$、$F_S$ 图。

17-2　在图 17-34 所示多跨静定梁中，设 $B$、$E$ 两支座截面弯矩绝对值与两边跨 $AB$、$EF$ 的跨中弯矩相等，试确定外伸臂长度 $a$。

17-3　作图 17-35 所示各刚架的内力图。

17-4　直接绘出图 17-36 所示各刚架的弯矩图。

17-5　计算图 17-37 所示各三铰拱。

(1) 求图 17-37 (a) 中的支座反力和拉杆 $DE$ 的内力。

(2) 求图 17-37 (b) 中指定截面 $K$ 的内力。其中，$y = \dfrac{4f}{l^2}(l-x)$。

17-6　用结点法求图 17-38 所示各桁架杆件的内力（先指出零杆）。

17-7　求图 17-39 所示各桁架中指定杆内力。

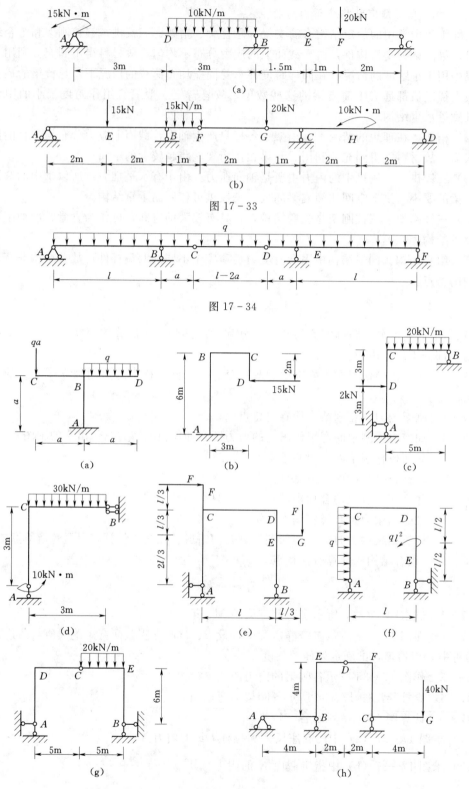

图 17 - 33

图 17 - 34

图 17 - 35

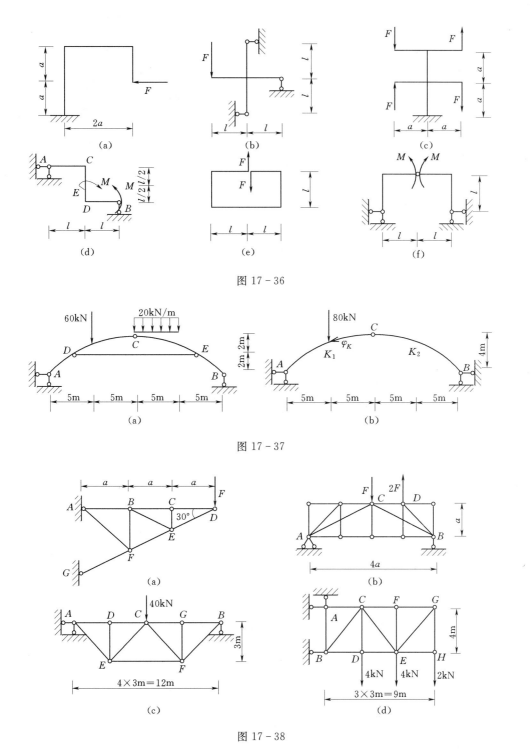

图 17-36

图 17-37

图 17-38

**17-8**　计算图 17-40 所示各组合结构各链杆的内力，并绘出各梁式杆的弯矩图。

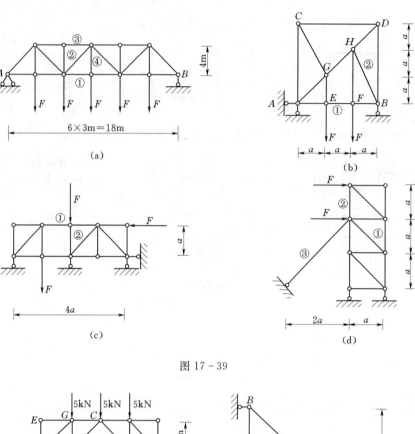

图 17 - 39

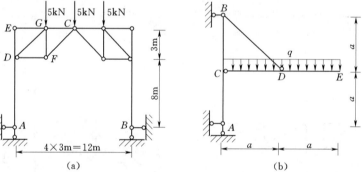

图 17 - 40

# 第十八章　静定结构的位移计算

## 第一节　概　　述

### 一、结构的位移

所有的工程结构都是由可变形的固体材料构成的，在外荷载的作用下，将会产生变形和位移。这里所说的变形，是指结构（或其中某一部分）几何形状和尺寸的改变；所谓位移，是指由于变形所引起结构上各截面位置的移动或转动，这些移动或转动统称为结构的位移。

如图 18-1 所示刚架，在荷载作用下产生变形，使 $C$ 截面的形心位置由 $C$ 点移到 $C'$ 点，线段 $CC'$ 称为 $C$ 点的线位移，记作 $\Delta_C$，可分解为水平线位移 $\Delta_{Cx}$ 和竖向线位移 $\Delta_{Cy}$；同时 $C$ 截面还转动了一个角度，记作 $\varphi_C$，称为 $C$ 截面的角位移。$\Delta_{Cx}$、$\Delta_{Cy}$、$\varphi_C$ 都是变形后的位置相对于原位置的位移称为绝对位移。又如图 18-2 所示刚架，在荷载作用下产生变形。$B$、$C$ 两点的竖向线位移分别为 $\Delta_{By}$、$\Delta_{Cy}$，它们之和为 $\Delta_{BCy} = \Delta_{By} - \Delta_{Cy}$ 称为 $B$、$C$ 两点的竖向相对线位移，是结构变形后截面 $B'$ 相对于截面 $C'$ 的竖向位移。以上线位移、角位移、相对线位移及相对角位移等统称为广义位移。

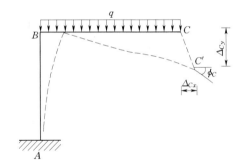

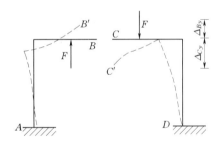

图 18-1　　　　　　　　　　　　　图 18-2

除外荷载的作用外，还有支座移动、温度改变、材料收缩、制造误差等非荷载因素的作用，都能使结构产生位移。

### 二、结构位移计算的目的

（1）校核结构的刚度。结构除了要保证具有足够的强度，还要具有足够的刚度，这样在荷载或其他因素作用下不致因发生过大的变形而导致结构不能正常使用或产生破坏。因此，铁路桥涵设计规范规定，在竖向静荷载作用下桥梁刚度为：简支钢板梁的刚度为 $\frac{l}{800}$，简支钢桁梁不得超过跨度的 $\frac{l}{900}$；钢筋混凝土高层建筑的有关规范规定，在风荷载和地震荷载的作用下，相邻两层间的相对水平线位移（简称层间位移）的最大值与层高之比，不宜大于

$\dfrac{1}{500}\sim\dfrac{1}{1000}$（随结构类型及楼房总高而异）。

（2）静定结构位移计算是分析超静定结构的基础。超静定结构的内力与反力仅凭静力平衡条件是不能全部确定的，必须要考虑结构的变形条件，而建立变形条件时就必须要计算结构的位移。

（3）为生产使用提供条件。结构在制作、架设、施工、养护过程中，也需要预先知道结构的变形情况，以便采取相应措施，达到预期目的。

（4）在结构的动力计算与稳定计算中，也需要计算结构的位移。

由此可见，结构的位移计算对工程设计与施工是具有非常重要意义的。

结构力学中一般是利用虚功原理来进行结构位移计算的。本章首先利用虚功原理推导出结构位移计算的一般公式，然后再介绍各种因素作用下结构位移计算的方法。对于超静定结构的位移计算，在学习了超静定结构内力分析的方法后，仍可用本章的方法进行计算。

# 第二节　虚　功　原　理

## 一、功的概念

功是物体所作用的力与其作用点沿力方向上位移的乘积。如图 18-3 所示，设恒力 $F$ 作用于物体上，并使物体在水平方向上产生移动 $\Delta$，则称力 $F$ 在位移 $\Delta$ 上作了功，其大小为：

$$W=F\Delta\cos\theta \tag{18-1}$$

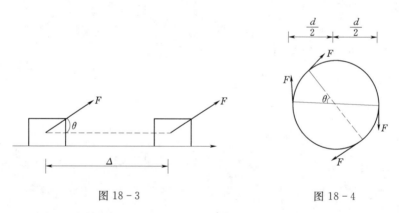

图 18-3　　　　　　　　　　　　　　　图 18-4

又如图 18-4 所示，物体在力偶 $M=Fd$ 作用下而产生转角位移 $\theta$，则力偶在转角位移 $\theta$ 上作了功，其大小为

$$W=2F\times\dfrac{d}{2}\theta=Fd\theta=M\theta \tag{18-2}$$

若用 $F$ 表示广义力，$\Delta$ 表示广义位移，则广义力作功为

$$W=F\Delta$$

单个集中力、力偶、一对力或一对力偶统称为广义力，广义力作功必须与广义位移一一对应。如果广义力是一对力，则相应的广义位移为相对线位移；如果广义力是一个集中力，则相应的广义位移为线位移。

## 二、实功与虚功

由功的定义可知，只要具备了作功的力和位移，且相互之间相适应就能作功。因此，根据位移产生原因的不同，可将功分为实功和虚功。实功是指力在其自身所引起的位移上所作的功；虚功是指力在其他因素所引起的位移上所作的功。

如图 18-5 （a）所示为简支梁，在力 $F_1$ 作用下产生变形如虚线所示，此时若在梁上作用另一个力 $F_2$，则梁将继续发生变形而达到实线所示位置。由叠加原理可知，上述的变形过程可分解为如图 18-5 （b）、（c）所示的两种状态。我们将图 18-5 （b）所示的状态称为力状态，也叫第一状态；图 18-5 （c）所示的状态称为位移状态，也叫第二状态。

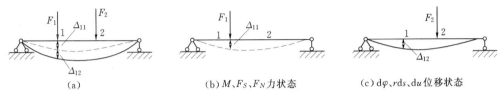

(a)        (b) $M$、$F_S$、$F_N$ 力状态        (c) $\mathrm{d}\varphi$、$r\mathrm{d}s$、$\mathrm{d}u$ 位移状态

图 18-5

这时力状态中的力 $F_1$，在力状态对应的位移 $\Delta_{11}$ 上所作的功，就称为实功。

$$W_{11} = F_1\Delta_{11} \tag{a}$$

而力状态中的力 $F_1$ 在位移状态中对应的位移 $\Delta_{12}$ 上所作的功，就称为虚功。

$$W_{12} = F_1\Delta_{12} \tag{b}$$

式中，$\Delta$ 有两个脚标，第一个脚标表示位移发生的位置，第二个脚标表示引起位移的原因。由此可见，作虚功就要求作功的力和位移之间毫不相关，因此要作虚功就必须具备两种毫不相关状态，即作功的力状态和位移状态。

### 三、外力虚功与内力虚功

如图 18-5 （b）所示的力状态中，简支梁除产生了变形同时还产生了弯矩 $M$、剪力 $F_S$、轴力 $F_N$；如图 18-5 （c）所示的位移状态中的变形分别为：弯曲变形 $\mathrm{d}\varphi$、剪切变形 $r\mathrm{d}s$、轴向变形 $\mathrm{d}u$。则有力状态中的外力 $F_1$ 在位移状态中对应的位移 $\Delta_{12}$ 上所作的功，就称为外力虚功，如式（b）所示；而力状态中的内力 $M$、$F_S$、$F_N$ 在位移状态中对应微段的变形 $\mathrm{d}\varphi$、$r\mathrm{d}s$、$\mathrm{d}u$ 上作内力虚功，记作

$$\mathrm{d}W = M\mathrm{d}\varphi + F_S r\mathrm{d}s + F_N\mathrm{d}u \tag{c}$$

### 四、变形体虚功原理

变形体处于平衡状态的必要与充分条件是，外力在对应的位移上所作外力虚功的总和等于各微段上的内力在其对应的变形上所作内力虚功的总和，即

$$W_外 = W_内 \tag{18-3}$$

一般地我们将变形体虚功原理简称为虚功原理，其主要有两方面的应用：

（1）用虚位移法求未知力。虚位移法就是对应于给定的力状态，为形成虚功，须另虚设一位移状态，以利用虚功方程求力状态中的未知力。这一应用时的虚功原理也称为虚位移原理。

（2）用虚荷载法求位移。虚荷载法就是对应于给定的位移状态，为形成虚功，须另虚设一力状态，以利用虚功方程求位移状态中的位移。注意：这里给定的位移状态是真实的，为了能在给定的位移上形成虚功，就必须虚设一力系，使他们之间能够形成虚功，然后利用虚功原理建立虚功方程，从而求解出真实的位移状态中的位移。这时的虚功原理亦称为虚力原理。

# 第三节　结构位移计算的一般公式

### 一、结构位移计算的一般公式

虚功原理的应用是建立在虚功的基础上，要求作功的位移不是由作功的力所引起的，即应用虚功原理求解结构的位移，必须具备两个状态：位移状态（实际状态）和力状态（虚设状态）。

如图 18-6（a）所示，刚架由于外荷载和支座移动等因素产生了变形，这里我们将其作为位移状态。现为计算刚架上任意点 $K$ 沿 $k-k$ 上的位移 $\Delta_{KF}$（可代表广义位移），利用虚功原理就必须假设一虚拟力状态。为使力状态中的外力能在位移状态中所求的位移 $\Delta_{KF}$ 上作虚功，须在 $K$ 点沿 $k-k$ 方向加一个集中荷载 $F_K$（方向可随意假设）。由于所求位移 $\Delta_{KF}$ 与虚拟集中荷载 $F_K$ 的大小无关，为了计算方便，因此可令 $\overline{F}_K=1$，即虚拟一个单位集中荷载，如图 18-6（b）所示，此时在支座处有虚反力产生，这样就构成了一个虚设力状态的平衡力系（即力状态）。这个单位力状态并不是实际原有的，而是我们根据所求位移假设的，故称为虚拟单位力状态。

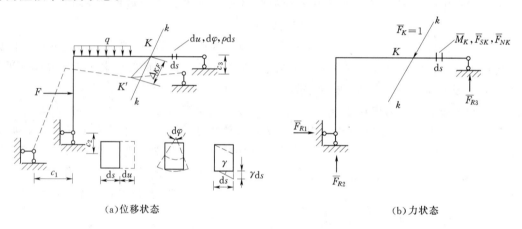

(a)位移状态　　　　　　　　　　　　　　　(b)力状态

图 18-6

位移状态中由荷载产生的内力用 $M_F$、$F_{SF}$、$F_{NF}$ 表示，相应微段 $\mathrm{d}s$ 上产生的变形分别为 $\mathrm{d}\varphi$、$\gamma\mathrm{d}s$、$\mathrm{d}u$，支座处的位移用 $c$ 表示；单位虚拟荷载状态中的内力和反力用 $\overline{M}_K$、$\overline{F}_{SK}$、$\overline{F}_{NK}$ 及 $\overline{F}_R$ 表示。由虚功原理得

$$1\times\Delta_{KF}+\sum\overline{F}_R C=\sum\int_s\overline{M}_K\,\mathrm{d}\varphi+\sum\int_s\overline{F}_{SK}\gamma\,\mathrm{d}s+\sum\int_s\overline{F}_{NK}\,\mathrm{d}u$$

$$\Delta_{KF}=\sum\int_s\overline{M}_K\,\mathrm{d}\varphi+\sum\int_s\overline{F}_{SK}\gamma\,\mathrm{d}s+\sum\int_s\overline{F}_{NK}\,\mathrm{d}u-\sum\overline{F}_R C \qquad (18-4)$$

上式即为结构位移计算的一般公式。由静力平衡条件不难确定出虚拟力状态下的反力 $\overline{F}_R$ 和内力 $\overline{M}_K$、$\overline{F}_{SK}$、$\overline{F}_{NK}$，同时已知实际位移状态中的支座位移 $c$，并可求出微段的变形 $\mathrm{d}\varphi$、$\gamma\mathrm{d}s$、$\mathrm{d}u$，则由上式可算出位移 $\Delta_{KF}$。若计算结果为正，表示单位荷载所作功为正，则结构上实际位移的方向与所假设的虚拟单位荷载的方向相同；反之，方向就相反，这时计算结果为负值。

### 二、单位荷载法

虚设一个单位力状态，根据虚功原理计算结构位移的方法称为单位荷载法。虚设的单位力应与拟求位移相适应，若求某截面的转角位移时，在该截面加一个任意方向的单位力偶；求桁架中某杆件的转角位移时，由于桁架为结点荷载作用，需在该杆件的两个结点上加上一对大小相等，方向相反的集中力，使其形成一个单位力偶。当拟求位移为广义位移时，应虚设与之相应的广义单位力，如图 18－7 所示。

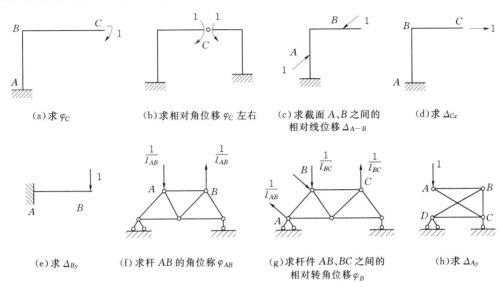

（a）求 $\varphi_C$　　（b）求相对角位移 $\varphi_C$ 左右　　（c）求截面 $A$、$B$ 之间的相对线位移 $\Delta_{A-B}$　　（d）求 $\Delta_{Cx}$

（e）求 $\Delta_{By}$　　（f）求杆 $AB$ 的角位称 $\varphi_{AB}$　　（g）求杆件 $AB$、$BC$ 之间的相对转角位移 $\varphi_B$　　（h）求 $\Delta_{Ay}$

图 18－7

# 第四节　静定结构在荷载作用下的位移计算

本节我们讨论静定结构在荷载作用下的位移计算问题。这里仅限于研究符合工程力学基本假定的线弹性材料组成的结构，其位移应是微小的，可以使用叠加原理。把材料力学中的变形公式：

$$\mathrm{d}\varphi = \frac{M_F\,\mathrm{d}s}{EI},\ \gamma\mathrm{d}s = k\frac{F_{SF}\,\mathrm{d}s}{GA},\ \mathrm{d}u = \frac{F_{NF}\,\mathrm{d}s}{EA}$$

代入式（18－4），即可得到静定结构在荷载作用下的位移计算公式：

$$\Delta_{KF} = \Sigma\int_s \frac{M_F\,\overline{M}_K}{EI}\mathrm{d}s + \Sigma\int_s k\frac{F_{SF}\,\overline{F}_{SK}}{GA}\mathrm{d}s + \Sigma\int_s \frac{F_{NF}\,\overline{F}_{NK}}{EA}\mathrm{d}s \tag{18-5}$$

式（18－5）适用于等截面直杆，也适用于可忽略曲率的曲杆。式中右边第一项、第二项、第三项分别表示由于弯曲变形、剪切变形、轴向变形所引起的位移。在实际计算中要考虑到实际工程设计的需要，可根据各类结构的具体变形特点，将位移计算公式简化如下。

（1）梁和刚架。此类结构中，杆件的轴向变形和剪切变形对位移的影响很小，可以忽略不计，而只需考虑弯曲变形所引起的结构位移。

$$\Delta_{KF} = \Sigma\int_s \frac{M_F\,\overline{M}_K}{EI}\mathrm{d}s \tag{18-6}$$

（2）桁架结构。在结点荷载作用下，桁架结构中各杆只产生轴向变形，并且考虑到

$\overline{F}_{NK}$、$F_{NF}$、$A$ 对每个杆件沿杆长通常保持不变，则有：

$$\Delta_{KF} = \sum \int_s \frac{F_{NF}\,\overline{F}_{NK}}{EA}\mathrm{d}s = \sum \frac{F_{NF}\,\overline{F}_{NK}\,l}{EA} \tag{18-7}$$

（3）组合结构。一般的工程结构中所采用的组合结构多为"梁桁"组合。在荷载作用下，组合结构中的受弯杆件主要承受弯矩，桁杆则只受轴力，即

$$\Delta_{KF} = \sum \int_s \frac{M_F\,\overline{M}_K}{EI}\mathrm{d}s + \sum \frac{F_{NF}\,\overline{F}_{NK}\,l}{EA} \tag{18-8}$$

（4）拱。一般的拱结构，杆件的曲率对结构的位移影响很小，可以忽略不计，其位移采用式（18-6）计算已可满足工程上需要。但在扁平拱 $\left(f \leqslant \dfrac{l}{5}\right)$ 中计算水平位移或当拱轴线与压力线比较接近时，必须考虑轴向变形，即

$$\Delta_{KF} = \sum \int_s \frac{M_F\,\overline{M}_K}{EI}\mathrm{d}s + \sum \int_s \frac{F_{NF}\,\overline{F}_{NK}}{EA}\mathrm{d}s \tag{18-9}$$

**【例 18-1】**　求图 18-8（a）所示悬臂梁 $B$ 点的竖向线位移 $\Delta_{By}$ 和角位移 $\varphi_B$（不计轴力、剪力的影响）。

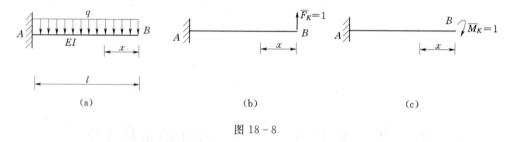

图 18-8

**解**　（1）求 $B$ 点的竖向线位移 $\Delta_{By}$。

1）假设单位力状态如图 18-8（b）所示。

2）列出两种状态下杆件的弯矩方程：

$$M_F = -\frac{q}{2}x^2,\ \overline{M}_K = x \quad (0 \leqslant x \leqslant l)$$

3）由式（18-6）求位移：

$$\Delta_{By} = -\int_0^l \frac{\dfrac{q}{2}x^3}{EI}\mathrm{d}x = -\frac{ql^4}{8EI}\ (\downarrow)$$

计算结果为负值，说明 $B$ 截面的实际竖向线位移的方向是向下的，与假设单位力方向相反。

（2）求 $B$ 点的角位移 $\varphi_B$。

1）假设单位力状态如图 18-8（c）所示。

2）列出两种状态下杆件的弯矩方程：

$$M_F = -\frac{q}{2}x^2, \qquad \overline{M}_K = -1 \quad (0 \leqslant x \leqslant 1)$$

3）由式（18-6）求解：$\varphi_B = \int_0^l \dfrac{\dfrac{q}{2}x^2}{EI}\mathrm{d}x = \dfrac{ql^3}{6EI}$（顺时针）

**【例 18-2】**　求图 18-9（a）所示半径为 $R$ 的圆弧形曲梁 $B$ 处的竖向线位移 $\Delta_{By}$。已知

$EI$、$EA$、$GA$ 均为常数。

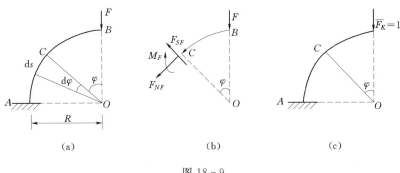

图 18-9

**解**　(1) 假设单位力状态如图 18-9 (c) 所示。

(2) 列出两种状态下杆件的弯矩、剪力、轴力方程。取圆心 $O$ 为坐标原点，与 $OB$ 成 $\varphi$ 角的截面 $C$ 处内力 $M_F$、$F_{SF}$、$F_{NF}$；如图 18-9 (b) 所示。假定曲梁内侧受拉为正，则有：

$$\overline{M}_K = -R\sin\varphi, \quad \overline{F}_{SK} = \cos\varphi, \quad \overline{F}_{NK} = \sin\varphi$$

$$M_F = -FR\sin\varphi, \quad F_{SF} = F\cos\varphi, \quad F_{NF} = F\sin\varphi$$

(3) 由式 (18-5) 求位移 ($ds = Rd\varphi$)：

$$\Delta_{By} = \int_B^A \frac{M_F \overline{M}_K}{EI}ds + \sum \int_B^A k\frac{F_{SF}\overline{F}_{SK}}{GA}ds + \sum \int_B^A \frac{F_{NF}\overline{F}_{NK}}{EA}ds$$

$$= \frac{FR^3}{EI}\int_0^{\frac{\pi}{2}}\sin^2\varphi d\varphi + k\frac{FR}{GA}\int_0^{\frac{\pi}{2}}\cos^2\varphi d\varphi + \frac{FR}{EA}\int_0^{\frac{\pi}{2}}\sin^2\varphi d\varphi$$

$$= \frac{\pi FR^3}{4EI} + \frac{k\pi FR}{4GA} + \frac{\pi FR}{4EA}$$

若曲梁为矩形截面 $bh$，则 $k = 1.2$，$\dfrac{I}{A} = \dfrac{h^2}{12}$，令 $G = 0.4E$，则有：

$$\Delta_{By} = \frac{\pi FR^3}{4EI}\left[1 + \frac{1}{4}\left(\frac{h}{R}\right)^2 + \frac{1}{12}\left(\frac{h}{R}\right)^2\right](\downarrow)$$

由于截面高度 $h$ 远小于 $R$，则有 $\left(\dfrac{h}{R}\right)^2 \approx 0$，故：

$$\Delta_{By} = \frac{\pi FR^3}{4EI}(\downarrow)$$

**【例 18-3】**　求图 18-10 (a) 所示桁架结点 $B$ 的竖向位移 $\Delta_{By}$。各杆的 $EA$ 值相同。

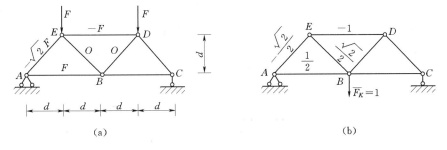

图 18-10

**解**　(1) 假设单位力状态如图 18-10 (b) 所示。

（2）分别求出两种状态下各杆件的轴力，计算结果标在图 18-10（a）、（b）中的相应杆件上。

（3）代入式（18-7）可求得结构的位移。为方便起见，可将计算过程列成表格的形式进行计算，注意到结构的对称性，列表 18-1 进行计算。

表 18-1　　　　　　　　桁 架 的 位 移 计 算

| 杆件 | $l$ | $EA$ | $F_{NF}$ | $\overline{F}_{NK}$ | $F_{NF}\overline{F}_{NK}l/EA$ |
|---|---|---|---|---|---|
| $AE$、$CD$ | $\sqrt{2}d$ | $EA$ | $-\sqrt{2}/F$ | $-\sqrt{2}/2$ | $2\sqrt{2}Fd/EA$ |
| $AB$、$BC$ | $2d$ | $EA$ | $F$ | $1/2$ | $2Fd/EA$ |
| $EB$、$BD$ | $\sqrt{2}d$ | $EA$ | $0$ | $\sqrt{2}/2$ | $0$ |
| $ED$ | $2d$ | $EA$ | $-F$ | $-1$ | $2Fd/EA$ |
| $\Sigma$ | | | | | $(4+2\sqrt{2})Fd/EA$ |

由表中计算结果可得 $B$ 点的竖向线位移为

$$\Delta_{By}=\frac{4+2\sqrt{2}}{EA}Fd=6.83\frac{Fd}{EA}(\downarrow)$$

# 第五节　图　乘　法

如前所述，梁和刚架在荷载作用下的位移计算时，一般采用积分公式：

$$\Delta_{KF}=\sum\int_s\frac{M_F\overline{M}_K}{EI}\mathrm{d}s$$

当结构杆件数目较多、荷载复杂时，积分运算不仅麻烦，且易出错。如果结构能够满足下列

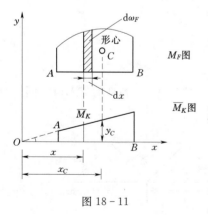

图 18-11

三个条件：①抗弯刚度 $EI$ 为常数；②杆件轴线为直线；③$M_F$、$\overline{M}_K$ 图中至少有一个图形为直线或折线时，上面的积分公式则可转化成图乘公式进行结构的位移计算，从而使得位移计算得到简化，该方法即为图乘法。

现在以图 18-11 所示等截面直杆 $AB$ 的两个弯矩图 $\overline{M}_K$、$M_F$ 来说明图乘法与积分法之间的关系。假设 $M_F$ 图为任意图形，$\overline{M}_K$ 图为直线，且 $EI$ 为常数。由图可知

$$\overline{M}_K=y=x\tan\alpha$$

代入积分公式得

$$\Delta_{KF}=\frac{1}{EI}\int_A^B x\tan\alpha M_F\mathrm{d}x=\frac{\tan\alpha}{EI}\int_A^B x\mathrm{d}\omega_F$$

式中的 $\mathrm{d}\omega_F$ 表示 $M_F$ 图的微面积（阴影部分），因而积分 $\int_A^B x\mathrm{d}\omega_F$ 表示 $M_F$ 图对于 $y$ 轴的静矩，而静矩等于该图形的面积与该图形形心到 $y$ 轴距离的乘积。即

$$\int_A^B x \, \mathrm{d}\omega_F = \omega_F x_C$$

$$\Delta_{KF} = \frac{1}{EI}\omega_F x_C \tan\alpha$$

$$\Delta_{KF} = \frac{1}{EI}\omega_F y_C \qquad\qquad (18-10)$$

$\omega_F$ 表示 $M_F$ 图的图形面积，$y_c$ 表示 $M_F$ 图的形心 $C$ 所对应的另一个直线图形$\overline{M}_K$ 图的纵距（或竖标）。

当结构满足上述三个条件时，积分 $\int_A^B \dfrac{M_F \overline{M}_K}{EI} \mathrm{d}x$ 的值就等于 $\omega_F$ 乘 $y_c$，再除以 $EI$，这就是图乘法。对于一般结构，则有：

$$\Delta_{KF} = \sum\frac{\omega_F y_C}{EI} \qquad\qquad (18-11)$$

在图乘法的应用过程中，经常要用到一些常用标准图形的形心位置与面积计算公式，如图 18 - 12 所示。

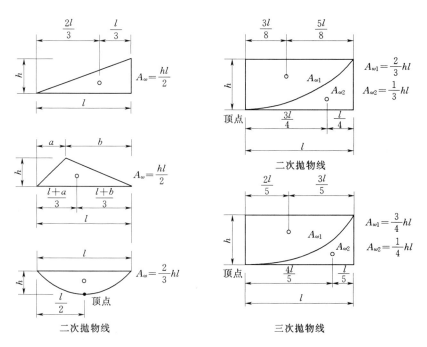

图 18 - 12

由上面图乘公式的论证可知，在应用图乘法时应注意以下几点事项：

（1）必须符合图乘法应用的前提条件。

（2）$y_C$ 只能取自直线图形。若 $\overline{M}_K$ 图与 $M_F$ 图均为直线，也可以用 $\overline{M}_K$ 图的面积 $\omega_K$ 乘以其形心所对应的图的纵距 $y_F$ 来计算，即

$$\frac{\omega_F y_C}{EI} = \frac{\omega_K y_F}{EI}$$

（3）图乘时当面积 $\omega_F$，与纵距 $y_c$ 位于杆件同侧时，图乘结果取正；反之，则取负值。即同侧相乘取正，异侧相乘取负。

（4）当杆件的 $EI$ 值不同或直线图形是由几段直线组成的折线图形时，须分段图乘。

（5）当 $M_F$ 图较复杂而难以其确定其面积和形心位置时，可根据叠加原理，将 $M_F$ 图分解为若干个基本图形，然后用简单的图形分别与 $\overline{M}_K$ 图图乘后再求和。

如图 18-13 所示，$EI$ 为常数，图 18-13（a）与图 18-13（b）、（c）的图乘的结果各为

$$\Delta = \frac{1}{EI}(\omega_1 y_1 + \omega_2 y_2 + \omega_3 y_3) + \frac{1}{2EI}\omega_4 y_4$$

$$\Delta' = \frac{1}{EI}(\omega_1 y_1' + \omega_2 y_2' + \omega_3 y_3') + \frac{1}{2EI}\omega_4 y_4'$$

其中，由于 $EI$ 不同首先分成左右两段，由于左段图形较复杂，无法直接确定图形的面积与形心位置，需分解为三个基本图形方能计算。这里所谓基本图形的分解，是由于均布荷载作用下的弯矩图为一曲线图形，由叠加原理可知，其弯矩图均可看成是一个梯形图形与一个标准二次抛物线图形的叠加，而任意梯形图形又都可以看成是两个三角形的叠加。还需注意的是，所谓弯矩图的叠加，是指其竖标的叠加，而不是简单的原图几何形状的剪贴拼合。

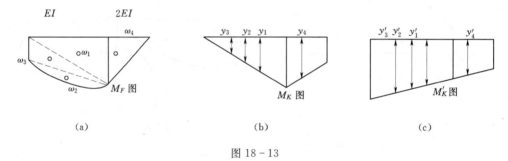

图 18-13

【例 18-4】　用图乘法计算图 18-14（a）所示刚架 $C$ 端的 $\Delta_{Cx}$、$\Delta_{Cy}$、$\varphi_C$。

**解**　（1）假设单位力状态，并作弯矩图，如图 18-14（c）、（d）、（e）所示。

（2）作刚架实际荷载作用时的弯矩图（$M_F$ 图）如图 18-14（b）所示。

（3）图乘求位移得

$$\Delta_{Cx} = \frac{1}{2EI} \times \frac{1}{2} \times l \times l \times \frac{ql^2}{2} = \frac{ql^4}{8EI}(\rightarrow)$$

$$\Delta_{Cy} = \frac{1}{EI} \times \frac{1}{3} \times l \times \frac{ql^2}{2} \times \frac{3}{4} \times l + \frac{1}{2EI} \times \frac{ql^2}{2} \times l \times l = \frac{3ql^4}{8EI}(\downarrow)$$

$$\varphi_C = \frac{1}{EI} \times \frac{1}{3} \times l \times \frac{ql^2}{2} \times 1 + \frac{1}{2EI} \times \frac{ql^2}{2} \times l \times 1 = \frac{5ql^3}{12EI}(顺时针)$$

计算结果为正，表明实际的位移方向与所设单位力方向一致。

【例 18-5】　$EI$ 为常数，求 18-15（a）所示外伸梁中的 $\Delta_{Cy}$。

**解**　（1）在结点 $C$ 处加 $\overline{F}_K = 1$ 并作出 $\overline{M}_K$ 图，如图 18-15（b）所示。

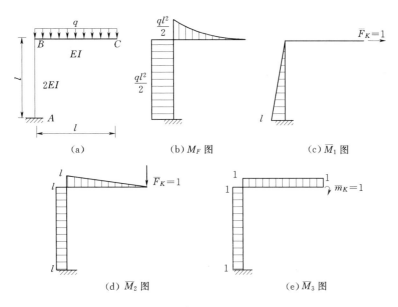

(a)　　　(b) $M_F$ 图　　　(c) $\overline{M}_1$ 图

(d) $\overline{M}_2$ 图　　　　(e) $\overline{M}_3$ 图

图 18－14

（2）作 $M_F$ 图，如图 18－15（c）所示。

（3）图乘求位移得：

$$\Delta_{Cy}=\frac{1}{EI}\left(\frac{1}{2}\times l\times\frac{ql^2}{2}\times\frac{2}{3}\times l-\frac{2}{3}\times l\times\frac{ql^2}{8}\times\frac{l}{2}+\frac{1}{3}\times l\times\frac{ql^2}{2}\times\frac{3}{4}\times l\right)$$

$$=\frac{ql^4}{4EI}(\downarrow)$$

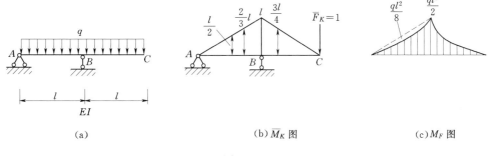

(a)　　　　(b) $\overline{M}_K$ 图　　　　(c) $M_F$ 图

图 18－15

【例 18－6】　求图 18－16（a）所示刚架结点 $B$ 的水平位移 $\Delta_{Bx}$。

**解**　（1）作 $M_F$ 图如图 18－16（b）所示。

（2）在结点 $B$ 处加 $\overline{F}_K=1$，画出 $\overline{M}_K$ 图，如图 18－16（c）所示。

（3）图乘求位移得：

$$\Delta_{Bx}=\frac{1}{EI}\left(\frac{1}{2}\times l\times\frac{ql^2}{2}\times\frac{2}{3}\times l\times2+\frac{2}{3}\times l\times\frac{ql^2}{8}\times\frac{l}{2}\right)=\frac{3ql^4}{8EI}(\rightarrow)$$

【例 18－7】　求图 18－17（a）所示组合结 $D$ 点的竖向位移 $\Delta_{Dy}$。已知 $CE$ 杆面积 $A=16\text{cm}^2$，$AC$ 杆、$BD$ 杆惯性矩 $I=3200\text{cm}^4$，$E$ 均为 $2.1\times10^4\text{kN/cm}^2$。

**解**　组合结构中梁式杆只计弯曲变形，桁杆只有轴向变形。

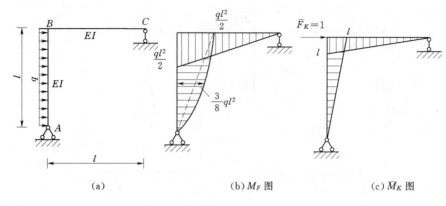

（a） （b）$M_F$ 图 （c）$\overline{M}_K$ 图

图 18－16

（1）作 $M_F$ 图、$F_{NF}$图，如图 18－17（b）所示。

（2）作$\overline{M}_K$ 图、$\overline{F}_{NK}$图，如图 18－17（c）所示。

（3）图乘求位移 $\Delta_{Dy}$ 得：

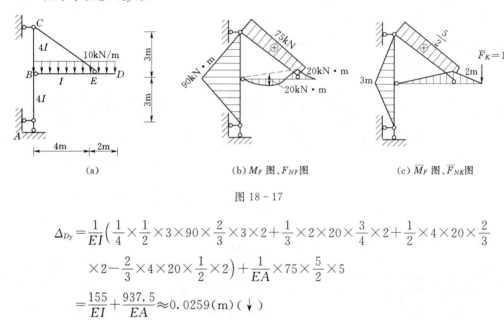

（a） （b）$M_F$ 图、$F_{NF}$图 （c）$\overline{M}_F$ 图、$\overline{F}_{NK}$图

图 18－17

$$\Delta_{Dy}=\frac{1}{EI}\Big(\frac{1}{4}\times\frac{1}{2}\times3\times90\times\frac{2}{3}\times3\times2+\frac{1}{3}\times2\times20\times\frac{3}{4}\times2+\frac{1}{2}\times4\times20\times\frac{2}{3}$$

$$\times2-\frac{2}{3}\times4\times20\times\frac{1}{2}\times2\Big)+\frac{1}{EA}\times75\times\frac{5}{2}\times5$$

$$=\frac{155}{EI}+\frac{937.5}{EA}\approx0.0259(\text{m})(\downarrow)$$

# 第六节　支座移动和温度改变对静定结构的影响

## 一、支座移动时静定结构的位移计算

如图 18－18（a）所示静定刚架，其支座发生了水平位移 $c_1$、竖向沉陷 $c_2$ 和转角位移 $c_3$，由于支座处的移动，使得整个结构产生了图示的位置改变。现要求由此引起的任一点的位移，例如 $K$ 点的竖向位移 $\Delta_{Kc}$，由虚功原理可知，须假设单位力状态如图 18－18（b）所示。

对于静定结构而言，由于支座移动时并不能引起结构的内力，因而结构并不发生变形，此时结构的位移纯属刚体位移。即 $M_F$、$F_{SF}$、$F_{NF}$ 和 $d\varphi$、$rds$、$du$ 均为零，由变形体虚功原

理可知：$W_外＝0$，即刚体处于平衡状态的必要
与充分条件是，外力所作的虚功之和恒等于
零，称为刚体虚功原理。

由结构位移计算一般式（18-4）可得

$$\Delta_{Kc}＝-\sum \overline{F}_R c \qquad (18-12)$$

上式即为静定结构支座移动时的位移计算
公式。式中 $\overline{F}_R$ 表示虚拟单位荷载作用下的支
座反力，$c$ 为支座处的实际支座位移。乘积
$\overline{F}_R c$ 为支座处反力所做的虚功，当 $\overline{F}_R$ 与 $c$ 的方
向相同时，其乘积为正；反之，则为负。

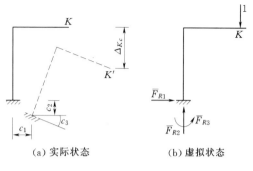

（a）实际状态　　　（b）虚拟状态

图 18-18

【例 18-8】　求支座 $A$ 发生移动时图 18-19（a）所示结构铰 $C$ 处的相对角位移 $\varphi_C$。

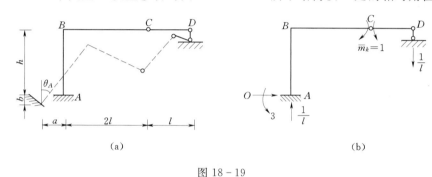

（a）　　　　　　　　　（b）

图 18-19

**解**　（1）假设单位力状态如图 18-19（b）所示，并求出支座反力 $\overline{F}_R$。
（2）利用公式求位移。

$$\varphi_C＝-\overline{F}_R c＝-\left(-\frac{1}{l}×b-3\theta_A\right)＝\frac{b}{l}+3\theta_A（下侧角度增大）$$

计算结果为正，说明铰 $C$ 处的相对角位移与假设单位力方向相同，使得 $C$ 点下侧角度
增大。

### 二、温度改变时静定结构的位移计算

由静定结构特性可知，静定结构在温度改变时并不能产生内力。但是，由于材料具有热
胀冷缩的性质，所以温度改变可以使静定结构发生变形，从而引起结构的位移。

如图 18-20 所示刚架，其外侧温度改变为 $t_1$，内侧温度改变为 $t_2$，若要计算由此温度
变化所引起的任一点的位移，例如 $K$ 点的竖向位移 $\Delta_{Kt}$。由虚功原理可知，此时的位移计算
公式可由式（18-4）来推出，当只有温度改变而支座位移为零时，即 $c＝0$，式（18-4）可
改写为

$$\Delta_{Kt} = \sum \int_s \overline{M} \mathrm{d}\varphi t + \sum \int_s \overline{F}_S \gamma_t \mathrm{d}s + \sum \int_s \overline{F}_N \mathrm{d}u_t \qquad (18-13)$$

式中：$\overline{M}$、$\overline{F}_S$、$\overline{F}_N$ 各表示虚拟单位荷载作用下的内力；$\mathrm{d}\varphi t$、$\gamma_t \mathrm{d}s$、$\mathrm{d}u_t$ 是由于温度改变在
微段 $\mathrm{d}s$ 上产生的实际变形。

下面来研究实际位移状态中由于温度改变而引起结构中某一微段 $\mathrm{d}s$ 上所产生的变形。
如图 18-20（a）所示，若结构的截面高度为 $h$，材料的线膨胀系数为 $\alpha$，为了简化计算，这
里假设温度沿截面高度按直线规律变化，变形后截面仍为平面，则微段 $\mathrm{d}s$ 上只产生轴向变

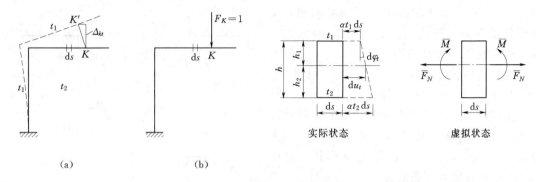

图 18 - 20

形 $du_t$ 和弯曲变形 $d\varphi t$，而不产生剪切变形 $\gamma_t ds$。当截面对称于形心轴时（即：$h_1 = h_2 = \dfrac{h}{2}$），

其形心轴处的温度改变量 $t_0$ 为：$t_0 = \dfrac{t_1 + t_2}{2}$，由几何关系可计算出微段的轴向变形为

$$du_t = \frac{\alpha t_1 ds + \alpha t_2 ds}{2} = \alpha t_0 ds \qquad (a)$$

当截面不对称于形心轴时，则由 $\dfrac{h_1}{h} = \dfrac{\alpha t_0 ds - \alpha t_1 ds}{\alpha t_2 ds - \alpha t_1 ds}$ 可得：$t_0 = \dfrac{h_1 t_2 + h_2 t_1}{h}$。

若令 $\Delta_t = t_2 - t_1$，则可计算出微段的弯曲变形为

$$d\varphi t = \frac{\alpha t_2 ds - \alpha t_1 ds}{h} = \frac{\alpha \Delta t ds}{h} \qquad (b)$$

将式（a）、式（b）代入式（18-13），且由于各杆件均为等截面直杆，且温度沿杆件的长度变化相同时，则 $h$、$t_0$、$\Delta t$ 均为常量，则得

$$\Delta_{Kt} = \sum \int \overline{M} \frac{\alpha \Delta t ds}{h} + \sum \int \overline{F}_N \alpha t ds$$

$$= \sum \frac{\alpha \Delta t}{h} \int \overline{M} ds + \sum \alpha t \int \overline{F}_N ds \qquad (c)$$

整理得温度改变时位移计算公式：

$$\Delta_{Kt} = \sum \frac{\alpha \Delta t}{h} \omega_{\overline{M}} + \sum \alpha t \omega_{\overline{F}_N} \qquad (18-14)$$

式中，$\omega_{\overline{M}} = \int \overline{M} ds$，为 $\overline{M}$ 图的面积；$\omega_{\overline{F}_N} = \int \overline{F}_N ds$，为 $\overline{F}_N$ 图的面积。对于桁架结构，因 $\overline{M} = 0$，$\overline{F}_N$ 对每个杆件为常量，则式（18-14）可写为

$$\Delta_{Kt} = \sum \alpha t_0 \overline{F}_N l \qquad (18-15)$$

式（18-14）、式（18-15）是温度改变时的位移计算公式。公式应用时应注意式右各项正负号的确定。由于它们表示的都是内力虚功，故当温度改变引起变形与虚设内力变形一致时为正，反之为负。式中 $t_0$、$\Delta t$ 均取绝对值。

【**例 18-9**】 图 18-21（a）所示刚架施工时温度为 25℃；试求冬季当外侧温度为 -15℃，内侧温度为 -5℃时 $C$ 处的竖向线位移 $\Delta_{Cy}$。已知：$l = 4m$，$\alpha = 10^{-5}$，杆截面均为矩形，高度 $h = 40cm$。

**解** 外侧温度变化 $t_0 = -15 - 25 = -40$（℃），内侧温度变化 $t_2 = -5 - 25 = -30$（℃），故

$$t_0 = \left| \frac{t_1 + t_2}{2} \right| = 35(\text{℃}), \Delta t = |t_2 - t_1| = 10(\text{℃})$$

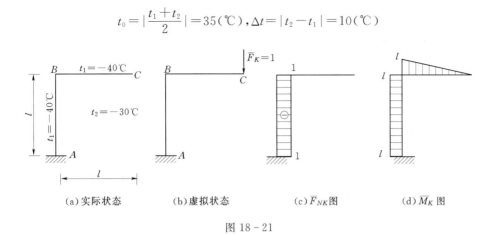

|(a)实际状态|(b)虚拟状态|(c)$\overline{F}_{NK}$图|(d)$\overline{M}_K$图|

图 18 - 21

在 $C$ 处加 $\overline{F}_K = 1$，作 $\overline{M}_K$ 图、$\overline{F}_{NK}$ 图，如图 18 - 21 (b)、(c)、(d) 所示，计算面积代入式（18 - 14）得

$$\Delta_{Cy} = \alpha \times 35 \times (1 \times l) - \alpha \times \frac{10}{h} \times \left( \frac{l^2}{2} + l^2 \right)$$

$$= 35\alpha l - \frac{15}{h}\alpha l^2$$

$$= 35 \times 10^{-5} \times 400 - \frac{15 \times 10^{-5} \times 400^2}{40}$$

$$= -0.46(\text{cm})(\uparrow)$$

计算结果为负，说明实际位移方向与所设单位力方向相反。

# 第七节　弹性结构的几个互等定理

### 一、功的互等定理

设有两组外力 $F_1$ 和 $F_2$ 分别作用于同一线弹性结构，如图 18 - 22 (a)、(b) 所示，分别称为此结构的第一状态和第二状态。$\Delta_{12}$ 表示第二状态的广义力 $F_2$ 引起的与广义力 $F_1$ 相应的广义位移，$\Delta_{21}$ 表示第一状态的广义力 $F_1$ 引起的与广义力 $F_2$ 相应的广义位移。现将第一状态作为力状态，第二状态作为位移状态，由虚功原理可知

$$F_1 \Delta_{12} = \sum \int \frac{M_1 M_2 \, \mathrm{d}s}{EI} + \sum \int \frac{F_{N1} F_{N2} \, \mathrm{d}s}{EA} + \sum \int k \frac{F_{s1} F_{s2} \, \mathrm{d}s}{GA} \tag{a}$$

若将第二状态作为力状态，第一状态作为位移状态，由虚功原理可得

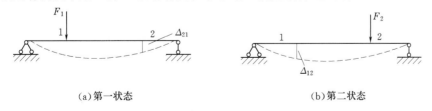

|(a)第一状态|(b)第二状态|

图 18 - 22

$$F_2 \Delta_{21} = \Sigma \int \frac{M_2 M_1 \mathrm{d}s}{EI} + \Sigma \int \frac{F_{N2} F_{N1} \mathrm{d}s}{EA} + \Sigma \int k \frac{F_{s2} F_{s1} \mathrm{d}s}{GA} \tag{b}$$

由上述式（a）、式（b）可得

$$F_1 \Delta_{12} = F_2 \Delta_{21} \tag{18-16}$$

式（18-16）称为功的互等定理。其表明：第一状态的外力在第二状态相应的位移上所作虚功等于第二状态的外力在第一状态相应的位移上所作虚功。

### 二、位移互等定理

在图18-22中，令$\overline{F}_1 = 1$，$\overline{F}_2 = 1$，这时将$\Delta_{21}$记为$\delta_{21}$，$\Delta_{12}$记为$\delta_{12}$，则根据功的互等定理有：

$$\delta_{12} = \delta_{21} \tag{18-17}$$

式（18-17）称为位移互等定理。其表明：在第一单位力的方向上由第二单位力所引起的位移$\delta_{12}$，等于第二单位力方向上由第一单位力所产生的位移$\delta_{21}$。

### 三、反力互等定理

反力互等定理用来说明超静定结构在两个支座分别发生单位位移时，这两种状态中反力的互等关系，它也是功的互等定理的一种特殊情况。如图18-23、图18-24（a）、（b）所示的两种状态，根据功的互等定理得

$$-1 \times \gamma_{12} + 0 \times \gamma_{22} = -1 \times \gamma_{21} + 0 \times \gamma_{11}$$

$$\gamma_{12} = \gamma_{21} \tag{18-18}$$

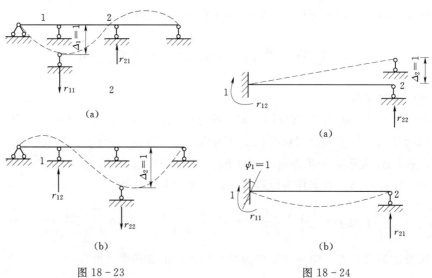

图18-23

图18-24

式（18-18）称为反力互等定理。它表明：支座1处由于支座2的单位位移所产生反力$r_{12}$等于支座2处由于支座1的单位位移所产生反力$r_{21}$。

# 小　结

本章介绍了静定结构在各种外界因素作用下的位移计算方法，它是处于静定结构的内力

分析与超静定结构内力分析的过渡阶段，为超静定结构的计算问题准备了理论基础，起到了承上启下的作用。掌握好本章内容有着非常重要的意义。

（1）虚功原理是工程力学中的基本原理。其虚功的特征是做功的力与做功的位移毫不相关。我们就是利用虚功原理，对应于拟求实际位移状态中真实存在的位移，需要虚设一单位力状态，从而计算出结构所求位移，该方法称为单位荷载法。应该熟练掌握。

（2）单位荷载法求解结构位移的一般公式为

$$\Delta_{KF} = \sum \int_s \overline{M}_K \, \mathrm{d}\varphi + \sum \int_s \overline{F}_{SK} \gamma \mathrm{d}s + \sum \int_s \overline{F}_{NK} \, \mathrm{d}u - \sum \overline{F}_R c$$

（3）荷载作用下结构的位移计算公式为

$$\Delta_{KF} = \sum \int_s \frac{M_F \overline{M}_K}{EI} \mathrm{d}s + \sum \int_s k \frac{F_{SF} \overline{F}_{SK}}{GA} \mathrm{d}s + \sum \int_s \frac{F_{NF} \overline{F}_{NK}}{EA} \mathrm{d}s$$

对应于不同的结构形式，由于结构本身主要的基本变形形式不同，因此，弯矩、剪力和轴力对结构位移的影响也不同，位移计算时可对不同的结构形式采用不同的计算公式进行计算的简化。

（4）在荷载作用下梁和刚架的位移计算可采用图乘法。图乘法的应用应注意满足三个条件，同时在具体的应用过程中还要注意如下事项：①$y_c$ 只能取自直线图形；②同侧相乘取正，异侧相乘取负；③当杆件的 $EI$ 值不同或直线图形是由几段直线组成的折线图形时，须分段图乘；④当 $M_F$ 图较复杂而难以其确定其面积和形心位置时，须根据叠加原理，将 $M_F$ 图分解为若干个基本图形，然后用简单的几何图形分别与 $\overline{M}_K$ 图图乘，然后再求和。必须熟练掌握。

（5）结构在温度改变和支座移动时的位移计算，可采用以下公式分别进行计算：

$$\Delta_{Kt} = \sum \frac{\alpha \Delta t}{h} A_{w\overline{M}} + \sum \alpha t A_{w\overline{F}_N}$$

$$\Delta_{Kc} = -\sum \overline{F}_R c$$

若结构有各种因素同时作用，可利用叠加原理，先计算各种因素单独作用下的位移，然后再求和。需要了解该部分内容的应用方法。

（6）本章最后介绍了线性变形体系的三个互等定理：功的互等定理、位移互等定理、反力互等定理。这三个定理是工程力学中的基本原理，需要在应用中逐步加深理解并加以掌握。

## 思 考 题

18-1 没有变形就没有位移，此结论对否？

18-2 结构上本来没有虚拟单位荷载作用，但在求位移时却加上了虚拟单位荷载，这样求出的位移会等于原来的实际位移吗？它包括了虚拟单位荷载引起的位移没有？

18-3 刚体虚功原理与变形体虚功原理有何区别？

18-4 图乘法的应用条件及注意点是什么？能否在拱结构上使用？

18-5 温度改变产生的位移计算公式中，如何确定各项的正负号？

18-6 在反力互等定理中，为何两个不同量纲的值可以相等？

## 习 题

18-1 如图 18-25 所示，用积分法求指定截面处的位移。$EI$ 为常数。

(1) 如图 18-25 (a) 所示，求 $\Delta_{Cy}$。

(2) 如图 18-25 (b) 所示，求 $\varphi_A$、$\Delta_{Cy}$。

(3) 如图 18-25 (c) 所示，求 $\Delta_{Cy}$。

(4) 如图 18-25 (d) 所示，求 $\Delta_{By}$。

(5) 如图 18-25 (e) 所示，求 $\Delta_{By}$、$\varphi_B$。

(6) 如图 18-25 (f) 所示，求 $\varphi_B$。

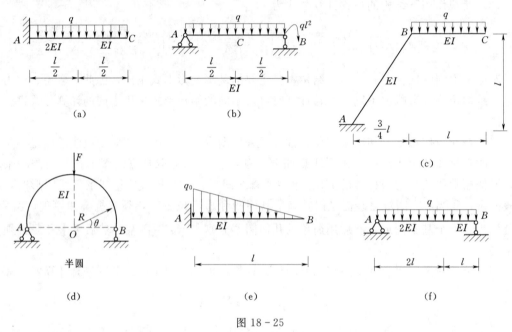

图 18-25

18-2 如图 18-26 所示，求桁架中结点 $C$ 的线位移，$EA=$ 常数，且各杆相等：

(1) 如图 18-26 (a) 所示，求 $\Delta_{Cy}$。

(2) 如图 18-26 (b) 所示，求 $\Delta_{Cx}$。

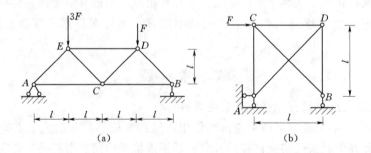

图 18-26

18-3 用图乘法计算图 18-25 (a)、(b)、(c)、(e)、(f) 中的位移。

18-4 如图 18-27 所示，各图乘是否正确？如不正确应如何改正？

18-5 用图乘法计算各指定截面的位移，$EI=$ 常数（$EI=2.1\times10^8 \text{kN} \cdot \text{cm}^2$）：

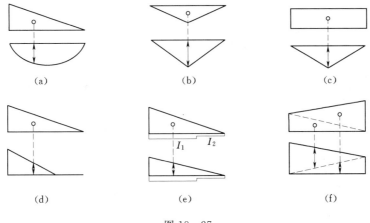

图 18-27

(1) 如图 18-28 (a) 所示，求 $C$、$D$ 两截面的相对水平线位移 $\Delta_{CD}$。

(2) 如图 18-28 (b) 所示，求 $\varphi_A$、$\Delta_{Bx}$。

(3) 如图 18-28 (c) 所示，求 $\varphi_A$。

(4) 如图 18-28 (d) 所示，求 $\Delta_{Ax}$、$\Delta_{Ay}$、$\varphi_A$。

(5) 如图 18-28 (e) 所示，求中点 $C$ 处的 $\Delta_{Cy}$。

(6) 如图 18-28 (f) 所示，求相对角位移 $\varphi_{C\text{-}C'}$。

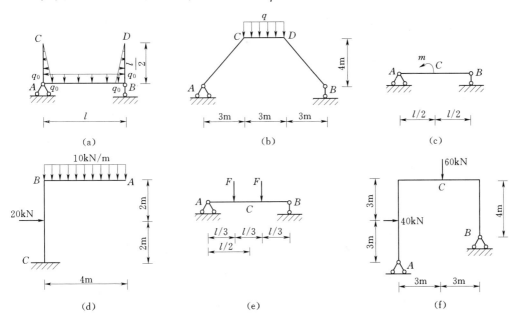

图 18-28

18-6 如图 18-29 (a) 所示，求组合结构上 $D$ 截面的角位移 $\varphi_D$，已知 $EI=$ 常数，且 $A=\dfrac{5I}{l^2}$；如图 18-29 (b) 所示，求组合结构上 $C$ 截面的竖向线位移 $\Delta_{Cy}$，横梁 $AC$ 为20b工字钢，拉杆 $DB$ 为直径 20mm 的圆钢，$E=210$GPa。

18-7 如图 18-30 所示，求支座移动时的 $\Delta_{Cx}$ 和 $\Delta_{Cy}$。

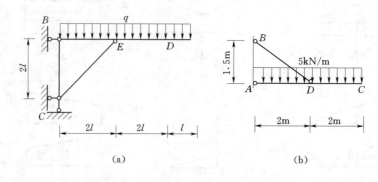

图 18 - 29

18 - 8　求温度变化时指定截面的位移。如图 18 - 31 所示，各杆均为矩形截面，高度 $h = 30\text{cm}$，材料的线膨胀系数 $\alpha = 10^{-5}$，$l = 4\text{m}$。

（1）求图 18 - 30（a）中的 $\Delta_{Cy}$。

（2）求图 18 - 30（b）中的 $\Delta_{Cy}$。

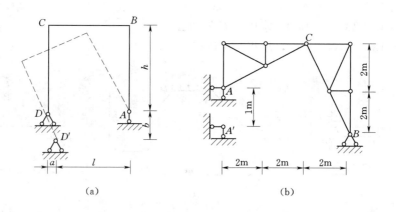

图 18 - 30

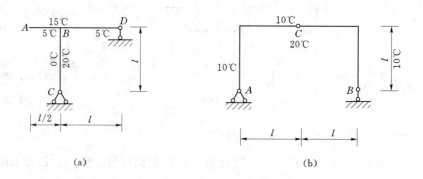

图 18 - 31

18－9　如图 18－32 所示，连续梁支座 $B$ 下沉 $\Delta_{By}=1$ 时，$D$ 处的 $\Delta_{Dy}=\dfrac{11}{16}$，作连续梁的弯矩图。

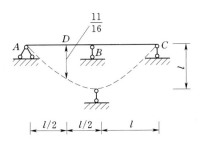

图 18－32

# 第十九章 力　法

## 第一节　超静定结构的概念

超静定结构是指仅用静力平衡条件不能求出全部反力和内力的结构。就其几何组成而言，是具有多余联系的几何不变体系。

如图 19 - 1 （a） 所示连续梁，是具有一个多余联系的几何不变体系。所谓多余联系是

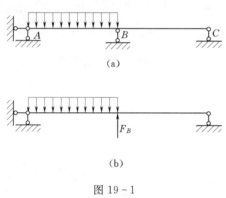

(a)

(b)

图 19 - 1

指在保持结构的几何不变的前提下可以去掉的联系。多余联系中产生的力称多余约束力。若从上述连续梁上去掉多余联系，例如去掉支杆 $B$，而以相应的约束力 $F_B$ 代替，如图 19 - 1 （b） 所示的静定梁。$F_B$ 是仅用静力平衡条件不能求出其确定数值的。此结构的内力已超出了静力平衡条件所能确定的范围，故称为超静定结构。

由此可见，凡是有多余联系的结构必然是超静定的。超静定结构与静定结构的基本区别，在于前者有多余联系，并产生了多余约束力。因而，欲求超静定结构的全部反力和内力，不仅要用静力平衡条件，而且还必须补充一定数量的变形条件。

超静定结构中多余联系的个数，称为超静定次数。图 19 - 1 （a） 中的连续梁为一次超静定结构。如果从一个结构中去掉几个约束就成为静定结构，则原结构为几次超静定结构。

常见的超静定结构也可分为梁、刚架、桁架、组合结构及拱等类型。如图 19 - 2 所示。

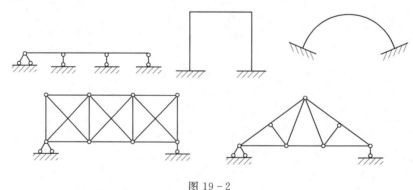

图 19 - 2

超静定结构的基本计算方法有两种：力法和位移法。此外还有各种派生出来的方法，如力矩分配法等。适用于编制计算机程序的基本方法，有矩阵力法和矩阵位移法。本章将讨论力法。

# 第二节　力法的基本原理

力法是最早被提出的一种计算超静定结构的基本方法，又是位移法的基础。用力法可以直接计算各种超静定结构。

力法的基本思路就是把超静定结构的计算转化为静定结构的计算，利用我们已经掌握的静定结构的计算方法，去解决超静定结构的计算问题。

现举例说明力法的基本原理和计算方法。

图 19 - 3（a）所示一超静定梁，它是具有一个多余联系的一次超静定结构（称为原结构）。如果视支杆 $B$ 为多余联系，$B$ 点的竖向反力 $F_B$ 即为多余约束力，以力法的多余未知力 $X_1$ 代替，就得到如图 19 - 3（b）所示受荷载 $q$ 和 $X_1$ 共同作用的静定梁。这种去掉多余联系后变成的静定结构称为力法的基本结构。

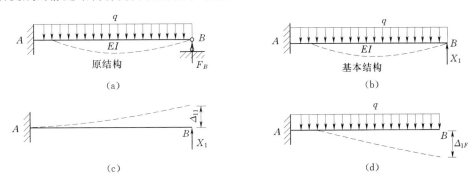

图 19 - 3

为了计算多余未知力 $X_1$，必须考虑变形条件建立一个补充方程。由于力与变形之间有一定的联系，只要使基本结构的变形状态与原结构的变形状态相同，则两者的受力状态必然相同。为此，我们比较图 19 - 3（a）、（b）两种结构的变形情况。可以看出，原结构由于多余联系支杆 $B$ 的作用在 $B$ 点的竖向位移为零。如果基本结构在 $B$ 点由荷载 $q$ 和多余未知力 $X_1$ 共同引起的竖向位移（即沿 $X_1$ 方向的总位移 $\Delta_1$）也为零，那么基本结构与原结构的变形就完全一致，受力也必然相同（此时 $X_1 = F_B$）。因此，确定 $X_1$ 的位移条件是：基本结构在去掉多余联系处沿多余未知力方向的总位移与原结构上对应的位移相等。根据叠加原理，上述位移条件可表达为

$$\Delta_1 = \Delta_{11} + \Delta_{1F} = 0$$

式中：$\Delta_1$ 为基本结构上 $X_1$ 作用点沿 $X_1$ 方向总位移；$\Delta_{11}$ 为基本结构上由 $X_1$ 所引起的沿 $X_1$ 方向的位移 [图 19 - 3（c）]；$\Delta_{1F}$ 为基本结构上由荷载所引起的沿 $X_1$ 方向的位移 [图 19 - 3（d）]。

若以 $\delta_{11}$ 表示 $X_1$ 为单位力（$\overline{X}_1 = 1$）作用在基本结构上时，沿 $X_1$ 方向所产生的位移，$\Delta_{11} = \delta_{11} X_1$ 代入上式得

$$\delta_{11} X_1 + \Delta_{1F} = 0 \tag{19 - 1}$$

式（19 - 1）称为力法的典型方程，方程中的系数 $\delta_{11}$ 和自由项 $\Delta_{1F}$ 都是基本结构的位移，可按静定结构的位移计算的单位荷载法求得。由式（19 - 1）可解出多余未知力 $X_1$。

多余未知力 $X_1$ 求出后，将它视为已知外力作用在基本结构上，连同原结构上的荷载 $q$，

计算基本结构的内力、绘制内力图，即为原结构的内力图。

为了计算 $\delta_{11}$ 和 $\Delta_{1F}$ 作出基本结构在单位力 $\overline{X}_1 = 1$ 作用下的弯矩图 $M_1$ 图 19-4（b）和荷载作用下的弯矩图 $M_F$ ［图 19-4（b）］。应用图乘法，得

$$\delta_{11} = \int \frac{\overline{M}_1 \overline{M}_1}{EI} \mathrm{d}s = \frac{1}{EI} \times \frac{1}{2} l^2 \times \frac{2}{3} l = \frac{l^3}{3EI}$$

$$\Delta_{1F} = \frac{\overline{M}_1 \overline{M}_1}{EI} \mathrm{d}s = -\frac{1}{EI} \times \frac{1}{3} \times \frac{ql^2}{2} \times l \times \frac{3}{4} l = -\frac{ql^4}{8EI}$$

代入式（19-1），解得

$$X_1 = -\frac{\Delta_{1F}}{\delta_{11}}$$

$$= -\left(-\frac{ql^4}{8EI}\right) \times \frac{3EI}{l^3} = \frac{3}{8} ql(\uparrow)$$

计算结果为正，表明 $X_1$ 的实际方向与所假设的方向相同，指向上。

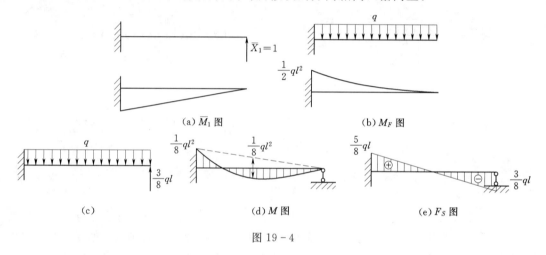

图 19-4

求出 $X_1$ 后，即可在基本结构上进行计算。最后内力图的绘制方法有两种：

（1）先由平衡条件求得反力如图 19-4（c）所示，再计算杆端弯矩，杆端剪力并绘出最后弯矩图 ［图 19-4（d）］和最后剪力 ［图 19-4（c）］。

（2）用已绘出的 $\overline{M}_1$ 图和 $M_F$ 图，根据叠加法绘出最后弯矩 $M$，原结构任一截面弯矩的叠加公式为

$$M = \overline{M}_1 X_1 + M_F$$

由上述讨论可知，力法的基本原理是以多余未知力为基本未知量，以所取基本结构与原结构在去掉多余联系处对应位移相等为条件，建立力法的基本方程，解出多余未知力，将超静定结构的计算转化为对其静定的基本结构的计算。

下面举例说明力法的计算步骤。

**【例 19-1】** 用力法计算图 19-5（a）所示刚架，并作出内力图。已知 $F = 40\text{kN}$，$a = 4\text{m}$，梁和柱截面的抗弯刚度如图中所示。

**解** （1）选取基本结构。去掉 $B$ 点水平支杆，代之以多余未知力 $X_1$，得到如图 19-5（b）所示基本结构。

（2）建立力法典型方程。根据基本结构在 $B$ 点无水平位移（或沿 $X_1$ 方向总位移等于

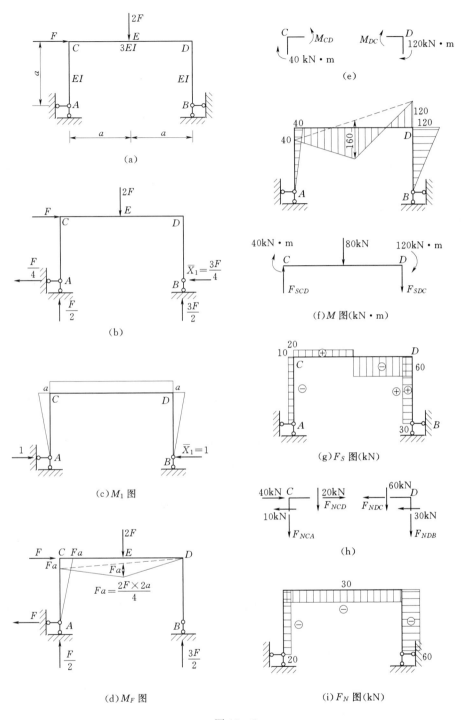

图 19-5

零）为条件，其力法方程为

$$\delta_{11}X_{1}+\Delta_{1F}=0$$

（3）计算系数和自由项。绘制基本结构的单位弯矩图$\overline{M}_{1}$［图 19-5（c）］和荷载弯矩图$M_F$ 图，见图 19-5（d）。用图乘法求得

$$\delta_{11} = \sum \int \frac{\overline{M}_1^2}{EI} \mathrm{d}s$$

$$= \frac{2}{EI}\left(\frac{1}{2}a^2 \times \frac{2}{3}a\right) + \frac{1}{3EI^a} \times 2a \times a = \frac{4a^3}{3EI}$$

$$\Delta_{1F} = \sum \int \frac{\overline{M}_1 M_F}{EI} \mathrm{d}s$$

$$= -\frac{1}{EI}\left(\frac{1}{2}Fa \times a \times \frac{2}{3}a\right) - \frac{1}{3EI}\left(\frac{1}{2}Fa \times 2a \times a + \frac{1}{2} \times 2a \times Fa \times a\right) = -\frac{Fa^3}{EI}$$

（4）解方程，求多余未知力。将求出的 $\delta_{11}$ 和 $\Delta_{1F}$ 代入力法方程，得

$$\frac{4a^3}{3EI}X_1 - \frac{Fa^3}{EI} = 0$$

由此解出

$$X_1 = \frac{3}{4}F(\leftarrow)$$

（5）作内力图。

1）作弯矩图。根据截面弯矩的叠加公式

$$M = \overline{M}_1 X + M_F$$

得 $$M_{CA} = -a \times \frac{3}{4}F + Fa = +\frac{1}{4}Fa = 40(\mathrm{kN \cdot m})$$

作出弯矩图 $M$ 图 [图 19-5（f）]。

2）作剪力图。在基本结构利用已求出的 $X_1$ 作出剪力图 $F_s$ 图，见图 19-5（g）。

3）作轴力图。如图 19-5（i）所示。

由上例的力法方程可以看出，方程中各项都含有 $EI$，可以消去。所以，荷载作用下超静定结构的多余未知力和最后内力，与各杆 $EI$ 的绝对值无关，只与各杆 $EI$ 的相对值有关。

# 第三节 力法的基本结构和基本未知力

力法的基本结构是从原超静定结构上去掉多余联系并代之以相应的多余未知力的静定结构。多余未知力是力法的基本未知力。多余未知力的总数，即所去掉多余联系的总数，等于原结构的超静定次数。

超静定结构中的多余联系，可以是外部联系，也可以是内部联系。多余未知力必须与所代替的多余联系的性质相适应。

选取基本结构时，去掉多余联系的方式有以下几种。

（1）去掉一个支杆或切断一根链杆，相当于去掉一个联系 [图 19-6（a）、（b）]。

例如在图 19-6（b）中可视链杆 $CD$ 为多余联系，因它能使所连接的两部分不发生沿杆轴方向相对位移，所以切断后应代之以轴力 $X_1$。

（2）去掉一个固定铰支座或切开一个单铰，相当于去掉两个联系 [图 19-6（c）、（d）]。

（3）去掉一个固定支座或切断一梁式杆，相当于去掉三个联系，见图 19-6（e）、（f）、（g）。

（4）将固定支座改为固定铰支座或在梁式杆中加入一单铰，相当于去掉一个联系图 19-

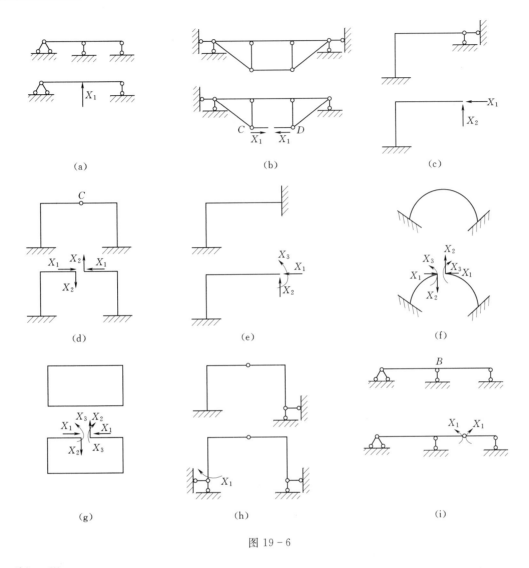

图 19-6

6（h）、（i）。

应该指出，对同一个超静定结构可以选取不同的基本结构，但必须是几何不变的。选取不同的基本结构时，对应的多余未知力也不同，但多余未知力的总数相同，即原结构的超静定次数不变。

## 第四节　力法的典型方程

本节以图 19-7（a）所示二次超静定刚架为例，进一步讨论多次超静定结构的力法典型方程。

用力法计算图 19-7（a）所示刚架时，可以去掉 B 点的两个支杆，代之以水平反力 $X_1$ 和竖向反力 $X_2$，取如图 19-7（b）所示基本结构。

由于原结构在 B 点的水平和竖向位移都等于零，因此基本结构上与 $X_1$、$X_2$。相应的总位移也应都等于零。即

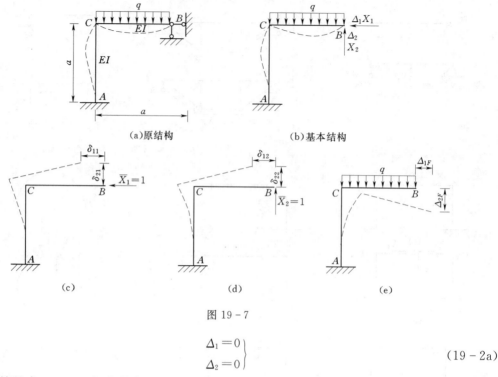

图 19 - 7

$$\left.\begin{array}{l}\Delta_1 = 0 \\ \Delta_2 = 0\end{array}\right\} \qquad (19-2a)$$

这就是求 $X_1$、$X_2$ 的位移条件或变形条件。因为基本结构受多余束知力 $X_1$、$X_2$ 和荷载 $q$ 的共同作用，根据叠加原理，式（19-2a）可写为

$$\left.\begin{array}{l}\Delta_1 = \delta_{11}X_1 + \delta_{12}X_2 + \Delta_{1F} = 0 \\ \Delta_2 = \delta_{21}X_1 + \delta_{22}X_2 + \Delta_{2F} = 0\end{array}\right\} \qquad (19-2b)$$

式中：$\Delta_1$、$\Delta_2$ 为基本结构上由 $X_1$、$X_2$ 和荷载所共同引起的与 $X_1$、$X_2$ 相应的总位移 ［图 19-7（b）］；$\delta_{11}$、$\delta_{21}$ 为基本结构上由 $\overline{X}_1 = 1$ 所引起的与 $X_1$、$X_2$ 相应的位移 ［图 19-7（c）］；$\delta_{12}$、$\delta_{22}$ 为基本结构上由 $\overline{X}_2 = 1$ 所引起的与 $X_1$、$X_2$。相应的位移 ［图 19-7（d）］；$\Delta_{1F}$、$\Delta_{2F}$ 为基本结构上由荷载所引起的与 $X_1$、$X_2$ 相应的位移 ［图 19-7（e）］。

式（19-2b）就是二次超静定结构的力法典型方程。从中可解出多余未知力 $X_1$、$X_2$。

由以上分析可知，超静定结构力法典型方程的物理意义是：**基本结构上与每一个多余未知力相应的总位移都与原结构上对应的位移相等**。因此，力法典型方程的形式必然符合以下规律：①方程的个数恒等于多余未知力的个数；②每一个方程中系数和自由项的头一个脚标必然相同；③每一方程的项数必等于多余未知力的个数加一。按照以上规律可以写出荷载作用下 $n$ 次超静定结构的力法典型方程如下

$$\left.\begin{array}{l}\delta_{11}X_1 + \delta_{12}X_2 + \cdots + \delta_{1i}X_i + \cdots + \delta_{1n}X_n + \Delta_{1F} = 0 \\ \delta_{21}X_1 + \delta_{22}X_2 + \cdots + \delta_{2i}X_i + \cdots + \delta_{2n}X_n + \Delta_{2F} = 0 \\ \qquad\qquad\qquad \vdots \\ \delta_{i1}X_1 + \delta_{i2}X_2 + \cdots + \delta_{ii}X_i + \cdots + \delta_{in}X_n + \Delta_{iF} = 0 \\ \qquad\qquad\qquad \vdots \\ \delta_{n1}X_1 + \delta_{n2}X_2 + \cdots + \delta_{ni}X_i + \cdots + \delta_{nn}X_n + \Delta_{nF} = 0\end{array}\right\} \qquad (19-3)$$

（主对角线）

自方程式 (19-3) 的左上角到右下角（不包括自由项）引一对角线为主对角线。在主对角线上的系数 $\delta_{11}$、$\delta_{22}$、$\cdots$、$\delta_{ii}$、$\cdots$、$\delta_{nn}$ 主系数。

$\delta_{ii}$ 表示当单位力 $\overline{X}_i=1$ 单独作用在基本结构上时，沿 $X_i$ 方向所引起的位移，其值恒为正，且不等于零。其他系数叫副系数。根据位移互等定理，在与主对角线对称位置上的副系数互等，如 $\delta_{12}=\delta_{21}$，$\delta_{ji}=\delta_{ij}$ 等，$\delta_{ij}$ 表示当 $\overline{X}_j=1$ 单独作用在基本结构上时，沿未知力 $X_i$ 方向所产生的位移。方程组中最后一项 $\Delta_{ip}$ 不含未知力，称为自由项，为当荷载单独作用在基本结构上时，沿 $X_i$ 方向所产生的位移。副系数和自由项可能为正值，可能为负值，也可能为零。系数和自由项都是基本结构上的位移，可用单位荷载法求出。

从力法方程中解出多余未知力 $X_1$、$X_2$、$\cdots$、$X_i$、$\cdots$、$X_n$ 后，就可以按照静定结构的计算方法绘出原结构的内力图。原结构任一截面弯矩的叠加公式为

$$M=\overline{M}_1 X_1+\overline{M}_2 X_2+\cdots+\overline{M}_i X_i+\cdots+\overline{M}_n X_n+M_F \qquad (19-4)$$

【例 19-2】 用力法计算图 19-7 (a) 所示超静定刚架，并作出内力图。

**解** (1) 选取基本结构。取如图 19-7 (b) 所示基本结构。

(2) 建立力法方程：

$$\delta_{11}X_1+\delta_{12}X_2+\Delta_{1F}=0$$
$$\delta_{21}X_1+\delta_{22}X_2+\Delta_{2F}=0$$

(3) 计算系数和自由项。作出基本结构的单位弯矩图 $\overline{M}_1$、$\overline{M}_2$ 图 [图 19-8 (a)、(b)] 和荷载弯矩图 $M_F$ [图 19-8 (c)]。利用图乘法求得

$$\delta_{11}=\sum\int\frac{\overline{M}_1^2}{EI}\mathrm{d}s=\frac{1}{EI}\left(\frac{1}{2}a^2\times\frac{2}{3}a\right)=\frac{a^3}{3EI}$$

$$\delta_{22}=\sum\int\frac{\overline{M}_2^2}{EI}\mathrm{d}s=\frac{1}{EI}\left(\frac{1}{2}a^2\times\frac{2}{3}a+a^2\times a\right)=\frac{4a^3}{3EI}$$

$$\delta_{12}=\delta_{21}=\sum\int\frac{\overline{M}_1\,\overline{M}_2}{EI}\mathrm{d}s=\frac{1}{EI}\left(\frac{1}{2}a^2\times a\right)=\frac{a^3}{2EI}$$

$$\Delta_{1F}=\sum\int\frac{\overline{M}_1 M_F}{EI}\mathrm{d}s=-\frac{1}{EI}\times\frac{1}{2}a^2\times\frac{qa^2}{2}=-\frac{qa^4}{4EI}$$

$$\Delta_{2F}=\sum\int\frac{\overline{M}_2 M_F}{EI}\mathrm{d}s=-\frac{1}{EI}\left(\frac{1}{3}\times\frac{qa^2}{2}\times a\times\frac{3}{4}a+\frac{qa^2}{2}\times a\times a\right)=-\frac{5qa^4}{8EI}$$

(4) 求多余未知力。将求出的系数和自由项代入力法方程，得到

$$\frac{a^3}{3EI}X_1+\frac{a^3}{2EI}X_2-\frac{qa^4}{4EI}=0$$

$$\frac{a^3}{2EI}X_1+\frac{4a^3}{3EI}X_2-\frac{5qa^4}{8EI}=0$$

解方程组，求得

$$X_1=\frac{3}{28}qa(\leftarrow)$$

$$X_2=\frac{3}{7}qa(\uparrow)$$

结果均为正，说明 $X_1$、$X_2$ 的实际方向均与假设的方向相同。

(5) 作内力图。

1) 作弯矩图。由叠加公式 $M=\overline{M}_1 X_1+\overline{M}_2 X_2+M_F$ 计算杆端弯矩得

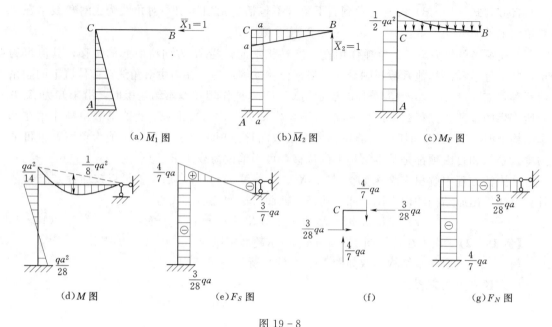

图 19-8

$$M_{BC}=0, \qquad M_{CB}=0+a\times\frac{3}{7}qa-\frac{qa^2}{2}=-\frac{qa^2}{14}$$

$$M_{CA}=-\frac{qa^2}{14}, \qquad M_{AC}=a\times\frac{3}{28}qa+a\times\frac{3}{7}qa-\frac{qa^2}{2}=\frac{qa^2}{28}$$

作 M 图如图 19-8（d）所示。

2）作剪力图。在 19-7（b）所示基本结构上将所求得的 $X_1$、$X_2$ 值代入直接计算各杆端剪力，得 $F_S$ 图如图 19-8（e）所示。

3）作轴力图。由结点 C 的平衡条件 [图 19-8（f）] 或在基本结构上直接求得各杆端轴力，得 $F_N$ 图如图 19-8（g）所示。

**【例 19-3】** 求图 19-9（a）所示超静定桁架的内力。已知各杆的 EA 相同且为常数。

**解** 该结构为内部具有一个多余链杆的一次超静定结构。切断 BC 杆代之以轴力 $X_1$ 为多余未知力，得到如图 19-9（b）所示基本结构。

根据基本结构上在荷载和多余未知力共同作用下，切口处沿杆轴方向的总相对位移应等于零的条件，建立力法方程。

$$\delta_{11}X_1+\Delta_{1F}=0$$

分别求出基本结构在 $\overline{X}_1=1$ 和荷载作用下各杆的轴力，$\overline{F}_{N1}$ 和 $F_{NF}$ 如图 19-9（c）和图 19-9（d）中所示。为了清楚起见，可列表 19-1 计算系数和自由项

$$\delta_{11}=\sum\frac{\overline{F}_{N1}^2}{EA}l=\frac{2a}{EA}(1+\sqrt{2})$$

$$\Delta_{1F}=\sum\frac{\overline{F}_{N1}^2 F_{NF}}{EA}l=\frac{\sqrt{2}Fa}{EA}(1+\sqrt{2})$$

代入力法方程，求得

$$X_1=-\frac{\Delta_{1F}}{\delta_{11}}=-\frac{\sqrt{2}Fa}{EA}(1+\sqrt{2})\times\frac{EA}{2a(1+\sqrt{2})}=-\frac{\sqrt{2}}{2}F（与所设方向相反，即为压力）$$

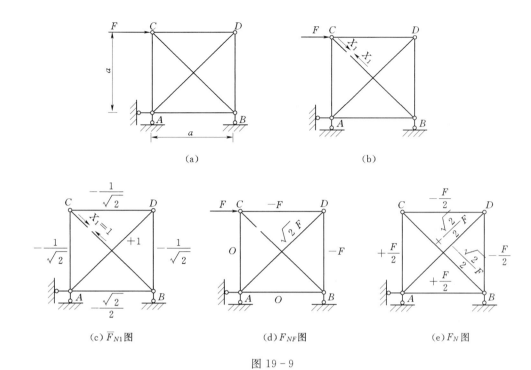

图 19 - 9

按叠加公式 $F_N = \overline{F}_N X_1 + F_{NF}$ 计算各杆内力，其结果列入表19-1中和图19-9（e）中。

表 19 - 1 计 算 结 果

| 杆件 | 杆长 | $\overline{F}_{N1}$ | $F_{NF}$ | $\overline{F}_{N1}^2 l$ | $\overline{F}_{N1} F_{NF} l$ | $\overline{F}_{N1} X_1$ | $F_N = \overline{F}_{N1} X + F_{NF}$ |
|---|---|---|---|---|---|---|---|
| AB | $a$ | $-\dfrac{1}{\sqrt{2}}$ | $0$ | $\dfrac{1}{2}a$ | $0$ | $+\dfrac{1}{2}F$ | $+\dfrac{1}{2}F$ |
| BD | $a$ | $-\dfrac{1}{\sqrt{2}}$ | $-F$ | $\dfrac{1}{2}a$ | $\dfrac{1}{\sqrt{2}}Fa$ | $+\dfrac{1}{2}F$ | $-\dfrac{1}{2}F$ |
| DC | $a$ | $-\dfrac{1}{\sqrt{2}}$ | $-F$ | $\dfrac{1}{2}a$ | $\dfrac{1}{\sqrt{2}}Fa$ | $+\dfrac{1}{2}F$ | $-\dfrac{1}{2}F$ |
| CA | $a$ | $-\dfrac{1}{\sqrt{2}}$ | $0$ | $\dfrac{1}{2}a$ | $0$ | $+\dfrac{1}{2}F$ | $+\dfrac{1}{2}F$ |
| AD | $\sqrt{2}a$ | $+1$ | $+\sqrt{2}F$ | $\sqrt{2}a$ | $2Fa$ | $-\dfrac{\sqrt{2}}{2}F$ | $+\dfrac{\sqrt{2}}{2}F$ |
| BC | $\sqrt{2}a$ | $+1$ | $0$ | $\sqrt{2}a$ | $0$ | $-\dfrac{\sqrt{2}}{2}F$ | $-\dfrac{\sqrt{2}}{2}F$ |
| Σ | | | | $2a(1+\sqrt{2})$ | $\sqrt{2}Fa(1+\sqrt{2})$ | | |

**【例 19 - 4】** 作出图19-10（a）所示铰接排架在吊车荷载作用下的弯矩图。已知竖向吊车荷载 $F_1 = 80\text{kN}$，$F_2 = 35\text{kN}$；偏心距 $e = 0.4\text{m}$。

**解** 切断 $CD$ 杆代之轴为 $X_1$ 为多余未知力，得到如图19-10（b）所示基本结构。图中 $M_1$、$M_2$ 分别代表竖向吊车荷载 $F_1$、$F_2$ 对 $E$、$F$ 点的力矩。平移后的 $F_1$、$F_2$ 仅使下柱产生轴力而对 $M$ 图无影响，故未画出。

其力法方程为

$$\delta_{11} X_1 + \Delta_{1F} = 0$$

分别作出基本结构的 $\overline{M}_1$ 和 $M_F$ 图，如图19-10（c）和图19-10（d）所示。计算系数

和自由项，得

$$\delta_{11} = \sum \int \frac{\overline{M}_1^2}{EI} \mathrm{d}s$$

$$= \frac{2}{EI}\left(\frac{1}{2} \times 2 \times 2 \times \frac{2}{3} \times 2\right) + \frac{2}{3EI}\left(\frac{1}{2} \times 2 \times 6 \times 4 + \frac{1}{2} \times 8 \times 6 \times 6\right) = \frac{352}{3EI}$$

$$\Delta_{1F} = \sum \int \frac{\overline{M}_1 M_F}{EI} \mathrm{d}s$$

$$= \frac{1}{3EI}\left[\frac{1}{2}(2+8) \times 6 \times 32 + \frac{1}{2} \times (2+8) \times 6 \times 14\right] = \frac{1380}{3EI}$$

代入力法方程，解得

$$X_1 = -\frac{\Delta_{1F}}{\delta_{11}} = -3.92(\mathrm{kN})(与所设方向相反，即为压力)$$

按叠加公式 $M = \overline{M}_1 X_1 + M_F$，作出 $M$ 图如图 19-10（e）所示。

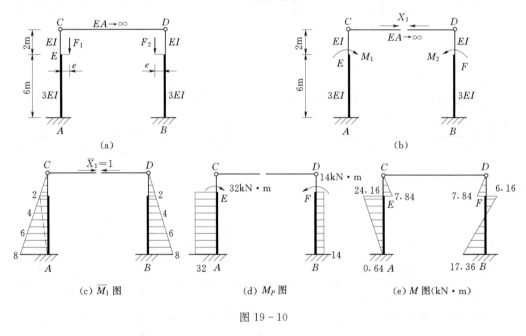

图 19-10

## 第五节 结构对称性利用

### 一、对称结构

对称结构是指结构的几何形状和支承情况对某轴对称；杆件截面的刚度也对此轴对称，如图 19-11（a）所示。

在工程中很多结构是对称的，利用结构的对称性，适当地选取基本结构，使力法典型方程中尽可能多的副系数为零，从而达到简化计算的目的。如图 19-11 所示。力法方程中系数 $\delta_{12} = \delta_{21} = \delta_{23} = \delta_{32} = 0$。

于是力法典型方程可简化为

$$\left.\begin{array}{c}\delta_{11}X_1+\delta_{13}X_3+\Delta_{1F}=0\\ \delta_{31}X_1+\delta_{33}X_3+\Delta_{3F}=0\\ \delta_{22}X_2+\Delta_{2F}=0\end{array}\right\} \qquad (19-5)$$

由此可知，用力法计算对称结构时，若取对称的基本结构且多余未知力都是正对称和反对称力，则力法方程将分为两组：一组只包含正对称未知力，另一组只包含反对称未知力。

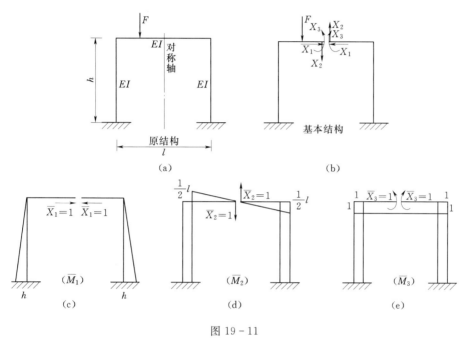

图 19 - 11

## 二、荷载分组

若将图 19 - 11（a）所示对称结构上的一般荷载分解为正对称、反对称两种情况，如图 19 - 12 所示，则计算将得到进一步的简化。

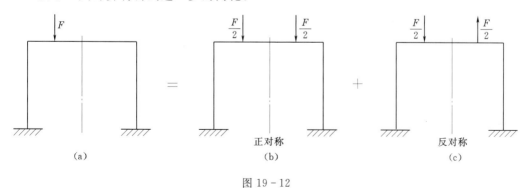

图 19 - 12

### （一）正对称荷载

此时基本结构的荷载弯矩图 $M_P{}'$ 图必然是正对称的，如图 19 - 13（b）所示。由 $M_P{}'$ 图与图 19 - 11（d）的 $\overline{M}_2$ 图图乘，求得的自由项 $\Delta_{2F}{}'=0$。将其代入式（19 - 5）中，可得 $X_2=0$，即反对称未知力为零。由此可得出结论：对称结构在正对称荷载作用下，反对称未知力为零，只有正对称未知力。

计算时，可直接取如图 19-13（a）所示基本结构，由式（19-5）中的第一、二式求出正对称未知力 $X_1$、$X_2$。

（二）反对称荷载

此时基本结构的荷载弯矩图 $M_P'$ 图是反对称的，如图 19-14（b）所示。并可得出 $\Delta_{1F}'' = \Delta_{3F}'' = 0$，将其代入式（19-5）中，可得 $X_1 = X_3 = 0$，即正对称未知力为零。由此可得结论：对称结构在反对称荷载作用下，正对称未知力为零，只有反对称未知力。

正对称和反对称荷载共同作用下，截面总弯矩的叠加公式为

$$M = \overline{M}_1 X_1 + \overline{M}_2 X_2 + \overline{M}_3 X_3 + M_F' + M_F''$$

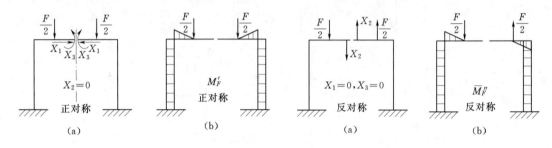

图 19-13　　　　　　　　　　　　　图 19-14

总结以上分析，可以得出对称结构的受力和变形特点是：在对称荷载作用下，反力、内力和变形是对称；在反对称荷载作用下，反力、内力和变形都是反称的。

【例 19-5】　作出图 19-15（a）所示单跨静定梁的内力图。$EI$ 为常数。

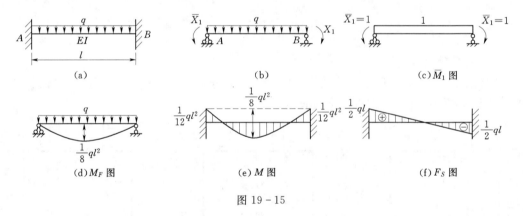

图 19-15

**解**　（1）选取基本结构。由于荷载对称，两端反力必成正对称。将两个固定支座改为铰支座，代之以两个反力偶为一组正对称的未知力 $X_1$，得到如图 19-15（b）所示基本结构（轴力为零）。

（2）力法方程为　　　　　　　　　$\delta_{11} X_1 + \Delta_{1F} = 0$

（3）求系数和自由项，即

$$\delta_{11} = \frac{1}{EI}(1 \times l \times 1) = \frac{1}{EI}$$

$$\Delta_{1F} = -\frac{1}{EI}\left(\frac{2}{3} \times \frac{1}{8} q l^2 \times l \times 1\right) = -\frac{q l^3}{12 EI}$$

（4）求 $X_1$，即

$$X_1 = -\frac{\Delta_{1F}}{\delta_{11}} = \frac{1}{12}ql^2$$

（5）作内力图，如图 19 - 15（e）、（f）所示。

【**例 19 - 6**】　作出图 19 - 16（a）所示刚架的 $M$ 图，各杆 $EI$ 相同。

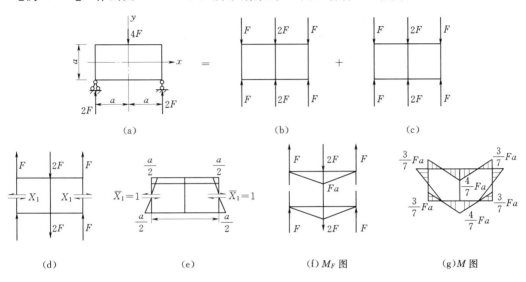

图 19 - 16

**解**　（1）荷载分组。图 19 - 16（a）所示刚架具有 $x$ 和 $y$ 两个对称轴。它所承受的荷载对 $y$ 轴成正对称，但对 $x$ 轴不对称。为了简化计算，将荷载分解为与 $x$ 轴成正对称和反对称两组，如图 19 - 16（b）和图 19 - 16（c）所示。

（2）正对称荷载。在图 19 - 16（b）中，每个竖杆上各受自相平衡的一对压力，如果忽略轴向变形，刚架不产生弯曲变形，故 $M'$ 图为零。

（3）反对称荷载。该刚架为六次超静定结构。在两侧立柱的中间截面处切断，取与 $x$、$y$ 轴均对称的基本结构，如图 19 - 16（d）所示。因为荷载与 $x$ 轴反对称，所以在两切口处弯矩和轴力均为零，只有剪力。又因荷载与 $Y$ 轴成正对称，故两切口处的剪力应与 $Y$ 轴对称。以两个与 $y$ 轴对称的剪力 $X_1$ 为一组基本未知力，原来六次超静定结构可简化为一次超静定问题进行计算。其力法方程为

$$\delta_{11}X_1 + \Delta_{1F} = 0$$

作出基本结构的 $\overline{M}_1$、$M_F$ 图如图 19 - 16（e）、（f）所示。由图乘法计算系数和自由项，得

$$\delta_{11} = \frac{4}{EI}\left(\frac{1}{2} \times \frac{a}{2} \times \frac{a}{2} \times \frac{2}{3} \times \frac{a}{2} + \frac{a}{2} \times a \times \frac{a}{2}\right) = \frac{7a^3}{6EI}$$

$$\Delta_{1F} = \frac{4}{EI}\left(\frac{1}{2} \times Fa \times a \times \frac{a}{2}\right) = \frac{Fa^3}{EI}$$

代入力法方程，解得

$$X_1 = -\frac{\Delta_{1F}}{\delta_{11}} = \frac{1}{12}ql^2$$

作出 $M''$ 图如图 19 - 16（g）所示，即为原结构的总 $M$ 图。

## 第六节 超静定结构的位移计算和最后内力图的校核

### 一、超静定结构的位移计算

在力法计算中，由变形条件求出多余未知力后，基本结构在原荷载和多余未知力共同作用下的受力和变形与原结构的完全相同，就可以用基本结构代替原结构进行位移计算。这样，超静定结构的位移计算就转化为静定问题求解了。由于超静定结构取不同的基本结构而内力不变，因而，求位移时可任选一种便于计算的基本结构来建立虚设力状态。

如图 19-17（a）所示超静定结构，弯矩图（b）作为实际状态的 $M_F$ 图：若要求 $D$ 点的竖向位移 $\Delta_{Fy}$ 时，可取图 19-17（c）、（d）中任一种基本结构建立虚设力状态，作 $\overline{M}$ 图，然后由图乘法求位移。用式 19-17（b）、（d）图乘要简单。

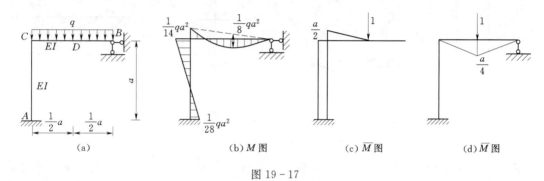

(a)　　　　(b) $M$ 图　　　　(c) $\overline{M}$ 图　　　　(d) $\overline{M}$ 图

图 19-17

由图乘法求位移。用图 19-17（b）、（d）图乘要简单。

$$\Delta_{Fy} = \frac{1}{EI}\Big(2 \times \frac{2}{3} \times \frac{1}{2}a \times \frac{1}{8}qa^2 \times \frac{5}{8} \times \frac{a}{4} - \frac{1}{2} \times \frac{1}{2}a \times \frac{1}{14}qa^2 \times \frac{1}{3} \times \frac{a}{4}$$

$$-2 \times \frac{1}{2} \times \frac{1}{2}a \times \frac{1}{28}qa^2 \times \frac{2}{3} \times \frac{a}{4}\Big) = \frac{23qa^4}{2688EI}(\downarrow)$$

### 二、最后内力图校核

为了给结构设计提供正确的依据，必须对结构的最后内力图进行校核，一般从静力平衡和位移两方面来校核最后内力图。

1. 平衡条件校核

校核时取结构的整体或任意一部分为研究对象，判断其是否满足静力平衡条件。

满足平衡条件仅说明用多余未知力作最后内力图的过程没有错误，但多余未知力本身是否正确还须进行变形条件的校核。

2. 位移校核

利用最后弯矩图计算结构上任意已知位移，所得结果均应与结构的实际情况相符。通常可用最后弯矩图与基本结构的各单位弯矩图分别进行图乘，检查与各多余联系相应的位移是否与原结构相同。

例如用图 19-17（a）所示的 M 图与图 19-8（b）所示 $\overline{M}_2$ 图进行图乘，求出原结构 $B$ 点的竖向位移 $\Delta_{By}$

$$\Delta_{By}=\frac{1}{EI}\Big(-\frac{1}{2}\times a\times\frac{1}{14}qa^2\times\frac{2}{3}a+\frac{2}{3}\times\frac{1}{8}qa^2\times a\times\frac{a}{2}-\frac{1}{2}\times\frac{1}{14}qa^2\times a\times a$$

$$+\frac{1}{2}\times\frac{1}{28}qa^2\times a\times a\Big)=0$$

说明原结构 $M$ 图是正确的。

# 第七节 支座移动、温度改变时超静定结构的计算

前已述及，支座移动，温度改变等非荷载因素不能使静定结构产生内力，但能使超静定结构产生内力。用力法计算时，计算原理和步骤与荷载作用时相同。现举例说明其计算过程。

## 一、支座移动时的计算

【例 19 - 7】 图 19 - 18（a）所示单跨静定梁的 $A$ 端产生转角 $\theta_A$。试作出其 $M$ 图。

**解** 取基本结构如图 19 - 18（a）所示，其力法方程

$$\delta_{11}X_1+\Delta_{1C}=0$$

作出 $\overline{M}_1$ 图并求出 $\overline{F}_1$ 如图 19 - 18（c）所示。用图乘法求系数得

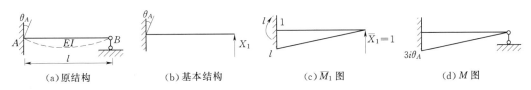

图 19 - 18

$$\delta_{11}=\frac{1}{EI}\Big(\frac{1}{2}\times l\times l\times\frac{2}{3}l\Big)=\frac{l^3}{3EI}$$

用支座移动公式求自由项

$$\Delta_{1C}=-\sum\overline{F}C=-(l\cdot\theta_A)=-l\theta_A$$

得

$$X_1=\frac{3EI}{l^2}\theta_A$$

若设 $i=\dfrac{EI}{l}$，则其最后 $M$ 图见图 19 - 18（d）。

由以上分析可知，用力法可计算出各种因素作用下单跨超静梁的内力，表 19 - 2 中列出了一些计算成果。这些成果可供设计、超静定结构其他计算方法时使用。须注意，表中与前述内力正负规定不同的是：杆端弯矩以顺时针转向为正，反之为负。

**表 19 - 2** 单跨超静定梁杆端弯矩和杆端剪力计算成果（形常数和载常数）

| 编号 | 简图 | 弯矩图（绘于受拉边） | 杆端弯矩值 | | 杆端剪力值 | |
| --- | --- | --- | --- | --- | --- | --- |
| | | | $M_{AB}$ | $M_{BA}$ | $F_{SAB}$ | $F_{SBA}$ |
| 1 | | | $\dfrac{4EI}{l}=4i$ | $\dfrac{2EI}{l}=2i$ | $-\dfrac{6EI}{l^2}=-\dfrac{6i}{l}$ | $-\dfrac{6EI}{l^2}=-\dfrac{6i}{l}$ |

| 编号 | 简图 | 弯矩图（绘于受拉边） | 杆端弯矩值 | | 杆端剪力值 | |
|---|---|---|---|---|---|---|
| | | | $M_{AB}$ | $M_{BA}$ | $F_{SAB}$ | $F_{SBA}$ |
| 2 | | | $-\dfrac{6EI}{l^2}=-\dfrac{6i}{l}$ | $-\dfrac{6EI}{l^2}=-\dfrac{6i}{l}$ | $\dfrac{12EI}{l^3}=\dfrac{12i}{l^2}$ | $\dfrac{12EI}{l^3}=\dfrac{12i}{l^2}$ |
| 3 | | | $-\dfrac{Fab^2}{l^2}$ | $+\dfrac{Fa^2b}{l^2}$ | $\dfrac{Fab^2}{l^2}\left(1+\dfrac{2a}{l}\right)$ | $-\dfrac{Fa^2}{l^2}\left(1+\dfrac{2b}{l}\right)$ |
| 4 | | | $-\dfrac{Fl}{8}$ | $\dfrac{Fl}{8}$ | $\dfrac{F}{2}$ | $-\dfrac{F}{2}$ |
| 5 | | | $-Fa\left(1-\dfrac{a}{l}\right)$ | $Fa\left(1-\dfrac{a}{l}\right)$ | $F$ | $-F$ |
| 6 | | | $-\dfrac{ql^2}{12}$ | $\dfrac{ql^2}{12}$ | $\dfrac{ql}{2}$ | $-\dfrac{ql}{2}$ |
| 7 | | | $-\dfrac{ql^2}{30}$ | $\dfrac{ql^2}{20}$ | $\dfrac{3ql}{20}$ | $-\dfrac{7ql}{20}$ |
| 8 | | | $-\dfrac{ql^2}{20}$ | $\dfrac{ql^2}{30}$ | $\dfrac{7ql}{20}$ | $-\dfrac{3ql}{20}$ |
| 9 | | | $\dfrac{Mb}{l^2}(2l-3b)$ | $\dfrac{Mb}{l^2}(2l-3a)$ | $-\dfrac{6ab}{l^3}M$ | $-\dfrac{6ab}{l^3}M$ |
| 10 | 温度变化 $t_2$ $t_1$ $t_1-t_2=t'$ | | $-\dfrac{EI\alpha t'}{h}$ | $\dfrac{EI\alpha t'}{h}$ $h$—横截面高度； $\alpha$—线膨胀系数 | 0 | 0 |
| 11 | $\theta_A=1$ | | $\dfrac{3EI}{l}=3i$ | 0 | $-\dfrac{3EI}{l^2}=-\dfrac{3i}{l}$ | $-\dfrac{3EI}{l^2}=-\dfrac{3i}{l}$ |
| 12 | | | $-\dfrac{3EI}{l^2}=-\dfrac{3i}{l}$ | 0 | $\dfrac{3EI}{l^3}=\dfrac{3i}{l^2}$ | $\dfrac{3EI}{l^3}=\dfrac{3i}{l^2}$ |
| 13 | | | $-\dfrac{Fb(l^2-b^2)}{2l^2}$ | 0 | $\dfrac{Fb(3l^2-b^2)}{2l^3}$ | $-\dfrac{Fa^2(3l-a)}{2l^3}$ |
| 14 | | | $-\dfrac{3Fl}{16}$ | 0 | $\dfrac{11}{16}F$ | $-\dfrac{5}{16}F$ |
| 15 | | | $-\dfrac{3Fa}{2}\left(1-\dfrac{a}{l}\right)$ | 0 | $F+\dfrac{3Fa(l-a)}{2l^2}$ | $-F+\dfrac{3Fa(l-a)}{2l^2}$ |

| 编号 | 简图 | 弯矩图<br>(绘于受拉边) | 杆端弯矩值 | | 杆端剪力值 | |
|---|---|---|---|---|---|---|
| | | | $M_{AB}$ | $M_{BA}$ | $F_{SAB}$ | $F_{SBA}$ |
| 16 | | | $-\dfrac{ql^2}{8}$ | 0 | $\dfrac{5}{8}ql$ | $-\dfrac{3}{8}ql$ |
| 17 | | | $-\dfrac{ql^2}{15}$ | 0 | $\dfrac{2}{5}ql$ | $-\dfrac{1}{10}ql$ |
| 18 | | | $-\dfrac{7ql^2}{120}$ | 0 | $\dfrac{9}{40}ql$ | $-\dfrac{11}{40}ql$ |
| 19 | | | $\dfrac{M(l^2-3b^2)}{2l^2}$ | 0 | $-\dfrac{3M(l^2-b^2)}{2l^3}$ | $-\dfrac{3M(l^2-b^2)}{2l^3}$ |
| 20 | 温度变化<br> | | $-\dfrac{3EI\alpha t'}{2h}$<br>$h$—横截面高度；<br>$\alpha$—线膨胀系数 | 0 | $\dfrac{3EI\alpha t'}{2hl}$ | $\dfrac{3EI\alpha t'}{2hl}$ |
| 21 | | | $\dfrac{EI}{l}=i$ | $-\dfrac{EI}{l}=-i$ | 0 | 0 |
| 22 | | | $-\dfrac{EI}{l}=-i$ | $\dfrac{EI}{l}=i$ | 0 | 0 |
| 23 | | | $-\dfrac{Fl}{2}$ | $-\dfrac{Fl}{2}$ | $F$ | $F$ |
| 24 | | | $-\dfrac{3Fl}{8}$ | $-\dfrac{Fl}{8}$ | $F$ | 0 |
| 25 | | | $-\dfrac{ql^2}{3}$ | $-\dfrac{ql^2}{6}$ | $ql$ | 0 |
| 26 | | | $-\dfrac{Fa(l+b)}{2l}$ | $-\dfrac{Fa^2}{2l}$ | $F$ | 0 |
| 27 | 温度变化<br> | | $-\dfrac{EI\alpha t'}{h}$<br>$h$—横截面高度；<br>$\alpha$—线膨胀系数 | $\dfrac{EI\alpha t'}{h}$ | 0 | 0 |
| 28 | | | $Fl$ | 0 | $-F$ | $-F$ |
| 29 | | | $\dfrac{ql^2}{2}$ | 0 | 0 | $-ql$ |

**注**　表中杆端的位移和内力的正负号规定如下：杆端角位移 $\theta$ 以顺时针方向转动为正，逆时针方向转动为负。垂直于杆轴方向的杆端线位移 $\Delta$ 以对另一端顺时针方向转动为正。杆端弯矩以顺时针转向为正，反之为负；杆端剪力使杆件产生顺时针转动趋势为正，反之为负。

将杆端单位位移引起的杆端内力称为形常数，将荷载或温度变化产生的杆端内力称为载常数，$i=\dfrac{EI}{l}$ 称为杆件的线刚度。

## 二、温度改变时的计算

如图 19-19（a）所示二次超静定刚架，设各杆外侧温度升高 $t_1$，内侧温度升高 $t_2$，现用力法计算其内力。

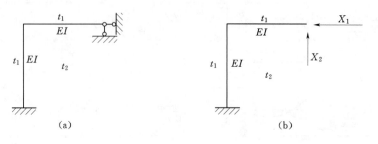

图 19-19

取如图 19-19（a）所示基本结构。因原结构在多余联系处的位移为零，其力法典型方程可写为

$$\Delta_1 = \delta_{11}X_1 + \delta_{12}X_2 + \Delta_{1t} = 0$$

$$\Delta_2 = \delta_{21}X_1 + \delta_{22}X_2 + \Delta_{2t} = 0$$

方程中的自由项 $\Delta_{1t}$、$\Delta_{2t}$ 代表基本结构由于温度改变所引起的与 $X_1$、$X_2$ 相应的位移，可按温度改变位移公式计算。若沿各杆长 $t_0$、$\Delta_t$、$h$、$\alpha$ 均为常数时，对直杆结构可用式（19-14）计算

$$\Delta_{Kt} = \sum \frac{\alpha \Delta t}{h} \omega_{\overline{M}} + \sum \alpha t \omega_{\overline{F}_N}$$

由于温度改变也不能使基本结构产生内力，因此内力全部由多余未知力引起。弯矩叠加公式为

$$M = \overline{M}_1 X_1 + \overline{M}_2 X_2$$

**【例 19-8】** 计算图 19-20（a）所示刚架，作出弯矩图。已知刚架外侧温度降低 5℃，内侧温度升高 15℃；$EI$ 和 $h$ 都为常数，截面为矩形。

**解** 取基本结构如图 19-20（b）所示。其力法典型方程为

$$\delta_{11}X_1 + \Delta_{1t} = 0$$

作出 $\overline{M}_1$ 图、$\overline{F}_{N1}$ 图，如图 19-20（d）、（e）所示。计算系数方法同前，求得

$$\delta_{11} = \frac{1}{EI}\left( \frac{1}{2}l^2 \times \frac{2}{3}l + l^2 \times l \right) = \frac{4l^3}{3EI}$$

$$\Delta_{1t} = \sum (\pm)\alpha \frac{\Delta t}{h} \omega_{\overline{M}_1} + \sum (\pm)\alpha t_0 \omega_{\overline{F}_{N1}}$$

$$= +\alpha \frac{15-(-5)}{h}\left( l^2 + \frac{1}{2}l^2 \right) + \alpha \frac{15-5}{h}(1 \times l)$$

$$= 5\alpha l\left( \frac{6l}{h} + 1 \right)$$

代入方程，求得

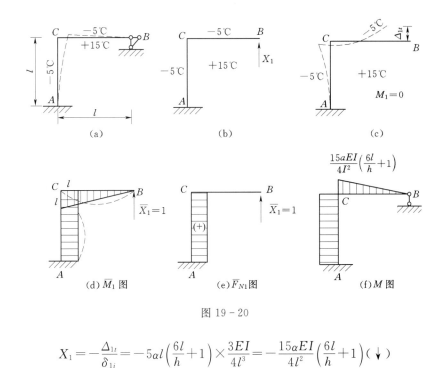

图 19 - 20

$$X_1 = -\frac{\Delta_{1t}}{\delta_{1i}} = -5\alpha l \left(\frac{6l}{h}+1\right) \times \frac{3EI}{4l^3} = -\frac{15\alpha EI}{4l^2}\left(\frac{6l}{h}+1\right) (\downarrow)$$

用式 $M=\overline{M}_1 X_1$ 计算最后弯矩，作出 $M$ 图见图 19 - 20（f）。

由上例可看出，杆件两侧有温差 $\Delta t$ 时，降温的一侧纤维受拉。因此，在钢筋混凝土结构中要特别注意因降温可能出现的裂缝。

综合本节的分析，可以得出支座移动和温度改变时的计算特点如下：

（1）力法方程中的自由项是由支座移动或温度改变引起的；

（2）若视产生移动的支座联系为多余联系，则力法方程的右端不为零；

（3）内力均全部由多余未知力引起；

（4）内力均与杆件抗弯刚度 $EI$ 的绝对值有关。

# 小　　结

力法是计算超静定结构的基本方法之一。力法的基本原理是以多余未知力为基本未知量，根据所取基本结构与原结构在去掉多余联系处的位移相等为条件：建立力法典型方程求解多余未知力，将原超静定结构的计算转化为对静定基本结构的计算。

力法的应用范围较广。本章分别讨论了用力法计算各种类型超静定结构的特点，对超静定结构的主要特性已有了初步的认识，现综述如下。

（1）在几何组成方面，超静定结构是几何不变有多余联系的体系。

（2）在静力方面，仅用静力平衡条件不能确定超静定结构的全部反力和内力，还必须同时应用变形条件才能得出其确定的解答。

（3）超静定结构内力与结构的材料性质和截面尺寸有关。所以在设计超静定结构时，必须首先假设各杆的截面尺寸，算出内力，然后再根据内力来重新选择截面。也就是要经过多次反复试算，才能得出较合理的设计。

（4）支座移动、温度改变等非荷载因素的影响，能使超静定结构产生内力。因此，要求超静定结构应具有较牢固的基础，并应采取适当的措施（如设温度缝等）以减小温度变化和支座移动的影响。

（5）在相同的条件下，超静定结构的最大内力和位移比静定结构的要小。对比图 19-21（a）、（b）可看出这一特点。因此，选用超静定结构所要求的截面较小。

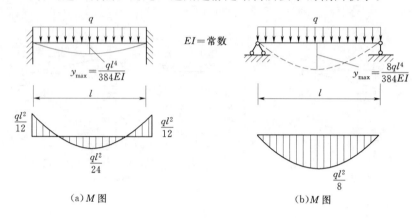

图 19-21

（6）超静定结构由局部荷载所产生的影响范围比静定结构大，内力分布较均匀。对比图 19-22（a）、（b）可看出这一特点。因此，超静定结构的材料能得到较充分的利用。

（7）由于超静定结构具有多余联系在多余联系遭到破坏后，仍能维持其几何不变性，还具有一定的承载能力。故超静定结构具有一定的抵御突然破坏的防护能力。

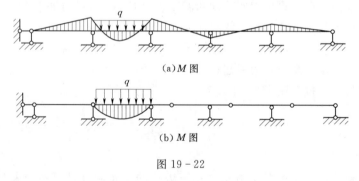

图 19-22

## 思　考　题

19-1　静定结构和超静定结构的基本区别是什么？

19-2　力法解超静定结构的基本思路是什么？

19-3　力法方程及方程中系数和自由项的物理意义是什么？

19-4　对称结构在对称和反对称荷载作用下，其内力和变形有何特点？

19-5　为什么在荷载作用下超静定刚架的内力只与 $EI$ 的相对值有关？而支座移动时其内力与刚度的绝对值有关？

19-6　超静定结构的一般特性与静定结构有何不同？

# 习　题

19-1　确定图 19-23 所示各结构的超静定次数。

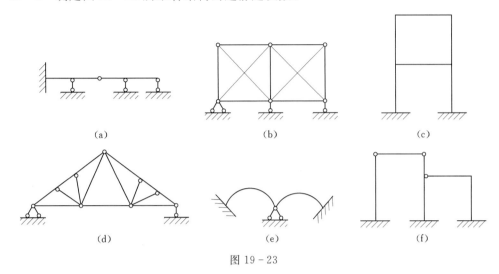

(a)　　　　　　　　　(b)　　　　　　　　　(c)

(d)　　　　　　　　　(e)　　　　　　　　　(f)

图 19-23

19-2　如图 19-24 所示，用力法计算下列各超静定结构，绘制其内力图，并校核。

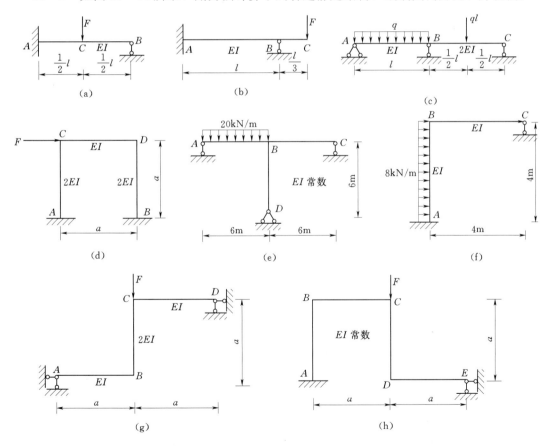

(a)　　　　　　　　(b)　　　　　　　　(c)

(d)　　　　　　　　(e)　　　　　　　　(f)

(g)　　　　　　　　　　　　(h)

图 19-24 （一）

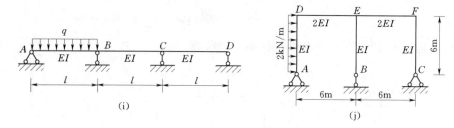

图 19-24（二）

19-3　利用对称性作出图 19-25 所示各结构的弯矩图。

19-4　用力法计算图 19-26 所示桁架，各杆 $EA$ 相同。

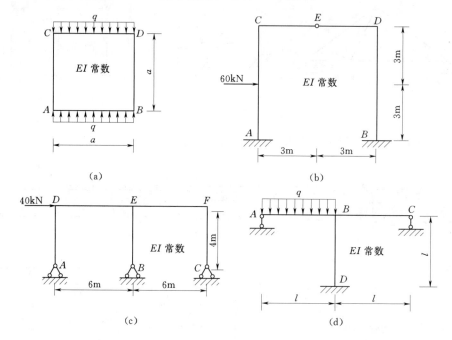

图 19-25

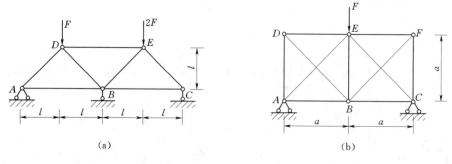

图 19-26

19-5　试计算图 19-27 所示超静定结构由支座移动所引起的内力，并作出弯矩图。

19-6　设图 19-27（b）所示连续梁无支座位移，但下侧温度升高 50℃，上侧温度无变化。试求梁的内力并作出弯矩图，线膨胀系数 $\alpha = 1 \times 10^5$。

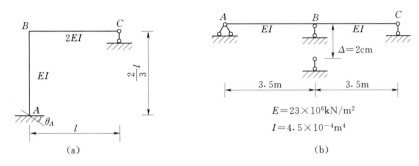

图 19-27

19-7　计算图 19-28 所示各超静组合结构，求各链杆内力并作出受弯杆件的弯矩图，已知图（b）中横梁的 $EI=10^4\,\mathrm{kN\cdot m^2}$，各链杆的 $E_2A_2=15\times10^4\,\mathrm{kN}$。

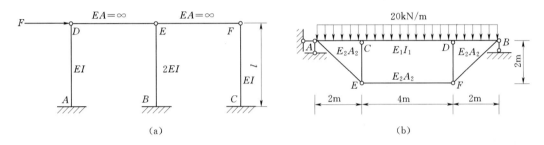

图 19-28

# 第二十章 位 移 法

## 第一节 位移法的基本概念

在力法计算中可知杆件的杆端位移和杆端力有着一定的关系，而杆端位移与结构的结点位移又是相互协调的。这样，如果以结构的结点位移作为基本未知量，由平衡条件建立位移法方程，只要求解出结点位移就可计算出杆端力。

位移法不仅是解算超静定结构的另一种基本方法，还是力矩分配法与矩阵位移法的基础。

如图 20-1（a）所示为一超静定刚架，在荷载 F 作用下，将产生图中虚线所示的变形。对于受弯直杆，通常略去轴向变形和剪切变形的影响，并假定弯曲变形是微小的，故可认为各杆两端之间的距离在变形前后保持不变，则结点 B 既无水平线位移也无竖向线位移，只有角位移 $\theta_B$。由于结点 B 为刚结点，可以将 BA 及 BC 杆均看成在荷载及杆端转角 $\theta_B$ 如共同作用下的单跨超静定梁。根据叠加原理，查表 19-2 可写出各杆端弯矩的表达式为

$$M_{BA} = 4i\theta_B, \quad M_{AB} = 2i\theta_B$$

$$M_{BC} = 4i\theta_B - \frac{1}{8}Fl, \quad M_{CB} = 2i\theta_B + \frac{1}{8}Fl$$

式中

$$i_{AB} = i_{BC} = i = \frac{EI}{l}$$

由上述各式中可以看出只要求出 $\theta_B$，就可计算出全部杆端弯矩，故 $\theta_B$ 是位移法的基本未知量。利用平衡条件可建立位移法基本方程，求解基本未知量。为此，取结点 B 为脱离体［图 20-1（d）］，其力矩平衡条件为

$$\sum M_B = 0, M_{BA} + M_{BC} = 0$$

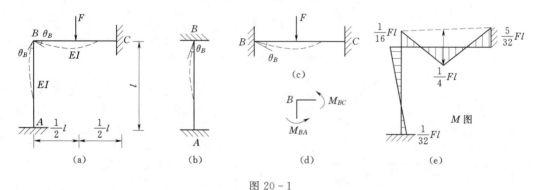

图 20-1

将杆端弯矩 $M_{BA}$、$M_{BC}$ 代入上式得

$$4i\theta_B + 4i\theta_B - \frac{1}{8}Fl = 0$$

此式是以结点位移 $\theta_B$ 为未知量的方程式，称为位移法方程。

解此方程，即可求出基本未知量：$\theta_B = \dfrac{Fl}{64i}(\curvearrowright)$

将 $\theta_B$ 值代回杆端弯矩表达式，即可求得原结构的杆端弯矩值

$$M_{BA} = 4i\theta_B = 4i \times \frac{Fl}{64i} = \frac{Fl}{16}, \quad M_{AB} = \frac{Fl}{32}$$

$$M_{BC} = 4i\theta_B - \frac{1}{8}Fl = 4i \times \frac{Fl}{64i} - \frac{1}{8}Fl = -\frac{Fl}{16}, \quad M_{CB} = -\frac{5}{32}Fl$$

由杆端弯矩和荷载可用叠加法画出弯矩图，如图 20-1（e）所示。

通过上例的解算过程可以看出，位移法的基本思路是：**首先根据结构在荷载作用下的变形情况确定结构的结点位移数，作为位移法的基本未知量；将结构的各杆看成单跨超静定梁（在荷载和位移共同作用下），查表 19-2 写出各杆杆端弯矩表达式；利用平衡条件建立位移法方程求解基本未知量；算出杆端弯矩值作出内力图。**

# 第二节　位移法基本未知量的确定

位移法是以结构的结点位移作为基本未知量的。结构的结点通常指杆件的转折点、交汇点、支承点及截面的突变点等。结点可分为刚结点及铰结点两种。结点位移包括结点角位移和结点线位移。

## 一、结点角位移

图 20-2（a）所示刚架有两个中间结点 B、C，其中结点 B 为刚结点，结点 C 为铰结点。只要设法求出结点 B 的角位移，就可进一步计算各杆的杆端弯矩。因此，只将刚结点的角位移作为位移法的基本未知量，而铰结点的角位移不作为基本未知量。这样，只要数一下结构刚结点的数目，就可以确定结点角位移基本未知量的个数。图 20-2（a）所示的刚架只有一个结点角位移 $\theta_B$；图 20-2（b）所示的连续梁则有两个结点角位移 $\theta_B$、$\theta_C$。

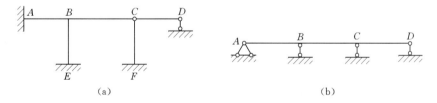

(a)　　　　　　　　　　　　　(b)

图 20-2

## 二、独立结点线位移

在用位移法计算刚架时，一般均忽略杆件轴向变形的影响，在假设微小弯曲变形的前提下，可认为杆件变形前后两端连线的长度不变。因此，有些结构可以认为没有结点线位移的，如图 20-2 所示的刚架及连续梁都是无结点线位移的结构。此外，一些对称结构在对称荷载作用下也不会产生结点线位移，如图 20-3 所示。

某些结构（不论是否对称）在一定的荷载作用下，虽然会产生结点线位移，但是由于忽略了杆件轴向变形的影响，一些结点的线位移是彼此相等的。这些相等的线位移可视为一个基本未知量，称为独立结点线位移。图 20-4（a）所示的单层刚架在水平

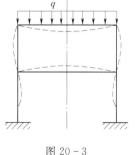

图 20-3

荷载 $F$ 的作用下，横梁 $BC$ 变形后两端连线的长度不变，结点 $B$ 的线位移 $\Delta_B$ 与结点 $C$ 的线位移 $\Delta_C$ 彼此相等，可以用同一符号 $\Delta$ 代替。因此，该结构只有一个独立结点线位移 $\Delta$。图 20-4（b）所示的两层刚架，$\Delta_A = \Delta_B = \Delta_C = \Delta_1$；$\Delta_D = \Delta_E = \Delta_F = \Delta_2$ 则该结构有两个独立结点线位移 $\Delta_1$、$\Delta_2$。

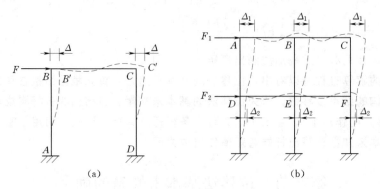

图 20-4

对于上述较简单的刚架用直观法即可确定其独立结点线位移的个数；而对于较复杂的刚架，则可采用"铰化结点、增设链杆"的方法来判断。即将刚架所有的结点均假设为铰结点（固定端支座亦假设为固定铰支座），然后对铰化结点后的体系进行几何组成分析，如该体系不需增设链杆就已构成几何不变体系，则原结构是无结点线位移的；如需要增设链杆后才能构成几何不变体系，则原结构是有结点线位移的，所需增设的链杆数即为原结构独立结点线位移的个数。图 20-5（a）所示的刚架，铰化结点后需增设两个链杆才能构成几何不变体系［图 24-5（b）、（c）］，故有两个独立结点线位移。这样，该刚架用位移法计算时的基本未知量共有四个角位移和两个线位移。

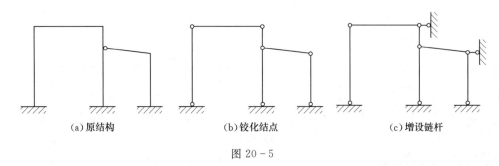

（a）原结构　　　　　　（b）铰化结点　　　　　（c）增设链杆

图 20-5

## 第三节　等截面直杆的转角位移方程

在超静定结构中，等截面直杆与其他杆件或支座的连接，一般可分为三种形式。在图 20-6（a）所示的刚架中，结点 $B$ 为刚结点，$A$ 端为固定支座，$C$ 端为铰支座（固定铰或活动铰），$D$ 端为滑动支座（即定向支座）。此结构可视为由下列三种基本形式的单跨超静定梁组成。

（1）$BA$ 梁，相当于两端固定的梁［图 20-6（b）］。

（2）$BC$ 梁，相当于一端固定、一端铰支的梁［图 20-6（c）］。

（3）$BD$ 梁，相当于一端固定、一端为滑动支座的梁 ［图 20 - 6 （d）］。

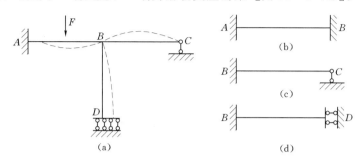

图 20 - 6

这三种基本形式的单跨超静定梁在荷载及杆端位移（包括杆端转角及杆端相对线位移）单独作用下的杆端弯矩与杆端剪力值已作为力法计算成果列入表 19 - 2 中。

在位移法中，对杆端弯矩的正、负号作了如下新的规定：对于杆件而言，杆端弯矩以顺时针转向为正，逆时针转向为负；对于结点及支座而言，杆端弯矩则以逆时针转向为正，顺时针转向为负。

杆端转角也是以顺时针转向为正，反之为负；杆端相对线位移以使杆顺时针转向为正，反之为负。

图 20 - 7 所示的杆端弯矩及杆端位移均为正号。杆件的弯矩图仍画在受拉的一侧。

单跨超静定梁杆端弯矩与杆端位移及荷载的关系式称为转角位移方程。三种基本形式单跨超静定梁的转角位移方程均可由表 19 - 2 查表叠加得出：

1）对于图 20 - 7 （a）、（b）所示两端固定的梁：

$$\left.\begin{array}{l} M_{AB} = 4i\theta_A + 2i\theta_B - \dfrac{6i}{l}\Delta + M_{AB}^{F} \\[2mm] M_{BA} = 2i\theta_A + 4i\theta_B - \dfrac{6i}{l}\Delta + M_{BA}^{F} \end{array}\right\}$$ （20 - 1）

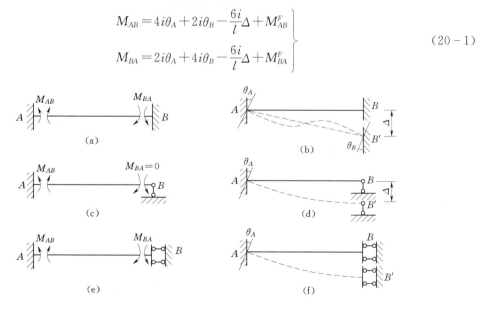

图 20 - 7

2）对于图 20 - 7 （c）、（d）所示一端固定一端铰支的梁：

$$M_{AB} = 3i\theta_A - \frac{3i}{l}\Delta + M_{AB}^F \Bigg\}$$
$$M_{BA} = 0$$

$$(20-2)$$

3）对于图 20-7（e）、（f）所示一端固定一端为滑动支座的梁（因为滑动支座的位移是由 $\theta_A$ 所引起的，不产生杆端弯矩），则有

$$M_{AB} = i\theta_A + M_{AB}^F \Bigg\}$$
$$M_{BA} = -i\theta_A + M_{BA}^F$$

$$(20-3)$$

以上三式中的杆端弯矩均由两部分叠加而成，一部分是由杆端转角及杆端相对线位移所引起的，另一部分是杆上荷载所引起的。第二部分 $M_{AB}^F$ 和 $M_{BA}^F$ 称为固端弯矩，相应的剪力称为固端剪力。

# 第四节　用位移法计算超静定结构

## 一、无结点线位移结构

用位移法计算连续梁及无结点线位移的刚架，其基本未知量只有刚结点的角位移。故只需考虑刚结点的力矩平衡条件，建立与刚结点个数相等的位移法方程。联立求解这些方程，即可求得结点角位移值。再将结点角位移值代回各转角位移方程，就可算出各杆的杆端弯矩。现举例说明其计算过程。

【**例 20-1**】　试用位移法计算图 20-8 所示连续梁，并画内力图。$EI$＝常数。

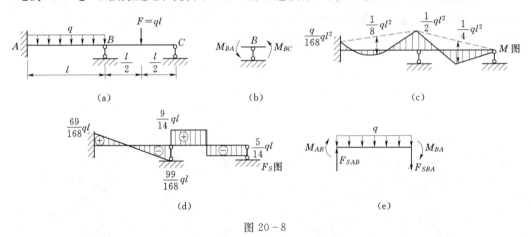

图 20-8

**解**　（1）确定基本未知量。此连续梁只有一个刚结点 $B$，故取 $\theta_B$ 为基本未知量。

（2）列出各杆杆端弯矩表达式。由于各杆 $EI$ 及 $l$ 均相等，故 $i_{AB}=i_{BC}=i$。由等截面直杆的转角位移方程并查其固端弯矩，写出各杆端弯矩表达式。

$AB$ 杆：$M_{AB}=2i\theta_B-\dfrac{ql^2}{12}$，　　$M_{BA}=4i\theta_B+\dfrac{ql^2}{12}$

$BC$ 杆：$M_{BC}=3i\theta_B-\dfrac{3}{16}Fl=3i\theta_B-\dfrac{3}{16}ql^2$，　　$M_{CB}=0$

（3）建立位移法基本方程，求解基本未知量，取结点 $B$ 为脱离体，如图 20-8（b），由力矩平衡方程

$$\sum M_B=0,\quad M_{BA}+M_{BC}=0$$

即
$$4i\theta_B+\frac{1}{12}ql^2+3i\theta_B-\frac{3}{16}ql^2=0$$

解得
$$\theta_B=\frac{2}{336i}ql^2(\downarrow)$$

（4）计算各杆的杆端弯矩：

$$M_{AB}=2i\times\frac{5}{336i}ql^2-\frac{1}{12}ql^2=-\frac{9}{168}ql^2$$

$$M_{BA}=4i\times\frac{5}{336i}ql^2+\frac{1}{12}ql^2=\frac{1}{7}ql^2$$

$$M_{BC}=3i\times\frac{5}{336i}ql^2-\frac{3}{16}ql^2=-\frac{1}{7}ql^2$$

$$M_{CB}=0$$

（5）作内力图。

1）作弯矩图。根据杆端弯矩及杆上荷载用叠加法作 $M$ 图，如图 20-8（c）所示。

2）作剪力图。由杆端弯矩及杆上荷载计算杆端剪力。

根据 $AB$ 杆的力矩平衡条件，见图 20-8（e）。由 $\sum M_B=0$ 得

$$F_{SAB}=\frac{1}{2}ql-\frac{1}{l}(M_{AB}+M_{BA})$$

$$=\frac{1}{2}ql-\frac{1}{l}\left(-\frac{1}{168}ql^2+\frac{1}{7}ql^2\right)=\frac{69}{168}ql$$

由 $\sum M_A=0$ 得

$$F_{SBA}=-\frac{1}{2}ql-\frac{1}{l}(M_{AB}+M_{BA})=-\frac{99}{168}ql$$

同理，根据 $BC$ 杆的力矩平衡条件可得

$$F_{SBC}=\frac{F}{2}-\frac{1}{l}(M_{BC}+M_{CB})=\frac{9}{14}ql$$

$$F_{SCB}=-\frac{F}{2}-\frac{1}{l}(M_{BC}+M_{CB})=-\frac{5}{14}ql$$

画剪力图，如图 20-8（d）所示。

【例 20-2】　用位移法计算图 20-9（a）所示刚架，画出弯矩图。

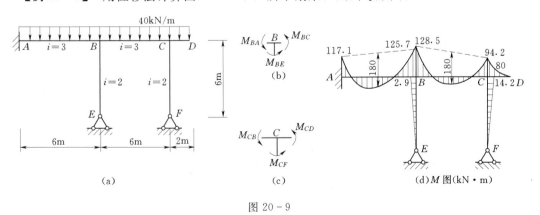

图 20-9

**解**　（1）确定基本未知量，基本未知量为刚结点 $B$、$C$ 的角位移 $\theta_B$、$\theta_C$。

（2）列出各杆杆端弯矩表达式。

$$M_{AB} = 2i_{AB}\theta_B - \frac{1}{12}ql^2 = 6\theta_B - 120$$

$$M_{BA} = 4i_{AB}\theta_B + \frac{1}{12}ql^2 = 12\theta_B + 120$$

$$M_{BC} = 4i_{BC}\theta_B + 2i_{BC}\theta_C - \frac{1}{12}ql^2 = 12\theta_B + 6\theta_B - 120$$

$$M_{CB} = 2i_{BC}\theta_B + 4i_{BC}\theta_C + \frac{1}{12}ql^2 = 6\theta_B + 12\theta_C + 120$$

$$M_{BE} = 3i_{BE}\theta_B = 6\theta_B$$

$$M_{CF} = 3i_{CF}\theta_B = 6\theta_B$$

$$M_{CD} = -\frac{1}{2}ql^2 = -80(\text{kN} \cdot \text{m})$$

（3）建立位移法基本方程求解基本未知量。

结点 $B$，如图 20-9（b），$\sum M_B = 0$，$M_{BA} + M_{BC} + M_{BE} = 0$

结点 $C$，如图 20-9（c），$\sum M_C = 0$，$M_{CB} + M_{CD} + M_{CF} = 0$

杆端弯矩代入得

$$\begin{cases} 30\theta_B + 6\theta_C = 0 \\ 6\theta_B + 18\theta_C + 40 = 0 \end{cases}$$

求得 $\theta_B = 0.476(\curvearrowright), \theta_C = -2.38(\curvearrowleft)$

（4）计算杆端弯矩，即

$$M_{AB} = 6 \times 0.476 - 120 = -117.1(\text{kN} \cdot \text{m})$$

$$M_{BA} = 12 \times 0.476 + 120 = 125.7(\text{kN} \cdot \text{m})$$

$$M_{BC} = 12 \times 0.476 + 6 \times (-2.38) - 120 = -128.6(\text{kN} \cdot \text{m})$$

$$M_{CB} = 6 \times 0.476 + 12 \times (-2.38) + 120 = 94.2(\text{kN} \cdot \text{m})$$

$$M_{BE} = 6 \times 0.476 = 2.9(\text{kN} \cdot \text{m})$$

$$M_{CF} = 6 \times (-2.38) = -14.3(\text{kN} \cdot \text{m})$$

$$M_{CD} = -80(\text{kN} \cdot \text{m})$$

（5）画弯矩图。由杆端弯矩及杆上荷载用叠加法画弯矩图，如图 20-9（d）所示。

**二、有结点线位移结构**

用位移法计算有结点线位移的刚架时，其基本未知量应包括结点角位移及独立结点线位移。例如图 20-10（a）所示的刚架在非对称荷载作用下，除了刚结点 $B$、$C$ 有角位移 $\theta_B$ 及 $\theta_C$ 外，还有一个独立结点线位移 $\Delta$。横梁 $BC$ 的两端分别有角位移 $\theta_B$ 及 $\theta_C$，但无相对线位移；立柱 $BA$ 及 $CD$ 除了在 $B$、$C$ 两端分别有角位移 $\theta_B$ 及 $\theta_C$ 外，还有杆端相对线位移 $\Delta$，其值与独立结点线位移 $\Delta$ 相等。因此，在写出立柱的转角位移方程时应计入 $\Delta$ 的影响。

在建立位移法方程时，除了取刚结点 $B$、$C$ 为脱离体，利用结点的力矩平衡条件外，还应该用一个与线位移方向平行的截面通过立柱的上端切出如图 20-10（b）所示的脱离体，利用该脱离体截面上力的水平投影平衡条件 $\sum F_X = 0$，得到

$$F_{SBA} + F_{SCD} - F = 0 \tag{20-4}$$

上式中杆端剪力可分别取立柱 $AB$ 及 $CD$ 为脱离体 [图 20-10（c）]，由力矩平衡条件 $\sum M_A = 0$、$\sum M_B = 0$ 及 $\sum M_D = 0$、$\sum M_C = 0$ 求得

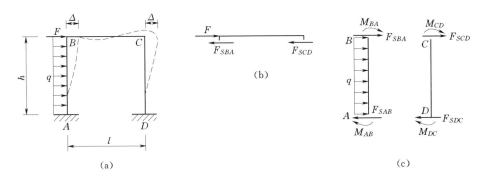

图 20 - 10

$$
\left.\begin{aligned}
F_{SAB} &= F_{SAB}^{0} - \frac{1}{h}(M_{AB} + M_{BA}) \\
F_{SBA} &= F_{SBA}^{0} - \frac{1}{h}(M_{AB} + M_{BA}) \\
F_{SCD} &= F_{SCD}^{0} - \frac{1}{h}(M_{CD} + M_{DC}) \\
F_{SDC} &= F_{SDC}^{0} - \frac{1}{h}(M_{CD} + M_{DC})
\end{aligned}\right\}
$$

式中 $F_{SAB}^{0}$、$F_{SBA}^{0}$、$F_{SCD}^{0}$、$F_{SDC}^{0}$ 为杆上荷载引起的杆端剪力，在本例中，$F_{SAB}^{0} = \frac{1}{2}qh$，$F_{SBA}^{0} = -\frac{1}{2}qh$，$F_{SCD}^{0} = 0$；等号右边第二项为杆端弯矩引起的杆端剪力。把其代入式（20 - 4）得到用结点位移 $\theta_{B}$、$\theta_{C}$ 及 $\Delta$ 表示的位移法方程。将它与用结点 $B$、$C$ 的力矩平衡条件建立的位移法方程联立求解，即可得到各结点位移值 $\theta_{B}$、$\theta_{C}$、$\Delta$。

**【例 20 - 3】** 用位移法求解图 20 - 11（a）所示的刚架，并作内力图。$EI$ 为常数。

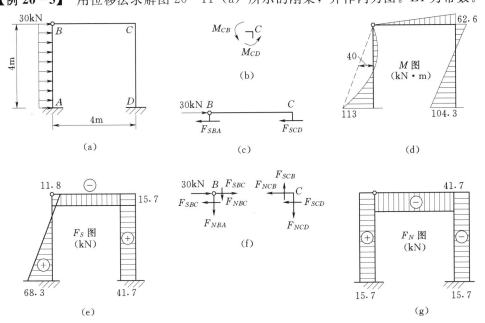

图 20 - 11

**解** （1）确定基本未知量，此刚架有一个结点角位移 $\theta_C$ 及一个独立结点线位移 $\Delta$，共两个基本未知量。

（2）写出杆端弯矩表达式。设 $i=i_{AB}=i_{BC}=i_{CD}=\dfrac{EI}{4}$，杆 $AB$ 为一端固定一端铰支；杆 $CB$ 为一端固定一端铰支，无杆端相对线位移；杆 $CD$ 为两端固端

$$M_{AB}=-3i_{AB}\frac{\Delta}{l}-\frac{1}{8}ql^2=-\frac{3}{4}i\Delta-40,\quad M_{BA}=0$$

$$M_{BC}=0,\quad M_{CB}=3i_{BC}\theta_C=3i\theta_C$$

$$M_{CD}=4i_{CD}\theta_C-6i_{CD}\frac{\Delta}{l}=4i\theta_C-\frac{3}{2}i\Delta$$

$$M_{DC}=2i_{CD}\theta_C-6i_{CD}\frac{\Delta}{l}=2i\theta_C-\frac{3}{2}i\Delta$$

（3）建立位移法方程求解基本未知量。

取结点 $C$ 为脱离体 ［图 20-11 (b)］，由 $\sum M_C=0$，$M_{CB}+M_{CD}=0$ （20-5）

取 $BC$ 横梁为脱离体 ［图 20-11 (c)］，由 $\sum F_X=0$，$F_{SBA}+F_{SCD}-30=0$ （20-6）

式（20-6）中 $\quad F_{SBA}=F_{SBA}^0-\dfrac{1}{l}(M_{AB}+M_{BA})=-40-\dfrac{1}{4}M_{AB}$

$$F_{SCD}=F_{SCD}^0-\frac{1}{l}(M_{CD}+M_{DC})=-\frac{1}{4}(M_{CD}+M_{DC})$$

把杆端弯矩表达式代入式（20-5）、式（20-6），整理得

$$\left.\begin{array}{r}7i\theta_C-\dfrac{3}{2}i\Delta=0\\[2mm]-24i\theta_C+15i\Delta-960=0\end{array}\right\}$$

求出结点位移

$$\theta_C=\frac{480}{23i}(\curvearrowright);\Delta=\frac{2240}{23i}(\rightarrow)$$

（4）计算杆端弯矩，画弯矩图。将结点位移值代入杆端弯矩表达式

$$M_{AB}=-\frac{3}{4}i\times\frac{2240}{23i}-40=-113(\text{kN}\cdot\text{m})$$

$$M_{BA}=0$$

$$M_{BC}=0$$

$$M_{CB}=3i\times\frac{480}{23i}=62.6(\text{kN}\cdot\text{m})$$

$$M_{CD}=4i\times\frac{480}{23i}-\frac{3}{2}i\times\frac{2240}{23i}=-62.6(\text{kN}\cdot\text{m})$$

$$M_{DC}=2i\times\frac{480}{23i}-\frac{3}{2}i\times\frac{2240}{23i}=-104.3(\text{kN}\cdot\text{m})$$

由杆端弯矩及杆上荷载用叠加法画弯矩图，如图 20-11 (d) 所示。

（5）计算杆端剪力，画剪力图，即

$$F_{SAB}=40-\frac{1}{4}\times(-113)=68.3(\text{kN})$$

$$F_{SBA}=-40-\frac{1}{4}\times(-113)=-11.8(\text{kN})$$

$$F_{SBC} = F_{SCB} = -\frac{1}{4} \times 62.6 = -15.7(\text{kN})$$

$$F_{SCD} = F_{SDC} = -\frac{1}{4} \times (-62.6 - 104.3) = 41.7(\text{kN})$$

剪力图如图 20-11（e）所示。

（6）计算各杆轴力，画轴力图。分别取 $B$、$C$ 两结点为脱离体 [图 20-11（f）]，由力的投影平衡方程可得

$$F_{NBC} = -30 - 11.8 = -41.8\text{kN}, F_{NBA} = 15.7\text{kN}, F_{NCD} = -15.7\text{kN}$$

轴力图如图 20-11（g）所示。

# 第五节  位移法的典型方程

在上面的讨论中，介绍了位移法的基本未知量和基本方程，基本方程是直接由平衡条件建立的。本节介绍通过位移法的基本体系建立位移法典型方程的解法。这种方法解题程序与力法相对应，有助于进一步理解位移法基本方程的意义，也可为矩阵位移法打下基础。

结合图 20-12（a）所示的刚架加以说明。

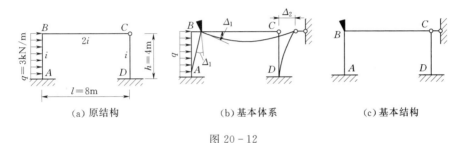

(a) 原结构          (b) 基本体系          (c) 基本结构

图 20-12

这个刚架有 $\Delta_1$、$\Delta_2$ 两个基本未知量。在刚结点 $B$ 加约束（附加刚臂）控制结点 $B$ 的转角（不控制线位移），在结点 $C$ 加水平支杆控制结点的水平位移。这便得到了如图 20-12（b）所示的基本体系。与之相应，在结点 $B$ 加约束使结点 $B$ 不能转动，在结点 $C$ 加水平支杆使结点 $C$ 不能水平移动，这个超静定杆的组合体称为位移法的基本结构 [图 20-12（c）]。

基本体系与原结构的区别在于：增加了人为的约束，把基本未知量由被动的位移变成为受人为控制的主动的位移。

原结构在荷载的作用下使刚结点 $B$ 有一个角位移 $\Delta_1$，结点 $C$ 和结点 $B$ 同时还有向右的线位移 $\Delta_2$，而在基本体系上，由于附加刚臂和附加链杆的存在阻止了角位移 $\Delta_1$ 和结点，线位移 $\Delta_2$ 的发生，且刚臂和链杆必然会产生附加反力。设刚臂的附加反力矩为 $F_1$，链杆上的附加反力为 $F_2$，而原结构上并没有这些反力。为了使基本体系和原结构保持一致，以便在计算中能用基本体系代替原结构，在基本体系上使刚臂连同 $B$ 结点产生一个与原结构相同的转角 $\Delta_1$，同时使链杆连同 $C$ 结点和 $B$ 结点产生一个与原结构相同的线位移 $\Delta_2$，这样，基本体系上的位移和原结构上的位移就完全相同了。其受力情况也完全一样。由于原结构没有附加刚臂和链杆，所以基本体系由于结点位移 $\Delta_1$、$\Delta_2$ 和荷载的共同作用，刚臂上的附加反力矩 $F_1$，和链杆上附加反力 $F_2$ 都应等于零。

如果假设 $\Delta_1$、$\Delta_2$，荷载三者对附加刚臂引起的反力矩 $F_1$ 分别是 $F_{11}$、$F_{12}$、$F_{1F}$；$\Delta_1$、$\Delta_2$、荷载三者对附加链杆引起的反力 $F_2$ 分别是 $F_{21}$、$F_{22}$、$F_{2P}$。根据叠加原理则有

$$F_1 = F_{11} + F_{12} + F_{1F} = 0 \\ F_2 = F_{21} + F_{22} + F_{2F} = 0 \quad\quad (20-7)$$

上式又可写作

$$k_{11}\Delta_1 + k_{12}\Delta_2 + F_{1F} = 0 \\ k_{21}\Delta_1 + k_{22}\Delta_2 + F_{2F} = 0 \quad\quad (20-8)$$

式中：$k_{11}$ 和 $k_{21}$ 为基本结构只有刚结点 $B$ 产生单位位移 $\Delta_1 = 1$ 时，所引起的附加刚臂上的反力矩和附加链杆上的反力，见图 20-13（a）。$k_{12}$ 和 $k_{22}$ 是基本结构只产生单位结点线位移 $\Delta_2 = 1$ 时，所引起的附加刚臂上的反力矩和附加链杆上的反力，见图 20-14（a）。$F_{1F}$ 和 $F_{2F}$ 为基本结构只在荷载作用下，在刚臂上产生的反力矩和链杆上产生的反力，见图 20-15（a）。

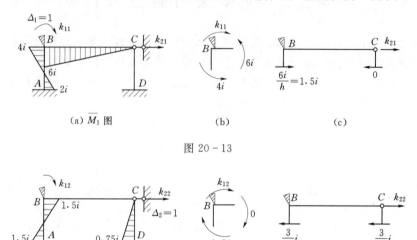

（a）$\overline{M}_1$ 图　　　　　　（b）　　　　　　　（c）

图 20-13

（a）$\overline{M}_2$ 图　　　　　　（b）　　　　　　　（c）

图 20-14

式（20-8）就是求解结点位移 $\Delta_1$、$\Delta_2$ 的位移法的典型方程。其物理意义是：基本结构在荷载及各结点位移等因素共同影响下，每一个附加反力矩或附加反力都等于零在。位移法典型方程的实质是静力平衡方程。

下面按照上述讲解进行具体的计算。

（1）基本结构在单位转角 $\Delta_1 = 1$ 作用下的计算。

当结点 $B$ 转角 $\Delta_1 = 1$ 时，分别求各杆的杆端弯矩，作出弯矩图（$\overline{M}_1$ 图）如图 20-13（a）所示。

由图 20-13（b）、（c）得

$$k_{11} = 4i + 3(2i) = 10i, \quad k_{21} = -1.5i$$

（2）基本结构在单位水平位移 $\Delta_2 = 1$ 作用下的计算。

当结点 $B$、$C$ 的水平位移 $\Delta_2 = 1$ 时，分别求各杆的杆端弯矩，作出弯矩图（$\overline{M}_2$ 图）如图 20-14（a）所示。

由图 20-14（b）、（c）得

$$k_{12} = -1.5i, \quad k_{22} = \frac{15}{16}i$$

（3）基本结构在荷载作用下的计算。

先分别求各杆的固端弯矩，作出弯矩图如图 20-15（a）所示。基本结构在荷载作用下的弯矩图称为 $M_F$ 图。

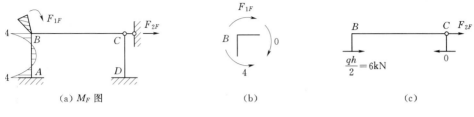

图 20-15

取结点 $B$ 为隔离体 ［图 20-15（b）］，求得 $F_{1F} = 4\text{kN} \cdot \text{m}$。

取柱顶以上横梁 $BC$ 部分为隔离体 ［图 20-15（c）］，已知立柱 $BA$ 的固端剪力 $F_{SBA} = -\dfrac{qh}{2} = -\dfrac{3 \times 4}{2} = -6(\text{kN})$，因此 $F_{2F} = -6\text{kN}$。

（4）基本方程。

由式（20-8）列出基本方程如下：

$$10i\Delta_1 - 1.5i\Delta_2 + 4 = 0$$

$$-1.5i\Delta_1 + \frac{15}{16}i\Delta_2 - 6 = 0$$

由基本方程可求出：

$$\Delta_1 = 0.737\frac{1}{l}, \quad \Delta_2 = 7.58\frac{1}{l}$$

利用下列叠加公式作刚架的 $M$ 图：

$$M = \overline{M}_1\Delta_1 + \overline{M}_2\Delta_2 + M_F \tag{20-9}$$

杆端弯矩如下：

$$M_{AB} = 2i\left(0.737\frac{1}{i}\right) - 1.5i\left(7.58\frac{1}{i}\right) - 4 = -13.62(\text{kN} \cdot \text{m})$$

$$M_{BA} = 4i\left(0.737\frac{1}{i}\right) - 1.5i\left(7.58\frac{1}{i}\right) + 4 = -4.42(\text{kN} \cdot \text{m})$$

$$M_{BC} = 6i\left(0.737\frac{1}{i}\right) = 4.42(\text{kN} \cdot \text{m})$$

$$M_{DC} = -0.75i\left(7.58\frac{1}{i}\right) = -5.69(\text{kN} \cdot \text{m})$$

根据杆端弯矩作出刚架的 $M$ 图如图 20-16 所示。

上面对具有两个基本未知量的问题，说明了位移法的基本体系和基本方程的意义。对于具有 $n$ 个基本未知量的问题，位移法的基本方程可参照式（20-8）写成如下形式：

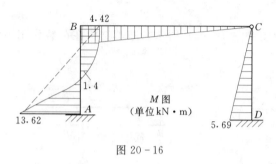

图 20-16

$M$ 图
（单位 kN·m）

$$
\left.
\begin{aligned}
k_{11}\Delta_1 + k_{12}\Delta_2 + \cdots + k_{1n}\Delta_n + F_{1F} &= 0 \\
k_{21}\Delta_1 + k_{22}\Delta_2 + \cdots + k_{2n}\Delta_n + F_{2F} &= 0 \\
&\vdots \\
k_{n1}\Delta_1 + k_{n2}\Delta_2 + \cdots + k_{nn}\Delta_n + F_{nF} &= 0
\end{aligned}
\right\} \quad (20-10)
$$

这就是一般情况下位移法的典型方程，方程中 $k_{ii}$ 称为主系数；$k_{ij}(i\neq j)$ 称为副系数；$F_{iF}$ 称为自由项。系数和自由项的正负符号规定：凡与该附加联系所设位移方向一致为正。主系数恒为正，且不会等于零。副系数和自由项则可能为正，为负或为零。根据反力互等定理和 $k_{ij}$ 的物理意义可知 $k_{ij}=k_{ji}$。

# 第六节 对 称 性 的 利 用

与力法相似，在位移法中也可以利用结构的对称性来简化计算。

在力法计算中，我们曾得到如下的结论：①对称结构在对称荷载作用下，其内力和变形（或位移）都是对称的，在对称轴的切口处，只有对称的内力（弯矩与轴力），反对称的内力（剪力）等于零，结构的弯矩图及轴力图是正对称的，剪力图是反对称的。②对称结构在反对称荷载作用下，其内力和变形（或位移）都是反对称的，在对称轴切口处，只有反对称的内力（剪力），正对称的内力（弯矩及轴力）等于零，结构的弯矩图及轴力图是反对称的，剪力图是正对称的。

利用以上结论，可以达到简化计算的目的。下面分别就奇、偶数跨的对称结论在正、反对称荷载作用下的简化方法进行说明。

**一、对称结构在对称荷载作用下**

1. 奇数跨结构

图 20-17（a）、（b）所示分别为三跨连续梁及单跨刚架。在对称荷载作用下，它们的

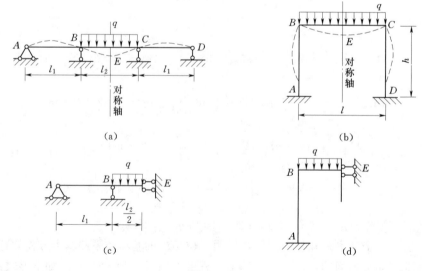

(a)

(b)

(c)

(d)

图 20-17

变形曲线是对称的，如图中的虚线所示。在对称轴的切口处，只有竖向线位移，水平线位移及转角均为零。因此，可以在对称轴的切口处加上滑动支座，然后取半边结构进行计算，如图 20-17 (c)、(d) 所示。这种简化的方法一般称为"半结构法"。但要注意，由于被切断的横梁跨度减半，其线性刚度应增加一倍，即 $i_{BE}=2i_{BC}$。

2. 偶数跨结构

图 20-18 (a)、(b) 所示为两跨连续梁及两跨刚架。在对称荷载作用下，它们的变形曲线是对称的。在对称轴的切口处应只有竖向线位移，而这一位移又被支座或立柱所约束。因此，在切口处可用固定端支座来代替，取半结构进行计算，如图 20-18 (c)、(d) 所示。

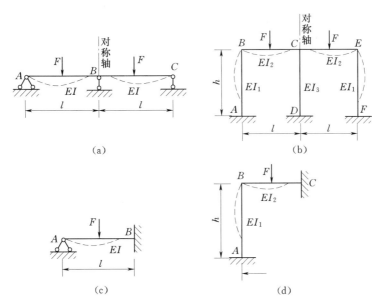

图 20-18

## 二、对称结构在反对称荷载作用下

1. 奇数跨结构

图 20-19 (a)、(b) 所示为三跨连续梁及单跨刚架。在反对称荷载作用下，它们的变形曲线是反对称的。在对称轴的切口处有角位移及水平线位移，但无竖向线位移。因此，在该切口处可用一活动铰支座来代替，取半结构进行计算，如图 20-19 (c)、(d) 所示。

2. 偶数跨结构

图 20-20 (a)、(b) 所示分别为四跨连续梁及两跨刚架。在反对称荷载作用下，其变形曲线是反对称的。在对称轴的切口处只有角位移及水平线位移，没有竖向线位移。因此，对于连续梁，该切口处仍可视为有一活动铰支座，可直接取半边连续梁进行计算。对于刚架，则可把中间的立柱看成是由两根各具有刚度 $EI/2$ 的立柱所组成，沿对称轴切开，取半刚架进行计算，如图 20-20 (c)、(d) 所示。

以上分别就对称结构在正对称和反对称荷载作用下的简化计算问题进行了讨论。对于承受一般荷载的对称结构，则可利用荷载分组的办法，将一般荷载分解为正对称及反对称两组，分别选取各自的半结构进行计算。最后，将两种荷载情况下的计算结果叠加，就可得到原结构的内力。

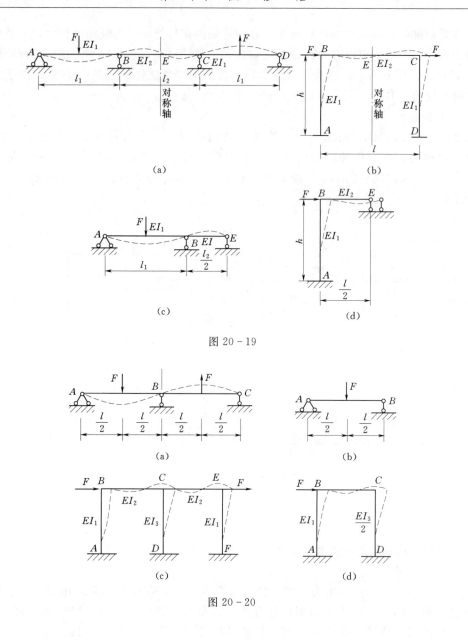

图 20 - 19

图 20 - 20

# 小 结

位移法是在力法计算单跨超静定梁成果的基础上发展起来的另一种求解超静定结构的基本方法。位移法的基本未知量是结点位移。结点位移包括结点角位移及独立结点位移。结点角位移数即为结构刚结点的数目；独立结点线位移数可用直观法确定或用"铰化结点、增设链杆"的方法来判断。

位移法的基本思路是：首先确定位移法的基本未知量，即结点角位移及独立线位移数；进而将结构的每杆件均视为在荷载及杆端转角与相对线位移共同作用下的单跨超静定梁，由查表叠加可写出各杆的转角位移方程；再由结点力矩平衡条件及截面上力的投影平衡条件建立位移法方程；解方程求得结点位移；将结点位移值代回转角位移方程就可求得各杆的杆端弯矩。这里要特别注意关于杆端弯矩新的正负号规定。

位移法的另一种演算形式是利用基本体系进行计算。这样可使位移法与力法之间建立更加完整的对应关系。基本体系中基本方程中的每项系数和自由项都具有独立的力学意义。

位移法也可利用结构的对称性进行简化。简化的方法一般称为半结构法。对称结构在一般荷载作用下，可将荷载分为正对称及反对称两组，分别取半结进行计算。最后将两种情况下的计算结果叠加。

力法和位移法是计算超静定结构的两个基本方法。

从基本未知量看，力法取的是力（多余约束力），位移法取的是位移（独立的结点位移）。

从基本体系看，力法是去约束，位移法是加约束。

从基本方程看，力法是位移协调方程，位移法是力系平衡方程。

力法只是用于分析超静定结构，位移法则通用于分析静定和超静定结构。

## 思　考　题

20-1　位移法的基本未知量是什么？它与力法有什么不同？什么样的超静定结构用位移法求解比力法更简捷？

20-2　结点位移包括哪几种？如何确定？

20-3　位移法的基本思路是什么？

20-4　位移法中，杆端弯矩与杆端位移正、负是如何规定的？

20-5　直接写平衡方程的方法与典型方程的方法加以比较。两种计算方法的位移法方程是否相同？

20-6　在利用对称性简化时，如何取半结构？

## 习　　题

20-1　确定图 20-21 所示结构用位移法计算时的基本未知量。

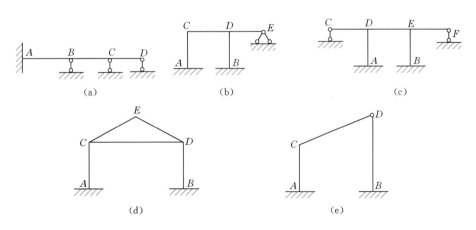

(a)　　　　(b)　　　　(c)

(d)　　　　(e)

图 20-21

20-2　试用位移法计算图 20-22 所示结构，并作内力图。

20-3　用位移法计算图 20-23 所示结构，并作内力图。

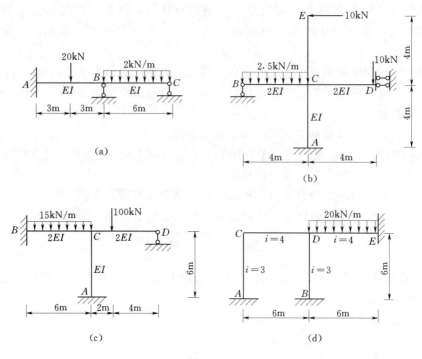

图 20-22

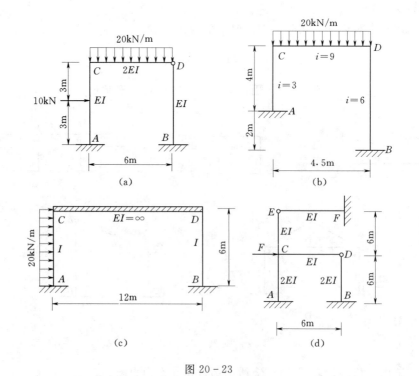

图 20-23

20-4 利用对称性计算图 20-24 所示结构，并作弯矩图。

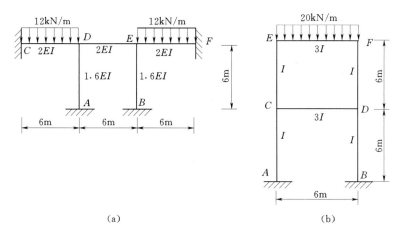

（a）

（b）

图 20-24

# 第二十一章 力矩分配法

力矩分配法是在位移法基础上发展起来的一种数值计算方法，主要用于计算连续梁和无结点线位移刚架，特点是不需要建立和解联立方程，而能直接求得各杆杆端弯矩。此方法采用轮流固定、放松各结点的办法，使各结点逐步达到平衡。计算过程按照重复、机械的步骤进行，使结果越来越接近真实解答，属于渐近法。力矩分配法的物理意义清楚，便于掌握，适合于手算，故是工程设计中常用的计算方法之一。

力矩分配法中杆端弯矩的正负号规定与位移法相同，即对杆端以顺时针旋转为正，反之为负；对结点逆时针为正，反之为负，关于结点转角亦以顺时针为正，反之为负。

## 第一节 力矩分配法的基本概念

### 一、转动刚度

如图 21-1（a）所示，杆件 $A$ 端为铰支，$B$ 端为固定。当使 $A$ 端产生单位转角 $\theta=1$

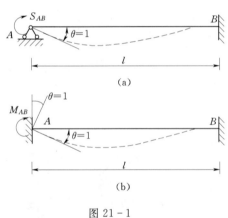

图 21-1

时，在 $A$ 端所需施加的力矩称为 $AB$ 杆 $A$ 端的转动刚度，用 $S_{AB}$，表示其第一个下标表示施力端，即近端，第二个下标代表远端。因杆件的受力情况与杆件所受的荷载和杆端位移有关，故图 21-1（a）所示杆件的变形与受力情况，与图 21-1（b）两端固定梁 $A$ 端产生单位转角 $\theta=1$ 时的情况相同，则图 21-1（a）杆件 $A$ 端的转动刚度 $S_{AB}$ 即为图 21-1（b）$A$ 端的杆端弯矩 $M_{AB}$。对于等截面直杆，由表 19-1 可知，$A$ 端转动刚度 $S_{SB}=4i$，对于远端不同支承时，等截面直杆的转动刚度见表 21-1。

表 21-1                     等截面直杆的杆端转动刚度

| 简　图 | A 端转动刚度 | 说　明 |
|---|---|---|
| $A$ $S_{AB}$ $EI$ $B$ $\theta=1$ $l$ | $S_{AB}=\dfrac{4EI}{l}=4i$ | 远端固定 |
| $A$ $S_{AB}$ $EI$ $B$ $\theta=1$ $l$ | $S_{AB}=\dfrac{3EI}{l}=3i$ | 远端铰支 |
| $A$ $S_{AB}$ $EI$ $B$ $\theta=1$ $l$ | $S_{AB}=\dfrac{EI}{l}=i$ | 远端定向支承 |

由表 21-1 可见，等截面直杆的转动刚度与该杆的线刚度 $i$ 和远端的支承情况有关。杆件的 $i$ 值越大（即 $EI$ 值越大或长度 $l$ 越小），杆端的转动刚度越大，欲使 杆端产生一单位转角所施加的力矩就越大。即杆端的转动刚度就是杆端抵抗转动的能力。

**二、分配系数与分配弯矩**

如图 21-2 所示刚架，由位移法可知结构有一个未知量，即刚结点 1 的转角位移 $\theta_1$。当外力矩 $M$ 施加于 1 结点上时，刚架发生如图中虚线所示的变形，即各杆 1 端均发生转角 $\theta_1$。

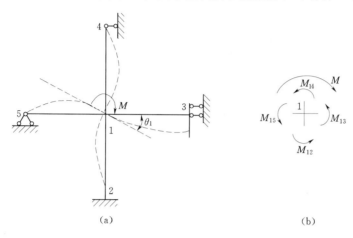

图 21-2

由转动刚度的概念知，各杆近端的弯矩值为

$$\left.\begin{aligned}
M_{12} &= S_{12}\theta_1 \\
M_{13} &= S_{13}\theta_1 \\
M_{14} &= S_{14}\theta_1 \\
M_{15} &= S_{15}\theta_1
\end{aligned}\right\} \tag{21-1}$$

如图 21-2（b）利用结点 1 的力矩平衡得

$$M = M_{12} + M_{13} + M_{14} + M_{15} = S_{12}\theta_1 + S_{13}\theta_1 + S_{14}\theta_1 + S_{15}\theta_1$$

由上式可得

$$\theta_1 = \frac{M}{S_{12} + S_{13} + S_{14} + S_{15}} = \frac{M}{\sum S_{1j}}$$

式中 $\sum S_{1j}$ 为汇交于 1 结点各杆转动刚度之和。将求得的 $\theta_1$ 代入式（21-1）可得

$$\left.\begin{aligned}
M_{12} &= \frac{S_{12}}{\sum S_{1j}}M \\[4pt]
M_{13} &= \frac{S_{13}}{\sum S_{1j}}M \\[4pt]
M_{14} &= \frac{S_{14}}{\sum S_{1j}}M \\[4pt]
M_{15} &= \frac{S_{15}}{\sum S_{1j}}M
\end{aligned}\right\} \tag{21-2}$$

式（21-2）表明，各杆近端所产生的杆端弯矩与该杆的转动刚度成正比。

设

$$\mu_{1j} = \frac{S_{1j}}{\sum S_{1j}} \tag{21-3}$$

$\mu_{1j}$ 称为各杆件在近端的分配系数。即各杆近端转动刚度与结点联结各杆端转动刚度之和的比值。并由此可得，汇交于一结点各杆端的分配之和等于 1，即

$$\sum \mu_{1j} = \mu_{12} + \mu_{13} + \mu_{14} + \mu_{15} = 1$$

同样，式（21-2）可表示为

$$M_{1j} = \mu_{1j} M \qquad\qquad (21-4)$$

由上述可见，施加于结点 1 的力矩 $M$，按各杆端的分配系数大小分配给各杆的近端，杆端弯矩 $M_{1j}$ 称为分配弯矩。

### 三、传递系数与传递弯矩

如图 21-2（a）中，当外力矩 $M$ 加于结点 1 时，该结点发生转角 $\theta_1$，于是，各杆近端与远端都产生了弯矩。由表 19-2 可得

$$M_{12} = 4i_{12}\theta_1, \qquad M_{21} = 2i_{12}\theta_1$$
$$M_{13} = i_{13}\theta_1, \qquad M_{3l} = i_{13}\theta_1$$
$$M_{14} = 3i_{14}\theta_1, \qquad M_{41} = 0$$
$$M_{15} = 3i_{15}\theta_1, \qquad M_{51} = 0$$

将远端弯矩与近端弯矩的比值，称为杆端弯矩由近端向远端传递的传递系数，用 $C_{1j}$ 表示。而将远端弯矩称为传递弯矩。传递系数 $C$ 随远端支承情况而异。对于等截面直杆来说，各种支承情况下的传递系数为：

远端固定 $\qquad\qquad\qquad\qquad C = 1/2$

远端定向支承 $\qquad\qquad\qquad C = -1$

远端铰支 $\qquad\qquad\qquad\qquad C = 0$

其传递弯矩也就等于近端的分配弯矩乘上该杆的传递系数，即

$$M_{1j} = C_{1j} M \qquad\qquad (21-5)$$

综上所述，对于图 21-2（a）只有一个刚结点的结构，若刚结点上只有一力矩 $M$ 作用，则该结点只产生一角位移 $\theta_1$，解算过程分为两步：首先，按各杆的分配系数求出近端的分配弯矩，称为分配过程；其次，将所得分配弯矩乘以传递系数得到远端弯矩（即传递弯矩），称为传递过程。经过分配和传递可求得各杆的杆端弯矩。这种方法称为力矩分配法。

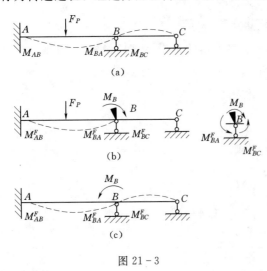

图 21-3

### 四、力矩分配法基本原理

对于承受一般荷载作用的具有一个刚性结点的结构，也可用力矩分配法计算。如图 21-3（a）所示连续梁，外荷载作用下的变形曲线如图中虚线所示。

首先在结点 $B$ 上增加一个附加刚臂，约束住 $B$ 点角位移，形成位移法基本结构〔图 21-3（b）〕，即力矩分配法的基本结构。将原结构荷载作用在基本结构上，按照位移法的概念，可求得各单跨超静定梁的固端弯矩。在 $B$ 结点处，由于各杆的固端弯矩不能互相平衡，故附加刚臂上必产生约束力矩 $M_B$，其值可由图 21-3（b）$B$ 结点的力矩平衡条件求得

$$M_B = M_{BA}^F + M_{BC}^F \tag{21-6}$$

式中：$M_B$ 为 B 结点的不平衡力矩或约束力矩，它等于汇交于该结点各杆端的固端弯矩值的代数和，并以顺时针方向为正。这一过程称为固定状态。

其次对于 B 结点来说，原结构中无附加刚臂，即没有约束力矩 $M_B$ 作用，因此图 21-3（b）中的杆端弯矩并非原结构实际的杆端弯矩，须将此结果加以修正。为此必须消除 B 结点的不平衡力矩 $M_B$，使结构恢复到原来状态。在 B 结点上加一外力矩，其大小等于不平衡力矩 $M_B$，方向与 $M_B$ 的方向相反 [图 21-3（c）]。将图 21-3（b）、（c）两种情况相叠加，就消去了不平衡力矩 $M_B$，即消除了附加刚臂的约束作用。将两种情况下的杆端弯矩相叠加，就得到所求的杆端弯矩。这一过程称为放松 B 结点的过程，即放松状态。

放松过程中的杆端弯矩可以通过计算分配系数、传递系数进而计算分配弯矩和传递弯矩的方法求得。但应值得注意的是，在计算分配弯矩时，式（21-4）中的 $M$ 值是反方向的不平衡力矩 $M_B$ 值，即：$M = -M_B$。

综上所述，力矩分配法的计算可分几步：首先增加附加刚臂来固定结点，形成固定状态（将原结构分成若干个单跨超静定梁），此时可求得各杆的固端弯矩、分配系数、传递系数及不平衡力矩 $M_B$；然后放松结点（即放松状态），先将不平衡力矩反号，再用式（21-3）求分配弯矩，然后由式（21-4）求传递弯矩。最后将各杆端的弯矩（包括固端弯矩、分配弯矩和传递弯矩）相叠加，即得结构最终的杆端弯矩。

【**例 21-1**】 试用力矩分配法计算图 21-4（a）所示两跨连续梁，绘出梁的内力图，并求各支座反力。

**解** 力矩分配法通常是在结构下方列表进行计算。现将各栏目的计算说明如下。

（1）首先固定 B 结点，形成固定状态，如图 21-4（a）所示。

1）计算 B 结点处的分配系数与传递系数。

转动刚度为

$$S_{BA} = 3 \times \frac{2EI}{12} = 0.5EI$$

$$S_{BC} = 4 \times \frac{EI}{8} = 0.5EI$$

分配系数为

$$\mu_{BA} = \frac{0.5EI}{0.5EI + 0.5EI} = 0.5$$

$$\mu_{BC} = \frac{0.5EI}{0.5EI + 0.5EI} = 0.5$$

传递系数为 $\qquad C_{BA} = 0, C_{BC} = 1/2$

将分配系数记在图 21-4 表格的第二栏方框内，传递系数记在第二栏箭头上方。

2）计算固端弯矩。

查表 19-2 可得

$$M_{AB}^F = 0$$

$$M_{BA}^F = \frac{1}{8}ql^2 = \frac{1}{8} \times 10 \times 12^2 = 180 (\text{kN} \cdot \text{m})$$

$$M_{BC}^F = -\frac{1}{8}pl = -\frac{1}{8} \times 100 \times 8 = -100 (\text{kN} \cdot \text{m})$$

$$M_{CB}^F = \frac{1}{8}pl = 100 (\text{kN} \cdot \text{m})$$

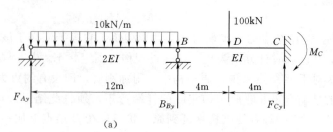

(a)

| 结点 | $A$ | | $B$ | $C$ |
|---|---|---|---|---|
| 分配与传递系数 | ← 0 | | 1/2 | 1/2 | 1/2 → |
| 固端弯矩 | 0 | | 180 | −100 | 100 |
| 分配与传递弯矩 | 0 | ← | −40 | −40 → | −20 |
| 杆端弯矩 | 0 | | 140 | −140 | 80 |

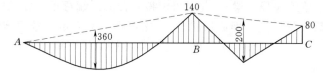

(b)$M$ 图(kN·m)

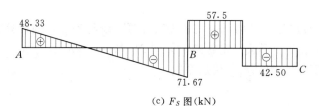

(c) $F_S$ 图(kN)

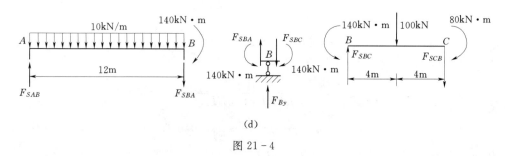

(d)

图 21-4

将各固端弯矩记在图 21-4 表格的第三栏内。

3) 不平衡力矩为

$$M_B = M_{BA}^F + M_{BC}^F = 180 - 100 = 80(\text{kN·m})$$

（2）然后计算分配弯矩及传递弯矩。

1）分配弯矩为

$$M_{BA} = 0.5 \times (-80) = -40(\text{kN·m}), \quad M_{BC} = 0.5 \times (-80) = -40(\text{kN·m})$$

2）传递弯矩为

$$M_{AB} = M_{BA} \times 0 = 0, \quad M_{CB} = M_{BC} \times 0.5 = -20(\text{kN·m})$$

将它们记在图 21-4 表格的第四栏内，并在结点 $B$ 的分配弯矩下划一横线，表示放松该结点，并表示其力矩已平衡；在分配弯矩与传递弯矩之间划一箭头，来表示弯矩的传递方向。

（3）计算最后杆端弯矩。将以上结果（即固端弯矩、分配弯矩和传递弯矩）相叠加，便得最终杆端弯矩，记在图 21-4 表格的第五栏内。

由 $B$ 结点的最后杆端弯矩 $M_{BA}=140\text{kN}\cdot\text{m}$，$M_{BC}=-140\text{kN}\cdot\text{m}$ 可知，满足结点 $B$ 的平衡条件 $\sum M_B=0$。

（4）由所求杆端弯矩，按位移法的杆端弯矩正负号规定，用叠加法作弯矩图 ［图 21-4（b）］。

（5）由图 21-4（d）隔离体图的平衡条件，可求得各杆的杆端剪力及梁的支反力。作剪力图 ［图 21-4（c）］。

$$F_{SAB}=48.33\text{kN},\qquad F_{SBA}=-71.67\text{kN}$$
$$F_{SBC}=57.50\text{kN},\qquad F_{SCB}=-42.50\text{kN}$$
$$F_{Ay}=48.33\text{kN}(\uparrow),\ F_{By}=129.17\text{kN}(\uparrow)$$
$$F_{Cy}=42.50\text{kN}(\uparrow),\ F_{Cx}=0\text{kN}(\uparrow)$$

也可使用剪力计算公式 $F_S=F_S^0-(M_左+M_右)/l$，根据杆端弯矩直接计算各杆端剪力：

$$F_{SAB}=\frac{10\times12}{2}-\frac{0+140}{12}=48.33(\text{kN})$$
$$F_{SBA}=-\frac{10\times12}{2}-\frac{0+140}{12}=-71.67(\text{kN})$$
$$F_{SBC}=\frac{100}{2}-\frac{-140+80}{8}=57.5(\text{kN})$$
$$F_{SCB}=-\frac{100}{2}-\frac{-140+80}{8}=42.5(\text{kN})$$

由弯矩图和剪力图的变化规律，推算出支座反力。

$$F_{Ay}=48.33\text{kN}(\uparrow),\ F_{By}=71.67+57.50=129.17(\text{kN})(\uparrow)$$
$$F_{Cx}=0,\quad F_{Cy}=42.50\text{kN}(\uparrow),\quad M_C=80\text{kN}\cdot\text{m}(\circlearrowright)$$

**【例 21-2】** 试用力矩分配计图 21-5（a）所示刚架的各杆端弯矩，作出弯矩图。

**解**　按式（21-3）计算各杆端分配系数为

$$\mu_{AB}=\frac{3\times2}{3\times2+4\times2+4\times1.5}=0.3$$
$$\mu_{AD}=\frac{4\times2}{3\times2+4\times2+4\times1.5}=0.4$$
$$\mu_{AC}=\frac{4\times1.5}{3\times2+4\times2+4\times1.5}=0.3$$

按表 19-2 算出各杆的固端弯矩，即

$$M_{AB}^F=\frac{1}{8}\times15\times4^2=30(\text{kN}\cdot\text{m})$$
$$M_{AD}^F=\frac{50\times3\times2^2}{5^2}=-24(\text{kN}\cdot\text{m})$$
$$M_{DA}^F=\frac{50\times3^2\times2}{5^2}=36(\text{kN}\cdot\text{m})$$
$$M_{AC}^F=M_{CA}^F=0$$

用力矩分配法计算列表如表 21-2 所示，最后作出弯矩图如图 21-5（b）所示。

表 21 - 2                           杆端弯矩的计算

| 结　　点 | B | A | | | D | C |
|---|---|---|---|---|---|---|
| 杆端 | BA | AB | AC | AD | DA | CA |
| 分配系数 |  | 0.3 | 0.3 | 0.4 |  |  |
| 传递系数 |  | 0 | 1/2 | 1/2 |  |  |
| 固端弯矩 | 0 | 30 | 0 | −24 | 36 | 0 |
| 分配传递 | 0 ← | −1.8 | −1.8 | −2.4 → | −1.2 | −0.9 |
| 最后弯矩 | 0 | 28.2 | −1.8 | −26.4 | 34.8 | −0.9 |

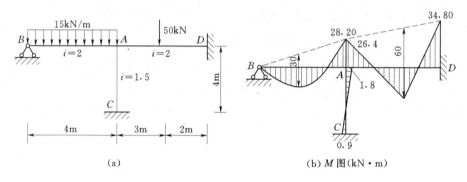

(a)

(b) $M$ 图(kN·m)

图 21 - 5

## 第二节　用力矩分配法计算连续梁和无侧移刚架

上节以只有一个刚性结点的结构说明了力矩分配法的基本原理。对于具有多个刚性结点而无结点线位移结构，同样可以按上节所述力矩分配法的基本原理依次进行计算。

首先固定刚性结点，计算各杆固端弯矩、分配系数；然后各结点轮流放松，即每次只放松一个结点，其他结点仍暂时固定，这样将各结点的不平衡力矩轮流进行分配与传递，直到传递弯矩小到可略去为止。这种计算杆端弯矩的方法属于渐近法。为了加快收敛速度，可以同时放松不相邻或不相关的多个结点，并宜先放松不平衡力矩绝对值较大的结点，然后再放松相邻结点，但必须重新固定已放松过的结点。每次放松都与单结点力矩分配相同，值得注意的是，当一个结点第一次放松时，相邻结点的不平衡力矩有所改变，即原结点不平衡力矩与由放松结点传递过来的传递弯矩的代数和，为该结点新的不平衡力矩；当结点第二次放松时，其不平衡力矩即为相邻结点的传递弯矩。下面结合具体例子加以说明。

【例 21 - 3】　如图 21 - 6（a）所示为一三跨等截面连续梁，用力矩分配法计算。

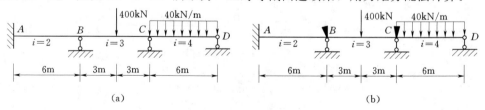

(a)                                    (b)

图 21 - 6

**解** （1）首先固定计算结点 $B$、$C$，得到基本结构［图 21-6 （b）］。

固端弯矩为

$$M_{AB}^F = M_{BA}^F = 0$$

$$M_{BC}^F = -\frac{1}{8} \times 400 \times 6 = -300(\text{kN} \cdot \text{m}) = -M_{CB}^F$$

$$M_{CD}^F = -\frac{1}{8} \times 40 \times 6^2 = -180(\text{kN} \cdot \text{m})$$

$$M_{DC}^F = 0$$

分配系数为

$$\begin{cases} S_{BA} = 4 \times 2 = 8 \\ S_{BC} = 4 \times 3 = 12 \end{cases} \quad \begin{cases} \mu_{BA} = \dfrac{8}{8+12} = 0.4 \\ \mu_{BC} = \dfrac{12}{8+12} = 0.6 \end{cases}$$

$$\begin{cases} S_{CB} = 4 \times 3 = 12 \\ S_{CD} = 3 \times 4 = 12 \end{cases} \quad \begin{cases} \mu_{CB} = 0.5 \\ \mu_{CD} = 0.5 \end{cases}$$

传递系数为

$$C_{BA} = 1/2, \quad C_{BC} = 1/2$$

$$C_{CB} = 1/2, \quad C_{CD} = 1/2$$

由式（21-6）可计算出 $B$、$C$ 两点的不平衡力矩分别为

$$M_B = -300 \text{kN} \cdot \text{m}$$

$$M_C = 300 - 180 = 120 \text{kN} \cdot \text{m}$$

将分配系数和传递系数记入表 21-3 第一栏内，固端弯矩记入表 21-3 第二栏内。

表 21-3 　　　　　　　　　　　　　　**杆 端 弯 矩 值 计 算**

| 分配系数<br>传递系数 | $A$ ←1/2 | | 0.4 | 0.6 | ←1/2 | 0.5 | 0.5 | 0→ | $D$ |
|---|---|---|---|---|---|---|---|---|---|
| | | | **B** | | | **C** | | | |
| 固端弯矩 | 0 | | 0 | −300 | | 300 | −180 | → | 0 |
| 松 $B$ 固 $C$ | 60 | ← | 120 | 180 | → | 90 | | | |
| 固 $B$ 松 $C$ | | | | −52.5 | ← | −105 | −105 | → | 0 |
| 松 $B$ 固 $C$ | 10.5 | ← | 21 | 31.5 | → | 15.75 | | | |
| 固 $B$ 松 $C$ | | | | −3.94 | ← | −7.88 | −7.88 | → | 0 |
| 松 $B$ 固 $C$ | 0.79 | ← | 1.58 | 2.36 | → | 1.18 | | | |
| 固 $B$ 松 $C$ | | | | −0.30 | ← | −0.59 | −0.59 | → | 0 |
| 松 $B$ 固 $C$ | 0.06 | ← | 0.12 | 0.18 | → | 0.09 | | | |
| 固 $B$ 松 $C$ | | | | | | −0.04 | −0.04 | | |
| 最后弯矩 | 71.35 | | 142.7 | −142.7 | | 293.51 | −293.51 | | 0 |

（2）放松结点，进行力矩的分配与传递。

先放松 $B$ 结点固定 $C$ 结点，由式（21-4）、式（21-5）可求得 $B$ 结点的分配弯矩及相应的传递弯矩如下

分配弯矩为

$$M_{BA} = \mu_{BA}(-M_B) = 0.4 \times 300 = 120(\text{kN} \cdot \text{m})$$

$$M_{BC} = \mu_{BC}(-M_B) = 0.6 \times 300 = 180(\text{kN} \cdot \text{m})$$

传递弯矩为

$$M_{AB} = C_{BA}M_{BA} = 1/2 \times 120 = 60(\text{kN} \cdot \text{m})$$

$$M_{CB} = C_{BC}M_{BC} = 1/2 \times 180 = 90(\text{kN} \cdot \text{m})$$

将其记录入表 21-3 第三栏内。通过上述运算，$B$ 结点暂时得到平衡，在分配弯矩下画一短横线。这时 $C$ 结点仍存在着不平衡力矩，且其数值等于原荷载产生的不平衡力矩再加上由于放松 $B$ 结点而传来的传递弯矩，即 $C$ 结点新的不平衡力矩为

$$M_C = 120 + 90 = 210(\text{kN} \cdot \text{m})$$

为消去 $M_C$ 需放松 $C$ 结点，但应重新固定 $B$ 结点，得其分配弯矩与传递弯矩为

分配弯矩为
$$M_{CB} = -210 \times 0.5 = -105(\text{kN} \cdot \text{m})$$

$$M_{CD} = -210 \times 0.5 = -105(\text{kN} \cdot \text{m})$$

传递弯矩为

$$M_{BC} = -105 \times 1/2 = -52.5(\text{kN} \cdot \text{m}) \; , \; M_{DC} = -105 \times 0 = 0(\text{kN} \cdot \text{m})$$

将其记入表 21-3 第四栏。此时结点 $C$ 得到暂时的平衡，在分配弯矩下也画一短横线。至此，完成了多结点力矩分配的第一轮循环。

这时 $B$ 结点上又出现了新的不平衡力矩，只是比原来的不平衡力矩要小得多，依次重复第一轮的计算，不断在 $B$ 和 $C$ 结点上消去不平衡力矩，则不平衡力矩愈来愈小，若干轮后，不平衡力矩小到可以略去不计时，便可停止计算。此时，结构也就非常接近于真实的平衡状态了。将每轮计算都依次记录入表 21-3 中，最后将各杆端的固端弯矩、分配弯矩、传递弯矩叠加，便可等到最终弯矩值。

综上所述，力矩分配法的计算步骤可归纳如下。

（1）固定各结点形成基本结构，计算分配系数、固端弯矩、传递系数及不平衡力矩。

（2）依次放松各结点，并列表计算分配弯矩和传递弯矩。直至各杆端的传递弯矩小至可以略去为止（或达到精度要求）。

（3）将固端弯矩、分配弯矩、传递弯矩相叠加，得到最后杆端弯矩。

（4）根据所求得的杆端弯矩，作内力图。

【例 21-4】　用力矩分配法计算图 21-7（a）所示等截面连续梁，作出内力图。$EI=$ 常数。

**解**　固定结点 $B$、$C$、$D$，形成基本结构 ［图 21-7（b）］。由于梁悬臂部分 $EF$ 为静定，其内力可用静力平衡条件求得，可将该悬臂部分简化掉，而将 $M_{EF}$、$F_{SEF}$ 作为外力作用于 $E$ 结点上 ［图 21-7（b）］，这样结点 $E$ 便简化为铰支，使整个计算得到简化。

（1）固端弯矩为

$$M_{AB}^F = M_{BA}^F = 0$$

$$M_{BC}^F = \frac{-30 \times 4^2 \times 2}{6^3} - \frac{30 \times 4^2 \times 2}{6^3} = -40(\text{kN} \cdot \text{m})$$

$$M_{CB}^F = \frac{30 \times 4^2 \times 2}{6^3} - \frac{30 \times 4^2 \times 2}{6^3} = 40(\text{kN} \cdot \text{m})$$

$$M_{DC}^F = -M_{CD}^F = \frac{20 \times 6^2}{12} = 60(\text{kN} \cdot \text{m})$$

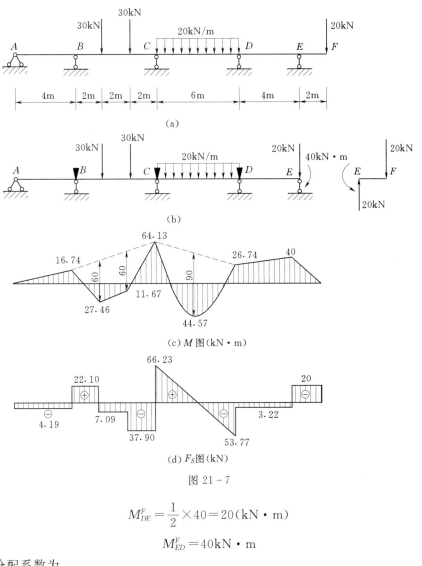

图 21-7

$$M_{DE}^{F} = \frac{1}{2} \times 40 = 20 (\text{kN} \cdot \text{m})$$

$$M_{ED}^{F} = 40 \text{kN} \cdot \text{m}$$

（2）分配系数为

$$S_{BA} = 3 \times \frac{EI}{4} = \frac{9}{12}EI, \quad \mu_{BA} = \frac{9}{9+8} = 0.529$$

$$S_{BC} = 4 \times \frac{EI}{6} = \frac{8}{12}EI, \quad \mu_{BC} = \frac{8}{9+8} = 0.471$$

$$S_{CB} = 4 \times \frac{EI}{6} = \frac{2}{3}EI, \quad \mu_{CB} = 1/2$$

$$S_{CD} = 4 \times \frac{EI}{6} = \frac{2}{3}EI, \quad \mu_{CD} = 1/2$$

$$S_{DC} = 4 \times \frac{EI}{6} = \frac{8}{12}EI, \quad \mu_{DC} = \frac{8}{9+8} = 0.471$$

$$S_{DE} = 3 \times \frac{EI}{4} = \frac{9}{12}EI, \quad \mu_{DE} = \frac{9}{9+8} = 0.529$$

（3）传递系数为

$$C_{BA} = 0, C_{CB} = 1/2, C_{DC} = 1/2$$

$$C_{BC}=1/2, C_{CD}=1/2, C_{DE}=0$$

（4）其计算过程均列于表 21-4 中，作 $M$ 图、$F_S$ 图。

【例 21-5】 用力矩分配法计算图 21-8（a）所示刚架，并绘出 $M$ 图。

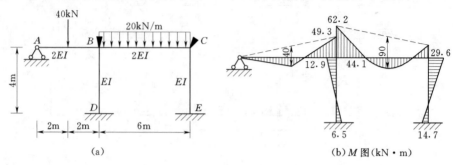

图 21-8

$$S_{BA}=3\times\frac{2EI}{4},\quad \mu_{BA}=0.39$$

$$S_{BC}=4\times\frac{2EI}{6},\quad \mu_{BC}=0.35$$

$$S_{BD}=4\times\frac{EI}{4},\quad \mu_{BD}=0.26$$

$$S_{CB}=4\times\frac{2EI}{6}=\frac{4}{3}EI,\quad \mu_{CB}=0.57$$

$$S_{CE}=4\times\frac{EI}{4}=EI,\quad \mu_{CE}=0.43$$

**表 21-4** 　　　　　　　　　　　**杆 端 弯 矩 值 计 算**

| 分配系数 | $A$ ⟵ 0 | $B$ | | 1/2 | $C$ | | 1/2 | $D$ | | 0 ⟶ $E$ |
|---|---|---|---|---|---|---|---|---|---|---|
| | | 0.529 | 0.471 | | 0.5 | 0.5 | | 0.471 | 0.529 | |
| 固端弯矩 | 0 | 0 | −40 | | 40 | −60 | | 60 | 20 | 40 |
| 松BD、固C | 0 ⟵ | 21.16 | 18.84 | ⟶ | 9.42 | −18.84 | ⟵ | −37.68 | −42.32 | ⟶ 0 |
| 固BD、松C | | | 7.36 | ⟵ | 14.71 | 14.71 | ⟶ | 7.36 | | |
| 松BD、固C | 0 ⟵ | −3.89 | −3.47 | ⟶ | −1.74 | −1.74 | ⟵ | −3.47 | −3.89 | ⟶ 0 |
| 固BD、松C | | | 0.87 | ⟵ | 1.74 | 1.74 | ⟶ | 0.87 | | |
| 松BD、固C | 0 ⟵ | −0.46 | −0.41 | ⟶ | −0.21 | −0.21 | ⟵ | −0.41 | −0.46 | ⟶ 0 |
| 固BD、松C | | | 0.11 | ⟵ | 0.21 | 0.21 | ⟶ | 0.11 | | |
| 松BD、固C | 0 ⟵ | −0.06 | −0.05 | ⟶ | −0.03 | −0.03 | ⟵ | −0.05 | −0.06 | ⟶ 0 |
| 固BD、松C | | | 0.02 | ⟵ | 0.03 | 0.03 | ⟶ | 0.02 | | |
| 松BD、固C | | −0.01 | −0.01 | | | | | −0.01 | −0.01 | |
| 最后弯矩 | 0 | 16.74 | −16.74 | | 64.13 | −64.13 | | 26.74 | −26.74 | 40 |

固端弯矩为

$$M_{AB}^F=M_{BA}^F=0$$

$$M_{BA}^F=\frac{3\times40\times4}{16}=30(\text{kN}\cdot\text{m})$$

$$M_{BC}^F = -\frac{1}{12} \times 20 \times 6^2 = -60(\text{kN} \cdot \text{m}) = -M_{CB}^F$$

其余各杆固端弯矩为零。

列表计算如表 21-5 所示，作 M 图 [图 21-8（b）]。

**表 21-5** 　　　　　　　　　　　杆端弯矩的计算

| 结点 | A | D | B | | | C | | E |
|---|---|---|---|---|---|---|---|---|
| 杆端 | AB | DB | BD | BA | BC | CB | CE | EC |
| 分配系数 | | | 0.26 | 0.39 | 0.35 | 0.57 | 0.43 | |
| 传递系数 | | | 1/2 | 0 | 1/2 | 1/2 | 1/2 | |
| 固端弯矩 | | | 0 | 30 | −60 | 60 | 0 | |
| 固 B 松 C | 0 | 6.2 | 12.3 | 18.4 | −17.1 | −34.2 | −25.8 | −12.9 |
| 松 B 固 C | | | | | 16.5 | 8.3 | | |
| 固 B 松 C | | | | | −2.4 | −4.7 | −3.6 | −1.8 |
| 松 B 固 C | 0 | 0.3 | 0.6 | 0.9 | 0.8 | 0.4 | | |
| 固 B 松 C | | | | | | −0.2 | −0.2 | |
| 最后弯矩 | 0 | 6.5 | 12.9 | 49.3 | −62.2 | 29.5 | −29.5 | −14.7 |

# 第三节　无剪力分配法

力矩分配法只能用来计算连续梁和无结点线位移刚架。而对于某些适合以下条件的有结点线位移刚架（图 21-9），则可用无剪力分配法计算：①横梁外端为可动铰支座，且链杆与立柱平行；②只有一根立柱；③立柱的一侧只有一跨横梁（或无两跨以上的连续梁）。

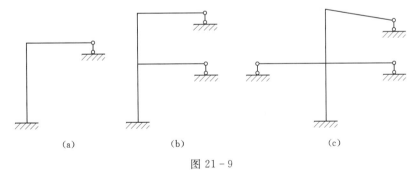

图 21-9

此类结构的共同特点是：各层立柱的剪力都是静定的，由静力平衡条件可以求解，且在力矩的分配与传递过程中，其剪力始终保持不变，没有新的剪力产生。因此，这种方法称为无剪力分配法。下面以图 21-10（a）所示刚架来说明无剪力分配法的基本原理。

无剪力分配法与力矩分配法的计算过程相同，即将结构视为固定状态与放松状态的叠加。其不同之处是，固定时由于附加刚臂，只约束刚性结点的转角位移，而并不约束其线位移，即允许结点有线位移产生，其刚架的变形如图 21-10（b）中虚线所示；放松时也是在有结点线位移情况下放松结点，B 结点将产生与实际相同的转角 $\theta_B$ 及相应的水平线位移图 21-10（c）。因此，无论在固定还是放松状态的计算中，都应将立柱看成是下端固定、上端

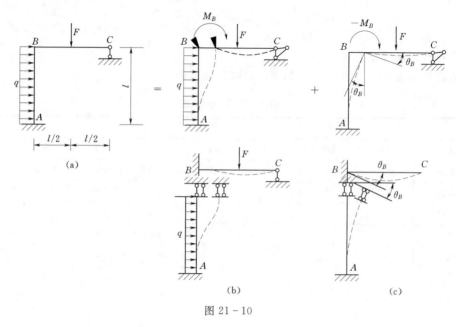

图 21 - 10

定向约束的单跨超静定梁。而横梁视为一端固定一端铰支的单跨超静定梁。

固定状态下固端弯矩计算与力矩分配法相同，仍查表 19 - 2，需注意立柱为上端定向下端固定这一特点；其不平衡力矩 $M_B$ 仍用式（21 - 6）计算；放松状态仍是在结点 $B$ 处施加一个反向的不平衡力矩 $-M_B$，只是在确定转动刚度时，注意立柱为下端固定上端定向，其转动刚度为 $S=i$，其横梁转动刚度仍为 $3i$；其分配系数仍由式（21 - 3）计算，其传递系数立柱为 $-1$，而横梁为 $0$。其余计算则与力矩分配法计算过程相同。

【**例 21 - 6**】 无剪力分配法计算图 21 - 11（a）所示刚架，作弯矩图。已知：$q=20$kN/m，$l=4$m。

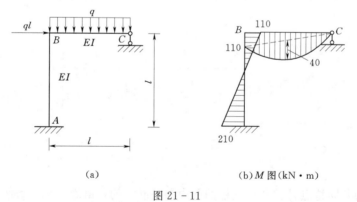

| (a) | (b)$M$ 图(kN · m) |

图 21 - 11

**解** 首先查表 19 - 2 计算固端弯矩，即

$$M_{AB}^F = -\frac{ql^2}{2} = -160(\text{kN} \cdot \text{m})$$

$$M_{BA}^F = -\frac{ql^2}{2} = -160(\text{kN} \cdot \text{m})$$

$$M_{BC}^F = -\frac{ql^2}{8} = -\frac{20 \times 4^2}{8} = -40(\text{kN} \cdot \text{m})$$

$$M_{CB}^{F} = 0$$

分配系数为
$$S_{BA} = \frac{EI}{4}, \quad \mu_{BA} = \frac{1}{4}$$

$$S_{BC} = 3 \times \frac{EI}{4}, \quad \mu_{BC} = \frac{3}{4}$$

列表计算杆端弯矩如表 21-6 所示，并作弯矩图如图 21-11（b）所示。

**表 21-6** 杆 端 弯 矩 计 算

| 结点 | A | B | | C |
|---|---|---|---|---|
| 杆端 | AB | BA | BC | CB |
| 分配系数 | | 1/4 | 3/4 | |
| 传递系数 | | −1 | 0 | |
| 固端弯矩 | −160 | −160 | −40 | 0 |
| | −50 ← | 50 | 150 | → 0 |
| 杆端弯矩 | −210 | −110 | 110 | 0 |

无剪力分配法主要用于单跨多层刚架反对称荷载作用下的半结构计算。计算应注意如下几点：①每层刚架的立柱，都按下端固定上端定向的单跨超静定梁来考虑；②由于立柱剪力静定，其上层荷载要向下层传递，即计算下层立柱的固端弯矩时，需将上层荷载对下层产生的剪力以集中力的形式作用在下层定向支座杆端处，然后会同本柱的荷载相叠加计算固端弯矩值；③具体的计算过程，按多结点的力矩分配法进行计算。

如图 21-12（a）所示为两层对称刚架非对称荷载作用，可分解为正对称与反对称两组荷载作用［图 21-12（b）、(c)］，分别选取对称半结构［图 21-12（d）、(e)］对于反对称

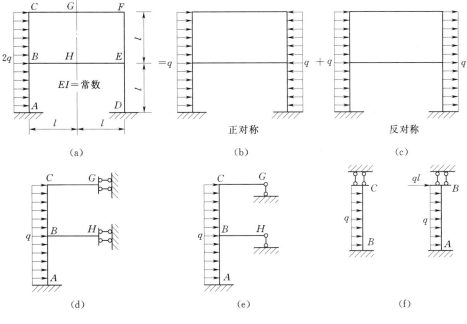

图 21-12

荷载作用下的半结构［图 21－12（g）］，可用无剪力分配法计算，其固定状态时立柱为［图 21－12（f）］的单跨超静定梁。则其固端弯矩为

$$M_{CB}^{F}=-\frac{1}{6}=ql^{2}, \quad M_{BA}^{F}=-\frac{1}{6}ql^{2}-\frac{1}{2}ql^{2}=-\frac{2}{3}ql^{2}$$

$$M_{BC}^{F}=-\frac{1}{3}=ql^{2}, \quad M_{AB}^{F}=-\frac{1}{3}ql^{2}-\frac{1}{2}ql^{2}=-\frac{5}{6}ql$$

转动刚度与分配系数计算为

$$S_{CG}=3i, \quad \mu_{CG}=3/4$$

$$S_{CB}=i, \quad \mu_{CB}=1/4$$

$$S_{BC}=i, \quad \mu_{BC}=1/5$$

$$S_{BH}=3i, \quad \mu_{BH}=3/5$$

$$S_{BA}=i, \quad \mu_{BA}=1/5$$

传递系数为

$$C \text{ 结点为 } C_{CG}=0, C_{CB}=-1$$

$$B \text{ 结点为 } C_{BC}=-1, C_{BH}=0, C_{BA}=-1$$

不平衡力矩为

$$M_{C}=M_{CB}^{F}+M_{CF}^{F}=-\frac{ql^{2}}{6}$$

$$M_{B}=M_{BC}^{F}+M_{BH}^{F}+M_{BA}^{F}=-\frac{ql^{2}}{3}+0-\frac{2}{3}ql^{2}=-ql^{2}$$

其力矩的分配与传递的计算过程，可按多结点力矩分配法列表进行计算。对于图 21－12（d）所示对称荷载作用下的半结构，可按力矩分配法进行计算，最后将两个半结构计算结果进行叠加，即为其最终结果（读者可自行列表计算）。

## 第四节　超静定结构在支座移动和温度改变时的计算

支座移动和温度改变时超静定结构的计算，与荷载作用下超静定结构的计算过程及原理相同，所不同之处在于查表 19－2 计算固端弯矩时，其固端弯矩是由支座移动和温度改变产生的，应查相应的表格。下面举例说明。

### 一、支座移动时计算

【例 21－7】　如图 21－13（a）所示等截面连续梁，支座 B 向下产生 2cm 线位移，支座 C 向下产生 1cm 的线位移。试用力矩分配法计算该结构，并作出弯矩图。已知：$E=200GPa$，$I=4\times10^{-4}m^{4}$。

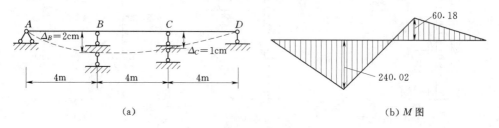

(a)　　　　　　　　　　　　　　　　　(b) M 图

图 21－13

**解**　计算固端弯矩。

查表 19-2 中第 2 项和第 12 项计算固端弯矩如下。

$$M_{BC}^F = M_{CB}^F = -\frac{6EI}{l^2}\Delta_{BC} = -\frac{6\times200\times10^9\times4\times10^{-4}\times(-1)\times10^{-2}}{4^2}$$

$$= 3\times10^5(\text{N}\cdot\text{m}) = 300\text{kN}\cdot\text{m}$$

$$M_{CD}^F = -\frac{3EI}{l^2}\Delta_{CD} = -\frac{3\times200\times10^9\times4\times10^{-4}\times(-1)\times10^{-2}}{4^2}$$

$$= 1.5\times10^5(\text{N}\cdot\text{m}) = 150\text{kN}\cdot\text{m}$$

$$M_{AB}^F = 0, \quad M_{DC}^F = 0$$

$$M_{BA}^F = -\frac{3EI}{l^2}\Delta_{AB} = -\frac{3\times200\times10^9\times4\times10^{-4}}{4^2}\times2\times10^{-2}$$

$$= -3\times10^5(\text{N}\cdot\text{m}) = -300\text{kN}\cdot\text{m}$$

转动刚度为

$$S_{BA} = 3i, \quad S_{BC} = 4i$$

$$S_{CB} = 4i, \quad S_{CD} = 3i$$

分配系数为

$$\mu_{BA} = 0.429, \quad \mu_{BC} = 0.571$$

$$\mu_{CB} = 0.571, \quad \mu_{CD} = 0.429$$

列表计算如表 21-7 所示，作 M 图如图 21-13（b）所示。

表 21-7　　　　　　　　　　　　杆端弯矩计算

| 分配系数 | $A$ | ← 0 → | 0.429 | 0.571 | 1/2 | 0.571 | 0.429 | 0 | $D$ |
|---|---|---|---|---|---|---|---|---|---|
| | | | **B** | | | **C** | | | |
| 固端弯矩 | 0 | | −300 | 300 | | 300 | 150 | | 0 |
| | | | | −128.48 | ← | −256.95 | −193.05 | → | 0 |
| 分配与传递 | 0 | ← | 55.12 | 73.36 | → | 36.68 | | | |
| | | | | −10.47 | ← | −20.94 | −15.74 | → | 0 |
| | 0 | | 4.47 | 5.98 | | 2.99 | | | |
| | | | | −0.86 | ← | −1.71 | −1.28 | → | 0 |
| | 0 | | 0.37 | 0.49 | | 0.25 | | | |
| | | | | | | −0.14 | −0.11 | | 0 |
| 杆端弯矩 | 0 | | −240.02 | 240.02 | | 60.18 | −60.18 | | 0 |

## 二、温度改变时计算

温度改变时固端弯矩的计算，需查表 19-2 中第 10 项、第 20 项和第 27 项来进行计算，其他计算如前所述，下面举例说明。

**【例 21-8】**　如图 21-14（a）所示连续梁为 36a 工字钢，设梁顶面温度升高 50℃，底面温度无变化，材料的线膨胀系数为 $\alpha=1.2\times10^{-5}$，弹性模量 $E=210\text{GPa}$，截面惯性矩 $I = 15760\text{cm}^4$。求由于温度变化而引起的内力，作出弯矩图。

**解**　（1）计算固端弯矩，查表 19-2 中第 10 项第 20 项可得固端弯矩如下。

$$\Delta t = 50 - 0 = 50(\text{℃})$$

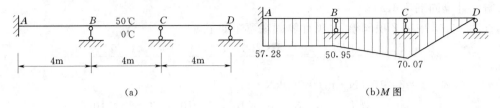

图 21-14

$$EI\alpha\Delta t = 210 \times 10^9 \times 15760 \times 10^{-8} \times 1.2 \times 10^{-5} \times 50$$
$$= 19857.6(\text{N} \cdot \text{m}) = 19.86\text{kN} \cdot \text{m}$$

$$M^F_{AB} = M^F_{BC} = \frac{EI\alpha\Delta}{h} = \frac{19.86}{0.36} = 55.17(\text{kN} \cdot \text{m})$$

$$M^F_{BA} = M^F_{CB} = \frac{EI\alpha\Delta}{h} = -55.17(\text{kN} \cdot \text{m})$$

$$M^F_{CD} = \frac{3EI\alpha\Delta}{2h} = \frac{3 \times 19.86}{2 \times 0.36} = 82.75(\text{kN} \cdot \text{m})$$

（2）分配系数为

$$S_{BA} = 4i_{BA} = EI, \quad \mu_{BA} = 0.5$$
$$S_{BA} = EI, \quad \mu_{BC} = 0.5$$
$$S_{CB} = EI, \quad \mu_{CB} = 0.57$$
$$S_{CD} = 3EI/4, \quad \mu_{CD} = 0.43$$

（3）列表计算固端弯矩如表 21-8 所示，作弯矩图如图 21-14（b）所示。

由上述两例计算可知，在支座移动、温度改变等非荷载因素作用下，超静定结构由于多余约束的存在而使得结构产生内力。并且从固端弯矩的计算可以看出，其内力的大小跟结构刚度的绝对值有关，即超静定结构的刚度越大，则在非荷载因素作用下结构产生的内力就越大，甚至是超静定结构产生破坏的主要因素。

表 21-8 杆 端 弯 矩 计 算 表

| 分配系数 | A | ←→ 1/2 | B 0.5 | B 0.5 | ←→ 1/2 | C 0.571 | C 0.429 | 0 → | D |
|---|---|---|---|---|---|---|---|---|---|
| 固端弯矩 | 55.17 | | -55.17 | 55.17 | | -55.17 | 82.75 | | 0 |
| 分配传递 | 1.97 | ← | 3.94 | -7.18<br>3.94<br>-0.56 | ←<br>→ | -15.75<br>1.97<br>-1.12 | -11.83<br>-0.85 | → | 0<br><br>0 |
| | | | 0.28 | 0.28 | | | | | |
| 杆端弯矩 | 57.28 | | -50.95 | 50.95 | | -70.07 | 70.07 | | |

# 小 结

力矩分配法是在位移法基础上发展起来的一种渐近法。这种方法一般只适合于无结点线位移的结构。力矩分配法的基本原理是将原结构视为固定状态与放松状态的叠加。在固定状态下，由于荷载的作用，杆端将产生固端弯矩，结点将产生约束力矩，放松状态是在结点上施加一个与结点约束力矩大小相等、转向相反的力矩所形成的，并将此力矩按分配系数分配到近结点的各杆端（近端），然后按传递系数传递到远端，最后将两状态相应的杆端弯矩叠加，就可得到原结构的杆端弯矩。

固端弯矩、分配系数及传递系数是力矩分配法的三要素。

单结点的结构只需放松结点一次（进行力矩的分配与传递）即可完成，所得结果为精确解。

多结点的结构则需采用轮流交替放松结点的方法，要进行多轮的计算。一般从结点约束力矩绝对值较大的结点开始放松（这样可以加快收敛速度，减少计算的轮次）。直到结点的约束力矩达到精度要求的允许值为止，所得结果为近似解。

力矩分配法的计算步骤是：

（1）固定状态的计算。

1）计算固端弯矩。

2）计算结点约束力矩。

（2）放松状态的计算。

1）计算各转动刚度。

2）计算各结点分配系数。

3）确定各传递系数。

4）轮流交替放松各结点，进行力矩的分配与传递。

（3）画弯矩图。

无剪力分配法可以用来计算某些符合一定条件的有结点线位移的刚架，这些刚架立柱横截面上的剪力是静定的。在力矩分配与传递的过程中没有新的剪力产生。与力矩分配法不同的是，无剪力分配法的固定与放松状态的计算都是在允许结点有线位移的情况下进行的。因此，应将各层立柱均看成下端固定，上端滑动的梁，横梁则看成一端固定一端铰支的梁，无剪力分配法的计算步骤与力矩分配法相同。

单跨单层与多层对称结构可利用结构的对称性将荷载分为正对称与反对称两组，并分别简化为半刚架进行计算。正对称荷载作用下所取的半刚架用力矩分配法计算；反对称荷载作用下所取的半刚架用无剪力分配法计算。

# 思 考 题

21-1 什么是转动刚度？影响转动刚度确定的因素是什么？

21-2 分配系数与转动刚度有什么关系？为什么一刚结点处各杆端的分配系数之和等于1？

21-3 何为固端弯矩与不平衡力矩？如何计算不平衡力矩？为何将它反号才能进行分配？

21-4 当结构发生已知的支座移动时结点是有线位移的，可否用力矩分配法计算？

21-5 力矩分配法的计算过程为何是收敛的？

21-6 在力矩分配法的计算过程中，若仅是传递弯矩有误，杆端最后弯矩能否满足结点的力值平衡条件？为什么？

## 习 题

21-1 试用力矩分配法计算图21-15所示连续梁，绘出内力图，并求支座的反力。

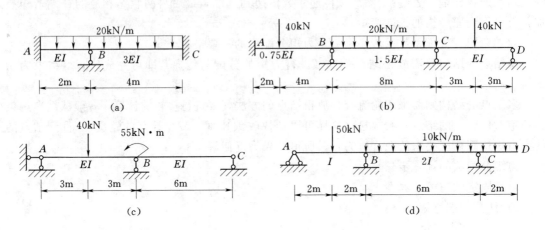

图 21-15

21-2 试用力矩分配法计算图21-16所示刚架，并给出弯矩图。

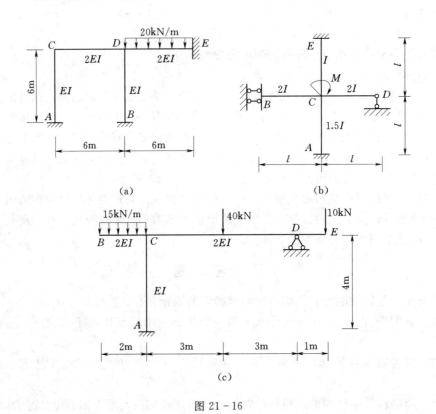

图 21-16

21-3 试用无剪力分配法计算图21-17所示的单跨对称刚架，作出弯矩图。

21-4 试作图21-18所示的对称刚架的弯矩图。

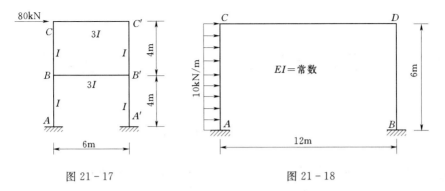

图 21-17　　　　　　　　　　图 21-18

21-5　试作图 21-19 所示的连续梁在支座移动时结构的弯矩图。

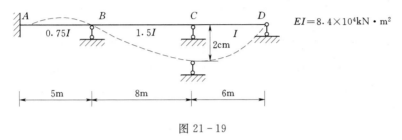

图 21-19

# 第二十二章 影 响 线

## 第一节 影 响 线 的 概 念

前面讨论了固定荷载（荷载的位置是固定不变的）作用下结构的计算问题，而工程实际中，结构除承受固定荷载的作用外，还要承受移动荷载的作用。所谓移动荷载是指结构上所作用荷载的位置是随时间而改变的。如桥梁上行驶的汽车、火车、行走的人群、厂房中的吊车梁要承受吊车荷载等，它们都是移动荷载。很显然，在移动荷载的作用下，结构的反力和内力都将随着荷载位置的改变而变化。在结构设计中，往往需要计算出因移动荷载的作用而产生的结构中反力和内力的最大值，也就是需要研究反力和内力的变化范围和变化规律。由于不同支座处的反力和不同截面上不同的内力，其变化规律是各不相同的，因此，每次只能研究一个反力或某个截面上某一个内力的变化规律。很显然，要求出这一反力或某一内力的最大值，就必须首先确定产生这一最大值的荷载位置，我们将该荷载位置就为最不利荷载位置，以其作为结构设计的依据。

工程实际中的移动荷载，通常是指行列荷载（即：一系列大小、方向、间距都保持不变的竖向移动荷载），因其作用的类型是多种多样的，逐个研究讨论很是繁琐，我们不可能对其逐一加以研究。由叠加原理可知，任何荷载的作用都可以看作是单位荷载 $F=1$ 的叠加。因此，在对移动荷载的分析时，可以取最具有代表性的单位移动荷载 $F=1$ 来进行研究。如图 22 - 1（a）所示简支梁，欲研究支座反力 $F_{Ay}$ 与作用位置 $x$（$A$ 点作为坐标原点，$x$ 向右为正）的关系，可以利用静力平衡条件求出 $F_{Ay}$ 与 $x$ 的关系式，然后再利用关系式作出如图 22 - 1（b）所示的图形，则该图形即为反力 $F_{Ay}$ 的影响线。

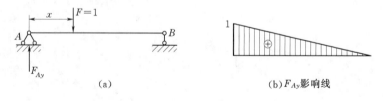

图 22 - 1

通常我们将一个指向不变的单位荷载 $F=1$ 在结构上移动时，表示某一指定截面某量值（反力、弯矩、剪力、轴力等）变化规律的图形，称为该量值的影响线。它是研究结构在移动荷载作用下最有效的工具，可以利用它来确定最不利荷载位置，进而求出该量值的最大值，为结构设计提供依据。

## 第二节　静力法作单跨静定梁的影响线

所谓静力法就是利用静力平衡条件列出所求量值与单位移动荷载 $F=1$ 作用位置 $x$ 的函

数关系式（称为该量值的影响线方程），然后用描点法作出影响线方程所表示的图形的方法。绘制影响线是以水平基线作为横坐标 $x$，将正值的竖标绘制在基线上侧，负值的竖标绘制在基线下侧，且绘制影响线时必须注明正负号。

**一、简支梁的影响线**

如图 22-2（a）所示，一承受移动荷载 $F=1$ 的简支梁，$C$ 为简支梁上的任意指定的截面。以 $A$ 点作为坐标原点，设向右为正，移动荷载 $F=1$ 距 $A$ 的距离为 $x$。

1. 反力影响线

首先我们假定支座反力的方向均以向上为正。取全梁为隔离体，由静力平衡条件 $\sum M_B=0$ 得

$$F_{Ay}l-F(l-x)=0$$

$$F_{Ay}=\frac{l-x}{l}(0\leqslant x\leqslant l) \qquad (22-1)$$

式（22-1）为支座反力 $F_{Ay}$ 的影响线方程，由于它是 $x$ 的一次函数，故 $F_{Ay}$ 影响线是一段直线，绘出 $F_{Ay}$ 影响线如图 22-2（b）所示。同理，可由 $\sum M_A=0$ 求出反力 $F_{By}$ 的影响线方程为

$$F_{By}=\frac{x}{l}(0\leqslant x\leqslant l) \qquad (22-2)$$

由此式绘出 $F_{By}$ 的影响线如图 22-2（c）所示。

2. 弯矩影响线

绘任意指定截面 $C$ 的弯矩影响线时，假设弯矩以下侧受拉为正。当移动荷载 $F=1$ 在 $AC$ 段（$0\leqslant x\leqslant a$）上移动时，以 $CB$ 段为脱离体，如图 22-3（a）所示。

由 $\sum M_C=0$，得

$$M_C=F_{By}b$$

即

$$M_C=\frac{b}{l}x(0\leqslant x\leqslant a) \qquad (22-3)$$

当移动荷载 $F=1$ 在 $CB$ 段（$a\leqslant x\leqslant l$）上移动时，以 $AC$ 段作为脱离体，如图 22-3（b）所示，利用 $\sum M_C=0$，得

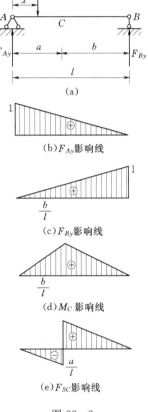

图 22-2

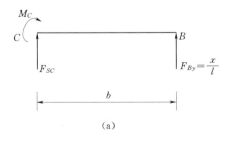

(a)

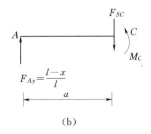

(b)

图 22-3

$$M_C=\frac{a}{l}(l-x) \qquad (a\leqslant x\leqslant l) \qquad (22-4)$$

由式（22-3）和式（22-4）可以绘出如图 22-2（d）所示的 $M_C$ 影响线。

3. 剪力影响线

绘制任意指定截面 $C$ 的剪力影响线时，假定剪力以使所在脱离体顺时针方向转动为正。取图 22 - 3 (a)、(b) 所示脱离体，利用 $\sum M_y = 0$ 得

$$F_{SC} = -\frac{x}{l} \quad (0 \leqslant x \leqslant a) \tag{22 - 5}$$

$$F_{SC} = \frac{l - x}{l} \quad (a \leqslant x \leqslant l) \tag{22 - 6}$$

由以上两式即可以绘出如图 22 - 2 (e) 所示剪力 $F_{SC}$ 的影响线。

**二、外伸梁的影响线**

所谓外伸梁就是由悬臂梁和简支梁组合而成的简支梁，跨内部分称为简支梁，跨外部分称为悬臂梁。如图 22 - 4 (a) 所示的外伸梁，坐标原点仍设在 $A$ 点处，且坐标 $x$ 以向右为正。

1. 反力影响线

由 $\sum M_A = 0$，$\sum M_B = 0$ 得

$$F_{Ay} = \frac{l - x}{l} \quad (-d_1 \leqslant x \leqslant l + d_2)$$

$$F_{By} = \frac{x}{l} \quad (-d_1 \leqslant x \leqslant l + d_2)$$

由上面两式可以作出如图 22 - 4 (b)、(c) 所示反力 $F_{Ay}$、$F_{By}$ 的影响线。由图示的反力影响线可知，外伸梁反力影响线的绘制，可以将简支梁的反力影响线分别向两外伸端部分延伸即可。

2. 简支梁（跨内部分）任意截面 $C$ 的内力影响线

用与简支梁相同方法求出 $M_C$、$F_{SC}$ 的影响线方程

$$M_C = \frac{bx}{l} \quad (-d_1 \leqslant x \leqslant a)$$

$$M_C = \frac{l - x}{l} a \quad (a \leqslant x \leqslant l + d_2)$$

$$F_{SC} = -\frac{x}{l} \quad (-d_1 \leqslant x \leqslant a)$$

$$F_{SC} = \frac{l - x}{l} \quad (a \leqslant x \leqslant l + d_2)$$

利用描点法由上面的影响线方程作出如图 22 - 4 (d)、(e) 所示的 $M_C$ 影响线和 $F_{SC}$ 影响线。由图 22 - 4 中影响线图形可以看出，对于外伸梁影响线，当所求截面处于简支梁内部时，则其影响线为简支梁的影响线向两端延伸。

3. 悬臂部分任意截面 $K$ 的内力影响线

如图 22 - 5 (a) 所示的外伸梁，当求 $F_{SK}$、$M_K$ 影响线的方程时，可取截面 $K$ 处为坐标原点，并假定 $x$ 以向右为正。当移动荷载 $F = 1$ 作用在截面 $K$ 的左侧时，取 $K$ 右侧为脱离体，则有：$M_K = 0$，$F_{SK} = 0$。

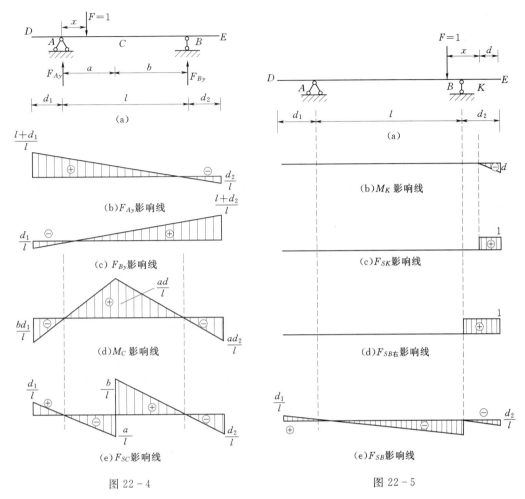

图 22-4　　　　　　　　　　　　　　图 22-5

当移动荷载 $F=1$ 作用在截面 $K$ 的右侧时，取 $KE$ 作为脱离体，如图 22-6 所示。写出影响线方程为

$$F_{SK}=1$$
$$M_K=-x \quad (0 \leqslant x \leqslant d)$$

由此方程，可以做出 $M_K$、$F_{SK}$ 的影响线如图 22-5（b）、（c）所示。

### 4. 支座点

对于支座 $B$ 处的剪力影响线，因有支座反力 $F_{By}$ 的存在，应按支座左、右两侧的两个截面分别考虑。支座右侧截面为悬臂梁上一点，可由悬臂梁剪力影响线直接得到，如图 22-5（d）所示。对于 $F_{SB左}$ 影响线，由于 $B$ 点左侧截面属于简支梁上的一个截面，故可由简支梁的剪力影响线向外延伸后得到，如图 22-5（e）所示。

## 第三节　间接荷载作用下梁的影响线

在桥梁结构中常有纵横梁的结构体系，如图 22-7（a）所示，单位移动荷载直接作用于纵梁（可看作简支梁）上，纵梁的两端由横梁支承，而横梁又由主梁支承，主梁只在各横梁结点处受到横梁传递荷载（集中力）的作用，对主梁来说，这种荷载是间接作用于主梁上的，故称为间接荷载。间接荷载作用下影响线的绘制，需根据计算截面所处的位置分为以下两种情况进行分析。

1. 截面处于结点处

单位荷载直接作用于主梁上时称为直接荷载。当所计算截面恰好处于结点处时，间接荷载和直接荷载作用下的反力与内力影响线完全相同，如图 22 - 7 （b）、（c）所示 $F_{By}$、$M_C$ 的影响线。

2. 截面处于结点之间

在此，我们以主梁 D、C 之间的任意指定截面 K 为例，来说明其弯矩影响线的作法，如图 22 - 7 （a）所示。

当单位移动荷载 $F=1$ 分别在 D 点以左和 C 点以右移动时，由平衡条件可写出其影响线方程为

$$M_K = F_{By} \times \frac{7}{2}d, \quad y_D = \frac{7}{10}d \quad （D 点以左）$$

$$M_K = F_{Ay} \times \frac{5}{2}d, \quad y_C = \frac{9}{10}d \quad （C 点以右）$$

由上两式可以看出，单位移动荷载 $F=1$ 分别在 D 点以左和 C 点以右移动时，间接荷载和直接荷载作用下的弯矩影响线完全相同，且在 D、C 两点处弯矩影响线的竖标 $y_D$、$y_C$ 也与直接荷载作用下的完全相同。因此，只需作出直接荷载作用下主梁 $M_K$ 的影响线即可，如图 22 - 7 （d）中虚线所示。

当单位移动荷载 $F=1$ 在任意两相临结点 D、C 之间的纵梁上移动时，这时主梁在结点 D、C 处分别受到结点荷载 $\frac{d-x}{d}$ 及 $\frac{x}{d}$ 的作用，如图 22 - 7 （f）所示。由于直接荷载作用下 $M_K$ 影响线在 D、C 两点处的竖标为 $y_D$、$y_C$，根据影响线定义和叠加原理可得，在 $\frac{d-x}{d}$ 和 $\frac{x}{d}$ 作用下 $M_K$ 值为

$$M_K = \frac{d-x}{d}y_D + \frac{x}{d}y_C$$

上式为 x 的一次式，说明在 DC 段 $M_K$ 影响线为一直线。连接竖标 $y_D$ 和 $y_C$，则由 $y_A$、$y_D$、$y_C$ 和 $y_B$ 所组成的折线图形，就是间接荷载作用下 $M_K$ 影响线，如图 22 - 7 （d）所示。同理，可作出间接荷载作用下 $F_{SK}$ 影响线如图 22 - 7 （e）所示。

【例 22 - 1】 作图 22 - 8 （a）所示结构在间接荷载作用下 $F_{By}$、$M_C$、$F_{SK}$、$M_K$ 的影响线。

解 （1）$F_{By}$ 影响线。

在支座 B 处向上量取 1 与 A 支座处相连（即作直接荷载作用下简支梁的影响线），并向 A 点以左延长至悬臂端 D。当 $F=1$ 在 D 点以左纵梁上移动时，$F_{By}$ 值逐渐减少，至 G 点时为零；当 $F=1$ 在 B 点以右纵梁上移动时，$F_{By}$ 值逐渐减少，至 H 点时为零。则可作出 $F_{By}$ 的影响线如图 22 - 8 （b）所示。

（2）$M_C$ 影响线。

由于 C 截面为结点处，则 $M_C$ 影响线与直接荷载作用下的影响线完全相同。当 $F=1$ 在

$D$ 点以左纵梁上移动时，$M_C$ 值逐渐减少，并至 $G$ 点时为零，则可作出 $M_C$ 影响线如图 22 - 8（c）所示。

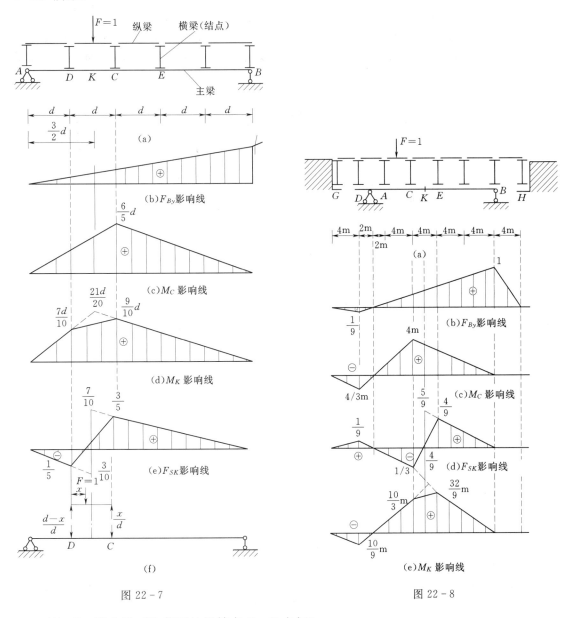

图 22 - 7

图 22 - 8

（3）$F_{SK}$ 影响线（$K$ 截面处于结点 $C$、$E$ 之间）。

先作出直接荷载作用下 $F_{SK}$ 影响线（虚线表示）；然后分别从结点 $C$、$E$ 处引垂线与虚线相交，求得竖标分别为 1/3、4/9，并且在两竖标间连以直线，即可作出 $F_{SK}$ 影响线如图 22 - 8（d）所示。

（4）$M_K$ 影响线。

请读者自行校核如图 22 - 8（e）所示的 $M_K$ 影响线。

综上所述，我们可以总结得出在间接荷载作用下，作主梁上某一量值影响线的一般方法：

1）当计算截面处于结点时，间接荷载作用下的影响线与直接荷载作用下的影响线相同。

2）当所计算截面处于结点之间时：

a. 首先作出移动荷载 $F=1$ 直接作用在主梁上时某量值的影响线。

b. 然后根据结构在间接荷载作用下影响线在相邻两结点间均为直线的规律，取与截面相邻两结点处的竖标，将其顶点在该纵梁范围内联成直线，所得到的图形即为间接荷载作用下该量值的影响线。

## 第四节 机动法作静定梁的影响线

机动法就是根据虚功原理，通过虚功方程把作影响线的静力计算问题转化为绘制机构虚位移（变形）图的几何问题。当结构较复杂时，用机动法作影响线较静力法要方便得多。下面以图 22-9（a）所示的外伸梁为例，说明机动法作影响线的一般方法。

**一、单跨静定梁**

1. 反力影响线

若作反力 $F_{By}$ 的影响线，须首先将 $B$ 支座处对应的约束除去，代之以约束反力 $F_{By}$，原来的结构则变为有一个自由度的机构，如图 22-9（b）所示。令机构沿反力 $F_{By}$ 的正方向产生单位虚位移 $\delta_x=1$，如图 22-9（c）所示。移动荷载 $F=1$ 作用处的位移 $\delta_F(x)$ 是变量，规定 $\delta_x=1$，$\delta_F(x)$ 均以向上为正，向下为负。则根据虚功原理得

$$F_{By}\delta_x - F\delta_F(x)=0$$
$$F_{By}=\delta_F(x)$$

即 $\delta_x=1$ 时的虚位移图 $\delta_F(x)$ 反映了 $F_{By}$ 的变化规律，图 22-9（c）中的虚位移图也就是 $F_{By}$ 的影响线。

2. 弯矩影响线和剪力影响线

作弯矩 $M_C$ 的影响线时，须解除截面 $C$ 与弯矩相对应的内在约束，即在截面 $C$ 处安置一个铰，并代之以正向的约束弯矩 $M_C$。令铰 $C$ 两侧截面产生一相对虚拟单位角位移 $(\alpha-\beta=1)$，其方向与弯矩 $M_C$ 方向相同，如图 22-9（d）所示。由虚功原理得

$$M_C(\alpha-\beta) - F\delta_F(x)=0$$
$$M_C=\delta_F(x)$$

由此得到的机构位移图即是 $M_C$ 的影响线，如图 22-9（e）所示。

作 $F_{SC}$ 影响线时，先在截面 $C$ 处解除与 $F_{SC}$ 相应的内约束，即在截面 $C$ 处安装与梁平行的两等长的链杆，并代之以正向的约束剪力 $F_{SC}$，如图 22-9（f）所示。令机构在 $C$ 截面的两侧沿 $F_{SC}$ 方向产生相对虚拟单位线位移 $(C_1C-CC_2=1)$，根据虚功原理得

$$F_{SC}-\delta_F(x)=0$$
$$F_{SC}=\delta_F(x)$$

这样所得到的机构虚位移图即为 $F_{SC}$ 的影响线，如图 22-9（g）所示。

由上所述，可以得到机动法作影响线的一般步骤：

（1）解除与所求量值相对应的约束，代之以正值的约束反力。

（2）使机构沿所求量值的正方向发生虚拟单位位移，即得到机构的位移图。

（3）在位移图上标出纵坐标值及正负号，就得到该量值的影响线。

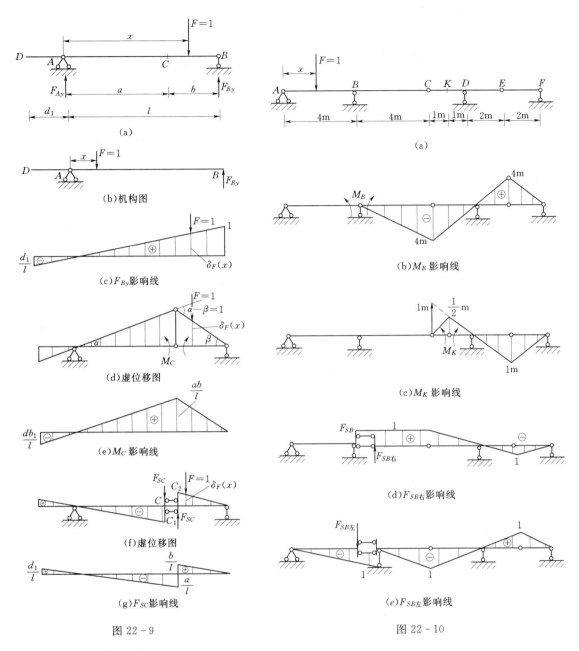

图 22-9

图 22-10

## 二、多跨静定梁

作多跨静定梁影响线，需要先分清它的基本部分和附属部分及这些部分之间的相互约束关系，再利用单跨静定梁已知的影响线。当移动荷载 $F=1$ 在所求量值所在的梁段上移动时，量值的影响线与相应单跨静定梁的相同；当移动荷载 $F=1$ 在对于量值所在部分来说是附属部分的梁段上移动时，量值影响线为直线；当移动荷载 $F=1$ 在对于量值所在部分来说是基本部分的梁段上移动时，量值影响线的竖标恒为零。

**【例 22-2】** 机动法作图 22-10（a）所示结构的 $M_B$、$M_K$、$F_{SB右}$、$F_{SB左}$ 影响线。

**解**　去掉与所求量值 $M_B$、$M_K$、$F_{SB右}$、$F_{SB左}$ 相应的约束，然后使所得机构沿 $M_B$、$M_K$、$F_{SB右}$、$F_{SB左}$ 的正方向各发生相应的单位位移，便可作出如图 22-10（b）、（c）、（d）、（e）

323

所示的影响线，请读者自行验证。

# 第五节　铁路和公路的标准荷载制

在实际的道路桥涵设计中，由于需要考虑的荷载种类繁多，如公路上行驶的各种运输车辆，铁路上行驶的机车、车辆等，车辆荷载情况十分复杂，我们不可能针对每一种情况都进行研究，而是通过对种类繁多的荷载情况进行统计分析后，制定出一种统一的标准荷载来进行设计。这种标准荷载它既概括了当前各类车辆荷载的情况，又适当考虑了将来的发展，即为道路桥涵设计规范中的标准荷载制。

**一、铁路桥涵的标准荷载——"中一活载"**

我国铁路桥涵设计中使用的标准荷载，称为中华人民共和国铁路标准活载，简称"中一活载"，其包括普通活载和特种活载，如图 22-11 所示。普通活载中，前面五个集中荷载代表一台机车的五个轴重，中部一段均布荷载代表与之连挂的另一台机车的平均重量，后面任意长的均布荷载代表其所牵引车辆的平均重量；特种活载代表某些机车、车辆的较大轴重。具体应用时，应看两者哪一个能产生较大的内力，就采用其作为设计标准。

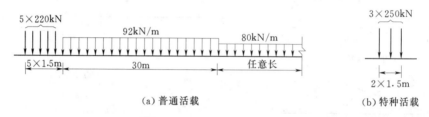

(a) 普通活载　　　　　　　　　　　　(b) 特种活载

图 22-11

使用"中一活载"时，可由图中任意截取，但不得变更轴距。注意，如图 22-11 所示的荷载为单线上的荷载，若是单线桥梁且有两片主梁组成，则每片主梁只承受图中荷载的一半。

**二、公路桥涵的标准荷载**

我国公路桥涵设计通用规范规定，汽车荷载分为公路—Ⅰ级和公路—Ⅱ级两个等级。汽车荷载由车道荷载和车辆荷载组成。车道荷载由均布荷载和集中荷载组成。桥梁结构的整体计算采用车道荷载；桥梁结构的局部加载、涵洞、桥台和挡土墙土压力等的计算采用车辆荷载。车道荷载和车辆荷载作用不得叠加。

车道荷载的计算图示如图 22-12 (a) 所示。

公路—Ⅰ级车道荷载的均布荷载标准值为 $q_K = 10.5$kN/m；集中荷载标准值 $F_K$ 按以下规定选取：桥梁计算跨径小于或等于 5m 时，$F_K = 180$kN；桥梁计算跨径等于或大于 50m 时，$F_K = 360$kN；桥梁计算跨径在 5~50m 之间时，$F_K$ 值采用直线内插求得。计算剪力效应时，上述集中荷载标准值 $F_K$ 应乘以 1.2 的系数。

公路—Ⅱ级车道荷载的均布荷载标准值 $q_K$ 和集中荷载标准值 $F_K$，按照公路—Ⅰ级车道荷载的 0.75 倍采用。

车道荷载的均布荷载标准值应满布于使结构产生最不利效应的同号影响线上；集中荷载标准值只作用于相应影响线中一个影响线峰值处。

车辆荷载的立面、平面布置图如图 22-12 (b)、(c) 所示。主要技术指标参照规范规定执行。公路—Ⅰ级和公路—Ⅱ级汽车荷载采用相同的车辆荷载标准值。

在工程设计中，需要分别参照铁路、公路桥涵设计通用规范的具体要求进行设计，这里就不多作说明。

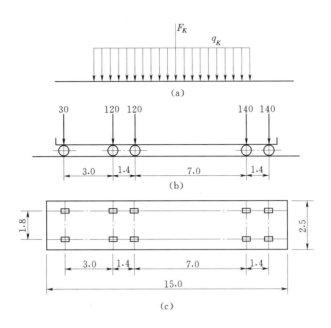

图 22 - 12　车道荷载、车辆荷载布置图
（荷载单位：kN；尺寸单位：m）

# 第六节　影 响 线 的 应 用

前面我们讨论了影响线的绘制方法，其目的是为了利用影响线来解决移动荷载对结构的影响问题，即影响线的应用。其主要有两方面的应用：

（1）利用影响线计算固定荷载作用下的量值。

（2）利用影响线确定移动荷载作用下最不利荷载位置及量值的极值。

## 一、固定荷载作用下的影响量

1. 集中荷载作用

设结构上某量值 $S$ 的影响线如图 22 - 13 所示，现欲求一组集中荷载作用在已知位置上时的影响量 $S$，且集中力的作用点对应于影响线上的竖标分别为 $y_1$，$y_2$，…，$y_i$，$y_n$。由影响线定义知，$y_i (i \in n)$ 代表单位移动荷载 $F = 1$ 作用于该处时量值 $S$ 的大小。当第 $i$ 个荷载 $F_i (i \in n)$ 作用于该处时，则有

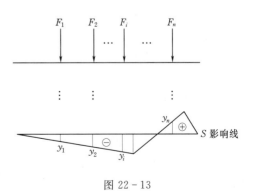

图 22 - 13

$$S = F_i y_i$$

当一组集中荷载作用下时，由叠加原理得

$$S = F_1 y_1 + F_2 y_2 + \cdots + F_i y_i + \cdots + F_n y_n = \sum_{i=1}^{n} F_i y_i$$

一般地，我们规定竖向集中力的方向以向下为正。

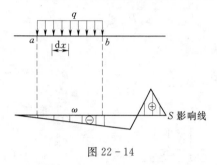

图 22 - 14

**2. 均布荷载作用**

设结构上某量值 $S$ 的影响线如图 22 - 14 所示，当有一个竖向均布荷载 $q$ 作用于结构的已知位置时，首先取一微段 $\mathrm{d}x$，将微段上的荷载大小 $q\mathrm{d}x$ 作为一集中力来考虑，此时在微段上所产生量值的大小为 $S = yq\mathrm{d}x$，由此可得出作用于 $ab$ 区段内的均布荷载所产生的量值 $S$ 为

$$S = \int qy\mathrm{d}x = q\omega$$

式中：$q$ 为均布荷载的荷载集度，其方向规定向下为正；$\omega$ 为均布荷载 $q$ 所对应的影响线图形的面积。

**【例 22 - 3】** 利用影响线求图 22 - 15 （a） 所示结构的 $M_C$、$F_{SC}$。

**解** （1）作出 $M_C$、$F_{SC}$ 影响线，如图 22 - 15 （b）、（c） 所示。

（2）求 $M_C$、$F_{SC}$，即

$$M_C = -20 \times (-1) + 15 \times (-2) + 6 \times \left(\frac{1}{2} \times 8 \times 2 - \frac{1}{2} \times 4 \times 2\right) = 14(\mathrm{kN \cdot m})$$

$$F_{SC} = -20 \times \frac{1}{4} + 15 \times \left(-\frac{1}{2}\right) + 6 \times \left(-\frac{1}{2} \times 4 \times \frac{1}{2} + \frac{1}{2} \times 4 \times \frac{1}{2} - \frac{1}{2} \times 4 \times \frac{1}{2}\right)$$

$$= -18.5(\mathrm{kN})$$

由此可得固定荷载作用下 $C$ 截面的内力为 $M_C = 14\mathrm{kN \cdot m}$，$F_{SC} = 18.5\mathrm{kN}$。

**二、移动荷载作用下的影响量**

由前所述，结构在移动荷载作用下，各影响量都将随着荷载作用位置的变化而改变。在这里，我们将使得某量值产生最大或最小值（负的最大值）时移动荷载所作用的位置，称为该量值的最不利荷载位置。工程设计中，需要确定各种荷载作用下各量值的极值。根据影响线定义，要确定这些量值的极值，就必须首先确定出移动荷载作用下的最不利荷载位置，从而求出量值极值的大小。

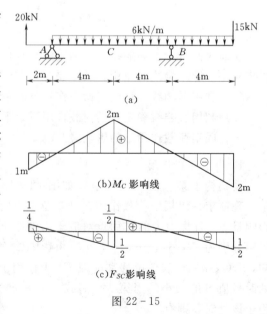

图 22 - 15

1. 移动均布荷载

对于任意分布的均布荷载作用于结构上时，可将均布荷载布满影响线正值区段，得到指定截面处量值的最大值；将均布荷载布满影响线负值区段，得到指定截面处量值的负值最大值。对于长度不变的移动均布荷载（如履带

式机车、车轴很密的车辆）作用于结构时，需根据影响线形状来具体分析。对于三角形影响线，当定长均布荷载移动到对应的影响线两端点纵坐标相等时，此时影响线图形中固定长度图形的面积最大，则该截面的量值获得最大值，此时荷载作用位置为定长移动均布荷载的最不利荷载位置。

2. 移动集中荷载

(1) 单个集中力。某量值 $S$ 的影响线如图 22-16（a）所示，根据影响线的概念可知，集中力 $F$ 置于影响线最大正值竖标处产生 $S_{max}$，置于影响线最大负值竖标处产生 $S_{min}$，分别如图 22-16（b）、（c）所示。影响线最大竖标所在的位置，即为最不利荷载位置。

(2) 行列荷载。行列荷载是指一组大小、方向、间距都保持不变的移动集中荷载组合。在结构设计中，必须考虑行列荷载作用下的最不利荷载位置及其所产生量值的极值。如图 22-17（a）所示为某量值 $S$ 的影响线，该影响线为折线，各段直线的倾角为 $\alpha_1$, $\alpha_2$, $\cdots$, $\alpha_n$。取坐标轴 $x$ 向右为正，倾角 $\alpha$ 以与 $x$ 轴正向成逆时针转向为正，$y$ 向上为正。行列荷载作用在图 22-17（b）时产生的量值 $S_1$ 为

$$S_1 = F_1 y_1 + F_2 y_2 + \cdots + F_n y_n$$

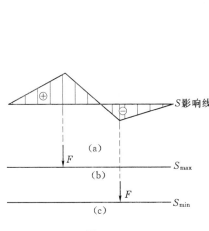

图 22-16

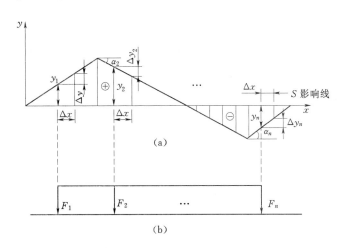

图 22-17

当行列荷载向右移动 $\Delta x$ 时，相应的量值 $S_2$ 为

$$S_2 = F_1(y_1 + \Delta y_1) + F_2(y_2 + \Delta y_2) + \cdots + F_n(y_n + \Delta y_n)$$

其增量为

$$\Delta S = S_2 - S_1 = F_1 \Delta y_1 + F_2 \Delta y_2 + \cdots + F_n \Delta y_n$$

$$= \Delta x \sum_{i=1}^{n} F_i \tan\alpha_i$$

则有：

$$\frac{\Delta S}{\Delta x} = \sum_{i=1}^{n} F_i \tan\alpha_i$$

使量值 $S$ 成为极大值的条件为

$$\left.\begin{array}{l} \Delta x > 0 \text{ 时,} \quad \sum_{i=1}^{n} F_i \tan\alpha_i \leqslant 0 \\[3mm] \Delta x < 0 \text{ 时,} \quad \sum_{i=1}^{n} F_i \tan\alpha_i \geqslant 0 \end{array}\right\} \tag{22-7}$$

使量值 $S$ 成为极小值的条件为

$$\left.\begin{array}{l} \Delta x > 0 \text{ 时,} \quad \sum_{i=1}^{n} F_i \tan\alpha_i \geqslant 0 \\[3mm] \Delta x < 0 \text{ 时,} \quad \sum_{i=1}^{n} F_i \tan\alpha_i \leqslant 0 \end{array}\right\} \tag{22-8}$$

由式（22-7）、式（22-8）可以看出，当行列荷载向右或向左移动微小距离 $\Delta x$ 时，只有 $\sum_{i=1}^{n} F_i \tan\alpha_i$ 的符号产生改变，量值 $S$ 才可能出现极值。由于 $\tan\alpha_i$ 为影响线中各段直线的斜率，与荷载位置无关，为一常数，则能够引起 $\sum_{i=1}^{n} F_i \tan\alpha_i$ 符号改变的只有 $F_i$ 项。而 $F_i$ 为各直线段上作用的集中力，要使 $\sum_{i=1}^{n} F_i \tan\alpha_i$ 改变符号，就必须有某一集中荷载从影响线的一段直线进入另一段直线，即只有某个集中荷载通过影响线某一顶点时，才可能使得 $\sum_{i=1}^{n} F_i \tan\alpha_i$ 改变符号。在此，我们将能够引起 $\sum_{i=1}^{n} F_i \tan\alpha_i$ 改变符号的集中力，称为临界荷载（用 $F_\sigma$ 表示），与其相应的行列荷载的位置称为临界位置。式（22-7）、式（22-8）称为临界荷载的判别式。

若某量值 $S$ 的影响线为如图 22-18（a）所示三角形形状时，设临界荷载 $F_\sigma$ 位于三角形影响线顶点，以 $F_左$、$F_右$ 分别表示 $F_\sigma$ 以左和以右集中荷载的合力，如图 22-18（b）所示。则量值 $S$ 成为极大值的条件为

$$\left.\begin{array}{l} F_左 \tan\alpha - (F_\sigma + F_右) \tan\beta \leqslant 0 \\[2mm] (F_左 + F_\sigma) \tan\alpha - F_右 \tan\beta \geqslant 0 \end{array}\right\}$$

$\tan\alpha = \dfrac{h}{a}$，$\tan\beta = \dfrac{h}{b}$ 代入上式得

$$\left.\begin{array}{l} \dfrac{F_左}{a} \leqslant \dfrac{F_\sigma + F_右}{b} \\[3mm] \dfrac{F_左 + F_\sigma}{a} \geqslant \dfrac{F_右}{b} \end{array}\right\} \tag{22-9}$$

式（22-9）即为影响线形状为三角形时临界荷载的判别式。一般情况下，临界荷载的数量可能不止一个，这就需要将与各临界荷载位置相应的量值 $S$ 的极值都求出，然后再从中选取最大的，而其相应的荷载位置即为最不利荷载位置。

**【例 22-4】**　如图 22-19（a）所示简支梁，求承受图示行列荷载作用时截面 $C$ 处的最大弯矩图。

**解**　（1）作 $M_C$ 影响线如图 22-19（b）所示。

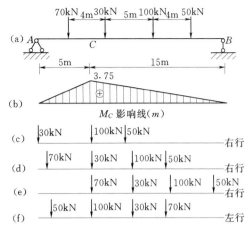

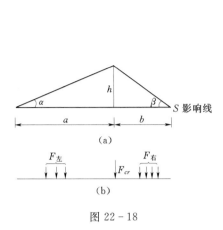

图 22-18

图 22-19

（2）验算临界荷载 $F_{cr}$。

1）考虑车队右行如图 22-19（c）所示，右侧第一个荷载不可能为临界荷载，将第二个荷载作为临界荷载，令：$F_{cr}=100\text{kN}$，由式（22-9）得

$$\left.\begin{array}{c}\dfrac{30}{5}<\dfrac{(100)+50}{15}\\[3mm]\dfrac{30+100}{5}>\dfrac{50}{15}\end{array}\right\}$$

上式满足临界荷载的判别式，$F_{cr}=100\text{kN}$ 是一临界荷载。在这一临界位置时，$M_C$ 值为

$$M_C=100\times3.75+50\times2.75=512.5(\text{kN}\cdot\text{m})$$

当运动到图 22-19（d）所示位置时，令：$F_{cr}=30\text{kN}$，由式（22-9）得

$$\left.\begin{array}{c}\dfrac{70}{5}<\dfrac{(30)+100+50}{15}\\[3mm]\dfrac{70+(30)}{5}>\dfrac{100+50}{15}\end{array}\right\}$$

上式不满足临界荷载的判别式，则 $F_{cr}=30\text{kN}$ 不是临界荷载。

当运动到图 22-19（e）所示位置时，令：$F_{cr}=70\text{kN}$，由式（22-9）得

$$\left.\begin{array}{c}0<\dfrac{(70)+30+100+50}{15}\\[3mm]\dfrac{70}{5}>\dfrac{30+100+50}{15}\end{array}\right\}$$

上式满足临界荷载的判别式，$F_{cr}=70\text{kN}$ 是一临界荷载。在这一临界位置时，$M_C$ 的值为

$$M_C=70\times3.75+30\times2.75+100\times1.5+50\times0.5=520(\text{kN}\cdot\text{m})$$

2）考虑车队左行，当车队移到图 22-19（f）所示位置时，令：$F_{cr}=100\text{kN}$，由式（22-9）得

$$\left.\begin{array}{c}\dfrac{50}{5}<\dfrac{(100)+30+70}{15}\\[3mm]\dfrac{50+(100)}{5}>\dfrac{30+70}{15}\end{array}\right\}$$

上式满足临界荷载的判别式，$F_{cr}=100\mathrm{kN}$ 是一临界荷载。在这一临界位置时，$M_C$ 值为

$$M_C=100\times3.75\ 4+50\times0.75+30\times2.5+70\times1.5=592.5(\mathrm{kN\cdot m})$$

由于重车后轴已置于影响线最大值，且与后一辆车靠近，故继续左行时 $M_C$ 值将变小，即截面 $C$ 处最大弯矩为 $M_{C\max}=592.5\ \mathrm{kN\cdot m}$；图 22-19（f）所示位置为相应的最不利荷载位置。

## 第七节 简支梁的内力包络图和绝对最大弯矩

### 一、简支梁的内力包络图

我们将联结简支梁中各截面内力最大或最小值的图形，称为简支梁的内力包络图。内力包络图表明在移动荷载作用下梁上各截面可能产生内力值的极限范围，它是梁式结构设计的重要依据。下面通过一个简单例子来说明内力包络图的作法。

如图 22-20（a）所示吊车梁，承受两台吊车荷载，吊车传来的最大轮压力为 280kN，轮距为 4.8m，吊车并行的最小间距为 1.45m，作弯矩、剪力包络图。已知：$F_1=F_2=F_3=F_4=280\mathrm{kN}$。

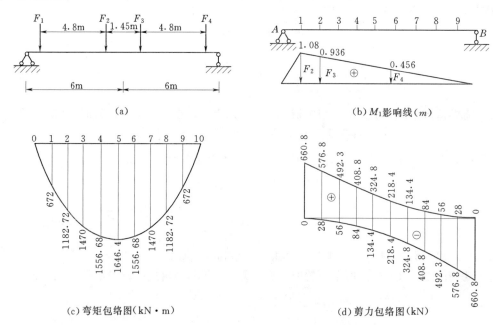

（a）

（b）$M_1$影响线（m）

（c）弯矩包络图（kN·m）

（d）剪力包络图（kN）

图 22-20

将简支梁分为十等分，如图 22-20（b）所示，绘出分点 1 处的弯矩影响线并找出其相应的最不利荷载位置，如图 22-20（c）所示。利用影响线可求出分点 1 处的最大弯矩值为

$$M_{1\max}=280\times(1.08+0.936+0.456)=672(\mathrm{kN\cdot m})$$

同理也可以求出分点 2、3、4、5 处的最大弯矩依次为

$$M_{2\max}=1182.72\mathrm{kN\cdot m},\qquad M_{3\max}=1470\mathrm{kN\cdot m}$$

$$M_{4\max}=1556.68\mathrm{kN\cdot m},\qquad M_{5\max}=1646.4\mathrm{kN\cdot m}$$

由于对称，根据上面五个点处的最大弯矩值，便可作出如图 22-20（c）所示的弯矩包络图。同理，也可以作出如图 22-20（d）所示的剪力包络图。

作简支梁的内力包络图时，通常要根据设计精度要求将梁等分为许多段，然后计算各分段点处截面的内力最大（最小）值，根据计算结果，把各个截面的内力最大（最小）值按比例标出，然后，利用描点法绘制出的图形就是简支梁内力的包络图。

**二、简支梁的绝对最大弯矩**

我们将简支梁内各截面弯矩最大值中的最大者，称为绝对最大弯矩。如上所述，作简支梁的弯矩包络图时需求出各分段点截面的弯矩最大值，而简支梁的绝对最大弯矩通常不在分段点处。

工程中均质梁的设计时，需要计算梁内绝对最大弯矩及其所在的最危险截面的位置。而此时最危险截面的位置与移动荷载作用位置都是未知的，需要我们来进行确定的。

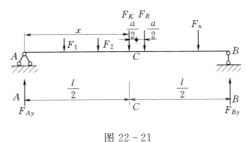

图 22－21

下面以如图 22－21 所示受行列荷载作用的简支梁为例，来说明其位置与绝对最大弯矩的确定方法。

当行列荷载沿简支梁移动时，首先设 $F_K$ 可能成为临界荷载。假设 $F_K$ 至左支座 $A$ 的距离为 $x$，左支座反力为 $F_{Ay}$，而梁上荷载的合力 $F_R$ 至 $F_K$ 的距离为 $a$，由 $\sum M_B = 0$ 得

$$F_R(l-x-a) - F_{Ay}l = 0$$

则有

$$F_{Ay} = \frac{F_R}{l}(l-x-a)$$

$F_K$ 作用点处的截面弯矩 $M_x$ 为

$$M_x = F_{Ay}x - M_K$$

式中 $M_K$ 表示 $F_K$ 以左梁上荷载对 $F_K$ 作用点的力矩总和，它是与 $x$ 无关的常数。根据极值条件有

$$\frac{\mathrm{d}M_x}{\mathrm{d}x} = \frac{F_R}{l}(l-a-2x) = 0$$

$$x = \frac{l-a}{2} \tag{22-10}$$

式（22－10）表明：当 $F_K$ 移至与合力 $F_R$ 间的距离对称于梁跨中截面时，其所在截面的弯矩产生最大值，其值为

$$M_{\max} = \frac{F_R}{4l}(l-a)^2 - M_K \tag{22-11}$$

在应用上式时，$F_R$ 为作用在梁上集中力的合力，不包括移动到梁外的集中力。$F_K$ 在合力左边时，$a$ 取正值；$F_K$ 在合力右边时，$a$ 取负值。

由上面所作的弯矩包络图可以看出，简支梁中的绝对最大弯矩总是发生在跨中附近。因此，使梁跨中截面产生最大弯矩的临界荷载，通常也就是产生绝对最大弯矩的临界荷载。

**【例 22－5】** 求图 22－22（a）所示简支梁行列荷载作用下的绝对最大弯矩。

**解** （1）求跨中截面 $C$ 的最大弯矩时，绘出 $M_C$ 影响线如图 22－22（b）所示；显然重

车后轮位于 $C$ 处时为最不利荷载位置，仍如图 22-22（a）所示，$F_{cr}=130kN$，此时

$$M_{Cmax}=-70\times3.0+130\times5.0+50\times2.5+100\times0.5=1035(kN\cdot m)$$

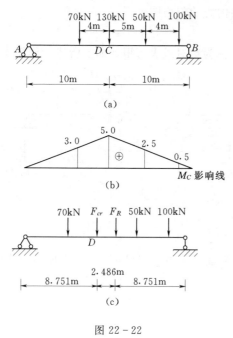

图 22-22

（2）求绝对最大弯矩。把行列荷载向左移动 $\dfrac{a}{2}$（$a$ 为合力 $F_R$ 至 $F_{cr}$ 的距离），此时荷载全部在梁上，如图 22-22（c）所示，合力为

$$F_R=70+130+50+100=350(kN)$$

由合力矩定理得

$$350a=100\times9+50\times5-70\times4$$

$$a=2.486m$$

代入式（22-11）得

$$M_{max}=\frac{350}{4\times20}\times(20-2.486)^2-70\times4$$

$$=1062(kN\cdot m)$$

故简支梁在图示行列荷载作用下绝对最大弯矩为 1062kN·m。

由以上计算表明，在计算绝对最大弯矩时，首先确定使梁跨中截面产生最大弯矩的临界荷载 $F_{cr}$。使 $F_{cr}$ 与梁上荷载的合力 $F_R$ 对称作用于梁的中点，此时 $F_{cr}$ 所在截面所产生的弯矩即为绝对最大弯矩。

# 小　　结

本章主要讨论了静定梁影响线的作法及其应用。

在本章的学习中，首先要清楚地理解影响线的概念，然后要分清楚影响线和内力图的区别。影响线是指单位集中荷载在结构上移动时，结构中某一截面某一量值随荷载位置变化的图形；而内力图是指结构在固定荷载作用下各截面内力沿截面位置变化的图形。

（1）影响线的绘制方法有两种，即静力法和机动法。

1）静力法是一种利用静力平衡条件建立影响线方程的方法，它是做静定结构影响线的基本方法，需要熟练掌握。

2）机动法是应用虚功原理把影响线的静力计算问题转化为绘制机构位移图的几何问题的一种方法，这种方法不需要计算就能简便快捷地绘制出影响线的轮廓。由于该方法在工程中应用比较方便，特别是在比较复杂结构（如多跨静定梁）影响线绘制中应用比较方便，因此需要掌握其绘制技巧。

（2）影响线是用来解决移动荷载对结构的影响问题，因此影响线的应用是本章的重点内容。

1）利用影响线计算固定荷载作用下的量值，是影响线的基本应用，必须熟练掌握。

2）确定移动荷载作用下最不利荷载位置及其极值计算，是影响线的主要应用，需要熟练掌握其计算方法。

（3）内力包络图和绝对最大弯矩，是结构设计中的重要工具和设计依据。

1）内力包络图是指连接结构上各截面内力最大值的图形。它代表了各截面内力变化的极值，在工程设计中非常重要，是结构设计中的重要工具。因此需要掌握其概念及应用。

2）绝对最大弯矩是指简支梁内各截面弯矩最大值中的最大者，即弯矩包络图中的最大纵标值，称为绝对最大弯矩。一般地，简支梁中的绝对最大弯矩总是发生在跨中附近，跨中截面的最大弯矩并非是绝对最大弯矩。工程中均质梁的设计时，需要计算梁内绝对最大弯矩及其所在的最危险截面的位置。因此需要了解其计算方法。

（4）铁路、公路的标准荷载制，是我国铁路、公路桥涵设计使用的标准荷载，在桥涵设计时，必须对其规范规定有所了解。

## 思　考　题

22-1　什么是影响线？影响线上任一点横坐标与纵坐标的物理意义是什么？

22-2　弯矩影响线与弯矩图有何区别？

22-3　试述静力法和机动法作影响线在原理和方法上的区别？

22-4　为何在多跨静定梁中，附属部分的内力影响线在其基本部分的纵距为零？

22-5　何谓最不利荷载位置？何谓临界荷载和临界位置？临界位置与最不利荷载位置有何联系和区别？如何确定它们？

22-6　何谓内力包络图？它与内力图、影响线有何区别？

22-7　如何求解简支梁的绝对最大弯矩？

22-8　简支梁的绝对最大弯矩与跨中截面最大弯矩是否相等？什么情况下二者会相等？

22-9　恒载作用下的内力为何可以利用影响线来求？

22-10　用静力法作某内力影响线与在固定荷载作用下求该内力有何异同？

22-11　为什么静定结构的内力、反力影响线一定是由直线组成的图形？

22-12　何谓间接荷载？如何做间接荷载作用下的影响线？

## 习　　题

22-1　图 22-23（a）为一简支梁的弯矩图，图 22-23（b）为此简支梁某一截面的弯矩影响线，二者形状及竖标完全相同，指出图中 $y_1$ 和 $y_2$ 各代表的物理意义。

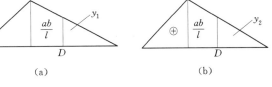

22-2　用静力法作图 22-24 所示结构指定量值的影响线。

图 22-23

22-3　作图 22-25 所示结构指定量值的影响线。

22-4　如图 22-26 所示，作静定梁在间接荷载作用下的 $M_D$、$F_{SD}$、$F_{SC左}$、$F_{SC右}$ 影响线。

22-5　如图 22-27 所示，利用影响线求结构中 $M_C$、$F_{SC}$、$F_{By}$ 的值。

22-6　如图 22-28（a）所示，求移动荷载作用下支座 $B$ 的 $F_{Bymax}$ 和截面 $C$ 的 $M_{Cmax}$。如图 22-28（b）所示，求移动荷载作用下截面 $C$ 的最大弯矩、最大剪力及梁的绝对最大弯矩。

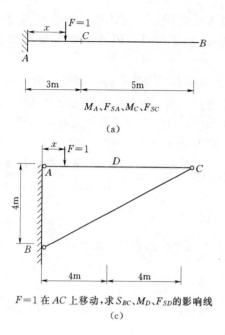

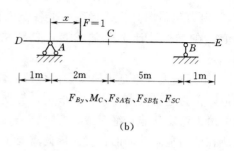

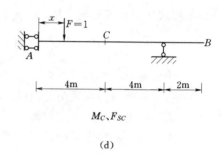

图 22 - 24

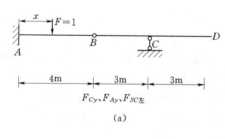

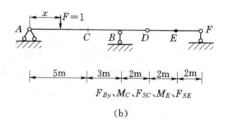

图 22 - 25

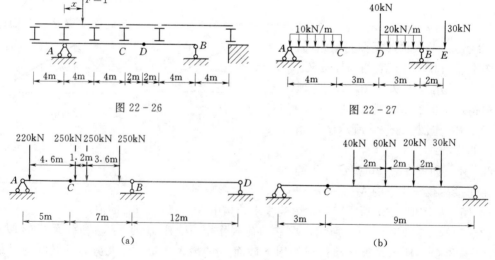

图 22 - 26

图 22 - 27

图 22 - 28

# 附录Ⅰ　截面图形的几何性质

计算构件的强度、刚度和稳定性问题时，我们经常要用到与构件截面形状和尺寸有关的几何量。例如，在拉（压）杆计算中用到截面面积 $A$，在受扭圆轴计算中用到极惯性矩 $I_P$，以及在梁的弯曲问题中用到静矩、惯性矩和惯性积等。下面介绍这些几何量的定义、性质及计算方法，统称为截面的几何性质。

## Ⅰ-1　静　矩　和　形　心

### 一、静矩

任意平面几何图形如图Ⅰ-1所示，其面积为 $A$。在图形平面内选取一对直角坐标轴如图所示。在图形内取微面积称为微面积 $\mathrm{d}A$，该微面积在坐标系中的坐标为 $(z，y)$。$z\mathrm{d}A$、$y\mathrm{d}A$ 分别为微面积对 $y$ 轴、$z$ 轴的面积矩，简称静矩。遍及整个图形面积 $A$ 的积分为

$$\left.\begin{array}{l} S_y = \displaystyle\int_A z\,\mathrm{d}A \\[2mm] S_z = \displaystyle\int_A y\,\mathrm{d}A \end{array}\right\} \tag{Ⅰ-1}$$

分别称为图形对 $y$ 轴和 $z$ 轴的静矩。

由式（Ⅰ-1）可知，随着坐标轴 $y$、$z$ 的选取不同，静矩数值可能为正，可能为负，也可能为零。静矩的常用单位为 $\mathrm{m}^3$、$\mathrm{cm}^3$ 或 $\mathrm{mm}^3$。

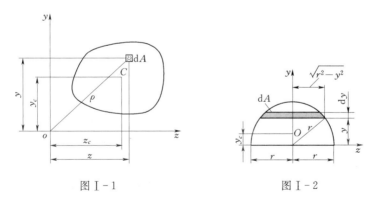

图Ⅰ-1　　　　　　　　　　图Ⅰ-2

### 二、形心

设想有一个厚度很小的均质薄板，薄板中间面的形状与图Ⅰ-1的平面图形相同。显然，在 $ozy$ 坐标系中，上述均质薄板的重心与平面图形的形心有相同的坐标 $y_c$ 和 $z_c$。由静力学的合力矩定理可知，均质薄板重心的坐标分别为

$$y_c = \frac{\sum y\,\mathrm{d}A}{A} = \frac{\displaystyle\int_A y\,\mathrm{d}A}{A}，z_c = \frac{\sum z\,\mathrm{d}A}{A} = \frac{\displaystyle\int_A z\,\mathrm{d}A}{A} \tag{Ⅰ-2}$$

这也是确定平面图形的形心坐标的公式。

利用式（Ⅰ-1）可以把式（Ⅰ-2）改写成

$$S_y = A \cdot z_c, S_z = A \cdot y_c \qquad (Ⅰ-3)$$

所以，如果截面面积和静矩已知时，可以由静矩除以图形面积 $A$ 来确定图形形心的坐标。这就是图形形心坐标与静矩之间的关系。

由式（Ⅰ-3）可知，若图形对某一轴的静矩等于零，则该轴必然通过图形的形心；反之，若某一轴通过形心，则图形对该轴的静矩必等于零。

**【例Ⅰ-1】** 求半径为 $r$ 的半圆形对过其直径的轴 $z$ 的面矩及其形心坐标 $y_c$（图Ⅰ-2）。

**解** 过圆心 $o$ 作与 $z$ 轴垂直的 $y$ 轴，并在任意 $y$ 坐标取宽为 $dy$ 的微面积 $dA$，其面积为

$$dA = 2\sqrt{r^2 - y^2} \cdot dy$$

由式（Ⅰ-1）有 $\quad S_z = \int_A y dA = \int_0^r 2y\sqrt{r^2 - y^2} \cdot dy = \frac{2}{3}r^3$

将 $S_z = \frac{2}{3}r^3$ 代入式（Ⅰ-3），得

$$y_c = \frac{S_z}{A} = \frac{4r}{3\pi}$$

### 三、组合图形的静矩与形心坐标的关系

实际计算中，对于简单的、规则的图形，其形心位置可以直接判断。例如矩形、圆形、三角形等的形心位置是显而易见的。对于组合图形，则先将其分解为若干个简单图形；然后分别计算它们对于给定坐标轴的静矩，并求其代数和，即当一个图形 $A$ 是由 $A_1$，$A_2$，…，$A_n$ 等 $n$ 个图形组合而成的组合图形时，由静矩的定义得出，组合图形对某轴的静矩等于组成它的各简单图形对某轴静矩的代数和。即

$$s_y = \sum_{i=1}^{n} A_i z_{ci}, S_z = \sum_{i=1}^{n} A_i y_{ci} \qquad (Ⅰ-4)$$

形心位置

$$y_c = \frac{S_z}{A} = \frac{\sum\limits_{i=1}^{n} A_i y_{ci}}{\sum\limits_{i=1}^{n} A_i}, Z_c = \frac{\sum\limits_{i=1}^{n} A_i z_{ci}}{\sum\limits_{i=1}^{n} A_i} \qquad (Ⅰ-5)$$

**【例Ⅰ-2】** 试确定图Ⅰ-3所示平面图形的形心 $C$ 的位置。

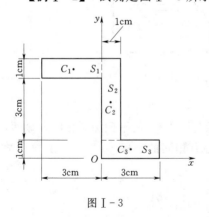

图Ⅰ-3

**解** 将图形分割为三部分，选取 $Oxy$ 直角坐标系如图Ⅰ-3所示。每个矩形的形心坐标及面积分别为：

$$x_1 = -1.5 \text{cm}, y_1 = 4.5 \text{cm}, A_1 = 3.0 \text{cm}^2$$
$$x_2 = 0.5 \text{cm}, y_2 = 3.0 \text{cm}, A_2 = 4.0 \text{cm}^2$$
$$x_3 = 1.5 \text{cm}, y_2 = 0.5 \text{cm}, A_3 = 3.0 \text{cm}^2$$

得形心 $C$ 的坐标为

$$x_C = \frac{\sum \Delta A_i x_i}{A}$$
$$= \frac{3 \times (-1.5) + 4 \times 0.5 + 3 \times 1.5}{3 + 4 + 3}$$
$$= 0.2 (\text{cm})$$

$$y_C = \frac{\sum \Delta A_i x_i}{A}$$

$$= \frac{3 \times 4.5 + 4 \times 3 + 3 \times 0.5}{3 + 4 + 3}$$

$$= 2.7 (\text{cm})$$

# Ⅰ-2  惯性矩  极惯性矩  惯性积

### 一、惯性矩

任意平面几何图形如图Ⅰ-4所示,其面积为 $A$。在图形平面内选取一对直角坐标轴如图Ⅰ-4所示。在图形内取微面积称为微面积 $\mathrm{d}A$,该微面积在坐标系中的坐标为 $(z, y)$。$z^2 \mathrm{d}A$、$y^2 \mathrm{d}A$ 分别为微面积对 $y$ 轴、$z$ 轴的惯性矩,而遍及整个图形面积 $A$ 的积分为

$$\left.\begin{array}{l} I_y = \displaystyle\int_A z^2 \mathrm{d}A \\[3mm] I_z = \displaystyle\int_A y^2 \mathrm{d}A \end{array}\right\} \tag{Ⅰ-6}$$

分别定义为平面图形对 $y$ 轴和 $z$ 轴的惯性矩。

在式(Ⅰ-6)中,由于 $y^2$、$z^2$ 总是正值,所以 $I_z$、$I_y$ 也恒为正值。惯性矩的常用单位为 $\mathrm{m}^4$、$\mathrm{cm}^4$ 或 $\mathrm{mm}^4$。

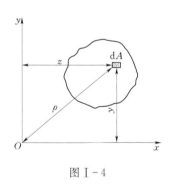
图Ⅰ-4

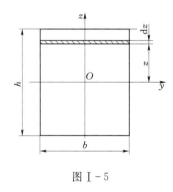
图Ⅰ-5

【例Ⅰ-3】  试计算图Ⅰ-5所示的矩形对其对称轴 $y$、$z$ 的惯性矩。

**解**  先求对轴 $y$ 的惯性矩。取平行于轴 $y$ 的狭长矩形作为微面积 $\mathrm{d}A$,则

$$\mathrm{d}A = b\mathrm{d}z$$

$$I_y = \int_A z^2 \mathrm{d}A = \int_{\frac{h}{2}}^{\frac{h}{2}} bz^2 \mathrm{d}z = \frac{bh^3}{12}$$

用同样的方法可求得

$$I_z = \frac{hb^3}{12}$$

### 二、极惯性矩

如图Ⅰ-4,$\rho^2 \mathrm{d}A$ 称为微面积 $\mathrm{d}A$ 对坐标原点 $O$ 的极惯性矩,则将 $\rho^2 \mathrm{d}A$ 遍及整个图形面积 $A$ 的积分,称为图形对坐标原点 $O$ 的极惯性矩,用 $I_P$ 表示,即

$$I_P = \int_A \rho^2 \mathrm{d}A \tag{Ⅰ-7}$$

将 $\rho^2 = z^2 + y^2$ 代入上式，得

$$I_P = \int_A \rho^2 \mathrm{d}A = \int_A (z^2 + y^2) \mathrm{d}A = \int_A z^2 \mathrm{d}A + \int_A y^2 \mathrm{d}A$$

$$I_P = I_y + I_z \qquad\qquad (\text{Ⅰ}-8)$$

由式（Ⅰ-8）可知，图形对其所在平面内任一点的极惯性矩 $I_P$，等于其对过此点的任一对正交轴 $y$、$z$ 的惯性矩 $I_y$、$I_z$ 之和。

### 三、惯性半径

在有些工程计算中，将惯性矩表达为其面积与一个长度平方的乘积，即

$$I_z = i_z^2 \cdot A, I_y = i_y^2 \cdot A \text{ 或 } i_z = \sqrt{\frac{I_z}{A}}, i_y = \sqrt{\frac{I_y}{A}}$$

式中：$i_z$、$i_y$ 分别为截面对 $y$、$z$ 轴的惯性半径。

**【例Ⅰ-4】** 试计算图Ⅰ-6所示的圆形对过形心轴的惯性矩及对形心的极惯性矩。

**解** 取图中狭长矩形作为微面积 $\mathrm{d}A$，则

$$\mathrm{d}A = 2y\mathrm{d}z = 2\sqrt{R^2 - z^2}\,\mathrm{d}z$$

$$I_y = \int_A z^2 \mathrm{d}A = 2\int_{-R}^{R} z^2 \sqrt{R^2 - z^2}\,\mathrm{d}z = \frac{\pi R^4}{4} = \frac{\pi D^4}{64}$$

由对称性有

$$I_z = I_y = \frac{\pi D^4}{64}$$

由式（Ⅰ-8）有

$$I_P = I_y + I_z = \frac{\pi D^3}{32}$$

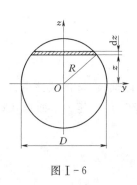

图Ⅰ-6

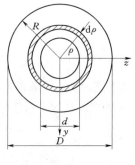

图Ⅰ-7

**【例Ⅰ-5】** 试计算图Ⅰ-7所示的空心圆形对过圆心的轴 $y$、$z$ 的惯性矩及对圆心 $O$ 的极惯性矩。

**解** 首先求对圆心 $O$ 的极惯性矩 $I_P$。取图中所示的环形微面积 $\mathrm{d}A$，则

$$\mathrm{d}A = 2\pi\rho\mathrm{d}\rho$$

$$I_P = \int_A \rho^2 \mathrm{d}A = 2\pi \int_{\frac{d}{2}}^{\frac{D}{2}} \rho^3 \mathrm{d}\rho = \frac{\pi}{32}(D^4 - d^4)$$

因 $I_P = I_y + I_z$，且 $I_y = I_z$，则有

$$I_y = I_z = \frac{1}{2} I_P = \frac{\pi}{64} (D^4 - d^4)$$

**四、惯性积与形心主惯性矩**

任意平面几何图形如图Ⅰ－4所示，定义 $zy\mathrm{d}A$ 称为微面积 $\mathrm{d}A$ 对 $y$ 轴和 $z$ 轴的惯性积。则将 $zy\mathrm{d}A$ 遍及整个图形面积 $A$ 的积分，称为图形对 $y$ 轴和 $z$ 轴的惯性积。用 $I_{zy}$ 表示，即

$$I_{yz} = \int_A zy\mathrm{d}A \tag{Ⅰ-9}$$

由式（Ⅰ－9）可知，惯性积可以是正值、负值或零，量纲是长度的四次方。且轴惯性积中只要有一个为图形的对称轴，则图形对轴 $y$，$z$ 的惯性积必等于零。

# Ⅰ－3　惯性矩和惯性积的平行移轴公式

**一、惯性矩和惯性积的平行移轴公式**

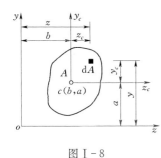

图Ⅰ－8

图Ⅰ－8所示截面的面积为 $A$，它对其形心轴 $x_c$、$y_c$ 的惯性矩和惯性积分别为 $I_{xc}$、$I_{yc}$、$I_{xcyc}$。设有任意轴 $x$、$y$ 分别与 $x_c$、$y_c$ 轴平行，截面对 $x$、$y$ 轴的惯性矩和惯性积分别为 $I_x$、$I_{yc}$、$I_{xy}$。现在来推导截面对于这两对坐标轴的惯性矩和惯性积之间的关系。设截面上的微面积 $\mathrm{d}A$ 在两个坐标系中的坐标分别为 $x_c$、$y_c$ 和 $x$、$y$，可见

$$x = x_c + b, y = y_c + a$$

将 $y$ 代入式（Ⅰ－6）中的第一式，展开后得

$$I_z = \int_A y^2 \mathrm{d}A = \int_A (a + y_c)^2 \mathrm{d}A = a^2 \int_A \mathrm{d}A + 2a \int_A y_c \mathrm{d}A + \int_A y_c^2 \mathrm{d}A = I_{z_c} + a^2 A$$

同理可得

$$I_y = I_{y_c} + b^2 A \tag{Ⅰ-10}$$

$$I_{yz} = I_{y_c z_c} + abA$$

式中：$a$、$b$ 为截面形心在 $xoy$ 坐标系中的坐标。

式（Ⅰ－10）称为惯性矩与惯性积的平行移轴公式。

它表明，截面对任一轴的惯性矩，等于截面对与该轴平行的形心轴的惯性矩，再加上截面的面积与形心到该轴间距离平方的乘积；截面对任意两相互垂直轴的惯性积，等于它对于与该两轴平行的两形心轴的惯性积，再加上截面的面积与形心到该两轴间距离的乘积。

在平面图形对所有互相平行轴的众多惯性矩中，平面图形对形心轴的惯性矩为最小。

**二、组合截面的惯性矩和惯性积**

工程上经常遇到组合截面。根据惯性矩和惯性积的定义可知，组合截面对于某坐标轴的惯性矩（或惯性积）就等于其各个组成部分对于同一坐标轴的惯性矩（或惯性积）之和。若组合截面由 $n$ 个简单截面组成，每个简单截面对 $x$，$y$ 轴的惯性矩和惯性积为 $I_{xi}$、$I_{yi}$、$I_{xyi}$，则组合截面对 $x$、$y$ 轴的惯性矩和惯性积分别为

$$I_y = \sum_{i=1}^{n} I_{yi}, I_x = \sum_{i=1}^{n} I_{xi}, I_{xy} = \sum_{i=1}^{n} I_{xyi} \tag{Ⅰ-11}$$

不规则截面对坐标轴的惯性矩和惯性积，可将截面分割成若干等高度的窄长条，然后应用式（Ⅰ－11），计算其近似值。

# I-4 组合截面的形心主惯性轴和形心主惯性矩

## 一、主惯性轴和主惯性矩

对于任何形状的截面，总可以找到一对特殊的直角坐标轴，使截面对于这一对坐标轴的惯性积等于零。惯性积等于零的一对坐标轴就称为该截面的主惯性轴，而截面对于主惯性轴的惯性矩称为主惯性矩。

## 二、形心主惯性轴和形心主惯性矩

当一对主惯性轴的交点与截面的形心重合时，它们就被称为该截面的形心主惯性轴，简称形心主轴。而截面对于形心主惯性轴的惯性矩就称为形心主惯性矩。

## 三、形心主惯性轴的确定

由于任何平面图形对于包括其形心对称轴在内的一对正交坐标轴的惯性积恒等于零，所以，可根据截面有对称轴的情况，用观察法帮助我们确定平面图形的形心主惯性轴的位置。

（1）如果平面图形有一根对称轴，则此轴必定是形心主惯性轴，而另一根形心主惯性轴通过形心，并与此轴垂直。

（2）如果平面图形有两根对称轴，则此两轴都为形心主惯性轴。

（3）如果平面图形有三根或更多根的对称轴，那么，过该图形形心的任何轴都是形心主惯性轴，而且该平面图形对于其任一形心主惯性轴的惯性矩都相等。

需要说明的是，对于没有对称轴的截面，其形心主惯性轴的位置，可以通过计算来确定，因为截面对它的惯性矩是最大或最小。

# 习　　题

I-1　试确定图 I-9 所示平面图形的形心 $C$ 的位置，其尺寸如图所示。

I-2　工字钢截面尺寸见图 I-10，求此截面形心。

I-3　如图 I-11 所示，抛物线的方程 $z = h\left(1 - \dfrac{y^2}{b^2}\right)$。计算由抛物线、$y$ 轴和 $z$ 轴所围成的平面图形对 $y$ 轴和 $z$ 轴的静矩 $S_z$ 和 $S_y$，并确定图形的形心 $C$ 的坐标。

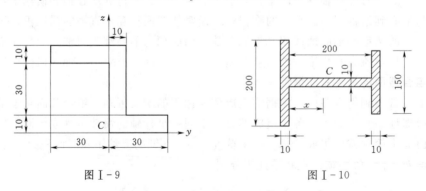

图 I-9　　　　　　　　　　　图 I-10

I-4　如图 I-12 所示的矩形、$y$ 轴和 $z$ 轴通过其形心 $C$，试求图形阴影部分的面积对 $z$ 轴的静矩。

I-5　一直径为 $d$ 的圆形截面。按图 I-13 中阴影部分取微面积 $\mathrm{d}A$，重新计算习题 I-4 中圆形对圆心 $O$ 的极惯性矩和对 $z$ 轴的惯性矩。

Ⅰ-6　试求图Ⅰ-14 所示图形对 $y$、$z$ 轴的惯性积 $I_{yz}$。

Ⅰ-7　试求图Ⅰ-15 所示图形对 $y$、$z$ 轴的惯性矩 $I_y$、$I_z$ 以及惯性积 $I_{yz}$。

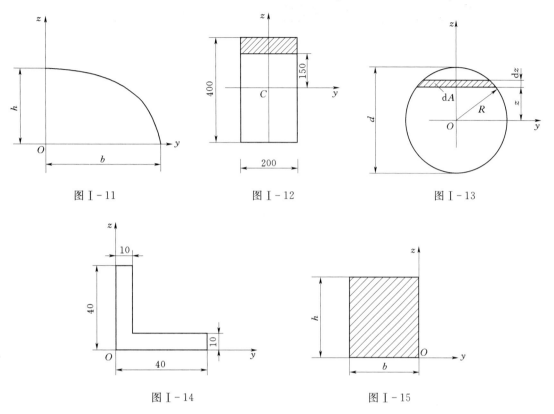

图Ⅰ-11　　　　　　　图Ⅰ-12　　　　　　　图Ⅰ-13

图Ⅰ-14　　　　　　　　　图Ⅰ-15

# 附录Ⅱ 简单荷载作用下梁的挠度和转角

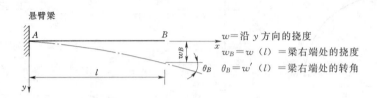

悬臂梁

$w=$ 沿 $y$ 方向的挠度
$w_B=w\,(l)$ =梁右端处的挠度
$\theta_B=w'\,(l)$ =梁右端处的转角

| 序号 | 梁上荷载及弯矩图 | 挠曲线方程 | 转角和挠度 |
|---|---|---|---|
| 1 | | $w=\dfrac{M_e x^2}{2EI}$ | $\theta_B=\dfrac{M_e l}{EI}$ <br> $w_B=\dfrac{M_e l^2}{2EI}$ |
| 2 | | $w=\dfrac{Fx^2}{6EI}\,(3l-x)$ | $\theta_B=\dfrac{Fl^2}{2EI}$ <br> $w_B=\dfrac{Fl^3}{3EI}$ |
| 3 | | $w=\dfrac{Fx^2}{6EI}\,(3a-x)$ <br> $(0\leqslant x\leqslant a)$ <br> $w=\dfrac{Fa^2}{6EI}\,(3x-a)$ <br> $(a\leqslant x\leqslant l)$ | $\theta_B=\dfrac{Fa^2}{2EI}$ <br> $w_B=\dfrac{Fa^2}{6EI}(3l-a)$ |
| 4 | | $w=\dfrac{qx^2}{24EI}\,(x^2+6l^2-4lx)$ | $\theta_B=\dfrac{ql^3}{6EI}$ <br> $w_B=\dfrac{ql^4}{8EI}$ |
| 5 | | $w=\dfrac{q_0 x^2}{120EIl}\,(10l^3-10l^2 x+5lx^2-x^3)$ | $\theta_B=\dfrac{q_0 l^3}{24EI}$ <br> $w_B=\dfrac{q_0 l^4}{30EI}$ |

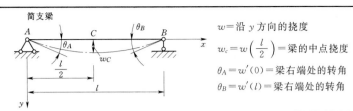

简支梁

$w=$ 沿 $y$ 方向的挠度

$w_c=w\left(\dfrac{l}{2}\right)=$ 梁的中点挠度

$\theta_A=w'(0)=$ 梁右端处的转角

$\theta_B=w'(l)=$ 梁右端处的转角

| 序号 | 梁上荷载及弯矩图 | 挠曲线方程 | 转角和挠度 |
|---|---|---|---|
| 6 | $M_A$　$l$　$M_A$ | $w=\dfrac{M_A x}{6EIl}(l-x)(2l-x)$ | $\theta_A=\dfrac{M_A l}{3EI}$<br><br>$\theta_B=-\dfrac{M_A l}{6EI}$<br><br>$w_C=\dfrac{M_A l^2}{16EI}$ |
| 7 | $M_B$　$l$　$M_B$ | $w=\dfrac{M_B x}{6EIl}(l^2-x^2)$ | $\theta_A=\dfrac{M_B l}{6EI}$<br><br>$\theta_B=-\dfrac{M_B l}{3EI}$<br><br>$w_C=\dfrac{M_B l^2}{16EI}$ |
| 8 | $q$　$l$　$\dfrac{ql^2}{8}$ | $w=\dfrac{qx}{24EI}(l^3-2lx^2+x^3)$ | $\theta_A=\dfrac{ql^3}{24EI}$<br><br>$\theta_B=-\dfrac{ql^3}{24EI}$<br><br>$w_C=\dfrac{5ql^4}{384EI}$ |
| 9 | $q_0$　$l$　$\dfrac{l}{\sqrt{3}}$　$\dfrac{q_0 l^2}{9\sqrt{3}}$ | $w=\dfrac{q_0 x}{360EIl}(7l^4-10l^2 x^2+3x^4)$ | $\theta_A=\dfrac{7q_0 l^3}{360EI}$<br><br>$\theta_B=-\dfrac{q_0 l^3}{45EI}$<br><br>$w_C=\dfrac{5q_0 l^4}{768EI}$ |
| 10 | $F$　$\dfrac{l}{2}$　$\dfrac{l}{2}$　$\dfrac{Fl}{4}$ | $w=\dfrac{Fx}{48EI}(3l^2-4x^2)\quad\left(0\leqslant x\leqslant\dfrac{l}{2}\right)$ | $\theta_A=\dfrac{Fl^2}{16EI}$<br><br>$\theta_B=-\dfrac{Fl^2}{16EI}$<br><br>$w_C=\dfrac{Fl^3}{48EI}$ |

| 序号 | 梁上荷载及弯矩图 | 挠曲线方程 | 转角和挠度 |
|---|---|---|---|
| 11 | | $w=\dfrac{Fbx}{6EIl}(l^2-x^2-b^2)$　$(0\leqslant x\leqslant a)$<br><br>$w=\dfrac{Fb}{6EIl}\left[\dfrac{l}{b}(x-a)^3+\right.$<br><br>$\left.(l^2-b^2)x-x^3\right]$<br><br>$(a\leqslant x\leqslant l)$ | $\theta_A=\dfrac{Fab(l+b)}{6EIl}$<br><br>$\theta_B=-\dfrac{Fab(l+a)}{6EIl}$<br><br>$\omega_c=\dfrac{Fb(3l^2-4b^2)}{48EI}$<br><br>（当 $a\geqslant b$ 时） |
| 12 | | $w=\dfrac{M_ex}{6EIl}(6al-3a^2-2l^2-x^2)$<br><br>$(0\leqslant x\leqslant a)$<br><br>当 $a=b=\dfrac{l}{2}$ 时，$w=\dfrac{M_ex}{24EIl}$<br><br>$(l^2-4x^2)$　$\left(0\leqslant x\leqslant\dfrac{l}{2}\right)$ | $\theta_A=\dfrac{M_e}{6EIl}$<br>$(6al-3a^2-2l^2)$<br><br>$\theta_B=\dfrac{M_e}{6EIl}(l^2-3a^2)$<br><br>当 $a=b=\dfrac{l}{2}$ 时，<br><br>$\theta_A=\dfrac{M_el}{24EI}$<br><br>$\theta_B=\dfrac{M_el}{24EI}$，$\omega_C=0$ |
| 13 | | $w=-\dfrac{qb^5}{24EIl}\left[2\dfrac{x^3}{b^3}-\dfrac{x}{b}\left(2\dfrac{l^2}{b^2}-1\right)\right]$<br><br>$(0\leqslant x\leqslant a)$<br><br>$w=-\dfrac{q}{24EI}\left[2\dfrac{b^2x^3}{l}-\dfrac{b^2x}{l}\right.$<br><br>$\left.\times(2l^2-b^2)-(x-a)^4\right]$　$(a\leqslant x\leqslant l)$ | $\theta_A=\dfrac{qb^2(2l^2-b^2)}{24EIl}$<br><br>$\theta_B=\dfrac{qb^2(2l-b)^2}{24EIl}$<br><br>$w_C=\dfrac{qb^5}{24EIl}$<br><br>$\times\left(\dfrac{3}{4}\dfrac{l^3}{b^3}-\dfrac{1}{2}\dfrac{l}{b}\right)$<br><br>（当 $a>b$ 时）<br><br>$w_C=\dfrac{qb^5}{24EIl}\left[\dfrac{3}{4}\dfrac{l^3}{b^3}-\dfrac{1}{2}\right.$<br><br>$\left.\times\dfrac{l}{b}+\dfrac{1}{16}\dfrac{l^5}{b^5}\times\left(1-\dfrac{2a}{l}\right)^4\right]$<br><br>（当 $a<b$ 时） |

# 附录Ⅲ　型　钢　规　格　表

表1　　　　　　　　热轧等边角钢　(GB 9787—1988)

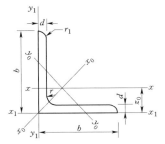

符号意义：

b—边宽度；　　　　　　　　I—惯性矩；

d—边厚度；　　　　　　　　i—惯性半径；

r—内圆弧半径；　　　　　　W—弯曲截面系数；

$r_1$—边端内圆弧半径；　　　　$z_0$—重心距离

| 角钢号数 | 尺寸（mm） | | | 截面面积（$cm^2$） | 理论质量（kg/m） | 外表面积（$m^2$/m） | 参 考 数 值 | | | | | | | | | $x_1-x_1$ | $z_0$（cm） |
|---|---|---|---|---|---|---|---|---|---|---|---|---|---|---|---|---|---|
| | | | | | | | $x-x$ | | | $x_0-x_0$ | | | $y_0-y_0$ | | | | |
| | b | d | r | | | | $I_x$（$cm^4$） | $i_x$（cm） | $W_x$（$cm^3$） | $I_{x_0}$（$cm^4$） | $i_{x_0}$（cm） | $W_{x_0}$（$cm^3$） | $I_{y_0}$（$cm^4$） | $i_{y_0}$（cm） | $W_{y_0}$（$cm^3$） | $I_{x_1}$（$cm^4$） | |
| 2 | 20 | 3 | 3.5 | 1.132 | 0.889 | 0.078 | 0.40 | 0.59 | 0.29 | 0.63 | 0.75 | 0.45 | 0.17 | 0.39 | 0.20 | 0.81 | 0.60 |
| | | 4 | | 1.459 | 1.145 | 0.077 | 0.50 | 0.58 | 0.36 | 0.78 | 0.73 | 0.55 | 0.22 | 0.38 | 0.24 | 1.09 | 0.64 |
| 2.5 | 25 | 3 | | 1.432 | 1.124 | 0.098 | 0.82 | 0.76 | 0.46 | 1.29 | 0.95 | 0.73 | 0.34 | 0.49 | 0.33 | 1.57 | 0.73 |
| | | 4 | | 1.859 | 1.459 | 0.097 | 1.03 | 0.74 | 0.59 | 1.62 | 0.93 | 0.92 | 0.43 | 0.48 | 0.40 | 2.11 | 0.76 |
| 3.0 | 30 | 3 | 4.5 | 1.749 | 1.373 | 0.117 | 1.46 | 0.91 | 0.68 | 2.31 | 1.15 | 1.09 | 0.61 | 0.59 | 0.51 | 2.71 | 0.85 |
| | | 4 | | 2.276 | 1.786 | 0.117 | 1.84 | 0.90 | 0.87 | 2.92 | 1.13 | 1.37 | 0.77 | 0.58 | 0.62 | 3.63 | 0.89 |
| 3.6 | 36 | 3 | | 2.109 | 1.656 | 0.141 | 2.58 | 1.11 | 0.99 | 4.09 | 1.39 | 1.61 | 1.07 | 0.71 | 0.76 | 4.68 | 1.00 |
| | | 4 | | 2.756 | 2.163 | 0.141 | 3.29 | 1.09 | 1.28 | 5.22 | 1.38 | 2.05 | 1.37 | 0.70 | 0.93 | 6.25 | 1.04 |
| | | 5 | | 3.382 | 2.654 | 0.141 | 3.95 | 1.08 | 1.56 | 6.24 | 1.36 | 2.45 | 1.65 | 0.70 | 1.09 | 7.84 | 1.07 |
| 4.0 | 40 | 3 | | 2.359 | 1.852 | 0.157 | 3.59 | 1.23 | 1.23 | 5.69 | 1.55 | 2.01 | 1.49 | 0.79 | 0.96 | 6.41 | 1.09 |
| | | 4 | | 3.086 | 2.422 | 0.157 | 4.60 | 1.22 | 1.60 | 7.29 | 1.54 | 2.58 | 1.91 | 0.79 | 1.19 | 8.56 | 1.13 |
| | | 5 | | 3.791 | 2.976 | 0.156 | 5.53 | 1.21 | 1.96 | 8.76 | 1.52 | 3.01 | 2.30 | 0.78 | 1.39 | 10.74 | 1.17 |
| 4.5 | 45 | 3 | 5 | 2.659 | 2.088 | 0.177 | 5.17 | 1.40 | 1.58 | 8.20 | 1.76 | 2.58 | 2.14 | 0.90 | 1.24 | 9.12 | 1.22 |
| | | 4 | | 3.486 | 2.736 | 0.177 | 6.65 | 1.38 | 2.05 | 10.56 | 1.74 | 3.32 | 2.75 | 0.89 | 1.54 | 12.18 | 1.26 |
| | | 5 | | 4.292 | 3.369 | 0.176 | 8.04 | 1.37 | 2.51 | 12.74 | 1.72 | 4.00 | 3.33 | 0.88 | 1.81 | 15.25 | 1.30 |
| | | 6 | | 5.076 | 3.985 | 0.176 | 9.33 | 1.36 | 2.95 | 14.76 | 1.70 | 4.64 | 3.89 | 0.88 | 2.06 | 18.36 | 1.33 |

| 角钢号数 | 尺寸（mm） | | | 截面面积（cm²） | 理论质量（kg/m） | 外表面积（m²/m） | 参 考 数 值 | | | | | | | | | | | | $z_0$（cm） |
|---|---|---|---|---|---|---|---|---|---|---|---|---|---|---|---|---|---|---|---|
| | | | | | | | $x-x$ | | | $x_0-x_0$ | | | $y_0-y_0$ | | | $x_1-x_1$ | | |
| | $b$ | $d$ | $r$ | | | | $I_x$（cm⁴） | $i_x$（cm） | $W_x$（cm³） | $I_{x_0}$（cm⁴） | $i_{x_0}$（cm） | $W_{x_0}$（cm³） | $I_{y_0}$（cm⁴） | $i_{y_0}$（cm） | $W_{y_0}$（cm³） | $I_{x_1}$（cm⁴） | |
| 5 | 50 | 3 | 5.5 | 2.971 | 2.332 | 0.197 | 7.18 | 1.55 | 1.96 | 11.37 | 1.96 | 3.22 | 2.98 | 1.00 | 1.57 | 12.50 | 1.34 |
| | | 4 | | 3.897 | 3.059 | 0.197 | 9.26 | 1.54 | 2.56 | 14.70 | 1.94 | 4.16 | 3.82 | 0.99 | 1.96 | 16.60 | 1.38 |
| | | 5 | | 4.803 | 3.770 | 0.196 | 11.21 | 1.53 | 3.13 | 17.79 | 1.92 | 5.03 | 4.64 | 0.98 | 2.31 | 20.90 | 1.42 |
| | | 6 | | 5.688 | 4.465 | 0.196 | 13.05 | 1.52 | 3.68 | 20.68 | 1.91 | 5.85 | 5.42 | 0.98 | 2.63 | 25.14 | 1.46 |
| 5.6 | 56 | 3 | 6 | 3.343 | 2.624 | 0.221 | 10.19 | 1.75 | 2.48 | 16.14 | 2.20 | 4.08 | 4.24 | 1.13 | 2.02 | 17.56 | 1.48 |
| | | 4 | 6 | 4.390 | 3.446 | 0.220 | 13.18 | 1.73 | 3.24 | 20.92 | 2.18 | 5.28 | 5.46 | 1.11 | 2.52 | 23.43 | 1.53 |
| | | 5 | 6 | 5.415 | 4.251 | 0.220 | 16.02 | 1.72 | 3.97 | 25.42 | 2.17 | 6.42 | 6.61 | 1.10 | 2.98 | 29.33 | 1.57 |
| | | 8 | 7 | 8.367 | 6.568 | 0.219 | 23.63 | 1.68 | 6.03 | 37.37 | 2.11 | 9.44 | 9.89 | 1.09 | 4.16 | 47.24 | 1.68 |
| 6.3 | 63 | 4 | 7 | 4.978 | 3.907 | 0.248 | 19.03 | 1.96 | 4.13 | 30.17 | 2.46 | 6.78 | 7.89 | 1.26 | 3.29 | 33.35 | 1.70 |
| | | 5 | | 6.143 | 4.822 | 0.248 | 23.17 | 1.94 | 5.08 | 36.77 | 2.45 | 8.25 | 9.57 | 1.25 | 3.90 | 41.73 | 1.74 |
| | | 6 | | 7.288 | 5.721 | 0.247 | 27.12 | 1.93 | 6.00 | 43.03 | 2.43 | 9.66 | 11.20 | 1.24 | 4.46 | 50.14 | 1.78 |
| | | 8 | | 9.515 | 7.469 | 0.247 | 34.46 | 1.90 | 7.75 | 54.56 | 2.40 | 12.25 | 14.33 | 1.23 | 5.47 | 67.11 | 1.85 |
| | | 10 | | 11.657 | 9.151 | 0.246 | 41.09 | 1.88 | 9.39 | 64.85 | 2.36 | 14.56 | 17.33 | 1.22 | 6.36 | 84.31 | 1.93 |
| 7 | 70 | 4 | 8 | 5.570 | 4.372 | 0.275 | 26.39 | 2.18 | 5.14 | 41.80 | 2.74 | 8.44 | 10.99 | 1.40 | 4.17 | 45.74 | 1.86 |
| | | 5 | | 6.875 | 5.397 | 0.275 | 32.21 | 2.16 | 6.32 | 51.08 | 2.73 | 10.32 | 13.34 | 1.39 | 4.95 | 57.21 | 1.91 |
| | | 6 | | 8.160 | 6.406 | 0.275 | 37.77 | 2.15 | 7.48 | 59.93 | 2.71 | 12.11 | 15.61 | 1.38 | 5.67 | 68.73 | 1.95 |
| | | 7 | | 9.424 | 7.398 | 0.275 | 43.09 | 2.14 | 8.59 | 68.35 | 2.69 | 13.81 | 17.82 | 1.38 | 6.34 | 80.29 | 1.99 |
| | | 8 | | 10.667 | 8.373 | 0.274 | 48.17 | 2.12 | 9.68 | 76.37 | 2.68 | 15.43 | 19.98 | 1.37 | 6.98 | 91.92 | 2.03 |
| 7.5 | 75 | 5 | 9 | 7.367 | 5.818 | 0.295 | 39.97 | 2.33 | 7.32 | 63.30 | 2.92 | 11.94 | 16.63 | 1.50 | 5.77 | 70.56 | 2.04 |
| | | 6 | | 8.797 | 6.905 | 0.294 | 46.95 | 2.31 | 8.64 | 74.38 | 2.90 | 14.02 | 19.51 | 1.49 | 6.67 | 84.55 | 2.07 |
| | | 7 | | 10.160 | 7.976 | 0.294 | 53.57 | 2.30 | 9.93 | 84.96 | 2.89 | 16.02 | 22.18 | 1.48 | 7.44 | 98.71 | 2.11 |
| | | 8 | | 11.503 | 9.030 | 0.294 | 59.96 | 2.28 | 11.20 | 95.07 | 2.88 | 17.93 | 24.86 | 1.47 | 8.19 | 112.97 | 2.15 |
| | | 10 | | 14.126 | 11.089 | 0.293 | 71.98 | 2.26 | 13.64 | 113.92 | 2.84 | 21.48 | 30.05 | 1.46 | 9.56 | 141.71 | 2.22 |
| 8 | 80 | 5 | 9 | 7.912 | 6.211 | 0.315 | 48.79 | 2.48 | 8.34 | 77.33 | 3.13 | 13.67 | 20.25 | 1.60 | 6.66 | 85.36 | 2.15 |
| | | 6 | | 9.397 | 7.376 | 0.314 | 57.35 | 2.47 | 9.87 | 90.98 | 3.11 | 16.08 | 23.72 | 1.59 | 7.65 | 102.50 | 2.19 |
| | | 7 | | 10.860 | 8.525 | 0.314 | 65.58 | 2.46 | 11.37 | 104.07 | 3.10 | 18.40 | 27.09 | 1.58 | 8.58 | 119.70 | 2.23 |
| | | 8 | | 12.303 | 9.658 | 0.314 | 73.49 | 2.44 | 12.83 | 116.60 | 3.08 | 20.61 | 30.39 | 1.57 | 9.46 | 136.97 | 2.27 |
| | | 10 | | 15.126 | 11.874 | 0.313 | 88.43 | 2.42 | 15.64 | 140.09 | 3.04 | 24.76 | 36.77 | 1.56 | 11.08 | 171.74 | 2.35 |
| 9 | 90 | 6 | 10 | 10.637 | 8.350 | 0.354 | 82.77 | 2.79 | 12.61 | 131.26 | 3.51 | 20.63 | 34.28 | 1.80 | 9.95 | 145.87 | 2.44 |
| | | 7 | | 12.301 | 9.656 | 0.354 | 94.83 | 2.78 | 14.54 | 150.47 | 3.50 | 23.64 | 39.18 | 1.78 | 11.19 | 170.30 | 2.48 |
| | | 8 | | 13.944 | 10.946 | 0.353 | 106.47 | 2.76 | 16.42 | 168.97 | 3.48 | 26.55 | 43.97 | 1.78 | 12.35 | 194.80 | 2.52 |
| | | 10 | | 17.167 | 13.476 | 0.353 | 128.58 | 2.74 | 20.07 | 203.90 | 3.45 | 32.04 | 53.26 | 1.76 | 14.52 | 244.07 | 2.59 |
| | | 12 | | 20.306 | 15.940 | 0.352 | 149.22 | 2.71 | 23.57 | 236.21 | 3.41 | 37.12 | 62.22 | 1.75 | 16.49 | 293.76 | 2.67 |

| 角钢号数 | 尺寸（mm） | | | 截面面积 $(cm^2)$ | 理论质量 $(kg/m)$ | 外表面积 $(m^2/m)$ | 参考数值 | | | | | | | | | | $z_0$ $(cm)$ |
| | | | | | | | $x-x$ | | | $x_0-x_0$ | | | $y_0-y_0$ | | | $x_1-x_1$ | |
| | $b$ | $d$ | $r$ | | | | $I_x$ $(cm^4)$ | $i_x$ $(cm)$ | $W_x$ $(cm^3)$ | $I_{x_0}$ $(cm^4)$ | $i_{x_0}$ $(cm)$ | $W_{x_0}$ $(cm^3)$ | $I_{y_0}$ $(cm^4)$ | $i_{y_0}$ $(cm)$ | $W_{y_0}$ $(cm^3)$ | $I_{x_1}$ $(cm^4)$ | |
|------|-----|-----|-----|-----|-----|-----|-----|-----|-----|-----|-----|-----|-----|-----|-----|-----|-----|
| 10 | 100 | 6 | | 11.932 | 9.366 | 0.393 | 114.95 | 3.01 | 15.68 | 181.98 | 3.90 | 25.74 | 47.92 | 2.00 | 12.69 | 200.07 | 2.67 |
| | | 7 | | 13.796 | 10.830 | 0.393 | 131.86 | 3.09 | 18.10 | 208.97 | 3.89 | 29.55 | 54.74 | 1.99 | 14.26 | 233.54 | 2.71 |
| | | 8 | | 15.638 | 12.276 | 0.393 | 148.24 | 3.08 | 20.47 | 235.07 | 3.88 | 33.24 | 61.41 | 1.98 | 15.75 | 267.09 | 2.76 |
| | | 10 | | 19.261 | 15.120 | 0.392 | 179.51 | 3.05 | 25.06 | 284.68 | 3.84 | 40.26 | 74.35 | 1.96 | 18.54 | 334.48 | 2.84 |
| | | 12 | | 22.800 | 17.898 | 0.391 | 208.90 | 3.03 | 29.48 | 330.95 | 3.81 | 46.80 | 86.84 | 1.95 | 21.08 | 402.34 | 2.91 |
| | | 14 | | 26.256 | 20.611 | 0.391 | 236.53 | 3.00 | 33.73 | 374.06 | 3.77 | 52.90 | 99.00 | 1.94 | 23.44 | 470.75 | 2.99 |
| | | 16 | 12 | 29.627 | 23.257 | 0.390 | 262.53 | 2.98 | 37.82 | 414.16 | 3.74 | 58.57 | 110.89 | 1.94 | 25.63 | 539.80 | 3.06 |
| 11 | 110 | 7 | | 15.196 | 11.928 | 0.433 | 177.16 | 3.41 | 22.05 | 280.94 | 4.30 | 36.12 | 73.38 | 2.20 | 17.51 | 310.64 | 2.96 |
| | | 8 | | 17.238 | 13.532 | 0.433 | 199.46 | 3.40 | 24.95 | 316.49 | 4.28 | 40.69 | 82.42 | 2.19 | 19.39 | 355.20 | 3.01 |
| | | 10 | | 21.261 | 16.690 | 0.432 | 242.19 | 3.38 | 30.60 | 384.39 | 4.25 | 49.42 | 99.98 | 2.17 | 22.91 | 444.65 | 3.09 |
| | | 12 | | 25.200 | 19.782 | 0.431 | 282.55 | 3.35 | 36.05 | 448.17 | 4.22 | 57.62 | 116.93 | 2.15 | 26.15 | 534.60 | 3.16 |
| | | 14 | | 29.056 | 22.809 | 0.431 | 320.71 | 3.32 | 41.31 | 508.01 | 4.18 | 65.31 | 133.40 | 2.14 | 29.14 | 625.16 | 3.24 |
| 12.5 | 125 | 8 | | 19.750 | 15.504 | 0.492 | 297.03 | 3.88 | 32.52 | 470.89 | 4.88 | 53.28 | 123.16 | 2.50 | 25.86 | 521.01 | 3.37 |
| | | 10 | | 24.373 | 19.133 | 0.491 | 361.67 | 3.85 | 39.97 | 573.89 | 4.85 | 64.93 | 149.46 | 2.48 | 30.62 | 651.93 | 3.45 |
| | | 12 | | 28.912 | 22.696 | 0.491 | 423.16 | 3.83 | 41.17 | 671.44 | 4.82 | 75.96 | 174.88 | 2.46 | 35.03 | 783.42 | 3.53 |
| | | 14 | 14 | 33.367 | 26.193 | 0.490 | 481.65 | 3.80 | 54.16 | 763.73 | 4.78 | 86.41 | 199.57 | 2.45 | 39.13 | 915.61 | 3.61 |
| 14 | 140 | 10 | | 27.373 | 21.488 | 0.551 | 514.65 | 4.34 | 50.58 | 817.27 | 5.46 | 82.56 | 212.04 | 2.78 | 39.20 | 915.11 | 3.82 |
| | | 12 | | 32.512 | 25.522 | 0.551 | 603.68 | 4.31 | 59.80 | 958.79 | 5.43 | 96.85 | 248.57 | 2.76 | 45.02 | 1099.28 | 3.90 |
| | | 14 | | 37.567 | 29.490 | 0.550 | 688.81 | 4.28 | 68.75 | 1093.56 | 5.40 | 110.47 | 284.06 | 2.75 | 50.45 | 1284.22 | 3.98 |
| | | 16 | | 42.539 | 33.393 | 0.549 | 770.24 | 4.26 | 77.46 | 1221.81 | 5.36 | 123.42 | 318.67 | 2.74 | 55.55 | 1470.07 | 4.06 |
| 16 | 160 | 10 | | 31.502 | 24.729 | 0.630 | 779.53 | 4.98 | 66.70 | 1237.30 | 6.27 | 109.36 | 321.76 | 3.20 | 52.76 | 1365.33 | 4.31 |
| | | 12 | | 37.441 | 29.391 | 0.630 | 916.58 | 4.95 | 78.98 | 1455.68 | 6.24 | 128.67 | 377.49 | 3.18 | 60.74 | 1639.57 | 4.39 |
| | | 14 | | 43.296 | 33.987 | 0.629 | 1048.36 | 4.92 | 90.95 | 1665.02 | 6.20 | 147.17 | 431.70 | 3.16 | 68.244 | 1914.68 | 4.47 |
| | | 16 | 16 | 49.067 | 38.518 | 0.629 | 1175.08 | 4.89 | 102.63 | 1865.57 | 6.17 | 164.89 | 484.59 | 3.14 | 75.31 | 2190.82 | 4.55 |
| 18 | 180 | 12 | | 42.241 | 33.159 | 0.710 | 1321.35 | 5.59 | 100.82 | 2100.10 | 7.05 | 165.00 | 542.61 | 3.58 | 78.41 | 2332.80 | 4.89 |
| | | 14 | | 48.896 | 38.388 | 0.709 | 1514.48 | 5.56 | 116.25 | 2407.42 | 7.02 | 189.14 | 625.53 | 3.56 | 88.38 | 2723.48 | 4.97 |
| | | 16 | | 55.467 | 43.542 | 0.709 | 1700.99 | 5.54 | 131.13 | 2703.37 | 6.98 | 212.40 | 698.60 | 3.55 | 97.83 | 3115.29 | 5.05 |
| | | 18 | | 61.955 | 48.634 | 0.708 | 1875.12 | 5.50 | 145.64 | 2988.24 | 6.94 | 234.78 | 762.01 | 3.51 | 105.14 | 3502.43 | 5.13 |
| 20 | 200 | 14 | 18 | 54.642 | 42.894 | 0.788 | 2103.55 | 6.20 | 144.70 | 3343.26 | 7.82 | 236.40 | 863.83 | 3.98 | 111.82 | 3734.10 | 5.46 |
| | | 16 | | 62.013 | 48.680 | 0.788 | 2366.15 | 6.18 | 163.65 | 3760.89 | 7.79 | 265.93 | 971.41 | 3.96 | 123.96 | 4270.39 | 5.54 |
| | | 18 | | 69.301 | 54.401 | 0.787 | 2620.64 | 6.15 | 182.22 | 4164.54 | 7.75 | 294.48 | 1076.74 | 3.94 | 135.52 | 4808.13 | 5.62 |
| | | 20 | | 76.505 | 60.056 | 0.787 | 2867.30 | 6.12 | 200.42 | 4554.55 | 7.72 | 322.06 | 1180.04 | 3.93 | 146.55 | 5347.51 | 5.69 |
| | | 24 | | 90.661 | 71.168 | 0.785 | 2338.25 | 6.07 | 236.17 | 5294.97 | 7.64 | 374.41 | 1381.53 | 3.90 | 166.55 | 6457.16 | 5.87 |

**注** 截面图中的 $r_1=d/3$ 及表中 $r$ 值的数据用于孔型设计，不作为交货条件。

## 表 2　热轧不等边角钢 (GB 9788—1988)

符号意义:

B—长边宽度;
b—短边宽度;
d—边厚度;
r—内圆弧半径;
r₁—边端内圆弧半径;
I—惯性矩;
i—惯性半径;
W—弯曲截面系数;
x₀—形心坐标;
y₀—形心坐标;

| 角钢号数 | 尺寸(mm) B | b | d | r | 截面面积(cm²) | 理论质量(kg/m) | 外表面积(m²/m) | $x-x$ $I_x$(cm⁴) | $i_x$(cm) | $W_x$(cm³) | $y-y$ $I_y$(cm⁴) | $i_y$(cm) | $W_y$(cm³) | $x_1-x_1$ $I_{x_1}$(cm⁴) | $y_0$(cm) | $y_1-y_1$ $I_{y_1}$(cm⁴) | $x_0$(cm) | $u-u$ $I_u$(cm⁴) | $i_u$(cm) | $W_u$(cm³) | $\tan\alpha$ |
|---|---|---|---|---|---|---|---|---|---|---|---|---|---|---|---|---|---|---|---|---|---|
| 2.5/1.6 | 25 | 16 | 3 | 3.5 | 1.162 | 0.912 | 0.080 | 0.70 | 0.78 | 0.43 | 0.22 | 0.44 | 0.19 | 1.56 | 0.86 | 0.43 | 0.42 | 0.14 | 0.34 | 0.16 | 0.392 |
|  |  |  | 4 |  | 1.499 | 1.176 | 0.079 | 0.88 | 0.77 | 0.55 | 0.27 | 0.43 | 0.24 | 2.09 | 0.90 | 0.59 | 0.46 | 0.17 | 0.34 | 0.20 | 0.381 |
| 3.2/2 | 32 | 20 | 3 |  | 1.492 | 1.171 | 0.102 | 1.53 | 1.01 | 0.72 | 0.46 | 0.55 | 0.30 | 3.27 | 1.08 | 0.82 | 0.49 | 0.28 | 0.43 | 0.25 | 0.382 |
|  |  |  | 4 |  | 1.939 | 1.522 | 0.101 | 1.93 | 1.00 | 0.93 | 0.57 | 0.54 | 0.39 | 4.37 | 1.12 | 1.12 | 0.53 | 0.35 | 0.42 | 0.32 | 0.374 |
| 4/2.5 | 40 | 25 | 3 | 4 | 1.890 | 1.484 | 0.127 | 3.08 | 1.28 | 1.15 | 0.93 | 0.70 | 0.49 | 6.39 | 1.32 | 1.59 | 0.59 | 0.56 | 0.54 | 0.40 | 0.386 |
|  |  |  | 4 |  | 2.467 | 1.936 | 0.127 | 3.93 | 1.26 | 1.49 | 1.18 | 0.69 | 0.63 | 8.53 | 1.37 | 2.14 | 0.63 | 0.71 | 0.54 | 0.52 | 0.381 |

参 考 数 值

续表

| 角钢号数 | B | b | d | r | 截面面积 (cm²) | 理论质量 (kg/m) | 外表面积 (m²/m) | $I_x$ (cm⁴) | $i_x$ (cm) | $W_x$ (cm³) | $I_y$ (cm⁴) | $i_y$ (cm) | $W_y$ (cm³) | $I_{x_1}$ (cm⁴) | $y_0$ (cm) | $I_{x_1}$ (cm⁴) | $x_0$ (cm) | $I_u$ (cm⁴) | $i_u$ (cm) | $W_u$ (cm³) | $\tan\alpha$ |
|---|---|---|---|---|---|---|---|---|---|---|---|---|---|---|---|---|---|---|---|---|---|
| | | | | | | | | x—x | | | y—y | | | $x_1$—$x_1$ | | $y_1$—$y_1$ | | u—u | | | |
| 4.5/2.8 | 45 | 28 | 3 | 5 | 2.149 | 1.687 | 0.143 | 4.45 | 1.44 | 1.47 | 1.34 | 0.79 | 0.62 | 9.10 | 1.47 | 2.23 | 0.64 | 0.80 | 0.61 | 0.51 | 0.383 |
| | | | 4 | | 2.806 | 2.203 | 0.143 | 5.69 | 1.42 | 1.91 | 1.70 | 0.78 | 0.80 | 12.13 | 1.51 | 3.00 | 0.68 | 1.02 | 0.60 | 0.66 | 0.380 |
| 5/3.2 | 50 | 32 | 3 | 5.5 | 2.431 | 1.908 | 0.161 | 6.24 | 1.60 | 1.84 | 2.02 | 0.91 | 0.82 | 12.49 | 1.60 | 3.31 | 0.73 | 1.20 | 0.70 | 0.68 | 0.404 |
| | | | 4 | | 3.177 | 2.494 | 0.160 | 8.02 | 1.59 | 2.39 | 2.58 | 0.90 | 1.06 | 16.65 | 1.65 | 4.45 | 0.77 | 1.53 | 0.69 | 0.87 | 0.402 |
| 5.6/3.6 | 56 | 36 | 3 | 6 | 2.743 | 2.153 | 0.181 | 8.88 | 1.80 | 2.32 | 2.92 | 1.03 | 1.05 | 17.54 | 1.78 | 4.70 | 0.80 | 1.73 | 0.79 | 0.87 | 0.408 |
| | | | 4 | | 3.590 | 2.818 | 0.180 | 11.45 | 1.79 | 3.03 | 3.76 | 1.02 | 1.37 | 23.39 | 1.82 | 6.33 | 0.85 | 2.23 | 0.79 | 1.13 | 0.408 |
| | | | 5 | | 4.415 | 3.466 | 0.180 | 13.86 | 1.77 | 3.71 | 4.49 | 1.01 | 1.65 | 29.25 | 1.87 | 7.94 | 0.88 | 2.67 | 0.78 | 1.36 | 0.404 |
| 6.3/4 | 63 | 40 | 4 | 7 | 4.058 | 3.185 | 0.202 | 16.49 | 2.02 | 3.87 | 5.23 | 1.14 | 1.70 | 33.30 | 2.04 | 8.63 | 0.92 | 3.12 | 0.88 | 1.40 | 0.398 |
| | | | 5 | | 4.993 | 3.920 | 0.202 | 20.02 | 2.00 | 4.74 | 6.31 | 1.12 | 2.71 | 41.63 | 2.08 | 10.86 | 0.95 | 3.76 | 0.87 | 1.71 | 0.396 |
| | | | 6 | | 5.908 | 4.638 | 0.201 | 23.36 | 1.98 | 5.59 | 7.29 | 1.11 | 2.73 | 49.98 | 2.12 | 13.12 | 0.99 | 4.34 | 0.86 | 1.99 | 0.393 |
| | | | 7 | | 6.802 | 5.339 | 0.201 | 26.53 | 1.96 | 6.40 | 8.24 | 1.10 | 2.78 | 58.07 | 2.15 | 15.47 | 1.03 | 4.97 | 0.86 | 2.29 | 0.389 |
| 7/4.5 | 70 | 45 | 4 | 7.5 | 4.547 | 3.570 | 0.226 | 23.17 | 2.26 | 4.86 | 7.55 | 1.29 | 2.17 | 45.92 | 2.24 | 12.26 | 1.02 | 4.40 | 0.98 | 1.77 | 0.410 |
| | | | 5 | | 5.609 | 4.403 | 0.225 | 27.95 | 2.23 | 5.92 | 9.13 | 1.28 | 2.65 | 57.10 | 2.28 | 15.39 | 1.06 | 5.40 | 0.98 | 2.19 | 0.407 |
| | | | 6 | | 6.647 | 5.218 | 0.225 | 32.54 | 2.21 | 6.95 | 10.62 | 1.26 | 3.12 | 68.35 | 2.32 | 18.58 | 1.09 | 6.35 | 0.98 | 2.59 | 0.404 |
| | | | 7 | | 7.657 | 6.011 | 0.225 | 37.22 | 2.20 | 8.03 | 12.01 | 1.25 | 3.57 | 79.99 | 2.36 | 21.84 | 1.13 | 7.16 | 0.97 | 2.94 | 0.402 |
| 7.5/5 | 75 | 50 | 5 | 8 | 6.125 | 4.808 | 0.245 | 34.86 | 2.39 | 6.83 | 12.61 | 1.44 | 3.30 | 70.00 | 2.40 | 21.04 | 1.17 | 7.41 | 1.10 | 2.74 | 0.435 |
| | | | 6 | | 7.260 | 5.699 | 0.245 | 41.12 | 2.38 | 8.12 | 14.70 | 1.42 | 3.88 | 84.30 | 2.44 | 25.37 | 1.21 | 8.54 | 1.08 | 3.19 | 0.435 |
| | | | 8 | | 9.467 | 7.431 | 0.244 | 52.39 | 2.35 | 10.52 | 18.53 | 1.40 | 4.99 | 112.50 | 2.52 | 34.23 | 1.29 | 10.87 | 1.07 | 4.10 | 0.429 |
| | | | 10 | | 11.590 | 9.098 | 0.244 | 62.71 | 2.33 | 12.79 | 21.96 | 1.38 | 6.04 | 140.80 | 2.60 | 43.43 | 1.36 | 13.10 | 1.06 | 4.99 | 0.423 |

参 考 数 值

续表

| 角钢号数 | 尺寸 (mm) | | | | 截面面积 (cm²) | 理论质量 (kg/m) | 外表面积 (m²/m) | x—x | | | y—y | | | 参 考 数 值 x₁—x₁ | | y₁—y₁ | | u—u | | | |
|---|---|---|---|---|---|---|---|---|---|---|---|---|---|---|---|---|---|---|---|---|---|
| | B | b | d | r | | | | $I_x$ (cm⁴) | $i_x$ (cm) | $W_x$ (cm³) | $I_y$ (cm⁴) | $i_y$ (cm) | $W_y$ (cm³) | $I_{x_1}$ (cm⁴) | $y_0$ (cm) | $I_{x_1}$ (cm⁴) | $x_0$ (cm) | $I_u$ (cm⁴) | $i_u$ (cm) | $W_u$ (cm³) | $\tan\alpha$ |
| 8/5 | 80 | 50 | 5 | 8 | 6.375 | 5.005 | 0.255 | 41.96 | 2.56 | 7.78 | 12.82 | 1.42 | 3.32 | 85.21 | 2.60 | 21.06 | 1.14 | 7.66 | 1.10 | 2.74 | 0.388 |
| | | | 6 | | 7.560 | 5.935 | 0.255 | 49.49 | 2.56 | 9.25 | 14.95 | 1.41 | 3.91 | 102.53 | 2.65 | 25.41 | 1.18 | 8.85 | 1.08 | 3.20 | 0.387 |
| | | | 7 | | 8.724 | 6.848 | 0.255 | 56.16 | 2.54 | 10.58 | 16.96 | 1.39 | 4.48 | 119.33 | 2.69 | 29.82 | 1.21 | 10.18 | 1.08 | 3.70 | 0.384 |
| | | | 8 | | 9.867 | 7.745 | 0.254 | 62.83 | 2.52 | 11.92 | 18.85 | 1.38 | 5.03 | 136.41 | 2.73 | 34.32 | 1.25 | 11.38 | 1.07 | 4.16 | 0.381 |
| 9/5.6 | 90 | 56 | 5 | 9 | 7.212 | 5.661 | 0.287 | 60.45 | 2.90 | 9.92 | 18.32 | 1.59 | 4.21 | 121.32 | 2.91 | 29.53 | 1.25 | 10.98 | 1.23 | 3.49 | 0.385 |
| | | | 6 | | 8.557 | 6.717 | 0.286 | 71.03 | 2.88 | 11.74 | 21.42 | 1.58 | 4.96 | 145.59 | 2.95 | 35.58 | 1.29 | 12.90 | 1.23 | 4.18 | 0.384 |
| | | | 7 | | 9.880 | 7.756 | 0.286 | 81.01 | 2.86 | 13.49 | 24.36 | 1.57 | 5.70 | 169.66 | 3.00 | 41.71 | 1.33 | 14.67 | 1.22 | 4.72 | 0.382 |
| | | | 8 | | 11.183 | 8.779 | 0.286 | 91.03 | 2.85 | 15.27 | 27.15 | 1.56 | 6.41 | 194.17 | 3.04 | 47.93 | 1.36 | 16.34 | 1.21 | 5.29 | 0.380 |
| 10/6.3 | 100 | 63 | 6 | 10 | 9.617 | 7.550 | 0.320 | 99.06 | 3.21 | 14.64 | 30.94 | 1.79 | 6.35 | 199.71 | 3.24 | 50.50 | 1.43 | 18.42 | 1.38 | 5.25 | 0.394 |
| | | | 7 | | 11.111 | 8.722 | 0.320 | 113.45 | 3.20 | 16.88 | 35.26 | 1.78 | 7.29 | 233.00 | 3.28 | 59.14 | 1.47 | 21.00 | 1.38 | 6.02 | 0.393 |
| | | | 8 | | 12.584 | 9.878 | 0.319 | 127.37 | 3.18 | 19.08 | 39.39 | 1.77 | 8.21 | 266.32 | 3.32 | 67.88 | 1.50 | 23.50 | 1.37 | 6.78 | 0.391 |
| | | | 10 | | 15.467 | 12.142 | 0.319 | 153.81 | 3.15 | 23.32 | 47.12 | 1.74 | 9.98 | 333.06 | 3.40 | 85.73 | 1.58 | 28.33 | 1.35 | 8.24 | 0.387 |
| 10/8 | 100 | 80 | 6 | 10 | 10.637 | 8.350 | 0.354 | 107.04 | 3.17 | 15.19 | 61.24 | 2.40 | 10.16 | 199.83 | 2.95 | 102.68 | 1.97 | 31.65 | 1.72 | 8.37 | 0.627 |
| | | | 7 | | 12.301 | 9.656 | 0.354 | 122.73 | 3.16 | 17.52 | 70.08 | 2.39 | 11.71 | 233.20 | 3.00 | 119.98 | 2.01 | 36.17 | 1.72 | 9.60 | 0.626 |
| | | | 8 | | 13.944 | 10.946 | 0.353 | 137.92 | 3.14 | 19.81 | 78.58 | 2.37 | 13.21 | 266.61 | 3.04 | 137.37 | 2.05 | 40.58 | 1.71 | 10.80 | 0.625 |
| | | | 10 | | 17.167 | 13.476 | 0.353 | 166.87 | 3.12 | 24.24 | 94.65 | 2.35 | 16.12 | 333.63 | 3.12 | 172.48 | 2.13 | 49.10 | 1.69 | 13.12 | 0.622 |
| 11/7 | 110 | 70 | 6 | 10 | 10.637 | 8.350 | 0.354 | 133.37 | 3.54 | 17.85 | 42.92 | 2.01 | 7.90 | 265.78 | 3.53 | 69.08 | 1.57 | 25.36 | 1.54 | 6.53 | 0.403 |
| | | | 7 | | 12.301 | 9.656 | 0.354 | 153.00 | 3.53 | 20.60 | 49.01 | 2.00 | 9.09 | 310.07 | 3.57 | 80.82 | 1.61 | 28.95 | 1.53 | 7.50 | 0.402 |
| | | | 8 | | 13.944 | 10.946 | 0.353 | 172.04 | 3.51 | 23.30 | 54.87 | 1.98 | 10.25 | 354.39 | 3.62 | 92.70 | 1.65 | 32.46 | 1.53 | 8.45 | 0.401 |
| | | | 10 | | 17.167 | 13.476 | 0.353 | 208.39 | 3.48 | 28.54 | 65.88 | 1.96 | 12.48 | 443.13 | 3.70 | 116.83 | 1.72 | 39.20 | 1.51 | 10.29 | 0.397 |

续表

| 角钢号数 | B | b | d | r | 截面面积 (cm²) | 理论质量 (kg/m) | 外表面积 (m²/m) | $I_x$ (cm⁴) | $i_x$ (cm) | $W_x$ (cm³) | $I_y$ (cm⁴) | $i_y$ (cm) | $W_y$ (cm³) | $I_{x_1}$ (cm⁴) | $y_0$ (cm) | $I_{y_1}$ (cm⁴) | $x_0$ (cm) | $I_u$ (cm⁴) | $i_u$ (cm) | $W_u$ (cm³) | $\tan\alpha$ |
|---|---|---|---|---|---|---|---|---|---|---|---|---|---|---|---|---|---|---|---|---|---|
| | | | | | | | | | $x-x$ | | | $y-y$ | | $x_1-x_1$ | | $y_1-y_1$ | | | $u-u$ | | |
| 12.5/8 | 125 | 80 | 7 | 11 | 14.096 | 11.066 | 0.403 | 227.98 | 4.02 | 26.86 | 74.42 | 2.30 | 12.01 | 454.99 | 4.01 | 120.32 | 1.80 | 43.81 | 1.76 | 9.92 | 0.408 |
| | | | 8 | | 15.989 | 12.551 | 0.403 | 256.77 | 4.01 | 30.41 | 83.49 | 2.28 | 13.56 | 519.99 | 4.06 | 137.85 | 1.84 | 49.15 | 1.75 | 11.18 | 0.407 |
| | | | 10 | | 19.712 | 15.474 | 0.402 | 312.04 | 3.98 | 37.33 | 100.67 | 2.26 | 16.56 | 650.09 | 4.14 | 173.40 | 1.92 | 59.45 | 1.74 | 13.64 | 0.404 |
| | | | 12 | | 23.351 | 18.330 | 0.402 | 364.41 | 3.95 | 44.01 | 116.67 | 2.24 | 19.43 | 780.39 | 4.22 | 209.67 | 2.00 | 69.35 | 1.72 | 16.01 | 0.400 |
| 14/9 | 140 | 90 | 8 | 12 | 18.038 | 14.160 | 0.453 | 365.64 | 4.50 | 38.48 | 120.69 | 2.59 | 17.34 | 730.53 | 4.50 | 195.79 | 2.04 | 70.83 | 1.98 | 14.31 | 0.411 |
| | | | 10 | | 22.261 | 17.475 | 0.452 | 445.50 | 4.47 | 47.31 | 146.03 | 2.56 | 21.22 | 913.20 | 4.58 | 245.92 | 2.12 | 85.82 | 1.96 | 17.48 | 0.409 |
| | | | 12 | | 26.400 | 20.724 | 0.451 | 521.59 | 4.44 | 55.87 | 169.79 | 2.54 | 24.95 | 1096.09 | 4.66 | 296.89 | 2.19 | 100.21 | 1.95 | 20.54 | 0.406 |
| | | | 14 | | 30.456 | 23.908 | 0.451 | 594.10 | 4.42 | 64.18 | 192.10 | 2.51 | 28.54 | 1279.26 | 4.74 | 348.82 | 2.27 | 114.13 | 1.94 | 23.52 | 0.403 |
| 16/10 | 160 | 100 | 10 | 13 | 25.315 | 19.872 | 0.512 | 668.69 | 5.14 | 62.13 | 205.03 | 2.85 | 26.56 | 1362.89 | 5.24 | 336.59 | 2.28 | 121.74 | 2.19 | 21.92 | 0.390 |
| | | | 12 | | 30.054 | 23.592 | 0.511 | 784.91 | 5.11 | 73.49 | 239.06 | 2.82 | 31.28 | 1635.56 | 5.32 | 405.94 | 2.36 | 142.33 | 2.17 | 25.79 | 0.388 |
| | | | 14 | | 34.709 | 27.247 | 0.510 | 896.30 | 5.08 | 84.56 | 271.20 | 0.80 | 35.83 | 1908.50 | 5.40 | 476.42 | 2.43 | 162.23 | 2.16 | 29.56 | 0.385 |
| | | | 16 | | 39.281 | 30.835 | 0.510 | 1003.04 | 5.05 | 95.33 | 301.60 | 2.77 | 40.24 | 2181.79 | 5.48 | 548.22 | 2.51 | 182.57 | 2.16 | 33.44 | 0.382 |
| 18/11 | 180 | 110 | 10 | 14 | 28.373 | 22.273 | 0.571 | 956.25 | 5.80 | 78.96 | 278.11 | 3.13 | 32.49 | 1940.40 | 5.89 | 447.22 | 2.44 | 166.50 | 2.42 | 26.88 | 0.376 |
| | | | 12 | | 33.712 | 26.464 | 0.571 | 1124.72 | 5.78 | 93.53 | 325.03 | 3.10 | 38.32 | 2328.38 | 5.98 | 538.94 | 2.52 | 194.87 | 2.40 | 31.66 | 0.374 |
| | | | 14 | | 38.967 | 30.589 | 0.570 | 1286.91 | 5.75 | 107.76 | 369.55 | 3.08 | 43.97 | 2716.60 | 6.06 | 631.95 | 2.59 | 222.30 | 2.39 | 36.32 | 0.372 |
| | | | 16 | | 44.139 | 34.649 | 0.569 | 1443.06 | 5.72 | 121.64 | 411.85 | 3.06 | 49.44 | 3105.15 | 6.14 | 726.46 | 2.67 | 248.94 | 2.38 | 40.87 | 0.369 |
| 20/12.5 | 200 | 125 | 12 | 14 | 37.912 | 29.761 | 0.641 | 1570.90 | 6.44 | 116.73 | 483.16 | 3.57 | 49.99 | 3193.85 | 6.54 | 787.74 | 2.83 | 285.79 | 2.74 | 41.23 | 0.392 |
| | | | 14 | | 43.867 | 34.436 | 0.640 | 1800.97 | 6.41 | 134.65 | 550.83 | 3.54 | 57.44 | 3726.17 | 6.62 | 922.47 | 2.91 | 326.58 | 2.73 | 47.34 | 0.390 |
| | | | 16 | | 49.739 | 39.045 | 0.639 | 2023.35 | 6.38 | 152.18 | 615.44 | 3.52 | 64.69 | 4258.86 | 6.70 | 1058.86 | 2.99 | 366.21 | 2.71 | 53.32 | 0.388 |
| | | | 18 | | 55.526 | 43.588 | 0.639 | 2238.30 | 6.35 | 169.33 | 677.19 | 3.49 | 71.74 | 4792.00 | 6.78 | 1197.13 | 3.06 | 404.83 | 2.70 | 59.10 | 0.385 |

注： 1. 括号内型号不推荐使用。

2. 截面图中的 $r_1 = d/3$ 及表中 $r$ 的数据用于孔型设计，不作为交货条件。

**表 3**

## 热轧工字钢 (GB 706—1988)

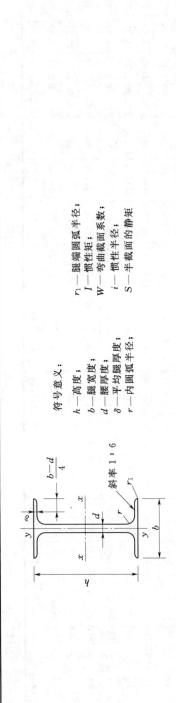

斜率 1：6

符号意义：

h—高度；
b—腿宽度；
d—腰厚度；
δ—平均腿厚度；
r—内圆弧半径；
r₁—腿端圆弧半径；
I—惯性矩；
W—弯曲截面系数；
i—惯性半径；
S—半截面的静矩

| 型号 | 尺寸 (mm) | | | | | | 截面面积 (cm²) | 理论质量 (kg/m) | 参考数值 | | | | | | |
|------|------|------|------|------|------|------|------|------|------|------|------|------|------|------|------|
| | | | | | | | | | x—x | | | | y—y | | |
| | h | b | d | δ | r | r₁ | | | $I_x$(cm⁴) | $W_x$(cm³) | $i_x$(cm) | $I_x$:$S_x$(cm) | $I_y$(cm⁴) | $W_y$(cm³) | $i_y$(cm) |
| 10 | 100 | 68 | 4.5 | 7.6 | 6.5 | 3.3 | 14.3 | 11.2 | 245 | 49 | 4.14 | 8.59 | 33 | 9.72 | 1.52 |
| 12.6 | 126 | 74 | 5 | 8.4 | 7 | 3.5 | 18.1 | 14.2 | 488.43 | 77.529 | 5.195 | 10.85 | 46.906 | 12.677 | 1.609 |
| 14 | 140 | 80 | 5.5 | 9.1 | 7.5 | 3.8 | 21.5 | 16.9 | 712 | 102 | 5.76 | 12 | 64.4 | 16.1 | 1.73 |
| 16 | 160 | 88 | 6 | 9.9 | 8 | 4 | 26.1 | 20.5 | 1130 | 141 | 6.58 | 13.8 | 93.1 | 21.2 | 1.89 |
| 18 | 180 | 94 | 6.5 | 10.7 | 8.5 | 4.3 | 30.6 | 24.1 | 1660 | 185 | 7.36 | 15.4 | 122 | 26 | 2 |
| 20a | 200 | 100 | 7 | 11.4 | 9 | 4.5 | 35.5 | 27.9 | 2370 | 237 | 8.15 | 17.2 | 158 | 31.5 | 2.12 |
| 20b | 200 | 102 | 9 | 11.4 | 9 | 4.5 | 39.5 | 31.1 | 2500 | 250 | 7.96 | 16.9 | 169 | 33.1 | 2.06 |
| 22a | 220 | 110 | 7.5 | 12.3 | 9.5 | 4.8 | 42 | 33 | 3400 | 309 | 8.99 | 18.9 | 225 | 40.9 | 2.31 |
| 22b | 220 | 112 | 9.5 | 12.3 | 9.5 | 4.8 | 46.4 | 36.4 | 3570 | 325 | 8.78 | 18.7 | 239 | 42.7 | 2.27 |
| 25a | 250 | 116 | 8 | 13 | 10 | 5 | 48.5 | 38.1 | 5023.54 | 401.88 | 10.18 | 21.58 | 280.046 | 48.283 | 2.403 |
| 25b | 250 | 118 | 10 | 13 | 10 | 5 | 53.5 | 42 | 5283.96 | 422.72 | 9.938 | 21.27 | 309.297 | 52.423 | 2.404 |

续表

| 型号 | 尺寸 (mm) | | | | | | 截面面积 (cm²) | 理论质量 (kg/m) | 参考数值 | | | | | | |
|---|---|---|---|---|---|---|---|---|---|---|---|---|---|---|---|
| | | | | | | | | | x—x | | | | y—y | | |
| | h | b | d | δ | r | r₁ | | | $I_x$ (cm⁴) | $W_x$ (cm³) | $i_x$ (cm) | $I_x : S_x$ (cm) | $I_y$ (cm⁴) | $W_y$ (cm³) | $i_y$ (cm) |
| 28a | 280 | 122 | 8.5 | 13.7 | 10.5 | 5.3 | 55.45 | 43.4 | 7114.14 | 508.15 | 11.32 | 24.62 | 345.051 | 56.565 | 2.495 |
| 28b | 280 | 124 | 10.5 | 13.7 | 10.5 | 5.3 | 61.05 | 47.9 | 7480 | 534.29 | 11.08 | 24.24 | 379.496 | 61.209 | 2.493 |
| 32a | 320 | 130 | 9.5 | 15 | 11.5 | 5.8 | 67.05 | 52.7 | 11075.5 | 629.2 | 12.84 | 27.46 | 459.93 | 70.758 | 2.619 |
| 32b | 320 | 132 | 11.5 | 15 | 11.5 | 5.8 | 73.45 | 57.7 | 11621.4 | 726.33 | 12.58 | 27.09 | 501.53 | 75.989 | 2.614 |
| 32c | 320 | 134 | 13.5 | 15 | 11.5 | 5.8 | 79.95 | 62.8 | 12167.5 | 760.47 | 12.34 | 26.77 | 543.81 | 81.166 | 2.608 |
| 36a | 360 | 136 | 10 | 15.8 | 12 | 6 | 76.3 | 59.9 | 15760 | 875 | 14.4 | 30.7 | 552 | 81.2 | 2.69 |
| 36b | 360 | 138 | 12 | 15.8 | 12 | 6 | 83.5 | 65.6 | 16530 | 919 | 14.1 | 30.3 | 582 | 84.3 | 2.64 |
| 36c | 360 | 140 | 14 | 15.8 | 12 | 6 | 90.7 | 71.2 | 17310 | 962 | 13.8 | 29.9 | 612 | 87.4 | 2.6 |
| 40a | 400 | 142 | 10.5 | 16.5 | 12.5 | 6.3 | 86.1 | 67.6 | 21720 | 1090 | 15.9 | 34.1 | 660 | 93.2 | 2.77 |
| 40b | 400 | 144 | 12.5 | 16.5 | 12.5 | 6.3 | 94.1 | 73.8 | 22780 | 1140 | 15.6 | 33.6 | 692 | 96.2 | 2.71 |
| 40c | 400 | 146 | 14.5 | 16.5 | 12.5 | 6.3 | 102 | 80.1 | 23850 | 1190 | 15.2 | 33.2 | 727 | 99.6 | 2.65 |
| 45a | 450 | 150 | 11.5 | 18 | 13.5 | 6.8 | 102 | 80.4 | 32240 | 1430 | 17.7 | 38.6 | 855 | 114 | 2.89 |
| 45b | 450 | 152 | 13.5 | 18 | 13.5 | 6.8 | 111 | 87.4 | 33760 | 1500 | 17.4 | 38 | 894 | 118 | 2.84 |
| 45c | 450 | 154 | 15.5 | 18 | 13.5 | 6.8 | 120 | 94.5 | 35280 | 1570 | 17.1 | 37.6 | 938 | 122 | 2.79 |
| 50a | 500 | 158 | 12 | 20 | 14 | 7 | 119 | 93.6 | 46470 | 1860 | 19.7 | 42.8 | 1120 | 142 | 3.07 |
| 50b | 500 | 160 | 14 | 20 | 14 | 7 | 129 | 101 | 48560 | 1940 | 19.4 | 42.4 | 1170 | 146 | 3.01 |
| 50c | 500 | 162 | 16 | 20 | 14 | 7 | 139 | 109 | 50640 | 2080 | 19 | 41.8 | 1220 | 151 | 2.96 |
| 56a | 560 | 166 | 12.5 | 21 | 14.5 | 7.3 | 135.25 | 106.2 | 65585.6 | 2342.31 | 22.02 | 47.73 | 1370.16 | 165.08 | 3.182 |
| 56b | 560 | 168 | 14.5 | 21 | 14.5 | 7.3 | 146.45 | 115 | 68512.5 | 2446.69 | 21.63 | 47.17 | 1486.75 | 174.25 | 3.162 |
| 56c | 560 | 170 | 16.5 | 21 | 14.5 | 7.3 | 157.85 | 123.9 | 71439.4 | 2551.41 | 21.27 | 46.66 | 1558.39 | 183.34 | 3.158 |
| 63a | 630 | 176 | 13 | 22 | 15 | 7.5 | 154.9 | 121.6 | 96916.2 | 2981.47 | 24.62 | 54.17 | 1700.55 | 193.24 | 3.314 |
| 63b | 630 | 178 | 15 | 22 | 15 | 7.5 | 167.5 | 131.5 | 98083.6 | 3163.38 | 24.2 | 53.51 | 1812.07 | 203.6 | 3.289 |
| 63c | 630 | 180 | 17 | 22 | 15 | 7.5 | 180.1 | 141 | 102251.1 | 3298.42 | 23.82 | 52.92 | 1924.91 | 213.88 | 3.268 |

注 截面图和表中标注的圆弧半径 $r$、$r_1$ 的数据用于孔型设计，不作为交货条件。

表 4

## 热轧槽钢（GB 707—1988）

符号意义：

$h$—高度；
$b$—腿宽度；
$d$—腰厚度；
$\delta$—平均腿厚度；
$r$—内圆弧半径；
$r_1$—腿端圆弧半径；
$I$—惯性矩；
$W$—弯曲截面系数；
$i$—惯性半径；
$z_0$—$y$—$y$轴与$y_1$—$y_1$轴间距

斜率 1:10

| 型号 | 尺寸 (mm) | | | | | | 截面面积 $(cm^2)$ | 理论质量 $(kg/m)$ | 参考数值 | | | | | | | |
|---|---|---|---|---|---|---|---|---|---|---|---|---|---|---|---|---|
| | | | | | | | | | $x$—$x$ | | | $y$—$y$ | | | $y_1$—$y_1$ | $z_0$ |
| | $h$ | $b$ | $d$ | $\delta$ | $r$ | $r_1$ | | | $W_x (cm^3)$ | $I_x (cm^4)$ | $i_x (cm)$ | $W_y (cm^3)$ | $I_y (cm^4)$ | $i_y (cm)$ | $I_{y_1} (cm^4)$ | (cm) |
| 5 | 50 | 37 | 4.5 | 7 | 7 | 3.5 | 6.93 | 5.44 | 10.4 | 26 | 1.94 | 3.55 | 8.3 | 1.1 | 20.9 | 1.35 |
| 6.3 | 63 | 40 | 4.8 | 7.5 | 7.5 | 3.75 | 8.444 | 6.63 | 16.123 | 50.786 | 2.453 | 4.50 | 11.872 | 1.185 | 28.38 | 1.36 |
| 8 | 80 | 43 | 5 | 8 | 8 | 4 | 10.24 | 8.04 | 25.3 | 101.3 | 3.15 | 5.79 | 16.6 | 1.27 | 37.4 | 1.43 |
| 10 | 100 | 48 | 5.3 | 8.5 | 8.5 | 4.25 | 12.74 | 10 | 39.7 | 198.3 | 3.95 | 7.8 | 25.6 | 1.41 | 54.9 | 1.52 |
| 12.6 | 126 | 53 | 5.5 | 9.9 | 9 | 4.5 | 15.69 | 12.37 | 62.137 | 391.466 | 4.953 | 10.242 | 37.99 | 1.567 | 77.09 | 1.59 |
| 14a | 140 | 58 | 6 | 9.5 | 9.5 | 4.75 | 18.51 | 14.53 | 80.5 | 563.7 | 5.52 | 13.01 | 53.2 | 1.7 | 107.1 | 1.71 |
| 14b | 140 | 60 | 8 | 9.5 | 9.5 | 4.75 | 21.31 | 16.73 | 87.1 | 609.4 | 5.35 | 14.12 | 61.1 | 1.69 | 120.6 | 1.67 |
| 16a | 160 | 63 | 6.5 | 10 | 10 | 5 | 21.95 | 17.23 | 108.3 | 866.2 | 6.28 | 16.3 | 73.3 | 1.83 | 144.1 | 1.8 |
| 16b | 160 | 65 | 8.5 | 10 | 10 | 5 | 25.15 | 19.74 | 116.8 | 934.5 | 6.1 | 17.55 | 83.4 | 1.82 | 160.8 | 1.75 |

续表

| 型号 | 尺寸 (mm) | | | | | | 截面面积 (cm²) | 理论质量 (kg/m) | 参 考 数 值 | | | | | | y1—y1 | z0 (cm) |
|---|---|---|---|---|---|---|---|---|---|---|---|---|---|---|---|---|
| | h | b | d | δ | r | r1 | | | $W_x$(cm³) | $I_x$(cm⁴) | $i_x$(cm) | $W_y$(cm³) | $I_y$(cm⁴) | $i_y$(cm) | $I_{y1}$(cm⁴) | |
| 18a | 180 | 68 | 7 | 10.5 | 10.5 | 5.25 | 25.69 | 20.17 | 141.4 | 1272.7 | 7.04 | 20.03 | 98.6 | 1.96 | 189.7 | 1.88 |
| 18b | 180 | 70 | 9 | 10.5 | 10.5 | 5.25 | 29.29 | 22.99 | 152.2 | 1369.9 | 6.84 | 21.52 | 111 | 1.95 | 210.1 | 1.84 |
| 20a | 200 | 73 | 7 | 11 | 11 | 5.5 | 28.83 | 22.63 | 178 | 1780.4 | 7.86 | 24.2 | 128 | 2.11 | 244 | 2.01 |
| 20b | 200 | 75 | 9 | 11 | 11 | 5.5 | 32.83 | 25.77 | 191.4 | 1913.7 | 7.64 | 25.88 | 143.6 | 2.09 | 268.4 | 1.95 |
| 22a | 220 | 77 | 7 | 11.5 | 11.5 | 5.75 | 31.84 | 24.99 | 217.6 | 2393.9 | 8.67 | 28.17 | 157.8 | 2.23 | 298.2 | 2.1 |
| 22b | 220 | 79 | 9 | 11.5 | 11.5 | 5.75 | 36.24 | 28.45 | 233.8 | 2571.4 | 8.42 | 30.05 | 176.4 | 2.21 | 326.3 | 2.03 |
| 25a | 250 | 78 | 7 | 12 | 12 | 6 | 34.91 | 27.47 | 269.597 | 3369.62 | 9.823 | 30.607 | 175.529 | 2.243 | 322.256 | 2.065 |
| 25b | 250 | 80 | 9 | 12 | 12 | 6 | 39.91 | 31.39 | 282.402 | 3530.04 | 9.405 | 32.657 | 196.421 | 2.218 | 353.187 | 1.982 |
| 25c | 250 | 82 | 12 | 12 | 12 | 6 | 44.91 | 35.32 | 295.236 | 3690.45 | 9.065 | 35.926 | 218.415 | 2.206 | 384.133 | 1.921 |
| 28a | 280 | 82 | 7.5 | 12.5 | 12.5 | 6.25 | 40.02 | 31.42 | 340.328 | 4764.59 | 10.91 | 35.718 | 217.989 | 2.333 | 387.566 | 2.097 |
| 28b | 280 | 84 | 9.5 | 12.5 | 12.5 | 6.25 | 45.62 | 35.81 | 366.46 | 5130.45 | 10.6 | 37.929 | 242.144 | 2.304 | 427.589 | 2.016 |
| 28c | 280 | 86 | 11.5 | 12.5 | 12.5 | 6.25 | 51.22 | 40.21 | 392.594 | 5496.32 | 10.35 | 40.301 | 267.602 | 2.286 | 426.597 | 1.951 |
| 32a | 320 | 88 | 8 | 14 | 14 | 7 | 48.7 | 38.22 | 474.879 | 7598.06 | 12.49 | 46.473 | 304.787 | 2.502 | 552.31 | 2.242 |
| 32b | 320 | 90 | 10 | 14 | 14 | 7 | 55.1 | 43.25 | 509.012 | 8144.2 | 12.15 | 49.157 | 336.332 | 2.471 | 592.933 | 2.158 |
| 32c | 320 | 92 | 12 | 14 | 14 | 7 | 61.5 | 48.28 | 543.145 | 8690.33 | 11.88 | 52.642 | 374.175 | 2.467 | 643.299 | 2.092 |
| 36a | 360 | 96 | 9 | 16 | 16 | 8 | 60.89 | 47.8 | 659.7 | 11874.2 | 13.97 | 63.54 | 455 | 2.73 | 818.4 | 2.44 |
| 36b | 360 | 98 | 11 | 16 | 16 | 8 | 68.09 | 53.45 | 702.9 | 12651.8 | 13.63 | 66.85 | 496.7 | 2.7 | 880.4 | 2.37 |
| 36c | 360 | 100 | 13 | 16 | 16 | 8 | 75.29 | 50.1 | 746.1 | 13429.4 | 13.36 | 70.02 | 536.4 | 2.67 | 947.9 | 2.34 |
| 40a | 400 | 100 | 10.5 | 18 | 18 | 9 | 75.05 | 58.91 | 878.9 | 17577.9 | 15.30 | 78.83 | 592 | 2.81 | 1067.7 | 2.49 |
| 40b | 400 | 102 | 12.5 | 18 | 18 | 9 | 83.05 | 65.19 | 932.2 | 18644.5 | 14.98 | 82.52 | 640 | 2.78 | 1135.6 | 2.44 |
| 40c | 400 | 104 | 14.5 | 18 | 18 | 9 | 91.05 | 71.47 | 985.6 | 19711.2 | 14.71 | 86.19 | 687.8 | 2.75 | 1220.7 | 2.42 |

注 截面图和表中标注的圆弧半径 $r$、$r_1$ 的数据用于孔型设计，不作为交货条件。

# 习题参考答案

## 第三章

3-1 $F_R = 161.2\text{N}$，$\angle(F_R, F_1) = 29°44'$

3-2 $F_R = 92.9\text{N}$，$\alpha = -114.1°$

3-3 $F_A = 47.7\text{kN}$，$F_B = 21.2\text{kN}$

3-4 $F_{AB} = 54.64\text{kN}$（拉），$F_{CB} = 74.64\text{kN}$（压）

3-5 $F_1 : F_2 = 0.644$

3-6 (a) $M_O(F) = Fl\sin\theta$；(b) $M_O(F) = F(l+r)$；(c) $M_O(F) = F\sin\alpha\sqrt{a^2+b^2}$

3-7 $K_q = 0.45$

3-8 (a) $F_A = F_B = 1.5\text{kN}$；(b) $F_A = F_B = \sqrt{2}Pa/l$

3-9 $M_1 : M_2 = 3 : 8$

## 第四章

4-1 $F_R = 56\text{N}$，$M_O = 7838\text{N}\cdot\text{mm}$，$d = 140\text{mm}$

4-2 $F_R = 609\text{kN}$，$\angle(F_R, x) = 96.5°$，与 $x$ 轴截距 $x = -0.488\text{m}$

4-3 $F_{Ax} = 2598\text{kN}$（←），$F_{Ay} = 1410\text{kN}$（↓），$F_T = 60\text{kN}$

4-4 $F_{Ax} = 10\text{kN}$（←），$F_{Ay} = 53\text{kN}$，$M_A = 8\text{kN}\cdot\text{m}$

4-5 (a) $F_{Ax} = 0$，$F_{Ay} = 405\text{kN}$（↓），$F_B = 755\text{kN}$

(b) $F_{Ax} = 0$，$F_{Ay} = 92.5\text{kN}$（↓），$F_B = 692.5\text{kN}$

(c) $F_{Ax} = 0$，$F_{Ay} = 415\text{kN}$，$F_B = 435\text{kN}$

4-6 $F_O = -385\text{kN}$，$M_O = -1626\text{kN}\cdot\text{m}$

4-7 $F_{Ax} = 20\text{kN}$，$F_{Ay} = 80\text{kN}$，$M_B = 200\text{kN}\cdot\text{m}$

4-8 $F_{Ax} = F_{Bx} = F_{Cx} = 18\text{kN}$，$F_{Ay} = F_{By} = 48\text{kN}$，$F_{Cy} = 0$

4-9 $F_A = 15\text{kN}$（↓），$F_B = 40\text{kN}$，$F_C = 5\text{kN}$，$F_D = 15\text{kN}$

4-10 $F_{Ax} = 1200\text{N}$，$F_{Ay} = 150\text{N}$，$F_B = 1050\text{N}$，$F_{BC} = 1500\text{N}$（压）

4-11 $F_{Ax} = 5\text{kN}$（←），$F_{Ay} = 128.66\text{kN}$，$M_A = 261.96\text{kN}\cdot\text{m}$，$F_{BD} = 96.65\text{kN}$

4-12 $F_{AD} = F_{EB} = -21.2\text{kN}$，$F_{AF} = F_{FC} = F_{CG} = F_{GB} = 15\text{kN}$，$F_{DC} = F_{CE} = 0.71\text{kN}$，$F_{DH} = F_{HE} = -20\text{kN}$，$F_{HC} = -10\text{kN}$，$F_{DF} = F_{EG} = 0$

4-13 $F_1 = 5\text{kN}$（拉），$F_2 = 14.14\text{kN}$（拉），$F_3 = 15\text{kN}$（压）

4-14 $33.8\text{N} \leqslant F \leqslant 87.9\text{N}$

4-15 $114\text{N} \leqslant P_2 \leqslant 296\text{N}$

## 第五章

5-1 $Mx(P) = -6.54\text{N}\cdot\text{mm}$，$My(P) = -4.81\text{N}\cdot\text{mm}$，$Mz(P) = -0.707\text{N}\cdot\text{mm}$

5 - 2　$F_A = F_B = 26.39\text{kN}$（压），$F_C = 33.46\text{kN}$（拉）

5 - 3　$F_T = 4364\text{kN}$，$F_{Ax} = 1755\text{kN}$，$F_{Ay} = 60\text{kN}$，$F_{AZ} = 150\text{kN}$，$F_{Bx} = -2141\text{kN}$，

$\qquad$ $F_{By} = 3026\text{kN}$

5 - 4　$F_1 = 10\text{kN}$，$F_2 = 5\text{kN}$，$F_{Ax} = -5.2\text{kN}$，$F_{AZ} = 6\text{kN}$，$F_{Bx} = -7.8\text{kN}$，$F_{BZ} = 1.5\text{kN}$

5 - 5　$F_1 = -F_3 = -F_6 = P$，$F_2 = -F_4 = -F_5 = -1.414P$

5 - 6　(a)　$x_C = 80\text{mm}$，$y_C = 230\text{mm}$

$\qquad$ (b)　$x_C = 90\text{mm}$

5 - 7　$x_C = \dfrac{r_1 r_2^2}{2(r_1^2 - r_2^2)}$

## 第六章

6 - 1　$v = 2\sqrt{2}\text{m/s}$，$a = 2\text{m/s}^2$

6 - 2　$y = e\sin\omega t + \sqrt{R^2 - e^2\cos^2\omega t}$；$v = e\omega\left[\cos\omega t + \dfrac{e\sin 2\omega t}{2\sqrt{R^2 - e^2\cos^2\omega t}}\right]$

6 - 3　$v_M = 9.42\text{m/s}$，$a_M = 443.7\text{m/s}^2$

6 - 4　$v = 0.173\text{m/s}$，$a = 0.05\text{m/s}^2$

6 - 5　$au/2l$

6 - 6　$v_{BCD} = 1.26\text{m/s}$，$a_{BCD} = 27.4\text{m/s}^2$

6 - 7　$\omega_{ABD} = 1.072\text{rad/s}$，$v_D = 0.254\text{m/s}$

6 - 8　当 $\varphi = 0°$，$180°$时，$\omega_{DE} = 4\text{m/s}$；当 $\varphi = 90°$，$270°$时，$\omega_{DE} = 0$

## 第七章

7 - 1　$F_1 = 5904\text{N}$；$F_2 = 4704\text{N}$；$F_3 = 3504\text{N}$

7 - 2　椭圆 $4x^2 + y^2 = l^2$

7 - 3　$x_C = \dfrac{m_3 l}{2(m_1 + m_2 + m_3)} + \dfrac{m_1 + 2m_2 + 2m_3}{2(m_1 + m_2 + m_3)}l\cos\omega t$

$\qquad$ $y_C = \dfrac{m_1 + 2m_2}{2(m_1 + m_2 + m_3)}l\sin\omega t$

$\qquad$ $F_{x_{max}} = \dfrac{1}{2}(m_1 + 2m_2 + 2m_3)l\omega^2$

7 - 4　$v = \dfrac{2}{3}\sqrt{3gh}$，$F_T = \dfrac{1}{3}mg$

$\qquad$ $F_{Ox} = P_1 + P_2\sin^2\alpha + Q - \dfrac{a}{g}(P_1 - P_2\sin\alpha)$

$\qquad$ $F_{Oy} = \dfrac{P_2}{g}(g\sin\alpha - a)\cos\alpha$

7 - 5　$a = \dfrac{F - f(m_1 + m_2)g}{m_1 + \dfrac{m_2}{3}}$

7 - 6　$a = \dfrac{m_2 r - m_1 R}{J_1 m_1 R^2 + m_2 r^2}g$

$\qquad$ $F'_{Ox} = 0$

$$F'_{Oy} = \frac{-g(m_2 r - m_1 R)^2}{J_0 + m_1 R^2 + m_2 r^2}$$

7 - 7　$AC = x = a + \dfrac{F}{k}\left(\dfrac{l}{b}\right)^2$

7 - 8　$F_3 = F$

7 - 9　$F_A = 10\text{kN},\ F_B = 50\text{kN}$

# 第九章

9 - 1　(a) 1—1 截面，$F_N = 0$；2—2 截面，$F_N = P$；3—3 截面，$F_N = P$；

　　　(b) 1—1 截面，$F_N = 2\text{kN}$；2—2 截面，$F_N = 2\text{kN}$；

　　　(c) 1—1 截面，$F_N = P$；2—2 截面，$F_N = 2P$；3—3 截面，$F_N = -P$；

　　　(d) 1—1 截面，$F_N = -2P$；2—2 截面，$F_N = P\text{kN}$；

　　　(e) 1—1 截面，$F_N = -50\text{kN}$；2—2 截面，$F_N = -90\text{kN}$

9 - 3　①略；②AC 段，$\sigma = -2.5\text{MPa}$；CB 段，$\sigma = -6.5\text{MPa}$；

　　　③AC 段，$\varepsilon = -2.5\times10^{-4}$；CB 段，$\varepsilon = -6.5\times10^{-4}$；④$\Delta l = -1.35\times10^{-3}\text{m}$

9 - 4　$d \geqslant 0.53\text{cm}$

9 - 5　$F \leqslant 1.414\text{kN}$

9 - 6　①$\sigma = 100\text{MPa}$，安全；②$\Delta l_{CD} = 0.578\text{mm}$，$\delta_C = 2\Delta l_{CD}$，$\delta_B = 4\Delta l_{CD}$；

　　　③$[F] = 8\text{kN}$

9 - 7　①$\alpha = 26.57°$；②$F = 50\text{kN}$

9 - 8　$\Delta_B = \dfrac{(1 + 2\sqrt{2})Fl}{EA}$

9 - 9　$A_{上} = 0.576\text{m}^2$，$A_{下} = 0.665\text{m}^2$，$\delta_A = 2.24\text{mm}$

9 - 10　$\sigma_s = 180\text{MPa}$，$\sigma_W = 8\text{MPa}$

9 - 11　$D = 25.2\text{mm}$，$h = 6.86\text{mm}$，$d = 20.6\text{mm}$

9 - 12　$D = 50.1\text{mm}$

9 - 13　$\tau = 52.6\text{MPa}$，$\sigma_{bs} = 90.9\text{MPa}$，$\sigma = 16.7\text{MPa}$

# 第十章

10 - 1　$T_1 = 3\text{kN}\cdot\text{m}$，$T_2 = -2\text{kN}\cdot\text{m}$，$T_3 = -2\text{kN}\cdot\text{m}$

10 - 2　$T_{\max} = 1249\text{kN}\cdot\text{m}$，$T_{\min} = -955\text{N}\cdot\text{m}$

10 - 3　$\tau_{\max} = \dfrac{16M}{\pi d_2^3}$

10 - 4　$\tau_{外} = 208.4\text{MPa}$，$\tau_{内} = 156.3\text{MPa}$

10 - 5　$\tau_{\max} = 61\text{MPa}$，$\tau = 48.9\text{MPa}$ 将第 1 个轮子放在第 2 和第 3 个轮子中间，提高梁的强度。

10 - 6　$d_1 \geqslant 88.6\text{mm}$，$d_2 \geqslant 74.7\text{mm}$，$d \geqslant 74.7\text{mm}$

10 - 7　$d_1 \geqslant 45.6\text{mm}$，$D_2 \geqslant 50\text{mm}$

10 - 8　$\tau_{\max} = 49.4\text{MPa} < [\tau]$

10 - 9　$d = 97.1\text{mm}$

10 - 10  $d=100\text{mm}$

10 - 11  $l=1.09\text{m}$

## 第十一章

11 - 2  (a) $|F_s|_{\max}=2F$，$|M|_{\max}=Fa$；(b) $|F_s|_{\max}=2qa$，$|M|_{\max}=qa^2$；

(c) $|F_s|_{\max}=F$，$|M|_{\max}=Fa$；(d) $|F_s|_{\max}=\dfrac{3M}{2a}$，$|M|_{\max}=\dfrac{3}{2}M$；

(e) $|F_s|_{\max}=\dfrac{3}{8}qa$，$|M|_{\max}=\dfrac{9}{128}qa^2$；(f) $|F_s|_{\max}=\dfrac{5}{8}qc$，$|M|_{\max}=\dfrac{1}{8}qa^2$；

(g) $|F_s|_{\max}=qa$，$|M|_{\max}=qa^2$；(h) $|F_s|_{\max}=qa$，$|M|_{\max}=\dfrac{1}{2}qa^2$；

(i) $|F_s|_{\max}=\dfrac{1}{2}qa$，$|M|_{\max}=\dfrac{1}{8}qa$；(j) $|F_s|_{\max}=\dfrac{7}{4}qa$，$|M|_{\max}=\dfrac{49}{64}qa^2$

11 - 3  (a) 最大正剪力$\dfrac{5}{8}ql$，最大负剪力$\dfrac{3}{8}ql$，最大正弯矩$\dfrac{9}{128}ql^2$，最大负弯矩$\dfrac{1}{8}ql^2$

(b) 最大正剪力 0，最大负剪力 0，最大正弯矩 $10\text{kN}\cdot\text{m}$

(c) 最大正剪力 $5\text{kN}$，最大负弯矩 $10\text{kN}\cdot\text{m}$

(d) 最大正剪力$\dfrac{3}{2}qa$，最大负剪力$\dfrac{3}{2}qa$，最大正弯矩$\dfrac{21}{8}qa^2$

(e) 最大负剪力$\dfrac{m}{3a}$，最大负弯矩 $2\text{kN}\cdot\text{m}$

(f) 最大正剪力 $2\text{kN}$，最大负剪力 $14\text{kN}$，最大正弯矩 $4.5\text{kN}\cdot\text{m}$，最大负弯矩 $20\text{kN}\cdot\text{m}$

(g) 最大正剪力 $25\text{kN}$，最大负剪力 $25\text{kN}$，最大正弯矩 $4\text{kN}\cdot\text{m}$

(h) 最大正剪力$\dfrac{11}{16}P$，最大负剪力$\dfrac{11}{16}P$，最大正弯矩$\dfrac{5}{16}Pa$，最大负弯矩$\dfrac{3}{8}Pa$

(i) 最大正剪力 $280\text{kN}$，最大负剪力 $280\text{kN}$，最大正弯矩 $545\text{kN}\cdot\text{m}$

(j) 最大正剪力$\dfrac{11}{6}qa$，最大负剪力$\dfrac{7}{6}qa$，最大正弯矩$\dfrac{49}{72}qa^2$，最大负弯矩$qa^2$

11 - 5  (a) 最大正弯矩 $54\text{kN}\cdot\text{m}$

(b) 最大正弯矩 $0.25\text{kN}\cdot\text{m}$，最大负弯矩 $2\text{kN}\cdot\text{m}$

(c) 略

11 - 6  (a) 最大负弯矩$\dfrac{1}{2}Pl$

(b) 最大正弯矩 $30\text{kN}\cdot\text{m}$，最大负弯矩 $20\text{kN}\cdot\text{m}$

(c) 最大负弯矩 $20\text{kN}\cdot\text{m}$

(d) 最大正弯矩 $15\text{kN}\cdot\text{m}$，最大负弯矩 $10\text{kN}\cdot\text{m}$

(e) 最大正弯矩 $10\text{kN}\cdot\text{m}$，最大负弯矩 $10\text{kN}\cdot\text{m}$

(f) 最大正弯矩$\dfrac{1}{40}ql^2$，最大负弯矩$\dfrac{1}{50}ql^2$

11 - 7  Ⅰ—Ⅰ截面：$\sigma_A=-7.41\text{MPa}$，$\sigma_B=4.94\text{MPa}$，$\sigma_c=0$，$\sigma_D=7.41\text{MPa}$

Ⅱ—Ⅱ截面：$\sigma_A=9.26\text{MPa}$，$\sigma_B=-6.18\text{MPa}$；$\sigma_C=0$，$\sigma_D=-9.26\text{MPa}$

11 - 8　实心轴 $\sigma_{\max}=159\text{MPa}$，空心轴 $\sigma_{\max}=93.6\text{MPa}$；空心截面比实心截面的最大正应力减小了 41%

11 - 9　$b\geqslant277\text{mm}$，$h\geqslant416\text{mm}$

11 - 10　$b=510\text{mm}$

11 - 11　$\sigma_{t\max}=26.4\text{MPa}<[\sigma_c]$，$\sigma_{c\max}=52.8\text{MPa}<[\sigma_c]$，安全

11 - 12　选 I　No. 28a

# 第十二章

12 - 1　(a) $\omega=-\dfrac{q_0l^4}{30EI}$，$\theta=-\dfrac{q_0l^3}{24EI}$；　(b) $\omega=-\dfrac{7Pa^3}{16EI}$，$\theta=\dfrac{5Pa^2}{8EI}$；

　　　(c) $\omega=-\dfrac{41ql^4}{384EI}$，$\theta=-\dfrac{7ql^3}{48EI}$；　(d) $\omega=-\dfrac{71ql^4}{384EI}$，$\theta=-\dfrac{13ql^3}{48EI}$

12 - 2　(a) $\theta_A=-\dfrac{ml}{6EI}$，$\theta_B=\dfrac{ml}{3EI}$，$\omega_{\frac{1}{2}}=-\dfrac{ml^2}{16EI}$，$\omega_{\max}=-\dfrac{ml^2}{9\sqrt{3}EI}$

　　　(b) $\theta_A=-\theta_B=-\dfrac{11qa^3}{6EI}$，$\omega_{\frac{1}{2}}=\omega_{\max}=-\dfrac{19qa^4}{8EI}$

　　　(c) $\theta_A=-\dfrac{7q_0l^3}{360EI}$，$\theta_B=\dfrac{q_0l^3}{45EI}$，$\omega_{\frac{1}{2}}=-\dfrac{5q_0l^4}{768EI}$，$\omega_{\max}=-\dfrac{5.01q_0l^4}{768EI}$

　　　(d) $\theta_A=-\dfrac{3ql^3}{128EI}$，$\theta_B=\dfrac{7ql^3}{384EI}$，$\omega_{\frac{1}{2}}=-\dfrac{5ql^4}{768EI}$，$\omega_{\max}=-\dfrac{5.05ql^4}{768EI}$

12 - 3　(a) $\theta_B=\dfrac{Fa^2}{2EI}$，$\omega_B=\dfrac{Fa^2}{6EI}(3l-a)$

　　　(b) $\theta_B=\dfrac{ma}{EI}$，$\omega_B=\dfrac{ma}{EI}\left(l-\dfrac{a}{2}\right)$

12 - 4　(a) $\theta_B=-\dfrac{9Fl^2}{8EI}$，$\omega_A=-\dfrac{Fl^3}{6EI}$

　　　(b) $\theta_B=-\dfrac{Fa(2b+a)}{2EI}$，$\omega_A=-\dfrac{Fa}{6EI}(3b^2+6ab+2a^2)$

　　　(c) $\theta_B=\dfrac{ql^3}{384EI}$，$\omega_A=-\dfrac{5ql^4}{768EI}$

　　　(d) $\theta_B=\dfrac{ql^3}{12EI}$，$\omega_A=\dfrac{ql^4}{16EI}$

12 - 5　(a) $\omega=\dfrac{Fa}{48EI}(3l^2-16al-16a^2)$，$\theta=\dfrac{F}{48EI}(24a^2+16al-3l^2)$

　　　(b) $\omega=\dfrac{qal^2}{24EI}(5l+6a)$，$\theta=-\dfrac{ql^2}{24EI}(5l+12a)$

　　　(c) $\omega=-\dfrac{5qa^4}{24EI}$，$\theta=-\dfrac{qa^3}{4EI}$

　　　(d) $\omega=-\dfrac{qa}{48EI}(3a^3+4a^2l-l^3)$，$\theta=-\dfrac{q}{24EI}(4a^3+4a^2l-l^3)$

12 - 6　$|f_{\max}|=5.89\times10^{-6}\text{m}<[f]=10^{-6}\text{m}$，$|\theta_{\max}|=0.423\times10^{-4}<[\theta]=0.001$

# 第十三章

13 - 1　(a) $\sigma_{60°}=12.5\text{MPa}$，$\tau_{60°}=-65\text{MPa}$

(b) $\sigma_{157.5°}=-30\text{MPa}$，$\tau_{157.5°}=0$

(c) $\sigma_a=70\text{MPa}$，$\tau_a=0$

13-2 (1) 平行于木纹方向切应力为 $\tau=0.6\text{MPa}$

垂直于木纹方向正应力为 $\sigma=-3.84\text{MPa}$

(2) 切应力 $\tau=-1.08\text{MPa}$

正应力 $\sigma=-0.625\text{MPa}$

13-3 (a) $\sigma_1=57\text{MPa}$，$\sigma_3=-7\text{MPa}$，$\alpha_0=-19°20'$，$\tau_{极}=32\text{MPa}$

(b) $\sigma_1=57\text{MPa}$，$\sigma_3=-7\text{MPa}$，$\alpha_0=-19°20'$，$\tau_{极}=32\text{MPa}$

(c) $\sigma_1=25\text{MPa}$，$\sigma_3=-25\text{MPa}$，$\alpha_0=-45°$，$\tau_{极}=25\text{MPa}$

(d) $\sigma_1=11.2\text{MPa}$，$\sigma_3=-71.2\text{MPa}$，$\alpha_0=-38°$，$\tau_{极}=41.2\text{MPa}$

(e) $\sigma_1=4.7\text{MPa}$，$\sigma_3=-84.7\text{MPa}$，$\alpha_0=-13°17'$，$\tau_{极}=44.7\text{MPa}$

(f) $\sigma_1=37\text{MPa}$，$\sigma_3=-27\text{MPa}$，$\alpha_0=-19°20'$，$\tau_{极}=32\text{MPa}$

13-4 (a) $\begin{cases}\sigma_1\\\sigma_2\end{cases}=\dfrac{300+140}{2}\pm\dfrac{1}{2}\sqrt{(300-140)^2+4\times(-150)^2}=\begin{cases}390\text{MPa}\\50\text{MPa}\end{cases}$

$\sigma_3=90\text{MPa}$

$\tau_{\max}=\dfrac{390-50}{2}=170\text{MPa}$

(b) $\begin{cases}\sigma_1\\\sigma_2\end{cases}=\dfrac{200+40}{2}\pm\dfrac{1}{2}\sqrt{(200-40)^2+4\times(-150)^2}=\begin{cases}290\text{MPa}\\-50\text{MPa}\end{cases}$

$\sigma_3=-90\text{MPa}$

$\tau_{\max}=\dfrac{\sigma_1-\sigma_3}{2}=\dfrac{290-(-90)}{2}=190\text{MPa}$

13-5 (1) $\nu=\dfrac{1}{3}$，$E=68.7\text{GPa}$，$G=25.77\text{GPa}$

(2) $\gamma_{xy}=3.1\times10^{-3}$

13-6 $\sigma_{r1}=24.3\text{MPa}$，$\sigma_{r2}=26.6\text{MPa}$

13-7 $\sigma_{r3}=300\text{MPa}=[\sigma]$，$\sigma_{r4}=264\text{MPa}<[\sigma]$，安全

13-8 单位为 MPa

(a) $\sigma_{r1}=\sigma_1=50$，$\sigma_{r2}=50$ $\sigma_{r3}=100$，$\sigma_{r4}=100$

(b) $\sigma_{r1}=52.17$，$\sigma_{r2}=49.8$，$\sigma_{r3}=94.3$，$\sigma_{r4}=93.3$

(c) $\sigma_{r1}=130$，$\sigma_{r2}=130$，$\sigma_{r3}=160$，$\sigma_{r4}=140$

13-9 单位为 MPa，此题 $\nu=\dfrac{[\sigma_t]}{[\sigma_c]}$，所以 $\sigma_{rm}=\sigma_{r2}$

(a)、(b) $\sigma_{r1}=57$，$\sigma_{r2}=58.8$，$\sigma_{r3}=64$，$\sigma_{r4}=64$

(c) $\sigma_{r1}=25$，$\sigma_{r2}=31.3$，$\sigma_{r3}=50$，$\sigma_{r4}=43.3$

(d) $\sigma_{r1}=11.2$，$\sigma_{r2}=29$，$\sigma_{r3}=82.4$，$\sigma_{r4}=77.4$

(e) $\sigma_{r1}=4.7$，$\sigma_{r2}=25.9$，$\sigma_{r3}=89.4$，$\sigma_{r4}=87.1$

(f) $\sigma_{r1}=37$，$\sigma_{r2}=43.8$，$\sigma_{r3}=64$，$\sigma_{r4}=55.7$

13-10 $\sigma_{\max}=172\text{MPa}>[\sigma]$，但仅超过 $1.2\%$，安全

$\tau_{\max}=81.5\text{MPa}<[\tau]$，集中载荷作用截面上点 $a$ 处 $\sigma_{r4}=157.7\text{MPa}<[\sigma]$

13-11 $F=8\text{kN}$，$m=8\text{kN·m}$，$\sigma_{r4}=123.6\text{MPa}$

## 第十四章

14－1　No. 16

14－2　$\sigma_{tmax}=6.75\text{MPa}$, $\sigma_{cmax}=-6.99\text{MPa}$

14－3　$[F]=45\text{kN}$

14－4　$\sigma_{tmax}=26.9\text{MPa}<[\sigma_t]$, $\sigma_{cmax}=32.3\text{MPa}<[\sigma_c]$, 安全

14－5　$\sigma_A=8.83\text{MPa}$, $\sigma_B=3.83\text{MPa}$, $\sigma_C=-12.2\text{MPa}$, $\sigma_D=-7.17\text{MPa}$ 中性轴的截距 $a_y=15.6\text{mm}$, $a_z=33.4\text{mm}$

14－6　形心坐标

（a）$y_c=0$, $z_c=166.7\text{mm}$（距上边缘）

（b）$y_c=0$, $z_c=185.4\text{mm}$（距下边缘）

## 第十六章

图 16－41、图 16－42、图 16－44、图 16－46、图 16－47、图 16－49、图 16－52、图 16－53、图 16－57、图 16－58、图 16－61 为几何不变，无多余联系体系。

图 16－43、图 16－51、图 16－55、图 16－56 为瞬变体系。

图 16－45、图 16－48、图 16－50、图 16－54、图 16－59 为常变体系。

图 16－60、图 16－62 为几何不变，有一个多余联系体系。

## 第十七章

17－1　（a）$M_D=5\text{kN}\cdot\text{m}$, $F_{SD}=6.67\text{kN}$

（b）$M_E=11.25\text{kN}\cdot\text{m}$, $F_{SE}^{左}=5.625\text{kN}$, $F_{SE}^{右}=-9.375\text{kN}$

17－2　$a=0.146l$

17－3　（a）$M_{BA}=\dfrac{1}{2}qa^2$, $F_{SBA}=0$, $F_{NBA}=-2qa$

（b）$M_{BA}=-30\text{kN}\cdot\text{m}$, $F_{SBA}=-15\text{kN}$, $F_{NBA}=0$

（c）$M_{CB}=60\text{kN}\cdot\text{m}$, $F_{SCB}=38\text{kN}$, $F_{SBC}=-62\text{kN}$, $F_{NCB}=0$

（d）$M_{BC}=125\text{kN}\cdot\text{m}$, $F_{SCB}=90\text{kN}$, $F_{NCB}=0$

（e）$M_{CD}=\dfrac{4}{3}Fl$, $F_{SCD}=-\dfrac{5}{3}F$, $F_{NBE}=-\dfrac{8}{3}F$

（f）$M_{DC}=0$, $F_{SDC}=\dfrac{1}{2}ql$, $F_{NDC}=-ql$

（g）$M_{DC}=-125\text{kN}\cdot\text{m}$, $F_{SDC}=25\text{kN}$, $F_{NDE}=-\dfrac{125}{6}\text{kN}$

（h）$M_{EF}=160\text{kN}\cdot\text{m}$, $F_{SEF}=-80\text{kN}$, $F_{NCF}=-80\text{kN}$

17－5　（1）$F_{Ay}=82.5\text{kN}$（↑）, $F_{By}=77.5\text{kN}$（↑）, $F_{NDE}=262.5\text{kN}$（拉力）

（2）$M_{K_1}=120\text{kN}\cdot\text{m}$, $F_{SK_1}^{左}=33.76\text{kN}$, $F_{SK_1}^{右}=-33.76\text{kN}$

$F_{NK_1}^{左}=-62.58\text{kN}$, $F_{NK_1}^{右}=-26.82\text{kN}$

$M_{K_2}=-40\text{kN}\cdot\text{m}$, $F_{SK_2}=0$, $F_{NK_2}=-44.7\text{kN}$

17－6　（a）$F_{NCD}=\sqrt{3}F$, $F_{NED}=-2F$, $F_{NCE}=0$

(b) $F_{NBD}=2\sqrt{2}F$, $F_{NBC}=-\sqrt{5}F$, $F_{NCD}=2F$

(c) $F_{NEF}=40\text{kN}$

(d) $F_{NCF}=1.5\text{kN}$, $F_{NCE}=7.5\text{kN}$, $F_{NDE}=-4.5\text{kN}$

17 - 7　(a) $F_{N1}=\dfrac{27}{8}F$, $F_{N2}=-\dfrac{5}{8}F$, $F_{N3}=-3F$, $F_{N4}=F$

(b) $F_{N1}=\dfrac{1}{3}F$, $F_{N2}=-\dfrac{\sqrt{5}}{3}F$

(c) $F_{N1}=-F$, $F_{N2}=0$

(d) $F_{N1}=-F$, $F_{N2}=F$, $F_{N3}=2\sqrt{2}F$

17 - 8　(a) $M_{DA}=-21.8\text{kN}\cdot\text{m}$, $F_{NEG}=7.27\text{kN}$, $F_{NDG}=-10.61\text{kN}$

$F_{NFC}=-3.54\text{kN}$, $F_{NFG}=2.5\text{kN}$

(b) $F_{NBD}=2\sqrt{2}qa$, $M_{CA}=-qa^2$, $M_{DE}=-\dfrac{1}{2}qa^2$

## 第十八章

18 - 1　(1) $\Delta_{Cy}=\dfrac{17ql^4}{256EI}$ （↓）; (2) $\varphi_A=\dfrac{ql^3}{8EI}$ （逆时针）, $\Delta_{Cy}=\dfrac{19ql^4}{384EI}$ （↑）

(3) $\Delta_{Cy}=\dfrac{27ql^4}{16EI}$ （↓）; (4) $\Delta_{Bx}=\dfrac{qR^4}{2EI}$ （→）

(5) $\Delta_{By}=\dfrac{ql^4}{30EI}$ （↓）, $\varphi_B=\dfrac{ql^3}{24EI}$ （顺时针）; (6) $\varphi_B=\dfrac{19ql^3}{24EI}$ （逆时针）

18 - 2　(1) $\Delta_{Cy}=\dfrac{4(2+\sqrt{2})Fl}{EA}$ （↓）; (2) $\Delta_{Cx}=\dfrac{2(1+\sqrt{2})Fl}{EA}$ （→）

18 - 3　同 18 - 1

18 - 4　(a) 错; (b) 错; (c) 错; (d) 错; (e) 错; (f) 错

18 - 5　(1) $\Delta_{CD}=\dfrac{ql^4}{60EI}$ （→←）; (2) $\varphi_A=\dfrac{153q}{EI}$ （顺时针）, $\Delta_{Bx}=\dfrac{123q}{EI}$ （→）

(3) $\varphi_A=\dfrac{m}{24EI}$ （顺时针）

(4) $\Delta_{Ax}=3.7\text{cm}$ （→）, $\Delta_{Ax}=8.38\text{cm}$ （↓）, $\varphi_A=0.022\text{rad}$ （顺时针）

(5) $\Delta_{Cy}=\dfrac{23Fl}{648EI}$ （↓）; (6) $\varphi_{CB}=0.02\text{rad}$ （靠拢）

18 - 6　(a) $\varphi_D=\dfrac{7ql^3}{EI}$ （顺时针）; (b) $\Delta_{Cy}=4.13\text{cm}$ （↓）

18 - 7　(a) $\Delta_{Cx}=a-b$, $\Delta_{Cy}=b$; (b) $\Delta_{Cx}=0.4\text{m}$ （←）, $\Delta_{Cy}=0.2\text{m}$ （↓）

18 - 8　(1) $\Delta_{Ay}=140\times10^{-5}$ （m） （↓）; (2) $\Delta_{Cy}=653.33\times10^{-5}\text{m}$ （↑）

18 - 9　$M_B=\dfrac{11l}{32}$ （下侧受拉）

## 第十九章

19 - 1　(a) 2 次, (b) 3 次, (c) 6 次, (d) 4 次, (e) 4 次, (f) 3 次

19 - 2　(a) $M_{AB}=-\dfrac{3}{16}Fl$, $F_{SBA}=-\dfrac{5}{16}F$

(b) $M_{AB}=\dfrac{1}{6}Fl$

(c) $M_{BC}=-\dfrac{7}{48}ql^2$

(d) $M_{CA}=\dfrac{1}{2}Fa$，$F_{SCD}=-F$，$F_{NCD}=-\dfrac{1}{2}F$

(e) $M_{BA}=-45\text{kN}\cdot\text{m}$，$F_{SAB}=52.5\text{kN}$，$F_{SBC}=7.5\text{kN}$，$F_{NBC}=-\dfrac{1}{2}F$

(f) $M_{BA}=16\text{kN}\cdot\text{m}$，$F_{SBC}=-4\text{kN}$，$F_{NBA}=4\text{kN}$

(g) $M_{BC}=\dfrac{1}{2}Fa$，$F_{SCD}=-\dfrac{1}{2}F$，$F_{SBC}=0$，$F_{NBC}=-\dfrac{1}{2}F$

(h) $M_{AB}=-\dfrac{6}{68}Fa$，$M_{CB}=\dfrac{16}{68}Fa$，$F_{SBC}=\dfrac{37}{68}Fa$

(i) $M_{BA}=-\dfrac{1}{15}ql^2$，$M_{CD}=\dfrac{1}{60}ql^2$，$M_{SAB}=\dfrac{26}{60}ql$，$F_{SCD}=-\dfrac{1}{60}ql$

(j) $M_{DE}=\dfrac{162}{11}\text{kN}\cdot\text{m}$，$M_{FE}=-\dfrac{234}{11}\text{kN}\cdot\text{m}$，$F_{SCF}=\dfrac{39}{11}\text{kN}$

$F_{SDE}=-\dfrac{24}{11}\text{kN}$，$F_{NBE}=\dfrac{18}{11}\text{kN}$，$F_{NCF}=-\dfrac{42}{11}\text{kN}$

19-3　(a) $M_{CD}=-\dfrac{1}{24}qa^2$，$M_{AB}=\dfrac{1}{24}qa^2$

(b) $M_{BD}=-36.99\text{kN}\cdot\text{m}$，$M_{AC}=-104.43\text{kN}\cdot\text{m}$

(c) $M_{DA}=\dfrac{136}{3}\text{kN}\cdot\text{m}$，$M_{ED}=-\dfrac{104}{3}\text{kN}\cdot\text{m}$

$M_{EB}=\dfrac{208}{3}\text{kN}\cdot\text{m}$，$M_{FE}=-\dfrac{136}{3}\text{kN}\cdot\text{m}$

(d) $M_{BA}=-\dfrac{4}{56}ql^2$，$M_{BC}=-\dfrac{3}{56}ql^2$，$M_{BD}=\dfrac{1}{56}ql^2$

19-4　(a) $F_B=1.173F$ （↑）

(b) $F_{NAB}=0.32F$，$F_{NAD}=-0.18F$，$F_{NDF}=-0.18F$

19-5　(a) $M_{AB}=\dfrac{6EI}{5l}\theta_A$

(b) $M_B=50.7\text{kN}\cdot\text{m}$

19-6　$M_B=-25.875\text{kN}\cdot\text{m}$

19-7　(a) $M_{AD}=-\dfrac{1}{4}Fl$，$M_{BE}=-\dfrac{1}{2}Fl$，$M_{CF}=-\dfrac{1}{4}Fl$

(b) $M_{CA}=-14.4\text{kN}\cdot\text{m}$，$F_{NEF}=67.2\text{kN}$，$F_{NAE}=95\text{kN}$

# 第二十章

20-2　(a) $M_{AB}=16.72\text{kN}$，$M_{BC}=11.57\text{kN}\cdot\text{m}$，$F_{SCB}=4.07\text{kN}$

(b) $M_{CB}=-7.5\text{kN}\cdot\text{m}$

(c) $M_{BC}=-30.3\text{kN}\cdot\text{m}$，$M_{CB}=74.3\text{kN}\cdot\text{m}$

(d) $M_{AC}=-2.47\text{kN}\cdot\text{m}$，$M_{CD}=4.93\text{kN}\cdot\text{m}$

20 - 3 (a) $M_{AC} = -15.4 \text{kN} \cdot \text{m}$

(b) $M_{DB} = 20.2 \text{kN} \cdot \text{m}$，$M_{CD} = 13 \text{kN} \cdot \text{m}$

$M_{AC} = 6.9 \text{kN} \cdot \text{m}$，$M_{BD} = 9.6 \text{kN} \cdot \text{m}$

(c) $M_{AC} = -150 \text{kN} \cdot \text{m}$，$M_{CA} = -30 \text{kN} \cdot \text{m}$

$M_{BD} = M_{DB} = -90 \text{kN} \cdot \text{m}$

(d) $M_{CE} = 1.09F$，$M_{CD} = 0.43F$

20 - 4 (a) $M_{DC} = 24.7 \text{kN} \cdot \text{m}$

(b) $M_{CA} = -8.82 \text{kN} \cdot \text{m}$，$M_{EF} = -22.9 \text{kN} \cdot \text{m}$

## 第二十一章

21 - 1 (a) $M_{BA} = \dfrac{44}{3} \text{kN} \cdot \text{m}$

(b) $M_{BA} = 50.98 \text{kN} \cdot \text{m}$，$M_{CB} = 68.3 \text{kN} \cdot \text{m}$，$F_B = 77.25 \text{kN}$（↑）

(c) $M_{BA} = -5 \text{kN} \cdot \text{m}$，$M_{BC} = 50 \text{kN} \cdot \text{m}$

(d) $M_{BA} = 36.43 \text{kN} \cdot \text{m}$，$F_B = 66.85 \text{kN}$（↑）

21 - 2 (a) $M_{ED} = 72.9 \text{kN} \cdot \text{m}$

(b) $M_{CB} = \dfrac{3}{19}M$

(c) $M_{CD} = -35 \text{kN} \cdot \text{m}$

21 - 3 $M_{CC'} = 84.86 \text{kN} \cdot \text{m}$，$M_{BB'} = 143.2 \text{kN} \cdot \text{m}$

21 - 4 $M_{AC} = -84.3 \text{kN} \cdot \text{m}$，$M_{CD} = 20.7 \text{kN} \cdot \text{m}$，$M_{DC} = 30.7 \text{kN} \cdot \text{m}$

21 - 5 $M_{BA} = 3643 \text{kN} \cdot \text{m}$

## 第二十二章

22 - 5 $M_C = 108 \text{kN} \cdot \text{m}$，$F_{SC} = 7 \text{kN}$，$F_{By} = 123 \text{kN}$

22 - 6 (a) $F_{By\max} = 736.67 \text{kN}$，$M_{C\max} = 1755.5 \text{kN} \cdot \text{m}$

(b) $M_{C\max} = 242.5 \text{kN} \cdot \text{m}$，$F_{SC\max} = 80.83 \text{kN}$，$M_{\max} = 330.86 \text{kN} \cdot \text{m}$

## 附录 I

I - 1 $y_c = 2 \text{mm}$，$z_c = 27 \text{mm}$

I - 2 $x = 90 \text{mm}$

I - 3 $S_z = \dfrac{bh^2}{4}$，$y_c = \dfrac{S_z}{A} = \dfrac{3}{8}b$，$S_y = \dfrac{4bh^2}{15}$，$z_c = \dfrac{2}{5}h$

I - 4 $S_y = 1.75 \times 10^6 \text{mm}^3$

I - 5 $I_p = \dfrac{\pi d^4}{32}$，$I_z = \dfrac{\pi d^4}{64}$

I - 6 $I_{yz} = 7.75 \times 10^4 \text{mm}^4$

I - 7 $I_y = \dfrac{bh^3}{3}$，$I_z = \dfrac{hb^3}{3}$，$I_{yz} = -\dfrac{b^2 h^2}{4}$

# 参 考 文 献

［1］ 姜艳．工程力学．北京：中国水利水电出版社，2004．
［2］ 哈尔滨工业大学理论力学教研室编．理论力学．6版．北京：高等教育出版社，2002．
［3］ 周良治，侯国华．理论力学．北京：水利电力出版社，1995．
［4］ 张曙红，张宝中．理论力学．重庆：重庆大学出版社，1998．
［5］ 安英浩．工程力学．长春：吉林科学技术出版社，2000．
［6］ 孙训方，方孝淑，关来泰．材料力学（Ⅰ）．4版．北京：高等教育出版社，2004．
［7］ 刘鸿文．材料力学（Ⅰ）．4版．北京：高等教育出版社，2004．
［8］ 杨国义．材料力学．1版．北京：中国计量出版社，2007．
［9］ 吕书清．工程力学．1版．北京：科学出版社，2009．
［10］ 龙驭球，包世华．结构力学（Ⅰ）．北京：高等教育出版社，2006．